시간의 기원

ON THE ORIGIN OF TIME

시간의 기원

스티븐 호킹이 세상에 남긴 마지막 이론

토마스 헤르토흐 지음 | **박병철** 옮김

RHK
알에이치코리아

ON THE

ORIGIN

OF

TIME

차례

도판 1. 1930년경에 조르주 르메트르는 우주의 진화 과정을 보여주는 상징적인 스케치를 남겼다. 왼쪽 아랫부분에 적힌 't=0'은 최초의 순간을 나타내는 지점으로, 훗날 '빅뱅'으로 불리게 된다.

도판 2. "누가 풍선을 불었는가?" "우주가 팽창하는 이유는 무엇인가?" 이 그림은 네덜란드의 물리학자 빌렘 드지터가 우주를 풍선처럼 부풀리는 모습을 코믹하게 표현한 것이다(풍선을 부는 드지터의 몸이 아인슈타인의 우주상수 'λ' 모양을 하고 있다).

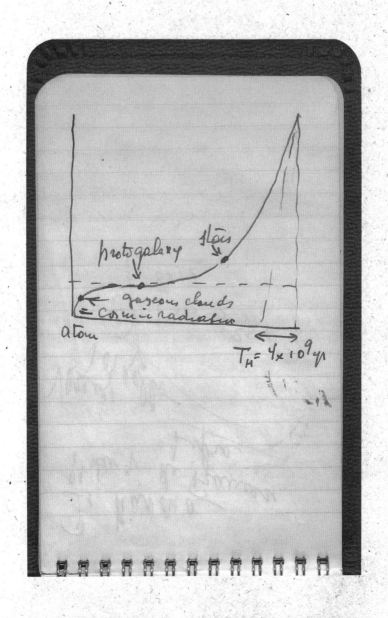

도판 3. 조르주 르메트르가 보라색 노트에 남긴 '망설이는 우주'의 스케치. 원시원자에서 태어난 우주는 구불구불한 팽창곡선을 그리며 생명친화적인 환경으로 진화한다.

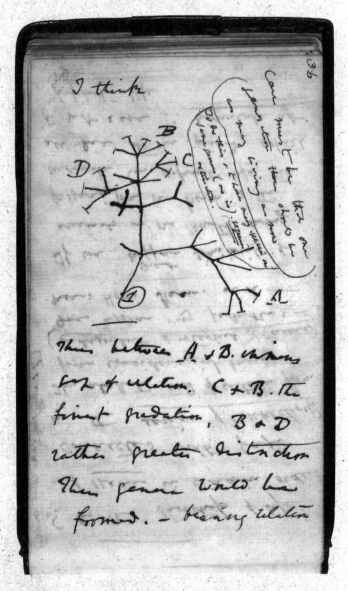

도판 4. 찰스 다윈이 붉은색 노트에 그려 넣은 계통수(생명의 나무). 지구의 모든 생명체가 하나의 조상으로부터 갈라져 나왔음을 일목요연하게 보여주고 있다.

LEMAITRE FOLLOWS TWO PATHS TO TRUTH

The Famous Physicist, Who Is Also a Priest, Tells Why He Finds No Conflict Between Science and Religion

By DUNCAN AIKMAN

PASADENA.

"THERE is no conflict between religion and science," the Abbé Lemaitre has been telling audiences over and over again in this country and thus proving it by explaining the aims of both. His view is interesting and important not because he is a Catholic priest, not because he is one of the leading mathematical physicists of our time, but because he is both. Here is a man who believes firmly in the Bible as a revelation from on high, but who develops a theory of the universe without the slightest regard for the teachings of revealed religion on genesis. And there is no conflict!

Such an attitude would have been preposterous to a Victorian physicist. Either you accept the whole Book of Genesis and therefore shut yourself out of the world of science, or you accept science and repudiate the prophets as expositors of the manner in which the universe began. Today the physicist is meeker. Behind his formulas there is something that is still veiled. He is half mystic and ready to admit that the universe may reveal itself in other ways than in mathematical equations or the hands and lines of a spectrograph. The abbé, therefore, follows the trend of modern thinking and derives from it more than ordinary satisfaction because he happens to be trained in theology as well as in mathematical physics.

Lemaitre, like Eddington, finds that science and religion supplement each other. Science can never study the universe as a whole. It selects a small portion, as much as it can handle, and then makes deductions. To a cosmologist the earth and Mars are only planets wheeling around the sun. Are they inhabited? Are they washed by air and water? Why were they created? Is there purpose in the universe? Science is indifferent to such questions, but not religion.

The questions are just as legitimate as those that are asked by the physicist when he wonders what may be the meaning of a shift to the red in the spectra of distant nebulae. To search thoroughly for the truth involves a searching of souls as well as of spectra. And it is religion that satisfies the soul-searching instinct, according to Lemaitre. In fact, he goes so far as to recommend a course in theology—to him a way of looking at the Bible—to physicists and biologists who see in the Book of Genesis only an interesting piece of ancient folklore.

* * *

LEMAITRE believes that if discussions could be carried on in a friendly, objective way, the church and the laboratory would find themselves closer together than they believe they are. Listen to him as he sits in a student's bare room in the atheneum of the California Institute of Technology, a stoutish young man of 38 who wears horn-rimmed glasses and the expected Roman collar of a secular Catholic priest.

"This conflict," he begins with a smile and a French inflection in his otherwise perfect English—"where is it? Here we have this wonderful, this incessantly interesting and exciting universe. When we try to learn more about it, learn how it began and how it is put together, to find what it is all about, as you say in America, what are we doing? Only seeking the truth. And is not truth-seeking a service to God? Certainly everything in the Bible and in all authoritative Christian doctrine teaches that it is. Has any logical religious thinker of any faith ever denied it?

"Do you know where the heart of the misunderstanding lies?" he asks. "It is really a joke on the scientists. They are a literal-minded lot. Hundreds of professional and amateur scientists actually believe the Bible pretends to teach science. This is a good deal like assuming that there must be authentic religious dogma in the binomial theorem. Nevertheless a lot of otherwise intelligent and well-educated men do go on believing or at least acting on such a belief. When they find the Bible's scientific references wrong, as they often are, they repudiate it utterly. Should a priest reject relativity because it contains no authoritative exposition of the doctrine of the Trinity?'

"If the Bible does not teach science, among other things, what does it teach? you ask.

"The way to salvation,' comes the reply. 'Once you realize that the Bible does not purport to be a textbook of science, the old controversy between religion and science vanishes.'

"But the Bible says that creation was accomplished in six days," you protest. "Isn't that a direct, literal statement?'

"What of it?" retorts the abbé. "There is no reason to abandon the Bible because we now believe that it took perhaps ten thousand million years to create what we think is the universe. Genesis is simply trying to teach us that one day in seven should be devoted to rest, worship and reverence—all necessary to salvation."

"And that story about Jonah and the big fish?

"I admit that a whale cannot swallow a man and that a whale could not survive the swallowing of a man whole. But what of it? The real lesson is that by faith and righteousness a good man may attain security and salvation whatever his perils may be."

Like Eddington, the abbé believes that some things are imparted to us by revelation. There is no reasoning about the process. There is a lifting of a veil. The means of expressing what is revealed are often faulty, but the truth is there for all that.

So strongly is Lemaitre of this opinion that he is willing to attribute to the prophets all the powers with which they are credited in the Bible.

"If scientific knowledge were necessary to salvation," he says, "it would have been revealed in the writings or the Scriptures and they would have set it down in their verses. For instance, the doctrine of the Trinity is much more abstruse than anything in relativity or question of salvation. On other questions they were as wise or as ignorant as their generation. Hence it is utterly unimportant that errors of historic and scientific fact should be found in the Bible, especially if errors relate to events that were not directly observed by those who wrote about them. The idea that because they were right in their doctrine of immortality and salvation they must also be right on all other subjects is simply the failing of people who have an incomplete understanding of why the Bible was given to us at all."

Lemaitre tells of a classroom scene to which he figured. An old father was expounding at the desk. Before him sat the lad who was to discover the expanding universe; and who, even then, was brimful of science. In his eagerness the lad read into a passage of Genesis an anticipation of modern science.

"I pointed it out," says Lemaitre, "but the old Father was skeptical. 'If there is a coincidence,' he decided, 'it is of no importance. Also if you should prove to me that it exists I would consider it unfortunate. It will merely encourage more thoughtless people to imagine that the Bible teaches infallible science, whereas the most we can say is that occasionally one of the prophets made a correct scientific guess.'"

* * *

THERE is, the abbé admits, a varying sense of conflict between science and religion in the different branches of science. "The biologists seem to have peculiar difficulties," he reasons. "There is every reason for this. They have only recently discovered a few guiding laws and principles. Hence, in the past their studies have been confusing rather than enlightening. In a way their subject-matter has been grass.

"But give the biologists——say this chaos of the Abbé Mendel and a new spirit is bound to awaken. The sense that this is a morally ordered universe will be inculcated. As soon as any science passes the mere stage of description it becomes a true science. Also it becomes more religious. The mathematicians, the astronomers and the physicists, for example, have been very religious men, with a few exceptions. The deeper they penetrated into the mystery of the universe the deeper was their conviction that the power behind the stars and behind the electrons of atoms is one of law and goodness."

The real cause of conflict between science and religion is to be found in men and not in the Bible or the findings of physicists. "When men were told that they had the right to interpret the Bible's teachings according to their own lights," he holds, "naturally some were bound to decide that its science was infallible and others that it did not agree—with modern instrumental measurements and was proof of opposite doctrines. The conflict has always been between those who fail to understand the true scope of either science or religion. For those who understand both, the conflict is simply about descriptions of what goes on in other people's minds."

* * *

AS a priest Lemaitre bows to the Catholic principle of leaving the interpretation of the Bible to the church. But this is good science, too, in his view. "The church has always been aware that the Bible teaches salvation, not science," he insists again. "Although the church's sense of the separate fields of science and religion has unquestionably developed through the ages, its fundamental recognition of the separate but intrinsically harmonious objects of both science and religion has always spared Catholic scientists much confusion."

"And Galileo?" you hint in the hope of tripping him up.

"Oh, Galileo was mildly disci-

(Continued on Page 18)

Einstein and Lemaitre—"They Have a Profound Respect and Admiration for Each Other."

Associated Press Photo.

도판 5. 1933년 2월 19일자 〈뉴욕타임스〉에 게재된 르메트르 관련 기사.

도판 6. 루마니아 태생의 조각가 콩스탕탱 브랑쿠시의 작품 〈세상의 시작〉. 시대를 초월한 추상적 계란으로, 우주를 낳은 태초의 계란cosmic egg을 연상시킨다.

도판 7. 18세기 영국의 시계 제작자 겸 건축가로 활동했던 토머스 라이트의 저서 《우주 기원론》에 실린 그림. 별(작은 흰 점)로 가득 찬 여러 은하가 끊임없이 팽창하고 있다. 이 그림에서 은하를 섬우주로 대체하면 새로운 우주가 끊임없이 생성되는 다중우주론과 아주 비슷해진다. 우리 우주는 어떤 종류의 섬우주일까?

도판 8. 네덜란드의 화가 마우리츠 에스허르의 작품 〈눈〉은 인간의 유한성을 상기시킨다. 우리는 우주 바깥에서 우주를 내려다보는 전능한 존재가 아니라, 그 안에서 우주를 올려다보고 있다.

도판 9. 마이크로파 우주배경복사의 온도분포도. 구의 중심에는 지구가 있으며, 각 지역의 색상은 온도를 나타낸다. 빅뱅의 잔해인 우주배경복사는 빅뱅 후 38만 년이 지났을 때 우주의 온도분포 상황을 보여주는 스냅숏이라 할 수 있다. 우주배경복사로 이루어진 구의 표면은 더 이상 관측할 수 없는 우주 지평선에 해당한다.

도판 10. 케임브리지대학교 소재 스티븐 호킹의 연구실에 걸려 있는 칠판. 1980년에 개최된 초중력 학회의 기념품으로, 참가자들이 열띤 토론을 벌였던 흔적이 생생하게 남아 있다. 당시 호킹은 초중력을 만물의 이론 후보라고 생각했다.

도판 11. 일흔 번째 생일을 며칠 앞둔 2012년의 어느 날, 케임브리지의 연구실에서 눈문을 검토 중인 스티븐 호킹. 벽에 걸린 칠판에는 홀로그램 우주론에 관한 그의 첫 번째 계산이 적혀 있다. 얼마 후, 그는 깊은 의미에서 우주론과 관찰자가 하나로 통합된다고 주장했다. 우주가 우리를 창조한 것처럼, 우리도 우주를 창조하고 있다.

무언가의 기원에 관한 질문은 그 질문을 떠올리게 만든 기원을 모호하게 만든다.

_프랑수아 자크망

일러두기

· 미주와 각주 중 일부는 지은이의 것이며, 각주 가운데 옮긴이가 단 것은 '—옮긴이'로 명시했다. 본문 내 첨자로 표기한 설명 역시 옮긴이의 것이다.

· 컬러 도판(6~13쪽)은 '도판'으로, 본문에 실린 도판은 '그림'으로 구분해 표기했다.

서문

스티븐 호킹Stephen William Hawking의 연구실로 이어지는 복도 바닥은 어두운 녹갈색이었다. 바로 옆에 있는 휴게실(사람들은 이곳을 '공동구역'이라 불렀다)에서 시끄러운 소리가 새어 나오고 있는데도 호킹의 연구실 문은 조금 열려 있었다. 나중에 안 사실이지만, 그가 연구실에 있는 한 문은 항상 열려 있다고 한다. 가볍게 노크를 하고 들어선 순간, '영원한 사고思考의 세계'로 순간이동해 온 느낌이 들었다.

호킹은 휠체어에 기대어 앉은 채 똑바로 가누기 어려운 머리를 애써 들어 올리며 입구 쪽을 돌아보다가 나와 눈이 마주치자 지긋한 미소로 반겨주었고, 그를 돌보는 간호사는 내게 호킹 옆에 앉으라고 권했다. 약간 뻘쭘한 자세로 의자에 앉으니 책상 위의 컴퓨터가 시야에 들어왔는데, 작동 중인 스크린세이버에는 다음과 같은 글귀가 화면을 가로지르며 움직이고 있었다. "〈스타트렉〉조차 두려워하는 곳으로 과감하게 나아가자."

1998년 6월 중순, 나는 케임브리지대학교 DAMTPDepartment of Applied Mathematics and Theoretical Physics(응용수학 및 이론물리학과)의 핵심 본부에서 호킹과 대화를 나누는 영광을 누렸다. 캠강Cam river 유역 올드프레스 부지의 빅토리아식 건물에 자리 잡은 DAMTP는 영국 물리학의 본산이자 스티븐 호킹의 30년 연구 인생이 고스란히 배어 있는 베이스캠프이기도 하다. 바로 이곳에서 호킹은 손가락조차 들어 올릴 수 없는 불편한 몸으로 방대한 우주 공간을 쥐락펴락해왔다.

어느 날, 호킹의 연구 동료 닐 튜록Neil Turok이 나에게 연락을 해왔다. "우리 연구팀을 이끄는 스티븐 호킹이 너를 한번 보고 싶어한다"는 놀라운 소식이었다. 그 무렵 나는 우주론cosmology을 연구하면서 DAMTP에서 개설한 고급 수학과정을 수강하고 있었는데, 나의 시험 성적을 좋게 본 호킹이 튜록에게 "그 친구가 나의 지도하에 박사과정을 이수할 의향이 있는지 물어보라"고 부탁했다는 것이다.

호킹의 연구실은 책과 논문으로 가득 차 있었지만, 나에게는 그런 풍경이 오히려 아늑하게 느껴졌다. 한쪽 벽에는 천장까지 닿을 정도로 커다란 창문이 나 있었는데, 나중에 안 사실이지만 이 창문은 한겨울에도 항상 열려 있다고 한다. 출입문 바로 옆에는 매릴린 먼로의 큼지막한 사진이 걸려 있고, 그 아래에는 엔터프라이즈호Enterprise 〈스타트렉〉에 등장하는 우주항해선의 홀로데크holodeck 홀로그램으로 설치, 제거가 가능한 엔터프라이즈호의 전망대에서 호킹과 아인슈타인, 뉴턴이 포커게임을 하는

그림 1. 케임브리지대학교 스티븐 호킹의 연구실 벽에 걸린 칠판에는 1980년 6월에 호킹이 주최한 초중력 학회에서 참가자들이 휘갈긴 수식과 그림이 기념품처럼 보존되어 있다. 이 정도면 '이론물리학자의 난해한 우주관을 담은 한 폭의 추상화'로 간주해도 무방하다. 그림의 가운데 아래쪽에 등을 돌리고 앉아 있는 인물이 바로 호킹 자신이다.[1] (이 사진의 컬러 버전은 도판 10에 실려 있다.)

상상화가 눈길을 끌었다. 오른쪽 벽면에는 온갖 수식으로 가득 찬 두 개의 칠판이 걸려 있는데, 그중 하나에는 우주의 기원과 관련하여 호킹이 최근에 한 듯 보이는 계산이 어지럽게 휘갈겨 있고, 그 아래에는 1980년에 개최한 학회에서 그가 남긴 낙서가 기념품처럼 전시되어 있다. 아마도 이것이 그가 손으로 직접 쓴 마지막 판서가 아니었을까?

　　잠시 침묵이 흐르다가, '딸깍!' 하는 작은 소리와 함께 호킹이 입을 열었다. 아니, 입을 연 것이 아니라 그의 '음성 장치'가 작동하기 시작한 것이다. 10여 년 전에 폐렴을 앓으면서 기관절개수술을 받은 후로 말을 할 수 없게 된 그는 컴퓨터를 통해 느리고 복잡한 과정을 거쳐야 타인과 대화를 나눌 수 있다.

호킹이 위축된 오른손 근육에 혼신의 힘을 집중하여 마우스처럼 생긴 도구를 약하게 누르면 휠체어의 팔 받침대에 연결된 모니터가 켜지면서 그의 내면세계와 바깥세상이 비로소 연결된다.

호킹이 사람들과 대화를 나눌 수 있도록 도와주는 도구는 단어 데이터베이스와 음성합성장치가 내장된 특수 컴퓨터 '이퀄라이저 equalizer'다. 손가락으로 단추를 누를 때마다 이퀄라이저의 전자사전에서 단어가 선택되는데, 그는 이 작업을 거의 본능적으로 해내는 것 같았다. 하나의 단어가 선택되면 그다음에 나올 가능성이 큰 단어와 문자가 메뉴 항목에 제시되는 식이다. 검색 엔진의 자동완성 기능과 비슷하다. 물론 데이터베이스에는 주로 이론물리학과 관련된 단어와 문장이 저장되어 있어서, 매 순간 적절한 다음 단어를 화면 하단에 다섯 개씩 추천하도록 프로그램되어 있다. 그러나 검색 알고리즘은 일상적인 대화와 이론물리학 관련 대화를 구별하지 못하기 때문에, 가끔은 '우주 마이크로파 리소토cosmic microwave risotto'나 '여분 섹스 차원extra sex dimension'과 같은 엉뚱한 단어가 자동완성으로 뜨기도 한다.

어느 순간, 모니터에 "안드레이는 주장했다Andrei claims"라는 문장이 떴고, 잔뜩 긴장한 나는 침을 꿀꺽 삼켰다. 그 뒤에 이어지는 문장을 과연 내가 이해할 수 있을까? 그로부터 1~2분 동안 호킹이 커서를 화면 상단 오른쪽으로 어렵게 이동시켜서 '말하기Speak'를 클릭하자, 그의 목소리가 전자 음성으로 흘러나오기 시작했다. "안드레이는 우주가 하나가 아니라 무한히 많이 존재한다는 황당무계한 주장을 펼쳤습니다."

이것이 그날 내가 들은 호킹의 첫마디였다.

안드레이 린데Andrei Linde는 러시아계 미국인 우주론학자로서, 1980년대에 탄생한 인플레이션 이론inflation theory(급팽창 이론)의 창시자 중 한 사람이다. 빅뱅 이론big bang theory 우주가 태초의 거대한 폭발로부터 탄생했다는 이론의 개정판에 해당하는 이 이론에 의하면, 탄생 초기의 우주는 초대형 폭발과 함께 상상을 초월할 정도로 빠르게 팽창했다. 우주론에서 '인플레이션'이란 물가상승이 아니라 초고속 팽창을 뜻하는 용어다. 훗날 린데는 자신의 이론을 확장하여 인플레이션이 여러 개의 우주에서 다발적으로 일어났다고 주장했다.

평소에 나는 '우주=존재하는 모든 것'이라고 막연하게 생각해왔을 뿐, 그것을 하나의 개체로 간주하지는 않았다. 그런데 린데는 우리가 '우주'라고 불러왔던 것이 하나가 아니라 무수히 많이 존재하며, 우리의 우주는 그중 하나일 뿐이라고 주장한 것이다. 무한히 팽창하는 바다 곳곳에 외딴섬들이 놓여 있다고 상상해보라. 하나의 섬에서 볼 때, 다른 섬들은 수평선 너머에 있기 때문에 보이지 않는다. 그 섬에 생명체가 살고 있다면, 이 망망대해에 섬이라는 것이 자신이 거주하는 섬 하나뿐이라고 생각할 것이다. 안드레이 린데가 말하는 우주도 이와 비슷하다. 우주는 무한히 많이 존재하지만, 개개의 우주는 다른 우주의 지평선 너머에 존재하기 때문에 어떤 도구를 사용해도 관측되지 않는다. 린데를 비롯한 우주론학자들은 이런 파격적인 주장을 펼치면서 거친 모험의 세계로 뛰어들었고, 최강의 모험심을 장착한 스티븐 호킹도 그 대열에 합류했다.

나는 그에게 물었다. "다른 우주가 존재한다는 건 단지 가설일 뿐인데, 거기에 왜 그렇게 매달리십니까?"

호킹의 대답이 기계음을 타고 흘러나왔다. "우리 망원경에 잡힌 우주가 누군가에 의해 정교하게 설계된 것처럼 보이기 때문입니다. 우주는 왜 지금과 같은 모습을 하고 있을까요? 그리고 우리는 왜 존재하게 되었을까요?"

그 순간, 나는 머리를 한 대 얻어맞은 기분이었다. 지금까지 나에게 물리학과 우주론을 가르쳐준 그 어떤 스승도 이런 형이상학적 표현을 구사한 적이 없었기 때문이다.

나는 다시 물었다. "그건 철학적 문제 아닌가요?"

그랬더니 호킹이 또 한 방의 펀치를 날렸다. "철학은 이미 죽었습니다." 이런 엄청난 말을 아무렇지 않게 구사하는 것도 놀라웠지만, 철학을 포기했다는 사람이 자신의 연구에 철학적 개념을 자유롭게 (그리고 창의적으로) 사용하는 것도 그 못지않게 놀라웠다.

호킹에게는 마법 같은 구석이 있다. 일단 말하는 방식부터 그렇다. 약간의 손놀림만으로 위트와 카리스마 넘치는 대사를 구사하고 있지 않은가. 그의 환한 미소와 표현력 풍부한 얼굴은 따뜻하면서도 장난기 넘치는 분위기를 연출한다. 심지어 로봇 같은 목소리까지 개성적으로 들릴 정도다. 나는 그와 대화를 나누면서 우주의 신비 속으로 깊이 빠져들었다.

델피의 현자Oracle of Delphi 신의 신탁을 받아 어려운 질문의 답을 알려주는 대리인가 그랬듯이, 호킹도 방대한 내용을 몇 개의 단어로 간결하게 표현하는 '축약의 달인'이다. 그의 축약 기술이 얼마나 탁월했는지, 이로부터 물리학을 생각하고 서술하는 새로운 방식이 탄생했을 정도다(자세한 내용은 나중에 설명할 것이다). 가끔은 'not' 같은 결정적 단어가 누락되어 혼란스러울 때도 있지만, 그와 대화를 나누는 동안에는 혼란조차 흥미롭게 느껴졌다. 게다가 호킹이 이퀄라이저를 작동하면서 시간을 끄는 동안 생각을 정리할 수 있었으니, 나에게는 그것도 고마운 일이었다.

호킹이 우리의 우주를 "설계된 우주"라고 표현한 이유는 극도로 격렬한 탄생과정(빅뱅-인플레이션)을 거쳤음에도, 모든 변수가 수십억 년 후에 태어날 생명체의 생존에 적합하도록 세팅되었기 때문이다. 이 문제는 지난 수십 년 동안 철학자와 우주론학자들을 무던히도 괴롭혀왔다. 마치 생명의 유전자와 우주가 처음부터 작당하여 언젠가는 우주에 생명체의 존재를 허용하기로 합의를 본 것 같다. 대체 어떤 사전 협약이 있었길래 우주가 그 까다로운 조건을 모두 수용하고 생명체의 존재를 허락한 것일까? 이것은 인간이 우주를 대상으로 떠올릴 수 있는 가장 심오한 질문이다. 호킹은 우주론을 통해 올바른 답을 찾기로 마음먹고 연구의 상당 부분을 이 문제에 할애했다.

사실 이것은 매우 예외적인 태도였다. 대부분의 물리학자들은 지나치게 어렵거나 철학적 냄새를 풍기는 문제를 별로 좋아하지 않는다. 그들은 우주가 '만물의 이론theory of everything'의 핵심을 이루는 우아한 수학법칙을 따른다고 굳게 믿고 있다. 만일 이것이 사실이라면,

누군가가 의도적으로 창조한 듯한 이 우주는 객관적이고 비인간적인 자연의 법칙을 아무 생각 없이 따르다가 우연히 만들어진 결과물일 뿐이다.

그러나 호킹과 린데는 평범한 물리학자가 아니었다. 수학의 추상적 아름다움에 의지하기 싫었던 이들은 우주의 변수들이 생명체에 유리한 쪽으로 세팅된 이유가 물리학의 기본 문제와 깊이 관련되어 있다고 생각했다. 자연의 법칙을 현실 세계에 적용하는 데 만족하지 않고, 그런 법칙이 탄생하게 된 기원을 찾아 나선 것이다. 자연의 법칙이 최초로 탄생한 순간이 바로 빅뱅이었기에, 두 사람은 빅뱅을 본격적으로 파고들었다. 그러나 '최초의 순간'에 다가갔을 때, 호킹과 린데의 의견은 서로 어긋나기 시작한다.

린데는 우주를 거대한 풍선으로 간주하고, 그 안에서 빅뱅이 수시로 일어나면서 새로운 우주가 탄생한다고 생각했다. 개개의 우주는 각기 나름대로 물리적 특성을 갖고 있는데, 개중에는 우리의 우주와 비슷한 것도 있고 판이하게 다른 것도 있다. 그러므로 우리의 우주가 생명체에게 우호적인 것은 별로 놀라운 일이 아니다. '우주 집단'에는 생명체가 살 수 없는 우주도 무수히 많기 때문이다. 린데의 주장에 의하면 우리의 우주가 미리 설계된 것처럼 보이는 것은 인간의 제한된 관점이 낳은 착각일 뿐이다. 1등 복권에 당첨된 사람이 "나는 역시 조상님들께서 굽어살피는 귀한 자손"이라고 착각하는 것과 비슷하다.

그러나 호킹은 린데의 다중우주multiverse야말로 형이상학적 환상에 불과하다고 생각했다. 내가 보기에도 다중우주 가설은 증명이 불가능할 것 같다. 하지만 두 사람의 의견이 상충된다 해도, 세계적으로 유명한 우주론학자들이 근본적인 질문을 놓고 열띤 논쟁을 벌인다는 것 자체가 내게는 매우 매력적이고 흥미로운 사건으로 다가왔다.

나는 호킹에게 말했다. "린데의 주장은 '다중우주가 무한히 많으면 생명체에 우호적인 우주도 얼마든지 존재할 수 있다'는 인류 원리 anthropic principle를 떠올리게 하는군요."

그러자 호킹이 나를 바라보며 입을 미세하게 씰룩거렸다. 나중에 안 사실이지만, 그것은 상대방의 말에 동의하지 않는다는 뜻이었다. 호킹의 측근들 사이에서만 통용되는 그만의 보디랭귀지를 내가 이해할 턱이 없지 않은가. 호킹도 뒤늦게 이 사실을 알아챈 듯, 다시 화면으로 눈을 돌려 새로운 문장 두 개를 만들었다.

"인류 원리는 막다른 길에 도달한 사람들이 꺼내든 최후의 변명입니다. 그런 식의 주장은 우주 저변에 깔린 질서를 과학적으로 이해하려는 우리의 모든 시도를 부정하는 것과 다를 게 없습니다."

내 귀를 의심하게 만드는 발언이었다. 내 기억에 의하면 그는 1988년에 출간한 《시간의 역사A Brief History of Time》에서 우주의 기원을 설명할 때 인류 원리를 자주 언급했기 때문이다. 뼛속까지 우주론학자였던 그는 방대한 우주의 물리적 특성과 정교한 생명체 사이에 존재하는 '공명'을 오래전부터 인식하고 있었다. 1970년대 초반에 호킹은 우주가 공간의 세 방향(전후, 좌우, 상하)에 대하여 똑같은 속도로 팽창하는 이유를 설명하기 위해 인류 원리를 도입한 적이 있다(결국 이 설명은 틀린 것으로 판명되었다).[2] 그런데 이제 와서 왜 인류 원리를 포기한 것일까?

얼마 후 호킹은 나에게 양해를 구하고 기관지 세척 치료를 받기 위해 자리를 비웠다. 그 덕분에 그의 연구실을 찬찬히 둘러볼 기회가 생겼는데, 선반 위에 그의 대표작인 《시간의 역사》가 놓여 있길래 무심코 집어 들었더니 영어가 아닌 외국어 번역본이었다. 대체 이 사람이 읽지 않는 건 어떤 책일까? 그리고 그 옆에는 과거에 호킹의 지도를 받았던 학생들의 박사학위논문이 줄줄이 꽂혀 있었다. 그는 1970년대 초부터 케임브리지의 대학원생과 포스트닥postdoc(박사후과정)으로 결성된 소규모 연구팀을 이끌어왔다.

호킹의 책장에 꽂혀 있는 제자들의 학위논문에는 20세기 후반을 풍미했던 물리학의 최고 난제들이 망라되어 있다. 1980년대에 작성된 논문으로는 브라이언 휘트Brian Whitt의 「중력: 양자이론?Gravity: A Quantum Theory?」과 레이먼드 라플람Raymond Laflamme의 「시간과 양자우주론Time and Quantum Cosmology」이 있고, 페이 다우커Fay Dowker의 「시공간 웜홀과 자연의 상수Spacetime Wormholes and the Constants of Nature」는 1990년대 초 호킹과 그의 동료들이 웜홀wormhole(공간을 연결하는 기하학적 다리)을 연구할 때 작성된 것이다(호킹의 친구인 킵 손 Kip Thorne은 영화 〈인터스텔라〉의 시나리오 작업에 참여하여, 주인공 쿠퍼가 태양계로 되돌아올 때 웜홀을 통과한다는 설정을 집어넣었다). 페이의 논문 오른쪽에는 호킹의 마지막 제자인 마리카 테일러Marika Taylor의 논문 「M 이론의 문제점Problems in M Theory」이 꽂혀 있다. 그녀는 다섯 종류의 끈이론string theory이 'M 이론'이라는 하나의 이론으로 통일되었을 때(이 시기를 '끈이론의 2차 혁명기'라 한다) 이 분야에 투신하여 호킹을 끈이론의 세계로 끌어들인 인물이다.

책장의 왼쪽 끝에는《팽창하는 우주의 특성Properties of Expanding Universe》이라는 제목의 오래된 책 두 권이 꽂혀 있다. 이것은 스티븐 호킹이 1960년대 중반에 제출했던 박사학위논문을 재출간한 것으로, 바로 이 무렵에 미국 벨연구소의 홈델 혼 안테나Holmdel Horn Antenna 사각뿔 모양으로 생긴 전파망원경에서 빅뱅의 잔광殘光에 해당하는 마이크로파 우주배경복사CMB, cosmic microwave background radiation가 발견되었다. 이 논문에서 호킹은 아인슈타인의 중력이론(일반상대성 이론general relativity)에 근거하여 "빅뱅의 메아리는 시간에 출발점이 있었음을 시사하는 강력한 증거"라고 주장했다. 이 논문이 앞서 말했던 안드레이 린데의 다중우주와 어떻게 연결되는 것일까?

나는 책장을 계속 훑어보다가 호킹의 학위논문 오른쪽에 있는 게리 기번스Gary Gibbons의 논문 「중력파 복사와 중력에 의한 붕괴 Gravitational Radiation and Gravitational collapse」에 시선이 꽂혔다. 1970년대 초에 미국의 물리학자 조 웨버Joe Weber는 은하수Milky Way 태양계가 속한 우리 은하의 중심에서 강력한 중력파gravitational wave를 발견하여 천문학계를 떠들썩하게 만든 적이 있는데, 기번스는 바로 이 무렵에 호킹의 첫 번째 박사과정 제자로 입문한 사람이다. 당시 기번스가 관측한 중력파 복사는 강도가 너무 높아서 은하의 질량이 곧 소진될 것처럼 보였다. 모든 은하의 중심에서 이런 중력파가 계속 방출된다면 머지않아 우주의 은하가 멸종할 것 같았다. 이 문제에 호기심을 느낀 호킹과 기번스는 아무도 생각하지 못했던 아이디어를 떠올렸다. "DAMTP의 지하실에 중력파 감지기를 설치하면 대박을 터뜨릴 수 있지 않을까?" 그러나 얼마 지나지 않아 웨버가 관측했던 중력파의 강도는 소문보다 훨씬 약한 것으로 판명되었고, 실제로 중력파가 감지될 때까지는 40년의 세월이 더 지나야 했다(2016년에 미국의 중력파 감지기 라이고 LIGO, Laser Interferometer Gravitational-Wave Observatory에서 최초로 중력파가 검출되었다).

호킹은 블랙홀black hole(자체 중력으로 붕괴된 별)이나 빅뱅 같은 '고위험-고소득 테마'를 연구하기 위해 한 학기에 한 명씩 대학원생 제자를 뽑았다. 그리고 두 가지 주제 모두 연구의 맥이 끊기지 않도록 한 학생이 블랙홀을 연구하면 그다음 학기에 들어온 학생에게는 빅뱅을 연구과제로 내주었다. 그가 두 주제에 똑같이 전념한 이유는 블랙홀과 빅뱅을 음과 양의 관계로 간주했기 때문이다. 실제로 빅뱅에 대한 호킹의 통찰력은 블랙홀을 연구하면서 떠올린 아이디어에 기초하고 있다.

블랙홀과 빅뱅은 거시적 규모에서 작용하는 중력과 미시 세계의 원자 및 소립자들이 하나로 합쳐지는 곳이다. 물과 기름처럼 서로를 거부하는 아인슈타인의 중력이론(일반상대성 이론)과 양자이론 quantum theory도 이 극단적 환경에서는 꽤 유순해진다. 사실 일반상대성 이론과 양자역학을 하나로 합치는 것은 물리학이 풀어야 할 가장 큰 과제로 남아 있다. 특히 인과율因果律, causality 과거의 원인에 의해 미래의 결과가 초래된다는 법칙과 결정론determinism적 관점에서 볼 때, 두 이론은 완전히 극과 극이다. 아인슈타인의 일반상대성 이론은 뉴턴과 피에르 시몽 라플라스Pierre Simon Laplace 프랑스의 수학자 겸 천문학자의 결정론(만물의 미래가 이미 결정되어 있다는 이론이나 철학사조)에 위배되지 않지만, 불확실성과 무작위성에 기초한 양자이론은 라플라스가 주장했던 결정론의 절반만 수용하고 있다. 그래서 일반상대성 이론과 양자이론을 하나로 합치려고 하면 계산 도중 무한대가 발생하거나 말도 안 되는 결과가 얻어지는 등, 예외 없이 대형사고가 발생한다. 호킹의 중력 연구팀과 전 세계에 흩어져 있는 그의 제자들은 이 문제를 해결하기 위해 다른 어떤 팀보다 많은 연구를 수행해왔다.

치료를 마치고 간호사와 함께 연구실로 돌아온 호킹은 다시 마우스를 클릭하여 문장을 만들어나갔다(그날 우리의 대화는 두 번 중단되었는데, 한 번은 치료 때문이었고 다른 한 번은 TV를 보기 위해서였다. 그날 방영된 〈심슨 가족The Simpsons〉에 호킹이 등장했기 때문이다. 만화 속 호킹의 휠체어에는 주먹이 튀어나와 헛소리하는 사람을 때려주는 기능도 있었다).

"나와 함께 빅뱅 이론을 연구해주었으면 합니다……."

세상에! 그것은 내 인생의 빅뱅이 시작되는 순간이었다.

"……다중우주에서 파생된 문제를 해결해야 하거든요." 그는 환한 미소를 지으며 반짝이는 눈으로 나를 바라보았다. 그의 목적은 철학이나 인류 원리에 의존하지 않고 오직 양자이론만으로 다중우주의 비밀을 밝히는 것이었다. 호킹의 말투는 학생에게 숙제를 내주는 선생님처럼 담담했다. 그 한마디로 나는 우주선 '호킹호'의 정식 승무원이 되었지만, 호킹호가 어떤 방향으로 나아갈지는 짐작조차 할 수 없었다.

앞일을 생각하며 머릿속이 복잡해졌을 때, 갑자기 모니터에 이런 문장이 나타났다. "나는 죽어가고 있습니다…….(I'm dying…….)"

그 순간, 온몸이 얼어붙었다. 잔뜩 놀란 표정으로 간호사를 바라보았으나, 그녀는 연구실 한쪽 구석에 앉아 태평한 표정으로 잡지 삼매경에 빠져 있었다. 다시 호킹을 바라보니 그 역시 태평한 표정으로 문장을 이어나갔다.

"...차...한 잔...마시고...싶어...죽겠다고요.(...for...a...cup...of...tea.)"

그랬다. 그곳은 영국이었고, 시간은 오후 4시였다.

유일한 우주인가, 다중우주인가? 설계된 우주인가, 자연적으로 만들어진 우주인가? 이것은 향후 20년 동안 우리의 머릿속을 떠나지 않을 운명적 질문이었다. 하나의 숙제가 끝나면 곧바로 다음 숙제가 부과되었고, 그 덕분에 호킹과 나는 21세기 초 물리학계에서 벌어진 가장 뜨거운 논쟁의 한복판에 서게 되었다. 대다수의 물리학자들은 다중우주에 대하여 자신만의 의견을 갖고 있었지만, 확신에 찬 어조로 주장하는 사람은 단 한 명도 없었다. 나는 호킹의 지도를 받으면서 박사과정 학생이 누릴 수 있는 최고의 호사를 만끽했으나, 이 행복했던 시간은 2018년 3월 14일에 막을 내리고 말았다. 우리 시대 최고의 물리학자 스티븐 호킹이 76세를 일기로 세상을 떠났기 때문이다.

우리 연구의 핵심은 빅뱅의 특성과 생명체가 존재하게 된 원인을 밝히는 것이었지만, 자연법칙의 저변에 깔린 진정한 의미를 파악하는 것도 그 못지않게 중요했다. 우주론은 이 세상에 관하여 무엇을 알아낼 수 있으며, 우리는 그 세상에 어떻게 적응하고 있는가? 이런 생각을 하다 보면 물리학은 어느새 안락한 영역에서 벗어나 낯선 세계로 내던져진다. 이곳이 바로 호킹이 죽는 날까지 탐험했던 세계이며, 수십 년의 사고를 통해 단련된 그의 직관이 막강한 위력을 발휘한 곳이기도 하다.

젊은 시절에 호킹은 다른 물리학자들처럼 물리학의 기본 법칙을 영원불멸의 진리로 여겼다. 그는 마흔여섯 살 때 발표한 《시간의 역사》에서 "완벽한 이론을 찾는다면…… 신의 마음을 읽을 수 있을 것"이라고 단언했다. 그러나 그로부터 10여 년 후에 나와 대면했을 때, 호킹의 관점은 상당히 변해 있었다. 신의 마음이 투영된 법칙이란 곧 '불멸의 법칙'을 의미할 텐데, 물리학은 과연 빅뱅의 순간에 작용했던 불멸의 법칙을 찾아낼 수 있을까? 아니, 우리에게 그런 불멸의 법칙이 정말 필요한 것일까?

얼마 가지 않아 우리는 이론물리학에서 플라톤의 진자振子가 한쪽으로 지나치게 기울어져 있음을 깨달았다. 우주가 태어난 최초의 순간까지 거슬러 올라갔더니, 물리학의 법칙이 스스로 진화하면서 변하는 것처럼 보였기 때문이다. 원시우주에서 물리학의 법칙은 진화론의 무작위 변이나 자연 선택과 비슷하게 특정한 종種과 힘에 알맞게 선택된 것처럼 보였고, (앞으로 논의되겠지만) 시간은 빅뱅 속으로 사라지는 것 같았다. 그래서 호킹과 나는 빅뱅이 시간의 시작점일 뿐만 아니라 모든 물리법칙의 기원이라고 생각하게 되었으며, 그때부터 우주의 기원을 설명하는 새로운 물리학 이론을 구축하기 시작했다.

나는 호킹과 함께 시공간의 변두리를 탐험하면서 호킹이라는 인물의 내면세계까지 들여다볼 수 있었다. 공동 연구를 하다 보면 서로 가까워지기 마련인데, 가장 가까운 거리에서 바라본 호킹은 문자 그대로 '진정한 탐구자'였다. 그의 주변에 있다 보면 아무리 어려운 문제가 주어져도 자신도 모르는 사이에 "언젠가는 반드시 해결된다"고 믿는 낙관주의자가 된다. 바로 옆에서 호킹의 영향을 직접적으로 받은 우리는 "우리 자신의 창조설을 써 내려가고 있다"는 느낌을 강하게 받았으며, 어떤 면에서는 실제로 그렇게 했다.

호킹과 함께한 물리학은 정말로 재미있었다! 그와 함께 있으면 연구하는 시간과 노는 시간이 구별이 안 될 정도였다. 실제로 그가 보여준 최강의 열정과 모험정신은 삶을 대하는 그의 태도와 완벽하게 일치했다. 지난 2007년 4월, 그는 예순다섯 번째 생일을 앞두고 "보잉 727 비행기를 타고 무중력 체험에 도전하겠다"고 선언하여 주변인들을 대경실색하게 만들었다. 사실 이런 돌발상황이 벌어진 데에는 나의 책임이 크다. 무중력 체험을 위해 벨기에로 호킹을 초청한 사람이 바로 나였기 때문이다. 주치의들은 유로스타영국과 유럽대륙을 잇는 초고속 열차를 타고 도버해협을 건너는 것이 결코 좋은 생각이 아니라며 극구 말렸지만, 그의 모험심을 막기에는 역부족이었다. 호킹의 몸이 무중력 상태에서 두둥실 떠오르는 동영상은 유튜브에 공개되어 있다.

호킹은 병으로 목소리를 완전히 잃고 손가락조차 움직이기 어려웠음에도 불구하고 우주 깊은 곳에 감춰진 비밀이 드러날 때마다 전 세계 청중들에게 이 소식을 전하면서 발견의 기쁨을 함께 나누었다. 이 시대 최고의 이론물리학자가 된 것만도 대단한 일인데, 불편한 몸으로 '최고의 과학 전도사'라는 역할까지 해낸 것이다. 그는 우리와 공동 연구를 진행하던 와중에도 틈틈이 시간의 미스터리를 정리하여 《위대한 설계The Grand Design》라는 책을 출간했다. 인류 원리와 다중 우주, 궁극적 만물의 이론final theory of everything 등 자연적으로 발생한 우주와 신이 창조한 우주를 극명하게 대비시킨 이 저서는 향후 몇 년 동안 우리의 연구 방향을 결정한 책이기도 하다. 호킹이 세상을 떠나기 얼마 전에 "새 책을 낼 때가 되었다"고 말한 적이 있는데, 알고 보니 그것은 바로 이 책을 두고 한 말이었다. 그래서 나는 앞으로 몇 장에 걸쳐 빅뱅으로 되돌아갔던 우리의 여정을 돌아보고, 이 여정에서 호킹이 다중우주의 개념을 포기하고 찰스 다윈의 진화론을 닮은 새로운 우주관을 수용하게 된 이유를 설명하고자 한다.

우리는 연구 기간 동안 미국의 물리학자 짐 하틀Jim Hartle과 많은 의견을 나누었다. 그는 호킹의 오랜 친구로서, 1980년대 초에 호킹과 함께 양자우주론quantum cosmology이라는 분야를 개척한 인물이다. 호킹과 하틀은 몇 년 동안 이 분야에 몰두하면서 '양자'라는 렌즈를 통해 우주를 바라보는 방법을 터득했고, 이때 형성된 '양자적 사고'는 두 사람이 사용하는 언어에 깊이 배어 있다. 예를 들어 대부분의 우주론학자들이 '우주'라고 말할 때는 수많은 별과 은하가 흩어져 있는 방대한 공간을 뜻하지만, 호킹과 하틀이 말하는 '우주'란 불확실성으로 가득 차 있으면서 모든 가능한 역사가 중첩된 채로 존재하는 양자적 우주를 의미한다. 두 사람이 다윈의 진화론을 닮은 혁명적 우주론에 도달하게 된 것은 모든 것을 철저하게 양자역학적 관점에서 바라보았기 때문이다. 말년에 양자이론을 진지하게(진정으로 매우 진지하게) 받아들인 호킹은 가장 거대한 규모에서 우주를 처음부터 다시 생각하기 시작했고,과거에 호킹이 양자역학을 가볍게 여겼다는 뜻이 아니라, 거시적 우주론에 양자역학을 적극적으로 반영하지 않았다는 뜻이다 그 후로 죽는 날까지 그가 추구했던 최고의 연구 주제는 단연 양자우주론이었다.

　　나와 공동 연구를 진행하는 동안 호킹은 손가락에 미세한 힘조차 줄 수 없을 정도로 몸 상태가 악화되어 기존의 장치로는 대화를 나눌 수 없게 되었다. 의사들은 여러 방법을 궁리한 끝에 뺨의 미세한 움직임을 포착하는 센서를 안경에 달아줬으나, 얼마 후에는 이마저도 쓸 수 없게 되었다. 손가락을 움직일 수 있던 시절에 1분당 몇 단어씩 오갔던 대화가 단어 한 개당 몇 분이 걸릴 정도로 느려졌고, 그와의 대화는 점점 더디게 진행되었다. 세계 최고의 과학자가 그 어느 때보다 말을 많이 해야 할 시기에 더 이상 말을 할 수 없게 된 것이다.[3] 그러나 호킹은 연구팀원들 사이에 형성된 지적 연결고리를 마지막 순간까지 놓지 않았고, 어느새 우리는 언어를 초월하여 마음으로 의사소통을 하는 단계에 이르렀다. 이퀄라이저와 센서, 마우스 같은 기계가 무용지물이 된 상태에서 호킹과 눈을 마주 보고 앉아 질문을 던졌을 때 그의 눈이 맑게 빛나면, 그가 나의 의견에 동의한다는 뜻임을 분명하게 알 수 있었다. 우리는 지난 수년간 쌓아왔던 공통 언어와 상호 이해에 기초하여 어렵게 의견을 교환하면서 느리지만 꾸준하게 연구를 진행했고, 그 결과 우주에 관한 호킹의 '최종 이론final theory'이 마침내 세상 빛을 보게 되었다.

자연과학을 파고들다 보면, 좋건 싫건 형이상학으로 빠지는 갈림길에 도달하기 마련이다. 이 갈림길에서 우리는 자연의 작동 원리를 발견하고, 과학에 가치를 부여하는 조건과 새로운 발견으로부터 형성될 세계관에 대하여 심오한 깨달음을 얻게 된다. 우리는 "우주는 왜 생명체에 우호적인 곳이 되었는가?"라는 질문의 답을 찾던 중 그와 같은 갈림길에 도달했다. 이것은 과학의 영역을 넘어 생명의 본질을 추구하는 질문이기 때문이다. 생명의 본질은 곧 인간의 본질이므로, 호킹의 마지막 연구는 결국 인간의 기원을 탐구하는 연구였던 셈이다. 생명친화적인 우주에서 '지구의 관리인'으로 살아가는 삶이란 과연 어떤 의미인가? 호킹은 삶의 마지막 순간을 이 심오한 질문의 해답을 찾으면서 보냈다. 이것 하나만으로도 그의 최종 이론은 과학의 값진 유산으로 남기에 부족함이 없을 것이다.

내가 지난 20년 동안 스티븐 호킹과 함께하면서
나눴던 수많은 대화는 비교적 충실하게 기록으로
남아 있으며, 그중 일부는 이 책에 실려 있다.

1장

역설

"가장 큰 망원경의 접안렌즈도 사람의 눈보다 클 수 없다"는 희한한

상관관계가 얻어질 수도 있다.

_루트비히 비트겐슈타인 어록 중에서

지난 세기말에 눈부시게 발전한 우주론cosmology(우주의 기원과 진화 과정, 우주의 미래를 예측하는 과학)은 1990년대 말에 이르러 최고의 전성기를 맞이했다. 오랜 세월 동안 짐작과 추론의 영역에 묶여 있던 우주론이 드디어 첨단과학의 선두로 떠오른 것이다. 당시 전 세계의 과학자들은 첨단 인공위성과 지상 관측 장비로부터 구현된 우주의 새로운 모습을 바라보며 흥분을 감추지 못했다. 그것은 단순히 우주를 찍은 사진이 아니라, 마치 우주가 우리에게 자신의 비밀을 털어놓는 현장 같았다. 새롭게 드러난 우주의 모습에 가장 바빠진 사람은 이론가들이었다. 그들이 하는 일이란 가능한 한 억측을 자제하면서 자신이 제기한 우주 모형으로 관측 결과를 설명하는 것이었으니, 새로운 결과가 반영되도록 기존의 우주 모형을 어떻게든 수정해야 했다.

우주론은 우주의 과거를 들여다보는 과학이다. 우주론학자는 천

체망원경을 타임머신으로 삼아 과거로 시간여행을 하는 사람들이다. 망원경으로 먼 천체를 바라볼수록, 그 천체가 존재하는 시점은 더욱 과거로 거슬러 간다. 그곳에서 방출된 빛이 지구의 망원경에 도달할 때까지 수백만 년, 또는 수십억 년이 걸리기 때문이다. 1927년에 벨기에의 성직자 겸 천문학자였던 조르주 르메트르Georges Lemaître는 "우주는 장기적으로 볼 때 팽창하고 있다"고 주장했다. 당시에는 아무도 그 말을 믿지 않았고 최고의 물리학자인 아인슈타인조차 젊은 학자의 어설픈 상상으로 치부해버렸지만, 1990년대에 이르러 팽창으로 일관해온 우주의 역사가 드디어 망원경을 통해 적나라하게 드러났다.

우주의 역사에는 의외의 변환점이 존재한다. 예를 들어 1998년에 천문학자들은 지금으로부터 50억 년 전부터 우주의 팽창 속도가 빨라지기 시작했다는 놀라운 사실을 알아냈다. 우리가 알고 있는 모든 물질은 서로 중력을 행사하고 있으므로 시간이 흐를수록 팽창 속도가 점점 느려져야 할 것 같은데, 현실은 정반대였던 것이다. 중력의 영향으로 팽창 속도가 느려지는 것은 지표면에서 위로 던져진 물체의 속도가 위로 올라갈수록 점점 느려지는 것과 같은 현상이다. 그 후로 물리학자들은 우주의 팽창 속도가 점점 빨라지는 '가속 팽창' 현상을 설명하기 위해, 그 옛날 아인슈타인이 도입했다가 스스로 철회했던 우주상수cosmological constant를 다시 소환했다. 오로지 잡아당기기만 하는 중력(인력引力)을 밀어내는 힘(척력斥力)으로 바꿔주는 마법 같은 암흑 에너지dark energy의 정체가 우주상수일지도 모른다고 생각했기 때문이다. 당시 한 천문학자는 이렇게 비유하기도 했다. "우주의 3분의 2가 에너지이고 나머지 3분의 1이 물질이라면, 우주는 로스앤젤레스와 아주 비슷하다."

어쨌거나 우주가 팽창하고 있다면, 과거의 우주는 틀림없이 지금보다 작았을 것이다. 우주의 역사를 거슬러서 처음 탄생한 순간으로 되돌아가면(물론 수학적으로만 가능한 이야기다) 모든 만물이 아주 작은 영역에 똘똘 뭉쳐 있으면서 온도가 상상을 초월할 정도로 뜨거운 상태에 도달하게 된다. 이와 같은 원시 상태 우주를 '핫빅뱅hot big bang'이라 하는데, 1990년대 천문학자들의 계산에 의하면 핫빅뱅 이후로 지금까지 흐른 시간, 즉 우주의 나이는 138억 년(±2000만 년)이었다.

우주의 탄생 비화를 더욱 자세히 캐고 싶었던 유럽우주국ESA, European Space Agency은 "빅뱅 후 우주 전역에 흩어진 복사열의 잔해를 추적한다"는 야심 찬 목표하에 밤하늘을 최고의 정밀도로 스캔하는 첨단 인공위성을 2009년 5월에 발사했다. 우주가 탄생할 때 방출된 엄청난 복사열은 그 후 138억 년 동안 우주가 팽창함에 따라 서서히 식어갔고, 지금은 절대온도 2.725K(섭씨온도 약 −270도)까지 차가워졌다. 이 온도에 해당하는 복사 에너지는 전자기파 스펙트럼에서 마이크로파의 형태로 존재하기 때문에, 빅뱅의 잔광을 흔히 '마이크로파 우주배경복사CMB, cosmic microwave background radiation'라 한다.

태초의 열熱을 포착하려는 유럽우주국의 노력은 그야말로 대박에 가까운 결실을 맺었다. 2013년의 어느 날, 인상주의 화가의 점묘화를 연상시키는 특별한 사진 한 장이 전 세계 일간지의 1면을 장식한 것이다. 이 사진에는 전 하늘에 걸친 우주배경복사의 온도 분포가 수

$\delta T\ [\mu K]$

-300　　　　　　300

그림 2. 양자역학의 원조 막스 플랑크의 이름을 딴 유럽우주국의 플랑크 위성이 촬영한 빅뱅의 잔광 분포도. 각 점의 명도는 해당 부위에서 우주배경복사의 온도를 나타낸다(원본 컬러 사진에는 명도가 아닌 색으로 구별되어 있다). 언뜻 보기에는 온도가 무작위로 분포된 것처럼 보이지만, 정밀 분석을 거치면 각 지역을 연결하는 뚜렷한 패턴이 나타난다. 이 데이터를 이용하면 우주 팽창의 역사와 은하의 형성과정을 추적할 수 있을 뿐만 아니라, 우주의 미래까지 예측할 수 있다.

백만 개의 점으로 표현되어 있고, 컬러로 그려진 원본에는 각 점의 온도가 색으로 구별되어 있다. 빅뱅 후 38만 년이 지났을 때 우주가 수천 도까지 식으면서 원시복사가 비로소 공간을 자유롭게 이동할 수 있게 되었는데, 이 CMB 분포도를 역으로 추적하면 그 무렵 우주의 온도 분포를 재현할 수 있다.

　　우주배경복사 지도는 빅뱅의 잔광이 우주 전역에 걸쳐 '거의 균일하게' 분포되어 있음을 분명하게 보여주고 있다(물론 완벽하게 균일하지는 않다). 인접한 점들 사이의 온도 차는 10만 분의 1도를 넘지 않지만, 이 작은 차이가 은하의 형성 여부를 결정한다. 빅뱅의 열이 모든 곳에 균일하게 분포되었다면 우주에는 은하가 단 하나도 형성되지 않았을 것이다.

CMB 사진의 변두리는 우주 지평선cosmic horizon에 해당한다. 그보다 먼 곳은 절대로 관측할 수 없기 때문이다.● 그러나 우리는 초기 우주론에서 이와 관련된 정보를 얻을 수 있다. 고생물학자들이 돌에 새겨진 화석을 분석하여 과거의 생명체를 유추하듯이, 우주론학자는 CMB에 남아 있는 열의 화석(작은 점들)의 분포 패턴을 분석하여 CMB 지도가 하늘에 새겨지기 전에 일어났던 일련의 사건을 유추할 수 있다. 다시 말해서, CMB는 우주의 역사를 빅뱅 직후의 순간까지 되돌아볼 수 있게 해주는 '우주의 로제타석Rosetta Stone'인 셈이다.

여기서 얻은 결과는 더할 나위 없이 흥미롭다. 4장에서 다시 논의되겠지만, 우주배경복사의 지역에 따른 온도 차를 분석해보면 우주는 탄생 직후에 아주 빠르게 팽창하다가 시간이 흐를수록 팽창 속도가 점차 느려졌고, 최근 들어(약 50억 년 전부터) 팽창 속도가 다시 빨라지기 시작했음을 알 수 있다. 우주의 역사에 감속팽창기팽창 속도가 점점 느려지는 기간가 존재한 것은 시공간의 척도에 따른 규칙이 아니라 예외적인 현상일 것으로 추측된다. 이것은 우주가 생명친화적 특성을 갖

● 우주 지평선보다 먼 곳에서 방출된 빛이 지구에 도달하려면 우주의 나이보다 긴 시간이 소요된다. 즉 우주 지평선 너머에서 방출된 빛은 아직 지구에 도달하지 않았으므로 관측되지 않는다.—옮긴이

는 데 일조했던 '우연한 사건' 중 하나다. 팽창 속도가 점차 느려져야 물질이 한곳으로 뭉쳐서 은하가 형성될 수 있기 때문이다. 팽창 속도가 아주 느려서 우주가 거의 정지 상태에 놓인 기간이 없었다면, 은하와 별은 물론이고 생명체도 탄생하지 않았을 것이다.

우주팽창의 역사는 '생명체가 존재할 수 있는 조건'이 현대 우주론의 중요한 테마로 수용되는 데 핵심적 역할을 했다. 1930년대 초에 르메트르는 자신이 애용하던 보라색 노트에 '망설이는 우주hesitating universe'라는 제목으로 간단한 스케치를 그려놓았는데, 이 그림에는 70년 후에나 알려지게 될 우주팽창의 역사가 놀라울 정도로 정확하게 표현되어 있다.(도판 3 참조)• 르메트르는 우주가 생명체의 존재를 허용한다는 점을 고려하여 "팽창이 한동안 매우 느리게 진행되어 우주는 거의 정지 상태에 있었다"는 아이디어를 수용했다. 그는 최근 들어 가까운 은하들이 멀어지는 속도가 점점 빨라진다는 사실을 알고 있었는데, 이런 속도로 시간을 되돌려보니 10억 년 전에 모든 은하가 하나로 포개진다는 엉뚱한 결론에 도달했다. 지구와 태양의 나이는 40억 년 이상이므로, 이것은 분명히 잘못된 결과다. 그리하여 르메트르는 우주의 역사와 태양계의 나이 사이에 발생한 모순을 해결하기 위해 "별과 행성, 생명체가 탄생할 수 있도록 우주팽창이 아주 느리게 진행된 시기"가 존재했다고 결론지었다. 우주가 팽창할까 말까 망설였다는 뜻에서

• 르메트르는 과학적 사고와 영적 성찰이 섞이는 것을 방지하기 위해 과학 논리는 노트의 앞부분부터 써나갔고 종교적인 내용은 노트의 뒷부분에 적어놓았다. 두 부분은 몇 장의 빈 페이지를 사이에 두고 서로 분리되어 있다.

'망설이는 우주'로 명명한 것이다.

르메트르의 연구 결과에 한껏 자극받은 물리학자들은 향후 수십 년 동안 우주의 특성을 파고든 끝에 '운 좋은 우연의 일치'를 여러 개 발견했다. 원자와 분자에서 방대한 우주에 이르기까지, 이들이 갖고 있는 물리적 특성을 조금이라도 바꾸면 우리 우주는 생명체가 존재할 수 없는 불모지로 돌변한다.

거시적 규모에서 우주의 운명을 좌우해온 중력을 예로 들어보자. 중력은 매우 약한 힘이어서, 생명체가 땅에 발을 붙이고 살아가려면 지구만 한 질량이 필요하다. 그러나 중력이 지금보다 조금만 더 강했다면 항성이 지금보다 밝으면서 수명이 짧아졌을 것이므로, 그 주변을 도는 행성에 복잡한 생명체가 등장할 만큼 충분한 시간이 주어지지 않았을 것이다.

주변 영역과의 온도 차가 10만 분의 1도밖에 안 되는 우주배경복사도 마찬가지다. 만일 이 온도 차가 1만 분의 1도였다면 우주는 은하와 별이 아닌 블랙홀 세상이 되었을 것이고, 온도 차가 100만 분의 1도였다면 아무것도 없는 텅 빈 공간만 남았을 것이다. 지금의 우주를 낳은 빅뱅 역시 훗날 생명체가 탄생하기에 알맞은 온도에서 일어났다. 우주는 어느 모로 보나 '생명친화적인 조건'에서 출발했고, 수십억 년 후에 그 결실을 맺었다.

'운 좋은 우연의 일치' 사례는 그 외에도 얼마든지 있다. 다들 알다시피 우리가 속한 공간은 거대한 규모의 3차원 공간이다. 그런데 왜 하필 3차원인가? 3이라는 숫자에 무슨 특별한 의미라도 있는가?

그림 3. 2차원 평면에 거주하는 생명체는 자신의 몸도 2차원이므로, 먹고 배설하는 소화 기관을 가질 수 없다. 이런 기관이 존재한다면 몸이 두 조각으로 분리되기 때문이다.

물론이다. 우주 공간에 차원을 하나 추가해서 4차원 공간으로 확장하면 당장 원자와 행성의 궤도가 불안정해진다. 이런 곳에서 지구는 정해진 궤도를 돌지 못하고 점점 작아지는 나선형 궤적을 그리다가 태양으로 빨려 들어가게 된다. 여기서 공간을 5차원 이상으로 확장하면 문제가 더욱 심각해질 뿐이다. 차원을 줄이면 어떨까? 예를 들어 우주 공간이 평평한 2차원이라면 행성의 궤도가 문제가 아니라, 복잡한 생명체가 아예 존재할 수 없게 된다.(그림 3 참조) 그러므로 생명체에게 가장 적당한 차원은 단연 3차원이다.

생명친화적 '운 좋은 일치'는 기본 입자와 이들 사이의 힘으로부터 결정되는 화학적 특성에서도 찾아볼 수 있다. 원자의 중심부에 있는 핵자nucleon 원자핵을 구성하는 입자를 예로 들어보자. 양성자proton와 중성자neutron는 질량이 거의 비슷하지만, 정밀하게 측정해보면 중성자가 조금 더 무겁다. 정확하게 말해서 중성자의 질량은 양성자의 1.0014배다. 만일 이들의 비율이 반대였다면(즉 양성자의 질량이 중성자의 1.0014배였다면) 빅뱅 직후에 생성된 모든 양성자는 중성자로 붕괴되었을 것이며, 양성자가 없으므로 원자핵도, 원자도 없고 따라서 화학 반응도 일어나지 않았을 것이다.

별의 내부에서 탄소가 생성된 것도 생명체의 입장에서 보면 기적 같은 행운이다. 다들 알다시피 탄소는 생명체를 구성하는 필수 원소인데, 초기 우주에는 탄소가 존재하지 않았다. 탄소는 빅뱅의 직접적인 산물이 아니라, 우주에 별이 형성된 후 그 내부에서 핵융합 반응을 거쳐 만들어진 것이다. 1950년대에 영국의 우주론학자 프레드 호일Fred Hoyle은 별의 내부에서 진행되는 탄소 생산 공정의 효율이 강한 핵력strong nuclear force(원자핵을 결합시키는 힘. 강력이라고도 한다)과 전자기력electromagnetic force의 강도 비율에 의해 결정된다는 사실을 알아냈다. 만일 강력이 지금보다 단 몇 퍼센트라도 약했다면 핵융합 에너지가 달라져서 탄소 생산에 악영향을 미쳤을 것이고, 결국 생명체도 탄생하지 못했을 것이다. 기적 같은 우연에 의아함을 느낀 호일은 "초지성적 존재가 물리학, 화학, 생물학을 모두 고려하여 생명체에 알맞은 우주를 의도적으로 만든 것 같다"고 했다.[1]

생명체의 탄생을 위해 우주가 행한 기적 중 가장 신기한 것은 단연 암흑 에너지다. 현재 관측을 통해 확인된 암흑 에너지의 밀도는 이론적으로 계산된 값보다 무려 10^{-123}배나 작다. 이것은 과학 역사상 이론과 관측값이 가장 큰 차이를 보인 불명예스러운 사례로 남아 있다. 암흑 에너지의 밀도가 이렇게 작았기 때문에 우주는 거의 80억 년 동안 팽창이 매우 느리게 진행되는 '진정기'를 겪었고, 그 후에 암흑 에너지가 다시 뭉쳐서 가속 팽창이 시작된 것이다. 1987년에 스티븐 와인버그Steven Weinberg는 약간의 계산을 거친 후 "암흑 에너지의 밀도가 지금보다 100배쯤 컸다면(즉 이론값보다 10^{-121}배 작았다면) 범우주적 척력이 강하게 작용하여 은하가 형성되지 않았을 것"이라고 했다.[2]

이것은 우주가 생명체를 위해 정교하게 설계된 것처럼 보인다는 호킹의 주장과 일맥상통한다. 영국의 이론물리학자이자 베스트셀러 작가인 폴 데이비스Paul Davies는 우주의 골디락스 요소Goldilocks factor 우주의 특성 중 생명체에 유리한 쪽으로 세팅된 항목들. 〈골디락스와 곰 세 마리〉라는 동화에서 유래 되었다에 대해 다음과 같이 말했다. "골디락스가 곰 가족이 사는 집에서 먹었던 수프처럼, 우주는 여러 면에서 생명체의 생존에 알맞게 세팅되어 있다."[3] 물론 이러한 우주라고 해서 반드시 생명체가 존재한다는 보장은 없지만, 우주의 운명을 좌우해온 다양한 변수가 생명체에 우호적이라는 것은 결코 가볍게 넘길 일이 아니다. 이 조건들은 물리법칙 깊은 곳에 수학적 형태로 각인되어 있다. 입자의 질량과 이들 사이의 상호작용을 결정하는 힘을 비롯하여 우주의 모든 구성 요소는 수학을 통해 서로 긴밀하게 연결되어 있다. 물리학자들은 이것을 자연의 법칙이라 부른다. 그렇다면 물리학의 기본 법칙들은 우주에 생명체가 존재할 수 있도록 미리 고안된 것일까? 이것은 우주론과 생명체를 연결지을 때마다 항상 대두되는 커다란 수수께끼다. 마치 우주를 지배하는 기본 법칙이 인간이라는 존재에 부합되도록 정교하게 다듬어진 것 같다. 황당한 소리 같지만 사실이 그렇다. 대체 누가, 어떻게, 왜 이런 거대한 계획을 세운 것일까?

이 대목에서 일부 독자들은 특정 종교를 떠올리겠지만, 우리의 목적은 그런 것과 거리가 멀다. 이론물리학자들은 과학의 범주 안에서 답을 찾기 위해 지금도 고군분투하고 있지만, 워낙 어려운 문제여서 금방 해결될 것 같지는 않다. 이론물리학자의 본분은 자연의 법칙을 이용하여 다양한 현상을 설명하고, 아직 실행되지 않은 실험의 결과를 예측하는 것이다. 또한 그들은 기존의 법칙을 일반화하여 적용 범위를 꾸준히 넓혀왔다. 그러나 '설계된 우주'에 대한 질문이 제기되면 물리학은 전통적인 방법으로 답을 제시할 수 없기에 완전히 다른 길로 접어들게 된다. 수학적 논리를 잠시 접어두고 물리법칙의 본질과 생명의 의미를 숙고해야 하는 것이다. 그렇다고 좌절할 필요는 없다. 현대 우주론이 이 지독한 미스터리를 해결할 수 있는 과학적 틀을 제공하고 있기 때문이다. 우리는 설계된 우주의 일부이므로 문제 자체에 우리가 포함되어 있다. 즉, 문제를 푸는 주체와 문제를 야기한 객체가 한 몸이라는 것이다. 이런 경우 우리가 신뢰할 수 있는 접근법은 물리학뿐이며, 우주론은 바로 그 물리학의 한 지류다.

'생명친화적 우주'는 과거에도 자연의 섭리에 어떤 의도가 숨어 있음을 보여주는 증거로 간주되곤 했다. 이런 사고방식의 원조는 아마도 현 인류에게 가장 큰 영향을 미친 철학자 아리스토텔레스일 것이다. 자연에 관심이 많아 생명체를 종류별로 분류하는 등 생물학 분야에도 많은 업적을 남긴 그는 생명계가 작동하는 방식에서 어떤 '의도'를 발견하고 깊은 생각에 빠졌다. 자연에는 이성적 사고를 할 줄 아는 생명체보다 그렇지 않은 생명체가 압도적으로 많은데, 그들의 신체 구조와 거동 방식은 어떻게 자연과 조화를 이루는 것일까? 아리스토텔레스는 질서의 근원을 추적한 끝에 "우주 만물을 낳은 궁극의 원인이 어딘가에 존재해야 한다"는 결론에 도달했다. 그가 구사했던 목적론적 논리는 꽤나 설득력이 있고 타당하면서 듣는 사람의 마음을 편안하게 해준다. 나뭇가지를 모아서 둥지를 짓는 비둘기나 마당에 구멍을 파서 뼈를 숨기는 강아지가 '궁극의 원인으로부터 내려진 지침'을 따른다고 생각하면 더는 궁금해할 필요가 없기 때문이다. 그래서 목적론에 입각한 아리스토텔레스의 자연철학은 별다른 이견 없이 수천 년 동안 명맥을 유지해왔다.

그러나 16세기에 유라시아대륙의 변두리에서 활동했던 한 무리의 철학자들에 의해 중세의 과학은 혁명적 변화를 겪게 된다. 코페르니쿠스, 데카르트, 베이컨, 갈릴레이를 비롯하여 그 시대에 살았던 과학자들과 철학자들이 "인간은 자신의 감각에 현혹될 수 있다"고 주장하고 나선 것이다. 이들은 '이그노라무스Ignoramus'라는 라틴어를 간판으로 내세웠는데, 현대어로 번역하면 "우리는 모른다We do not know"는 뜻이다. "내가 하늘처럼 믿고 떠받드는 것이 틀릴 수도 있다"는 이 놀라운 관점은 광범위한 지역에 걸쳐 지대한 영향을 미쳤으며, 지금도 일부 학계에서는 이것을 "지난 20만 년 동안 지구에서 일어난 가장 중대한 변화"로 평가하는 사람도 있다. 이 문제에 담긴 의미는 아직도 완전히 파악되지 않은 상태다. 과학혁명이 낳은 가장 중요한 결과는 아리스토텔레스의 목적론적 관점이 합리적인 자연의 법칙으로 대치되었다는 점이다. 게다가 자연을 다스리는 법칙은 인간이 직접 발견할 수 있으며, 인간의 머리로 이해할 수도 있다. 현대과학의 역할이란 자신의 무지함을 인정한 상태에서 새로운 지식을 취하도록 유도하는 것이다. 지금도 과학자들은 관찰과 실험으로 얻은 결과를 분석하여 자연의 법칙을 서술하는 수학적 모형을 만들어내고 있다. 이것이 바로 자연에서 새로운 지식을 얻는 유일한 방법이다.

그러나 과학은 엄청난 양의 새로운 지식을 캐냈음에도 불구하고 '생명친화적인 우주'에 대해서는 난해한 수수께끼만 잔뜩 양산해놓았다. 과학혁명 이전에 대부분의 사람은 생물이건 무생물이건 세상에 존재하는 모든 만물이 '신성한 하나의 목표'를 향해 나아가고 있으며, 우주의 거대한 계획에서 오직 인간만이 특별한 지위를 할당받았다고 믿었다. 알렉산드리아의 천문학자 프톨레마이오스가 《알마게스트Almagest》에 피력한 우주관은 다분히 인간 중심적이면서 지구 중심적이다.

그러나 과학혁명이 촉발되면서 물질적 우주와 생명의 상관관계가 혼란스러워지기 시작했다. 그 후로 거의 500년 동안 과학자들은 객관적이고 비인간적이면서 영원히 변치 않는 물리법칙을 다수 발견했지만, 이 법칙이 생명체의 존재를 허용하게 된 유래는 여전히 미스터리로 남아 있다. 하늘의 법칙과 땅의 법칙을 멋지게 하나로 통일하는 데에는 성공했는데, 그 여파로 생물과 무생물 사이에 커다란 균열이 생기는 바람에 '우주에서 인간의 위치'가 더욱 모호해진 것이다.

우리는 왜 물리법칙에 대하여 지금과 같은 관점을 갖게 되었을까? 그 사연을 파헤치려면 '법칙'이라는 개념을 처음 떠올렸던 과거로 거슬러 가야 한다. 법칙에 기초하여 자연을 이해하려는 움직임은 기원전 6세기에 이오니아학파의 본산인 밀레투스Miletus(오늘날 튀르키예의 서부 지역)에서 시작되었다. 미앤더강Meander river 하구에 자리 잡은 밀레투스는 당시 이오니아에서 가장 부유한 도시였고, 이곳에서 활동했던 전설적 인물 탈레스Thales는 현대의 과학자들처럼 더욱 심오한 지식을 찾기 위해 사물의 겉모습 대신 깊은 속을 들여다보았다.

탈레스의 제자 중 한 사람인 아낙시만드로스Anaximandros는 이곳에서 자연을 집중적으로 탐구했으니, 그가 바로 최초의 물리학자인 셈이다. 또한 그는 지구를 텅 빈 공간에서 자유롭게 떠다니는 거대한 바윗덩어리로 간주하여 최초의 천문학자가 되었다. 그는 "땅 밑에는 더 이상 땅이 없고 땅을 떠받치는 기둥도 없으며, 그곳에는 머리 위에 보이는 똑같은 하늘이 존재할 뿐"이라고 주장함으로써 "위에는 하늘, 아래는 땅"이라는 기존의 닫힌 상자형 우주관을 무한히 열린 공간으로 바꿔놓았다. 그 덕분에 그리스인들은 지구의 아래쪽 공간으로도 천체가 지나갈 수 있음을 알게 되었으며, 이 파격적인 변화에서 그리스 천문학이 탄생하게 된다. 아낙시만드로스는 생전에 《자연에 대하여On Nature》라는 저술을 남겼는데, 원본은 유실되었지만 다른 문헌을 통해 부분적으로 복구된 문장은 다음과 같다.[4]

이 세상은 필요에 의해

그림 4. 밀레투스에서 활동했던 고대 그리스의 철학자 아낙시만드로스의 부조. 그는 지금으로부터 2600년 전에 세상을 새로운 시각으로 바라보면서 과학이라는 긴 여정의 첫발을 내디뎠다.

하나의 사물에서 다른 사물이 태어나고,

수명을 다한 사물은 다른 사물 속으로 사라진다.

왜냐하면 이들은 시간이라는 칙령에 따라

상대방에게 정당성을 부여하거나

부당함의 대가를 치르고 있기 때문이다.

몇 줄 안 되는 글이지만, 이것만으로도 그는 이 세상이 "임의적이거나 불합리하지 않고, 모종의 법칙에 따라 운영된다"고 믿었음을 알 수 있다. 바로 이것이 과학이 내세우는 기본 가정이다. 자연현상의 저변에는 추상적이지만 일관적인 법칙이 작용하고 있다.

아낙시만드로스는 자연의 법칙과 인간사회를 규제하는 법률 사이의 유사점을 지적했을 뿐, 자연법칙의 구체적인 형태에 대해서는 별다른 언급을 하지 않았다. 그러나 그의 제자인 피타고라스는 세상을 관장하는 법칙에 수학을 도입하여 수천 년 동안 막강한 영향력을 발휘하게 된다. 숫자에 신비한 의미를 부여했던 피타고라스와 그의 제자들('피타고라스학파'라고도 한다)은 우주 전체를 숫자로 재구성하는 야심찬 프로젝트에 매진했고, 플라톤은 이 세상이 수학으로 서술된다는 피타고라스학파의 사상을 이어받아 '진리의 전당'을 떠받치는 기둥으로 삼았다. 플라톤의 어록 중 가장 널리 알려진 것은 아마도 '그림자 비유'일 것이다. 그는 천상계의 어딘가에 수학적으로 완벽한 원형原形(이데아idea)이 존재하고, 우리가 경험하는 세상은 원형으로부터 투영된 그림자에 불과하다고 생각했다. 그래서 고대 그리스인들은 "이 세상의 저변에 깔려 있는 질서는 보이지 않고 만질 수도 없지만, 논리적 추론을 통해 알아낼 수는 있다"고 믿었다.

이 정도면 꽤 그럴듯한 이론이다. 그러나 자연에 대한 고대 그리스인의 철학은 내용이나 방법론적인 면에서 현대물리학과 커다란 차이가 있다. 무엇보다도 그리스의 철학자들은 미학적 관점이나 이전의 가정에 기초하여 논리를 전개했고, 자신이 얻은 결론을 실험으로 검증하려는 노력도 거의 하지 않았다. 고대에 등장한 물리적 개념과 자연법칙이 일견 그럴듯하게 들리면서도 현대물리학과 판이하게 다른 것은 바로 이런 이유 때문이다. 1979년 노벨 물리학상을 수상한 스티븐 와인버그는 2021년 세상을 떠나기 전 마지막으로 남긴 책 《세상에 대한 설명To Explain the World》한국에서는 《스티븐 와인버그의 세상을 설명하는 과학》이라는 제목으로 출간되었다에서 "고대 그리스의 과학자와 물리학자, 철학자들은 요즘 관점에서 볼 때 학자라기보다 시인에 가깝다"고 지적했다. 물론 현대의 물리학자들도 이론의 미적 요소를 중요하게 여기고 있지만, 이런 것이 '실험(관측)을 통한 검증'을 대신할 수는 없다. 논리와 상상력으로 탄생한 이론을 실험과 관측으로 검증하는 것은 과학혁명의 핵심 중 핵심이다.

그럼에도 불구하고 이 세상을 수학으로 서술한 플라톤의 철학은 엄청난 영향력을 발휘했다. 20세기에 또 한 차례의 과학혁명이 촉발되었을 때 과학자들은 수학적 관계로부터 물리적 세계의 숨은 질서를 찾는다는 플라톤식 접근법을 전적으로 수용했고, 17세기에 활동했던 갈릴레이도 다음과 같은 말로 자연과 수학의 친밀한 관계를 강조했다. "자연이라는 위대한 책은 거기 쓰인 언어를 이해하는 사람만 읽을 수 있다. 그 언어란 다름 아닌 수학이다."[5]

물리학자이기 전에 연금술사이자 신비주의자였던 아이작 뉴턴은 한마디로 요약하기 어려운 난해한 인물이었지만, 인류 역사상 가장 뛰어난 수학자라는 점에는 이견의 여지가 없다. 그가 집필한 《프린키피아Principia》는 수학적 관점에서 자연철학을 서술한 최고의 명저로서, 350년이 지난 지금까지 고전물리학의 성서로 군림해왔다. 사실 뉴턴에게는 약간의 운도 따라주었다. 그가 케임브리지대학교를 졸업한 직후인 1665년에 흑사병이 돌기 시작하여 학교는 물론이고 도시

기능이 거의 마비되다시피 했는데, 뉴턴이 피난처로 삼았던 고향 집(링컨셔주의 울즈소프Woolsthorpe)에는 흑사병 환자가 거의 발생하지 않았다. 바로 이곳에서 뉴턴은 미적분학과 중력법칙, 운동법칙의 기초를 확립하고 "빛이 프리즘을 통과하면 무지개색 단색광으로 분리된다"는 사실도 알아냈다. 그러나 1년 후 케임브리지로 돌아온 뉴턴은 운동법칙과 중력법칙을 혼자만 알고 있다가 근 20년이 지난 1686년 4월이 되어서야 《자연철학의 수학적 원리Philosophiae Naturalis Principia Mathematica》(프린키피아)라는 책을 통해 이를 세상에 공개했다. 특히 "질량을 가진 물체는 상대방에게 인력을 행사하며, 그 크기는 물체의 질량에 비례하고 거리의 제곱에 반비례한다"는 중력법칙은 지금까지 알려진 자연의 법칙 중 적용 대상의 범용성과 중요도에서 타의 추종을 불허한다.

　　뉴턴은 《프린키피아》를 통해 신성한 하늘과 세속적인 땅이 동일한 법칙에 의해 운영된다는 사실을 증명함으로써, 과거의 목적론적 철학을 과학의 무대에서 영원히 추방시켰다. 간단히 말해서, 하늘의 법칙과 땅의 법칙을 하나로 통일한 것이다. 그는 단 몇 개의 수학 방정식을 사용하여 행성의 움직임을 말끔하게 설명했고, 태양계의 운동을 서술하는 기존의 모형들은 그의 원리에 따라 마술의 영역에서 현대물리학으로 환골탈태했다. 그 후로 뉴턴식 접근법은 모든 물리학자들이 추구하는 하나의 패러다임으로 정착하게 된다. 지금은 그 원형조차 모호한 고대 그리스의 물리학과 달리, 뉴턴의 물리학은 모든 것이 논리적으로 명쾌하기 때문이다.

뉴턴의 법칙이 이루었던 가장 큰 성공 사례로는 1846년에 발견된 해왕성을 들 수 있다. 당시 천문학자들은 천왕성의 이동 궤적이 뉴턴의 중력법칙으로 계산된 경로에서 조금 벗어나 있음을 발견하고 심각한 고민에 빠졌다. 혹시 뉴턴의 법칙에 오류가 있는 것일까? 그러나 뉴턴을 끝까지 믿었던 프랑스의 천문학자 위르뱅 르베리에Urbain Leverrier는 "천왕성의 궤적에 변화가 생긴 이유는 그보다 먼 곳에 미지의 행성이 존재하여 천왕성의 운동에 영향을 주기 때문"이라고 생각했다. 그는 뉴턴의 법칙을 이용하여 천왕성의 궤도를 관측된 값만큼 변화시키는 미지행성의 크기와 위치를 계산했고, 그로부터 1년이 채지나기 전에 그가 예측한 곳에서 정말로 새로운 행성이 발견되었다(르베리에의 계산값과 실제 위치의 차이는 시야각으로 1도 이내였다). 이것이 바로 태양계의 가장 바깥에 있는 해왕성으로, 19세기 과학이 거둔 최고의 성과로 평가된다. 이 일이 있은 후 사람들은 르베리에가 "펜 끝으로 새로운 행성을 발견했다"며 감탄을 자아냈다.[6]

이와 비슷한 성공 사례가 수백 년 동안 꾸준히 반복되면서 뉴턴의 법칙은 범우주적 진리로 굳어졌다. 18세기 프랑스의 수학자 조제프 루이 라그랑주Joseph Louis Lagrange는 "인류의 역사를 통틀어 자연의 법칙을 발견할 수 있는 시대는 그리 많지 않았다. 뉴턴이 바로 그런 시대에 살았던 것은 그에게 커다란 행운이었다"고 했다. 뉴턴을 향한 부러움과 시기심이 진하게 느껴지는 대목이다. 뉴턴에게 《프린키피아》의 집필을 강력하게 권했던 에드먼드 핼리Edmund Halley는 그를 가리켜 "신에게 가장 가까이 다가갔던 사람"이라며 극찬했고, 뉴턴 자신도 신격화되는 명성에 굳이 이의를 달지 않았다. 신비주의적 사조에 깊이 심취했던 그는 자연의 법칙이 우아한 수학으로 서술되는 이유가 "신의 마음이 반영되었기 때문"이라고 생각했다.

오늘날 물리학자들이 말하는 '이론'이란 뜬구름 잡는 듯한 추측이 아니라, 자연의 법칙을 수학적으로 서술한 논리체계를 의미한다. 올바른 물리학 이론은 실험이나 관측을 하지 않은 상태에서 추상적인 수학 방정식만을 이용하여 앞으로 일어날 일을 예측할 수 있다. 언뜻 듣기에는 무슨 마술 같지만, 실제로 실험을 해보면 이론으로 예측된 값과 동일한 결과가 얻어진다! 해왕성을 발견하고, 중력파를 감지하고, 소립자와 반입자의 존재를 확인할 수 있었던 것은 그와 같은 물리적 현상이 자연에 존재한다는 것을 누군가가 이론적으로 예견했기 때문이다. 이론의 예측 능력에 깊은 감명을 받은 폴 디랙Paul Dirac(1933년 노벨 물리학상 수상자)은 물리학을 연구하는 최상의 도구가 수학임을 강조하면서 "수학은 우리를 새로운 물리학 이론으로 인도해준다"고 했다.[7] 오늘날 끈이론을 연구하는 학자들은 궁극의 통일이론을 찾기 위해 디랙의 주장을 전적으로 수용했으며, 가끔은 "수학적으로 아름다운 이론은 진실일 수밖에 없다"는 유혹에 넘어가기도 했다. 끈이론은 1980년대에 처음 등장한 후 40년이 넘도록 검증 가능한 결과를 하나도 내놓지 못했지만, 지금도 끈이론학자들은 (모두 그런 것은 아니지만) "틀린 이론이라고 보기에는 수학적으로 너무도 아름답다"며 미련의 끈을 놓지 못하고 있다.

이들의 주장은 일견 변명처럼 들리지만, 수학적으로 아름다운 이론이 틀린 것으로 판명된 사례가 거의 없는 것도 사실이다. 자연은 왜 깊은 저변에서 미묘한 수학적 관계를 유지하고 있는가? 자연을 서술하는 수학법칙의 진정한 의미는 무엇이며, 자연의 법칙은 왜 하필 다른 언어도 아닌 수학으로 표현되는가?

대부분의 물리학자들은 이 점에서 플라톤의 세계관을 수용하고 있다. 그들은 물리법칙이 인간의 머리로만 인식되는 것이 아니라, 물리계를 초월한 추상적 세계에 존재하는 영원한 수학적 진리라고 믿는다. 중력법칙이나 양자역학은 천상계 어딘가에 존재하는 궁극의 이론을 근사적으로 서술한 '진실의 그림자'에 불과하다는 것이다. 원래 물리법칙은 현대과학에서 자연의 패턴을 설명하는 도구로 탄생했다. 그러나 그 기원이 수학이라는 것을 뉴턴이 확인한 후로, 물리법칙은 물리계를 초월하여 독자적인 생명력을 얻게 되었다. 20세기 초에 박학다식한 학자로 유명세를 떨쳤던 프랑스의 앙리 푸앵카레Henri Poincaré는 플라톤의 법칙이 "과학을 하는 사람이라면 무조건 수용해야 하는 필수 가정"이라고 주장했다.

푸앵카레는 흥미롭고 중요한 부분을 지적했지만, 일견 당혹스러운 구석도 있다. 속세와 한참 떨어져서 플라톤의 이상향에 존재한다는 법칙이 어떻게 하나로 모여서 물리적 우주를 지배한다는 말인가? 게다가 그 우주는 누가 봐도 생명친화적인데, 천상계의 법칙이 왜 보잘것없어 보이는 생명체를 그토록 살뜰하게 보살핀다는 말인가? 우주가 빅뱅에서 시작되었음을 알아버린 지금, 철학적 질문으로 치부하기엔 마음에 걸리는 구석이 너무도 많다. 빅뱅이 정말로 시간의 기원이라면 푸앵카레의 지적은 지극히 타당하다. 우주의 초기 조건이 물리법칙에 의해 결정되었다면, 시간을 초월한 존재가 어딘가에 반드시 존재해야 하기 때문이다. 따라서 빅뱅 이론은 형이상학적 사고를 물리학과 우주론의 영역으로 끌어내린 주인공인 셈이다. 우리는 빅뱅 이론 덕분에 물리법칙의 궁극적 실체를 다시 생각하게 되었다.

물리법칙이 자연계를 초월해 있다는 생각을 고수하면, 우주가 생명친화적 환경을 갖게 된 근본적 원인은 결국 해결 불가능한 미스터리로 남게 된다. 이런 생각을 가진 물리학자들은 최종 이론의 강력한 수학적 원리가 생명친화의 원인을 밝혀주기만을 바라고 있다. 궁극의 해답을 수학에서 찾으려는 현대판 플라톤주의자들은 우주가 지금과 같은 특성을 갖게 된 이유가 "수학적 원리를 따르다 보니 다른 선택의 여지가 없었기 때문"이라고 주장한다. 아리스토텔레스가 말했던 최종 원인final cause이 2400년이 지난 지금까지 이론물리학이라는 이름으로 위장한 채 살아 있는 듯한 느낌이 들 정도다. 하지만 궁극의 이론은 아직 발견되지 않았고 반드시 발견된다는 보장도 없으며, 만에 하나 발견된다 해도 우주가 생명친화적인 이유를 설명할 수는 없다. 플라톤의 진리를 어떤 형태로 가공한다 해도, 현대과학의 여명기에 대두된 '생물과 무생물 사이의 간극'을 메울 수는 없을 것이다. 그보다는 인간사와 완전히 무관하면서 극도로 이상적인 수학적 진리가 운 좋게 작용하여 생명과 지성이 태어났다고 생각하는 편이 훨씬 바람직하다. 이런 관점을 받아들이면 더는 파고들 것이 없기 때문이다. 제아무리 실력자라 해도 운 좋은 자를 이길 수는 없다고 하지 않던가?

물리학과 우주론의 설계 문제를 플라톤식 논리로 설명하려는 시도를 틀렸다고 단정할 수는 없지만, 이것은 찰스 다윈 이후의 생물학자들이 생명계에서 발견한 설계론과 확연한 차이가 있다.

목표 지향적인 과정과 의도된 설계의 흔적은 생명계에서도 흔히 발견된다. 그 옛날 아리스토텔레스가 목적론적 세계관을 갖게 된 것도 무생물이 아닌 생명체에서 그런 징후를 발견했기 때문이다. 살아 있는 생명체의 몸은 이루 말할 수 없이 복잡하다. 단 하나의 세포 안에서도 수많은 분자가 긴밀하고 아름답게 협조하면서 다양한 임무를 수행하고 있다. 몸집이 큰 생명체에서는 엄청난 수의 세포들이 일사불란하게 작동하여 눈이나 두뇌처럼 목적이 뚜렷하면서 정교한 구조물을 만들어낸다. 다윈 이전의 과학자들은 그 놀라운 기능이 물리적, 화학적 과정을 통해 창조되는 비결을 설명할 길이 없었기에 '궁극의 설계자'를 소환하는 수밖에 없었다. 18세기 영국의 성직자 윌리엄 페일리William Paley는 생명체의 경이로움을 시계에 비유했다. 태엽이 풀리면서 설계도대로 작동하는 시계처럼 생명계에는 누군가에 의해 설계된 듯한 흔적이 너무도 뚜렷하게 남아 있었기에, 그는 "이 세상에 설계된 물체가 존재한다는 것은 그것을 만든 설계자가 존재한다는 뜻이다"라고 주장했다.[8] 그러나 기존의 패러다임을 뒤엎으면서 바람처럼 등장한 다윈의 진화론은 그와 같은 목적론적 사고를 생물학 무대에서 영원히 추방시켰다. 다윈이 주장한 생물학적 진화는 자연적으로 일어나는 과정이며, '무작위 변이'와 '자연 선택'이 작동하면 굳이 설계자를 도입하지 않아도 생명체의 경이로움을 설명할 수 있다.

다윈은 비글호HMS Beagle를 타고 채집 여행을 하던 중 갈라파고스제도에서 되새finch(핀치새) 부리의 모양과 크기가 거주하는 섬에 따라 제각각이라는 사실을 발견하고 깊은 생각에 잠겼다. 땅되새의 부리는 굵고 짧아서 견과류나 씨앗을 부수기에 적절했고, 나무되새의 부리는 가늘고 길어서 나무 속에 있는 곤충을 잡아먹는 데 최적화되어 있었다. 다윈은 되새 무리가 다양한 부리를 갖게 된 이유를 추적하다가 놀라운 결론에 도달했다. 먼 옛날 육지에서 날아온 되새 무리가 여러 개의 섬에 흩어져 살게 되었는데, 오랜 세월 동안 주어진 환경에 적응하다 보니 각기 다른 부리로 진화했다는 것이다.• 1837년에 다윈은 비글호를 타고 갈라파고스제도로 가던 중에 자신이 항상 지니고 다녔던 붉은색 노트에 나무 한 그루를 그려 넣었다. 이것은 지구에 서식하는 모든 생명체가 하나의 조상에서 유래되었음을 보여주는 일종의 계통수系統樹, phylogenetic tree로서, 환경에 의한 자연 선택과 무작위로 일어나는 변이가 결합하여 진화가 이루어진다는 다윈의 깊은 통찰이 잘 드러나 있다.(도판 4 참조)

• 물론 되새가 "내 부리가 가늘고 길어야 벌레를 잡아먹을 수 있다"고 생각하여 자신의 의지로 부리가 길어졌다는 뜻은 결코 아니다. 나무가 많은 섬에 고립된 되새들 중에는 부리가 가늘고 긴 놈이 살아남을 확률이 높고 자신을 닮은 후손을 낳을 기회도 다른 새들보다 많았기 때문에, 오랜 세월이 흐르면서 나무되새가 주종으로 자리 잡게 된 것이다.—옮긴이

다윈주의Darwinism 자연 선택에 기초한 다윈의 진화론을 지지하는 사조의 핵심은 "자연은 앞날을 내다보지 않는다"라는 한 문장으로 요약된다. 생명체는 생존을 위해 무엇이 필요한지 미리 예측하지 않고, 환경에 의해 장기간에 걸쳐 작용하는 선택압選擇壓, selection pressure 서식지의 환경으로부터 각 개체가 생존에 유리한 쪽으로 변하도록 가해지는 압력에 순응하면서 생존에 유리한 특질을 극대화해왔다. 되새의 다양한 부리와 기린의 긴 목이 그 대표적 사례다.

다윈은 《종의 기원On the Origin of Species》을 집필하고 거의 20년이 지난 후에 다음과 같은 글을 발표했다. "처음에 하나의 생명체, 또는 몇 종의 생명체에 이런 압력이 가해져서 생명의 종류가 다양해진 과정을 상상하면 자연의 장엄함이 피부로 느껴진다. 지구라는 행성이 불변의 중력법칙에 순응하면서 태양 주변을 공전하는 동안, 모든 생명체는 환경 변화에 순응하면서 끝없이 진화해왔다."[9]

다윈은 스위스 장인의 손을 거치지 않아도 최고급 시계를 만들 수 있음을 입증함으로써 페일리의 주장을 뒤집었다. 누군가에 의해 사전 설계된 것처럼 보이는 복잡다단한 생명계는 초자연적 존재가 만든 피조물이 아니라, 자연의 과정을 거쳐 탄생한 자연스러운 결과물이었다.

생명의 법칙은 아름답고 장엄하다. 그러나 대부분의 과학자들은 생명의 법칙보다 물리법칙을 더욱 근본적인 법칙으로 간주하고 있다. 새로운 형태의 생명체가 등장하여 한동안 번성한다 해도, 그것이 물리법칙처럼 영원히 지속된다는 보장은 없기 때문이다. 또한 생물학에서는 결정론과 예측 가능성이 그다지 중요한 역할을 하지 않는다. 뉴턴의 법칙은 다분히 결정론적이어서, 물체의 현재 위치와 속도를 알면 운동 방정식을 이용하여 미래의 모든 움직임을 정확하게 예측할 수 있다(이미 지나간 과거의 운동도 복구 가능하다). 그러나 다윈의 진화론에서는 무작위로 일어나는 변이를 예측하기가 거의 불가능하다. 그래서 생물학자가 바라보는 곳은 미래가 아닌 과거다. 생물의 진화는 시간을 거꾸로 되돌려야 이해할 수 있다. 다윈의 이론에는 최초의 생명체에서 현재의 복잡한 생물계로 이어지는 진화 경로가 자세히 서술되어 있지 않다. 생명의 나무(계통수)의 미래를 예측하는 것은 생물학의 목적이 아니며, 현실적으로 예측을 할 수도 없다. 그런데도 다윈의 업적이 높이 평가되는 이유는 계통발생학과 고생물학에 역사적 기록을 남기면서 일반적인 조직 원리를 정확하게 서술했기 때문이다. 다윈의 진화론은 우리가 알고 있는 생명체들이 '법칙과 유사한 규칙성'과 '특정한 역사'의 공동 산물임을 보여준다. 현존하는 모든 생명이 하나의 조상에서 유래되었다는 가정하에 현재의 생명계에서 출발하여 과거로 거슬러 올라가면 생명의 나무를 복원할 수 있다.

다윈의 핀치새를 예로 들어보자. 다윈이 갈라파고스제도에서 핀치새를 발견했을 때, 지구에 생명체가 출현하기 전의 화학적 환경에서 출발하여 앞으로 출현할 종을 예견하려 했다면 완전히 실패했을 것이다. 물리학이나 화학법칙만으로는 지구에 존재하는 생명체의 종류를 유추할 수 없다. 생명체가 겪어온 진화의 모든 갈림길에는 '우연'

이라는 요소가 작용하기 때문이다. 모든 우연이 생명체에게 유리한 쪽으로 일어난다는 보장은 없지만 개중에는 적응력을 높여준 우연도 있고, 가끔은 이로부터 극적인 변화가 일어나는 경우도 있다. 우연히 일어난 변화가 하나의 특질로 정착되면 진화의 방향이 결정되고, 이로부터 새로운 생물학 법칙이 탄생하기도 한다. 예를 들어 멘델의 유전법칙은 유성생식을 하는 생명체(완두콩)의 분기점을 집중적으로 관찰하여 얻은 결과였다.

그림 5는 리보솜 RNA 서열ribosomal RNA sequence에 기초한 최근 버전의 계통수다. 나뭇가지는 크게 세 개의 영역(박테리아, 고세균, 진핵생물)으로 나뉘어 있고, 나무의 밑동은 이들의 공통 조상에 해당한

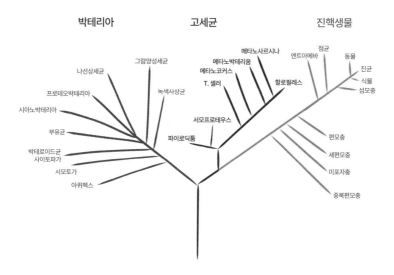

그림 5. 지구에 존재하는 모든 생명체를 세 영역으로 분류한 계통수. 나무의 밑동에는 모든 생명체의 모태 중 가장 최근에 등장한 루카LUCA가 자리 잡고 있다.

다. 이 계통수에는 분자 규모의 생명체에서 핀치새에 이르는 모든 생물의 수십억 년에 걸친 역사가 고스란히 담겨 있다. 이들의 역사는 곧 지구에서 자연적으로 실행된 화학 실험 및 생물학 실험의 역사이며, 생물학의 과거 지향적 특성을 보여주는 대표적 사례이기도 하다. 진화생물학자 스티븐 제이 굴드Stephen Jay Gould는 그의 저서 《경이로운 생명Wonderful Life》에 다음과 같이 적어놓았다. "시간을 되돌려서 생명의 역사가 처음부터 다시 시작되도록 만들 수 있다면, 우리가 알고 있는 것과 완전히 다른 진화 시나리오가 전개될 것이다."[10]

생명 진화의 방향을 결정했던 무작위성은 자연 발생과 인류의 역사에서도 중요한 요소로 등장한다. 다윈이 그랬던 것처럼, 역사학자들도 우연히 일어난 사건이나 전환점을 설명할 때 "어떻게 일어났는가How?"와 "왜 일어났는가Why?"를 엄격하게 구별하고 있다. 역사에서 '어떻게'란 사건의 원인이 아닌 경위를 의미한다. 역사에서 "어떻게?"를 설명할 때에는 생물학자처럼 사후소급적용ex post facto식 논법을 적용하여 특정 결과를 초래한 일련의 사건을 재구성하면 된다. 그러나 "왜?"를 설명하려면 물리학자처럼 시간의 순방향으로 진행하면서 인과관계와 결정론적 연결고리를 찾아내고, 여기에 기초하여 특정 사건이 일어날 수밖에 없었던 이유를 규명해야 한다. 역사를 대충 훑어보면 특정 사건이 일어난 이유를 인과율에 입각하여 설명해놓은 것처럼 보인다. 그러나 좀 더 세밀하게 분석해보면 역사의 분기점에서 여러 경쟁세력 사이에 거미줄처럼 얽힌 이해관계가 드러나고, 그 후에 일어난 일련의 사건들은 '필연적으로 일어날 수밖에 없었던 사건'이 아니라 '일어날 수 있는 여러 사건 중 하나'임을 알게 된다. 그래서 역사학자들은 "왜?"가 아닌 "어떻게?"에 초점을 맞춰 과거를 재구성하고 있다.

한 가지 사례를 들어보자. 내 연구실에서 남쪽 창문을 내다보면 몇 킬로미터 거리에 넓은 들판이 펼쳐져 있는데, 이곳에서 거의 200년 전에 워털루 전투가 벌어졌다. 전면전이 발발하기 하루 전인 1815년 6월 15일 저녁, 나폴레옹 보나파르트는 휘하 장교인 에마뉘엘 그루시Emmanuel de Grouchy에게 "현재 이동 중인 프러시아군을 추격해서 북쪽에 진을 친 영국군과 합류하지 못하도록 진로를 차단하라"는 명령을 내렸다. 그루시는 다수의 병력을 차출하여 북동쪽으로 진격했지만, 아무리 둘러봐도 프러시아군은 보이지 않았다. 이튿날 아침, 그는 먼 곳에서 프랑스군의 대포 소리를 듣고 심각한 고민에 빠졌다. 나폴레옹의 명령대로 추격을 계속할 것인가? 아니면 명령을 어기고 본진으로 돌아가 전투에 합류할 것인가? 그루시는 몇 분 동안 망설이다가 추격을 선택했다. 바로 이 결정은 나폴레옹에게 처참한 패배를 안겨주게 된다. 급박한 상황에서 내린 '우연한 선택'이 유럽의 역사를 바꾼 것이다.

4세기경에 기독교가 로마제국을 점령한 사건도 이와 비슷하다. 서기 306년, 콘스탄티누스가 로마제국의 황제로 즉위했을 때만 해도 기독교는 사방에 난립한 소규모 종교단체 중 하나에 불과했다. 이랬던 기독교가 어떻게 로마제국의 국교가 되어 전 세계로 퍼져나갈 수 있었을까? 역사학자 유발 하라리Yuval Harari는 이것이 필연적인 결과가 아니라 우연한 선택이었다고 주장한다. 굴드가 《경이로운 생명》에 적어놓은 것처럼, 하라리는 "역사를 여러 번 되돌려서 서기 4세기 로마의 상황을 100번쯤 반복하면 기독교가 로마제국의 국교로 인정되는 경우는 두세 번밖에 안 될 것"이라고 했다. 그러나 한번 선택된 기독교는 유일신인 하느님이 그의 계획에 따라 이 세상을 "의도적으로" 창조했음을 설파하면서 우주와 인간에게 종교적 당위성을 부여했다. 그러므로 12세기 이후에 유럽에서 탄생한 현대과학이 종교적 활동의 하나로 간주되고 중세의 과학자들이 설계된 우주를 대전제로 받아들인 것은 여러 면에서 당연한 결과였다.

인류의 역사와 생물학적 진화, 우주의 변천사에서 매 순간 무수히 많은 가능성이 열려 있었다는 것은 결정론에 입각한 설명이 대략적인 수준에서만 가능하다는 것을 의미한다. 진화 과정에서 결정론과 인과율은 대략적인 단계에서 작동하는 법칙에 기초하여 가장 일반적인 구조와 특성을 결정할 뿐이다. 우연과 운으로 가득 찬 인류의 역사는 달에 몇 번 다녀온 것을 제외하고 오직 지구라는 행성에서만 이루어졌다. 인간이 태어난 물리적, 지질학적 환경을 고려할 때 이런 제한은 그리 놀라운 일이 아니다(이 정도는 생명 탄생 초기에 예측할 수 있다). 그러나 이것만으로는 인류 역사의 어떤 시대도 구체적으로 설명할 수 없다.

대략적인 수준에서 적용되는 입자물리학 법칙을 활용하면 주기율표에 나열된 화학원소의 순서를 알아낼 수 있다. 그러나 지구에 존재하는 특정 원소의 양은 수시로 일어나는 '우연한 사건'에 의해 결정된다.

지구의 모든 생명체는 A, G, C, T라는 네 종류의 뉴클레오티드 nucleotide로 이루어진 DNA에 기초하고 있다. DNA의 분자 구조는 지구에서 발생한 '가장 큰 우연의 산물'일 것이다. 그러나 생명체가 몸을 유지하는 데 필요한 계산은 DNA의 구조보다 훨씬 복잡하고 정교하며, 수학과 물리학에 기초한 계산을 통해 유전 정보를 실어 나르는 분자의 구조가 결정된다. 이것은 헝가리계 미국인 수학자 존 폰 노이만 John von Neumann이 1948년에 이론적으로 설계했던 자기 복제 오토마타 self-reproducing automata를 통해 알 수 있다. 제임스 왓슨James Watson과 프랜시스 크릭Francis Crick이 DNA의 구조를 발견하기 5년 전에 노이만은 생명체가 자신의 몸을 유지하기 위해 수행해야 할 계산 문제를 정의하고 자기 복제를 구현하는 독창적인 구조(유일하게 실현 가능한 구조)를 제안했는데, 바로 이것이 DNA의 수학적 버전이었다.

진화를 간단히 표현하면 "끊임없이 일어나는 우연한 사건의 사슬"이다. 낮은 수준의 복잡성은 높은 수준의 진화를 위한 환경을 조성하지만, 바로 이것 때문에 진화 과정에서 가능성이 희박한 경로가 선택되고 결정론은 설 자리를 잃게 된다. 진화의 분기점은 헤아릴 수 없이 많으므로 확률이 낮은 사건도 얼마든지 일어날 수 있으며, 이 과정에서 낮은 수준의 법칙에 포함되지 않은 방대한 양의 정보가 추가되어 법칙과 유사한 높은 수준의 패턴이 등장할 수도 있다(이것은 실제로 종종 나타나는 현상이다). 현대의 과학자들은 물리학이나 화학적 근거도 없이 세간에 통용되는 '생명력vital force'이라는 단어를 별로 좋아하지 않는다. 그러나 물리학만으로는 지구의 생명체가 따르는 법칙을 설명할 수 없는 것도 사실이다.

· · ·

  찰스 다윈이 1859년 11월 24일에 《종의 기원》을 발표하고 18일이
지난 후, 그는 영국의 천문학자 존 허셜John Herschel로부터 한 통의 편
지를 받았다. 천왕성을 발견한 윌리엄 허셜William Herschel의 아들인
존 허셜은 다윈의 가설이 "무작위성으로 점철된 뒤죽박죽 이론"이라
며 진화론에 강한 의구심을 드러냈다.[11] 그러나 진화론이 위력을 발
휘할 수 있었던 것은 바로 이 무작위성 덕분이었다. 후대의 과학자들
이 진화론을 높게 평가하는 이유는 '무작위 변이'와 '자연 선택'이라
는 상반된 개념을 통합하여 생명계의 작동 원리를 설명했기 때문이
다. 다윈은 인과율에 입각한 설명과 귀납적 추론을 모순 없이 하나
로 묶어서 "왜?"와 "어떻게?" 사이의 최적점을 찾아냈다. 생물학이라
는 과학이 우연히 발생한 일련의 사건에 지대한 영향을 받았음에도
불구하고, 자연을 이해하는 데 커다란 도움이 될 수 있음을 보여준 것
이다.
  다윈주의적 세계관은 과학혁명에 막강한 추가 동력을 제공했고,
그 덕분에 목적론만이 유일한 설명처럼 보였던 생명계가 과학의 영역
으로 편입되었다. 그러나 진화론이 제시한 세계관은 물리학에 기초한
세계관과 달라도 너무 달랐다. 그중에서도 가장 극명하게 대비되는
부분은 '설계의 수수께끼'를 설명하는 방식이다. 다윈주의는 이것을

오직 진화론에 의거하여 설명한 반면, 물리학과 우주론은 무생물이 생물로 전환한 과정을 설명하기 위해 시간을 초월한 수학법칙의 본질을 파고들었다. 생명과학자와 물리학자는 뒤죽박죽 엉망진창인 다윈의 진화론과 언제 어디서나 한결같이 작용하는 물리법칙을 대비시켰다. 아무리 생각해도 물리학의 가장 깊은 수준에서 세상을 지배하는 것은 역사도, 혁명도 아닌 '아름답고 영원한 수학'인 것 같았다. 르메트르가 우주팽창설을 처음 제기한 후로, 사람들은 우주론에 진화론적 사고를 반영하기 시작했다. 그러나 설계된 우주의 기원을 찾아 깊은 수준으로 파고들어가면 르메트르와 다윈의 스케치(도판 3, 4)는 완전히 다른 모습을 드러낸다. 과학혁명 이후로 생물학과 물리학이 각자 다른 길을 걷게 된 이유는 논리의 전개방식 때문이 아니라 개념상의 차이 때문이었다.

스티븐 호킹은 젊었을 때부터 둘 사이를 연결하기 위해 다양한 시도를 해왔다. 그러다 20세기 말에 '설계된 우주'라는 수수께끼를 핵심 연구과제로 삼으면서 생물학과 물리학을 잇는 다리를 본격적으로 놓기 시작한다. 우주론을 근본부터 새로 구축한다는 원대한 프로젝트에 착수한 것이다.

다시 우주론의 전성기로 되돌아가보자. 우주의 팽창 속도가 점점 빨라지고 있다는 사실이 알려진 후로, "물리법칙은 영원히 변치 않는다"는 오랜 믿음이 흔들리기 시작했다. 이는 곧 물리법칙의 일부는 수학적 필연성에서 유래된 것이 아니라, 우연히 나타날 수도 있음을 시사한다. 우주가 빅뱅의 열기에서 태어난 후 식는 과정에 관여했던 법칙도 마찬가지다. 입자의 종류와 힘의 세기에서 암흑 에너지의 양에 이르기까지, 우주의 생명친화적 특성은 출생증명서처럼 기본 구조에 새겨진 것이 아니라, 빅뱅의 깊은 곳에서 은밀하게 진행된 태초 진화의 결과일 수도 있다.

　여기에 잔뜩 고무된 끈이론학자들은 방대한 공간에 수많은 우주가 섬처럼 고립되어 있고, 우주마다 다른 물리법칙을 따른다는 다중우주 가설을 떠올렸다. 그런데 이렇게 우주를 엄청난 규모로 확장해놓고 보니, 미세 조정 문제fine-tuning problem 우주의 각종 변수가 생명체에게 유리한 쪽으로 맞춰진 이유를 설명하는 문제를 바라보는 관점도 크게 달라졌다. 과거에 궁극의 이론을 연구하던 물리학자들은 "이 세상이 이런 모습으로 될 수밖에 없었던 필연적 이유"를 찾기 위해 고군분투하다가 제풀에 지쳐 주저앉았다. 그러나 다중우주 지지자들은 궁극의 이론의 장례식을 치르는 대신, 우주론을 일종의 환경과학으로 전환하여 과거의 실패를 만회하려고 했다.(상상할 수 없을 정도로 크긴 하지만, 어쨌거나 환경은 환경이다!) 한 끈이론학자는 다중우주에 등장하는 물리법칙의 지역적 특성을 미국 동부해안의 날씨에 비유했다. "변화무쌍하고 흐린 날이 대부분이지만, 아주 가끔은 쾌청한 날도 있다."I²

　과거에도 이와 비슷한 일이 있었다. 1597년에 독일의 천문학자 요하네스 케플러Johannes Kepler는 플라톤의 다면체에서 영감을 얻어 다섯 종류의 정다면체가 양파 껍질처럼 순차적으로 에워싸고 있는 태양계 모형을 제시했다. 거의 원에 가까운 여섯 개 행성의 공전궤도를 "태양을 중심으로 회전하는 여섯 개의 보이지 않는 구球"에 대응시킨 것이다(당시에는 수성부터 토성까지 여섯 개 행성만 알려져 있었다). 각각의 구는 (제일 바깥에 있는 토성을 제외하고) 자신의 바깥에 있는 정다면체 중 가장 작은 것에 내접하며, (제일 안쪽에 있는 수성을 제외하고) 자신의 안에 들어 있는 정다면체 중 가장 큰 것에 외접한다.● 구체적인 형태는 그림 6에 제시되어 있다. 이런 식으로 여섯 개의 구를 배열해놓고 각각의 구에 수성, 금성, 지구, 화성, 목성, 토성을 할당하면 태양과 행성들 사이의 거리가 기존에 알려진 값과 거의 정확하게 일치한다. 수학적으로 가능한 정다면체의 개수(5개)와 행성의 수(6개)가 기하학적으로 완벽한 조화를 이루면서 태양계가 정확하게 재현된 것이다! 케플러는 이를 두고 "수학적 대칭이 자연에 구현된 결과"라고 해석했다. 그의 저서 《우주의 신비Mysterium Cosmographicum》에는 플라톤이 생각했던 구의 대칭성과 행성이 태양 주변을 공전한다는 16세기 천문학이 조화롭게 연결되어 있다.

　　케플러가 활동하던 시대에는 일반인은 물론이고 천문학자들조차 태양계가 우주의 전부라고 생각했다. 게다가 하늘에 반짝이는 별들이 자신만의 행성계를 거느린 태양임을 아는 사람이 아무도 없었기에, 행성의 궤도를 알아내는 것은 천문학의 중요한 현안 중 하나였다. 물론 21세기를 사는 우리는 행성의 수나 태양과의 거리가 별로 중요하지 않다는 것을 잘 알고 있다. 행성의 위치는 자연의 깊은 섭리로

● 케플러의 태양계 모형은 태양으로부터 멀어지는 방향으로 수성의 구 → 정8면체 → 금성의 구 → 정20면체 → 지구의 구 → 정12면체 → 화성의 구 → 정4면체 → 목성의 구 → 정6면체 → 토성의 구 순서로 배열되어 있다.

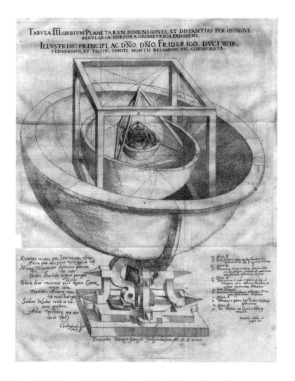

그림 6. 요하네스 케플러는 그의 첫 번째 주요 저서인 《우주의 신비》에서 다섯 개의 정다면체로부터 행성의 궤도(원)를 유추한 태양계 모형을 제시했다. 중심부는 그림이 작아서 잘 안 보이지만, 행성의 공전궤도에 해당하는 네 개의 구와 그 안에 내접한 정12면체, 정4면체, 정6면체는 또렷하게 보인다.

부터 결정된 것이 아니라, 원시태양을 에워싸고 있던 가스 구름이 중력으로 뭉치면서 나타난 우연의 산물이다. 지난 30년 동안 천문학자들은 태양계 바깥에 있는 외계 행성을 수천 개나 발견했는데, 이들의 궤도 분포에는 아무런 규칙도 없다. 개중에는 크기가 목성과 비슷한데 공전주기가 며칠에 불과한 것도 있고, 지구처럼 거주 가능한 행성이 세 개 이상 존재하는 태양계도 있으며, 심지어는 모항성(태양)이 두 개여서 낮과 밤이 뒤죽박죽인 계도 있다.

만일 우리 우주가 수없이 널려 있는 다중우주 중 하나라면, 물리 법칙은 방금 말한 행성의 궤도와 비슷한 처지에 놓이게 된다. 이런 경우 케플러의 발자취를 따라 우주가 생명친화적인 이유를 찾는 것은 아무런 의미가 없다. 수많은 다중우주에서 하필 우리 우주가 생명친화적 특성을 갖게 된 이유는 무작위로 일어난 빅뱅이 우연히 그와 같은 결과를 낳았기 때문이다. 아마도 다른 우주의 대부분은 생명체가 존재하지 않을 것이다. 다중우주 가설의 지지자들은 플라톤주의자들이 엉뚱한 방향을 바라보고 있다고 주장한다. 우리 우주가 생명체를 허용하게 된 것은 심오한 수학적 진리 때문이 아니라, 때마침 우리 우주의 '지역 날씨'가 좋았기 때문이다. 우주가 웅장하고 심오한 설계도에서 태어났다고 믿는 것은 자신을 특별한 존재로 생각하고 싶은 인간의 환상일 뿐이다.

그런데 여기에는 하나의 문제가 숨어 있다. 이것은 나중에 언급될 호킹의 최종 이론에서 가장 중요한 문제이기도 하다. 그 문제란 "다중우주조차 플라톤식 논리의 산물"이라는 것이다. 다중우주론은 시공간을 초월하여 모든 우주에 적용되는 '메타법칙metalaw'을 가정하고 있다. 그러나 메타법칙으로는 수많은 우주 중 우리가 어떤 우주에서 살고 있는지 알아낼 수 없다. 바로 이것이 문제의 핵심이다. 다중우주의 메타법칙과 우리 우주의 법칙을 이어주는 연결고리가 없는 한, 다중우주론은 검증 가능한 결과를 단 하나도 내놓지 못한 채 역설의 소용돌이에 말려들고 만다. 다중우주론은 근본적으로 불확실하고 모호한 이론이어서 우리 우주가 어디쯤 있는지 알 길이 없고, 앞으로 무엇을 보게 될지 예측할 수도 없다. 그래서 다중우주는 식별번호가 없는 직불 카드나 조립 설명서가 누락된 이케아 옷장에 비유된다. 우주가 여러 개라면 우리 우주의 역할은 무엇이며, 그 방대한 공간에서 우리의 위치가 어디인지 당연히 궁금해지는데, 다중우주 가설은 여전히 묵비권을 행사하고 있다.

그러나 포기를 모르는 다중우주 지지자들은 이론을 살리기 위해 파격적인 해결책을 내놓았고, 그 후로 과학계는 양 진영으로 나뉘어 한바탕 난리를 겪어야 했다. 이것이 바로 그 말 많고 탈 많은 '인류 원리anthropic principle'다.

인류 원리가 우주론에 등장한 것은 지금으로부터 반세기 전인 1973년의 일이었다. 그해에 폴란드의 크라쿠프에서 코페르니쿠스 기념학회가 개최되었는데, 그 자리에 참석한 브랜든 카터Brandon Carter(그는 호킹과 케임브리지대학교 동문이다)는 쟁쟁한 물리학자들과 우주론학자들 앞에서 인류 원리를 처음으로 발표했다. 16세기에 코페르니쿠스의 지동설 덕분에 인간은 우주의 중심에서 쫓겨났고, 그 후로 은하수와 외계 은하가 발견되면서 더욱 우주의 변방으로 밀려났다. 게다가 우주마저 하나가 아니라 여러 개라면, 인간은 더 이상 쫓겨날 곳도 없을 정도로 하찮은 존재가 된다. 그런데 인류 원리는 이런 추세를 이상한 방향으로 뒤틀어놓았다.[13] 지동설이 알려지고 400년이 흐른 후, 카터는 인간이 우주의 중심이 아니라는 코페르니쿠스의 주장에 새삼스럽게 동의하면서 다음과 같은 질문을 제기했다. "인간이라는 존재가 전혀 특별하지 않다면, 자신이 관측한 우주를 잘못 해석할 여지가 있다. 우리가 생명친화적인 우주를 관측하게 된 진짜 이유는 자신이 '그런 우주' 안에 살고 있기 때문이 아닐까?"

일리 있는 말이다. 우주에 인간이 존재하지 않는다면, 우주를 관측하여 "어라? 생명친화적이네?"라며 감탄할 사람도 존재하지 않을 것이기 때문이다. 1930년대에 벨기에의 천문학자 르메트르와 미국의 천문학자 로버트 디키Robert Dicke는 우주가 생명친화적인 곳이 되기 위해 갖춰야 할 조건을 세밀하게 따져보았는데, 그들이 내린 결론은 다음과 같다. "지성이 있건 없건 모든 생명체는 탄소에 기반을 둘 수밖에 없고, 탄소원자가 별의 내부에서 핵융합 반응을 거쳐 만들어지려면 수십억 년의 세월이 소요된다. 만일 우주의 나이가 이보다 젊다면 탄소원자는 아직 만들어지지 않았을 것이고, 생명체도 존재하지 않을 것이다. 그런데 우리 주변에는 탄소에 기반한 생명체가 득시글거리고 있으므로, 우주의 나이는 수십억 년 이상임이 분명하다. 따라서 우리가 '드넓고 오래된 우주'에 살고 있다는 것은 전혀 놀라운 일이 아니다. 팽창하는 우주에는 '탄소로 만들어진 천문학자'들이 왕성하게 활동하는 기간이 분명히 존재할 것이고, 바로 이 시기에 그들이 어떤 우주를 보게 될 것인지는 이미 결정되어 있었다는 이야기다.

이런 논리는 우리가 일상적인 조건에서 선택 편향selection bias 특정 방향으로 치우친 모집단을 대상으로 얻은 통계적 결론이 그쪽 방향으로 치우치는 현상을 설명할 때 사용하는 논리와 크게 다르지 않다. 그러나 카터는 여기서 한 걸음 더 나아가 "선택 편향 효과는 하나의 우주(우리 우주)가 아니라 다중우주 전반에 걸쳐 나타난다"고 주장했다. 다시 말해서, 생명을 위한 최적의 조건은 다중우주 전체에 걸쳐 인간과 무관하게 적용되는 인류 원리에 이미 포함되어 있으며, 이로부터 수많은 다중우주 중 생명 친화적 조건을 구현할 우주가 선택된다는 것이다.

이것은 정말로 파격적인 주장이다. 카터의 인류 원리는 시간을 500년이나 역행하여 인간이 우주의 중심이었던 코페르니쿠스 이전 시대로 되돌려놓은 것 같았다. 심지어 삶과 지성, 의식까지 포함하는 어떤 특정한 상태를 가정함으로써, 목적론(과학혁명이 성공적으로 전복되었음을 주장하는 아리스토텔레스학파의 관점)을 옹호하는 분위기까지 풍길 정도다.

1973년에 카터가 다중우주의 이론적 증거와 함께 인류 원리를 발표했을 때, 대부분의 우주론학자들은 그의 주장을 "말도 안 되는 난센스"로 치부했다. 그러나 20세기 말에 다중우주 가설이 또다시 현안으로 떠오르자 카터의 인류 원리도 함께 부활하여, 다중우주에서 인간의 위치를 가늠하는 수단으로 인식되기 시작했다. 플라톤의 전당에 묻혀 있던 다중우주 카드가 물리학 이론으로 통용되는 데 필요한 PIN 번호를 인류 원리가 제공한 것이다.

다중우주의 열혈 지지자들은 '설계된 우주'의 미스터리를 설명하는 두 번째 답을 찾았다고 주장했다. 첫 번째 답은 존재의 깊은 곳에 숨어 있는 수학적 원리가 "아주 운 좋게" 생명체에게 유리한 쪽으로 작용했다는 것이었는데, 인류 원리로부터 제시된 두 번째 답은 "우주가 미리 설계된 것처럼 보이는 이유는 다중우주의 지역적 환경 때문"이라는 것이었다. 바닷가의 모래알처럼 무수히 흩어져 있는 우주 중에서 우리 우주가 인류 원리에 의해 생명친화적인 환경을 갖춘 우주로 선택되었고, 이 선택의 필연적 결과로 우리가 존재하게 되었다는 이야기다. 그러자 우주론학계가 발칵 뒤집혔다. 수천 년 동안 풀리지 않던 미스터리가 이것으로 해결된 것일까? 안드레이 린데는 이렇게 말했다. "우주와 나는 분리할 수 없다. 우리 모두는 우주이며, '나'는 우주와 우리의 결합체다. 생명과 의식을 배제한 우주론은 결코 옳은 이론이 될 수 없다."14 스탠퍼드대학교의 끈이론학자 레너드 서스킨드Leonard Susskind는 과감한 추론에 기초한 그의 저서 《우주의 전경 The Cosmic Landscape》에서 객관적인 메타법칙과 주관적인 인류 원리를 결합하여 기초 물리학의 새로운 패러다임을 제시했다.

입자물리학의 거장 스티븐 와인버그는 인류 원리가 우주론의 새로운 시대를 알리는 신호탄이라고 했다. 그는 1960년대 말에 전자기력과 약한 핵력(약력)을 약전자기력electroweak force이라는 하나의 힘으로 통일하여 표준 모형Standard Model의 기초를 세운 사람이다. 표준 모형으로 계산된 이론값은 실험으로 얻은 값과 소수점 이하 14자리까지 정확하게 일치한다. 이 정도면 물리학 역사상 가장 정확한 이론으로 손색이 없다. 그러나 와인버그는 표준 모형이 지금처럼 특별한 형태로 정립된 이유를 더 깊은 수준에서 이해하려면, 수학으로 무장한 정통 물리학에 자연의 새로운 원리가 추가되어야 한다고 생각했다.

여기서 잠시 그가 케임브리지대학교의 한 강연 석상에서 했던 말을 들어보자.

대부분 과학의 발전은 자연에서 무언가가 새로 발견되었을 때 이루어지곤 했다. 그러나 어떤 전환점에 이르면 자연이 아닌 과학 자체에서 새로운 발견이 이루어지기도 한다. 즉, 우리가 사실로 받아들였던 이론에서 뒤늦게 새로운 정보가 드러나는 것이다. 지금이 바로 그런 전환점일지도 모른다. (…) 다중우주 가설로 인해 인류 원리는 물리학의 새로운 기초로 자리 잡게 되었다.[15]

와인버그의 세계관은 오래전부터 과학계에 회자되어온 '이원론 dualism'을 연상시킨다. 물리법칙이나 메타법칙은 인간에 의해 발견되지만, 인간이라는 존재와는 완전히 무관하게 작용한다. 그러나 여기에 더하여 물리계와 물리법칙(또는 메타법칙)을 연결하는 신비한 연결고리가 있는데, 그것이 바로 인류 원리라는 주장이다.

물론 전통을 고수해온 물리학자들은 강하게 반발했고, 그 후로 인류 원리는 이론물리학계에서 가장 뜨거운 논쟁거리로 떠올랐다. 특히 프린스턴대학교의 교수이자 인플레이션 우주론의 창시자 중 한 사람인 폴 스타인하트Paul Steinhardt는 "인플레이션 이론이 스스로 무덤을 파고 있다"며 인류 원리에 직격탄을 날렸고, 캘리포니아대학교의 노벨상 수상자인 데이비드 그로스David Gross도 "인플레이션을 수용하는 것은 물리학을 포기하는 것과 같다"고 했다. 그 외에 다수의 물리학자는 뚜렷한 의견을 밝히지 않으면서도 "우주에서 인간의 위치를 논하는 것은 시기상조"라는 입장을 고수했다. 프린스턴 고등연구소의 끈이론학자 니마 아르카니하메드Nima Arkani-Hamed는 2019년 끈이론학자들이 모인 자리에서 "물리학은 그런 문제를 논할 정도로 충분히 발달하지 않았다"고 주장했다.[16] 과학혁명이 물리학에 이원론의 씨앗을 뿌린 지 무려 500년이 지났는데 아직도 이런 말이 나오다니, 대체 그동안 물리학자들이 무엇을 했는지 의심스러울 정도다.

호킹은 이론물리학의 주류학자들이 수학에 함몰된 채 이 문제에 함구하는 것을 항상 안타깝게 여겨왔다. 대부분의 이론물리학자들은 우주의 생명친화적 특성을 탐구하는 것이 자신의 연구 영역을 넘어선 문제라 생각했고, 이런 분위기는 지금도 크게 달라지지 않은 듯하다. 이들은 다중우주를 총괄하는 끈이론 방정식이 발견되기만 하면 모든 문제가 해결될 것으로 믿고 있다. 어느 날, 호킹은 잔디밭에서 모이를 쪼아먹는 비둘기 떼 사이에 고양이를 풀어놓으며 말했다. "우주의 비밀을 벗긴다는 끈이론학자들의 시야가 왜 그리도 좁은가? 우주가 왜, 어떤 과정을 거쳐 지금에 도달했는지 궁금해하지 않다니, 나로서는 도저히 이해할 수 없는 일이다."[17] 그는 추상적인 수학법칙이나 메타법칙만으로는 설계된 우주의 비밀을 밝힐 수 없다고 믿었으며, 통일이론unified theory 자연의 법칙(힘)을 하나로 통일한 이론은 빅뱅의 기원과 밀접하게 관련되어 있다고 생각했다. "궁극의 이론을 '또 하나의 연구 과제' 정도로 생각한다면 결코 목적지에 도달할 수 없다. 그것은 우주적 진화론의 관점에서 연구되어야 한다." 호킹이 추구하는 새로운 우주론에서 수학은 주인이 아니라 번잡한 일을 거드는 하인에 불과했다. 그리하여 호킹은 생명친화적 우주를 좀 더 깊이 이해하고 물리학과 우주를 연구하는 방식에 근본적인 변화가 필요하다는 생각에, 말 많고 탈 많은 인류 원리에 관심을 갖기 시작했다.[18] 하지만 인류 원리가 "우주론에 혁명적 변화를 몰고 올 주인공"이라는 주장에는 다소 회의적이었다. 호킹은 인류 원리를 하나의 연구 수단으로 도입했을 뿐, 그 질적質的인 부분까지 수용한 것은 아니었다. 생물학처럼 "과거를 들여다보는 과학"은 질적인 예측을 다량으로 내놓는다. 그러나 인류 원리는 '예측 능력'과 '반증 가능성'을 철길로 삼아 잘 달려온 과학 열차를 사정없이 탈선시킨다.

이 부작용을 심도 있게 논한 사람은 오스트리아 태생의 영국인 과학철학자 칼 포퍼Karl Popper였다. 그의 주장에 따르면, 과학이 지식을 습득하는 강력한 도구가 될 수 있었던 것은 "공개된 증거에 기초하여 논리를 펼치면 예외 없이 누구나 동일한 결론에 도달한다"는 독보적인 일관성 덕분이다. 과학이 절대적으로 옳다는 것을 입증할 수는 없지만, 틀렸음을 입증하는 것은 언제든지 가능하다. 이론과 실험이 일치하지 않으면, 그 이론은 더 볼 것도 없이 틀린 이론이다. 그러나 (바로 여기가 포퍼의 핵심이다) 이런 반증은 이론으로부터 조금도 모호하지 않은 예측을 내놓을 수 있어야 가능하다. 이론과 실험이 일치하지 않는다는 것은 이론이 제시한 가설 중 적어도 하나 이상이 자연에 적용되지 않는다는 뜻이다. 이것이 과학이 갖춰야 할 최고의 덕목으

그림 7-a. 마틴 리스(호킹의 왼쪽 바로 뒤)는 2001년 8월에 케임브리지에 있는 그의 농가에서 인류 원리를 주제로 세미나를 개최했다. 이 회의에서 호킹과 나(호킹 바로 뒤쪽 두 번째 줄)는 양자역학적 논리로 인류 원리를 대체할 방법을 처음으로 논의했고, 회의가 끝난 후에도 토론은 계속 이어졌다. 이 세미나에는 우리 연구에 도움을 준 동료들이 대거 참석했다. 맨 앞줄 왼쪽 끝에 앉아 있는 사람이 닐 튜록, 호킹을 기준으로 오른쪽에 앉아 있는 이가 리 스몰린, 서 있는 사람 중 첫 번째 줄 오른쪽 끝에 서 있는 사람이 안드레이 린데다. 린데의 왼쪽에 버나드 카가 서 있고, 그 뒤에 얼굴이 반쯤 가려진 사람이 짐 하틀, 그 왼쪽으로 자우메 가리가Jaume Garriga, 알렉산더 빌렌킨, 게리 기번스가 서 있다.

로 자리 잡게 된 이유는 조건 자체가 비대칭적이기 때문이다. 즉, 이론의 예측이 맞는다고 해서 옳은 이론이라는 보장은 없지만, 단 하나라도 반증되기만 하면 그 이론은 당장 폐기되거나 수정되어야 한다. 과학의 한 귀퉁이에는 틀린 가설이 숨어 있을 가능성이 항상 존재하며, 바로 이것이 과학의 발전을 견인하는 원동력이다.

그러나 인류 원리는 이 모든 전제를 뿌리째 뒤흔든다. 생명친화적 우주에 대한 주관적 기준을 내세워서 포퍼가 제시한 '반증 가능성'을 무색하게 만들어버리기 때문이다. 당신은 당신 나름의 주관적 견해를 인류 원리에 투영하여 다중우주에서 "이러이러한 법칙을 따르는 하나의 우주"를 우리의 우주로 선택할 수 있고, 나는 나대로 주관적 견해를 고집하여 "저러저러한 법칙을 따르는 또 다른 우주"가 우리의 우주라고 주장할 수도 있다. 물론 둘 중 어느 쪽이 옳은지 판별해주는 객관적 규칙 같은 것은 애초부터 존재하지 않는다.

이것은 다윈의 진화론과 사뭇 다르다. 진화론을 비롯한 생물학에는 인류 원리식 논리가 끼어들 여지가 거의 없다. 다윈의 진화론으로는 외계생물의 진화는 고사하고 그들의 존재 여부조차 판단할 수 없으며, 모든 생명체 중 최상위권 포식자가 판테라 레오Panthera leo(사자)일지, 또는 호모 사피엔스Homo sapiens(인간)일지 미리 예측할 수도 없다. 다윈주의의 근간은 진화의 방향에 대한 예견이 아니라 "나(인간)와 나머지 생명계 사이의 관계"이며, 이로부터 모든 생명 사이의 상호연계성이 유추된다. 다윈주의의 핵심은 호모 사피엔스가 다른 생명들을 적대시하지 않고, 그들과 공존하면서 진화해왔다는 것이다. 다윈은 그의 저서인 《인간의 유래The Descent of Man》에서 "고귀한 능력을 가진 사람도 그의 몸 안에는 미천한 기원이 낙인처럼 찍혀 있다"고 했다. 자연적 진화를 넘어선 영역에서 모든 우주에 '추가 옵션'처럼 작용하는 카터의 인류 원리와 달라도 너무 다르다.

포퍼의 '반증 가능성'이라는 관점에서 볼 때, 인류 원리에서 말하는 다중우주는 17세기 독일의 박학다식가인 고트프리트 라이프니츠

Gottfried Leibniz가 상상했던 다중우주와 별반 다르지 않다. 그는 《단자론The Monadology》이라는 저서에 다음과 같이 적어놓았다. "우리는 무수히 많은 우주 중 하나에 살고 있다. 개개의 우주에는 각자 고유한 공간과 시간, 물질이 존재하는데 그중에서 가장 살기 좋은 곳이 우리 우주다. 우리가 이런 특권을 누리게 된 이유는 신이 우리를 특별히 선택했기 때문이다."

이 정도면 인류 원리가 과학계에 쉽게 수용되지 않는 이유를 독자들도 이해할 수 있을 것이다. 미국의 물리학자이자 베스트셀러 작가인 리 스몰린Lee Smolin은 끈이론을 신랄하게 비판한 저서인 《물리학의 문제점The Trouble with Physics》에서 다음과 같이 주장했다. "반증 가능한 이론을 포기하고 반증 불가능한 이론을 수용하는 순간, 과학의 기능은 중단되고 과학으로부터 새로운 지식을 얻는 것도 불가능해진다." 이것은 내가 호킹의 연구실을 처음 찾아갔을 때 그가 강조한 말이기도 하다. 과학에 인류 원리가 도입되면 과학의 주요 기능 중 하나인 '예측 능력'을 포기해야 한다.

이로써 우리는 막다른 길에 도달했다. 인류 원리는 방대한 우주에서 인간의 위치를 특정하고, 추상적인 다중우주 가설과 우리의 경험 세계를 이어주는 가교 역할을 한다. 그러나 인류 원리가 과학의 기본 원리를 따르지 않는 한, 다중우주론으로는 아무것도 설명할 수 없다.

넓은 의미에서 볼 때, 과학혁명으로 태어난 현대과학은 설계된 우주에 대하여 거의 아무런 해답도 내놓지 못했다. 물론 과학은 우주 팽창의 역사를 자세히 재현하고, 광활한 우주에서 시공간의 형태를 좌우하는 중력을 이해하고, 양성자보다 작은 영역에서 입자의 양자적 거동을 설명하는 등 엄청난 성과를 거두었다. 그러나 과학적 지식이 쌓일수록 설계된 우주의 수수께끼는 더욱 난해해졌고, 이 문제는 과학계뿐만 아니라 일반 대중 사이에서도 숱한 논쟁을 야기했다. "생명체를 아우르는 생명계"와 "생명체의 존재를 허용하는 물리적 조건" 사이에 개념적으로 커다란 균열이 생겼기 때문이다. 빅뱅이 일어날 때 작용했던 수학법칙은 왜 생명체에게 유리한 형태였는가? 이 기막힌 우연을 어떻게 받아들여야 하는가? 생물계와 무생물계 사이에 난틈이 과거 그 어느 때보다 깊어졌다.

물리학자의 입장에서 볼 때, 다중우주는 다분히 역설적인 가설이다. 다중우주론은 우주가 탄생 초기에 엄청나게 빠른 속도로 팽창했다는 인플레이션 이론에 기초하고 있다. 이 이론은 과거 한때 천문관측 자료와 환상적인 궁합을 과시하면서 우주론의 대세로 떠올랐으나, 우주가 하나가 아니라 여러 개라는 "별로 달갑지 않은" 부수적 결과를 낳았다. 게다가 인플레이션 이론만으로는 다중우주 속에서 우리 우주의 위치를 알 수 없기 때문에(이 정보가 특히 부족하다), 어디에 집중해야 할지 갈피를 잡을 수가 없다. 사실 초기 우주를 설명하는 가장 그럴듯한 이론조차 다중우주의 가능성을 시사하고 있다. 그러나 다중우주가 개입되기만 하면 이론의 예측 능력이 현저하게 떨어진다.

호킹이 난해한 역설에 직면한 것은 이번이 처음이 아니었다. 그는

1977년에 블랙홀의 특성을 연구하던 중 일견 사소해 보이는 문제 하나를 발견했다. 아인슈타인의 일반상대성 이론에 의하면, 임의의 물체가 블랙홀로 빨려 들어가면 그 물체와 관련된 모든 정보는 블랙홀 안에 영원히 갇히게 된다. 그러나 호킹은 여기에 양자이론을 도입하여 극적인 반전을 이끌어냈다. 블랙홀의 표면 근처에 양자적 과정을 적용했더니, 블랙홀로부터 광자를 포함한 입자들이 희미하게, 그러나 꾸준하게 방출된다는 놀라운 결론이 얻어진 것이다. 훗날 호킹 복사 Hawking radiation로 알려진 이 입자의 흐름은 강도가 너무 약해서 관측될 수 없지만, 이런 현상이 존재한다는 것 자체가 물리학자들에게는 커다란 충격이었다.[19] 블랙홀이 복사 에너지를 방출하면 질량이 서서히 감소하다가 결국 사라져야 하기 때문이다. 블랙홀이 점점 작아지다가 마지막 남은 최후의 질량을 방출할 때, 그 안에 숨어 있던 방대한 양의 정보는 어떻게 될까? 호킹은 약간의 계산을 수행하여 이 정보가 블랙홀과 함께 영원히 사라진다는 것을 확인한 후, "블랙홀은 궁극의 쓰레기통"이라고 주장했다. 그러나 이 시나리오는 "모든 형태의 정보는 물리적 과정을 거치면서 변하거나 섞일 수 있지만, 영구히 제거될 수는 없다"는 물리학의 기본 원리에 위배된다. 이로써 우리는 또 하나의 역설에 도달했다. 블랙홀은 양자적 과정을 거치면서 정보를 방출하거나 잃을 수 있는데, 정작 양자이론 자체는 그것이 불가능하다고 주장하는 것이다.

"블랙홀의 수명"과 "다중우주에서 우리의 위치"로부터 야기된 역설은 지난 수십 년 동안 물리학자들을 무던히도 괴롭혀왔다. 이것은 물리학에서 정보의 본질과 관련된 문제이므로, 자꾸 파고들다 보면 "물리학 이론이란 무엇인가?"라는 궁극적이면서도 골치 아픈 질문에 도달하게 된다. 앞서 제기한 두 개의 역설은 1970년대 중반에 호킹이 이끌던 케임브리지 연구팀이 고전물리학과 양자물리학을 결합한 '준고전적 중력이론semiclassical gravity theory'을 개발했을 때 직면한 문제였다. 간단히 말해서, 준고전적 사고를 아주 긴 시간대에 적용하거나(블랙홀의 경우) 아주 먼 거리에 적용하면(다중우주의 경우) 역설적 상황이 초래된다. 또한 이 역설은 20세기 물리학의 두 기둥인 상대성 이론과 양자이론을 하나로 결합하려 할 때마다 예외 없이 나타나는 문제와도 깊이 관련되어 있으며, 이론물리학자들이 준고전적 관점에서 중력을 다룰 때 어떤 지점에서 논리가 와해되는지를 보여주는 일종의 사고실험思考實驗, thought experiment 현실적으로 실행이 불가능하여 상상으로 진행되는 실험 역할을 해왔다.

사고실험은 물리학 레스토랑에서 호킹이 가장 좋아하는 메뉴다. 그는 물리학에 철학이 도입되는 것을 별로 좋아하지 않았기에, 심오한 철학적 문제(시간은 출발점이 있었는가? 인과율은 과연 근본적인 법칙인가? '관찰자'로서의 인간은 범우주적 계획에 어떤 식으로 부합되는가? 등)를 머릿속에서 상상의 실험으로 해결하곤 했다. 물리학자들이 꺼리는 철학적 문제를 이론물리학의 실험 대상으로 변환한 것이다. 물론 아무나 할 수 있는 일은 아니다. 호킹이 이룩한 세 가지 획기적 업적은 정교하게 설계된 사고실험의 결과물이었다. 첫째는 고전 중력이론을 이용하여 빅뱅의 특이점singularity을 찾은 것, 둘째는 중력을 준

그림 7-b. 공동 연구에 착수한 직후인 2001년의 어느 날, 브뤼셀의 유명한 선술집 라 모르트 수비테À La Mort subite에서 담소를 나누는 호킹과 저자(오른쪽 끝).

고전적 관점에서 분석하여 블랙홀의 복사를 예견한 것, 셋째는 우주의 기원에 또다시 준고전적 중력이론을 적용하여 '무경계 가설no-boundary proposal'을 제안한 것이다.

블랙홀 역설은 '단순한 학술적 관심사'에 머물 수도 있지만(호킹 복사는 영원히 관측되지 않을지도 모른다), 다중우주 역설은 천문 관측과 직접적으로 연결된 문제다. 이 역설의 중심에는 생명계와 관찰자, 물리적 우주의 복잡다단한 관계가 거미줄처럼 얽혀 있다. 호킹은 양자우주론을 통해 이들 사이의 관계를 규명하려고 노력했고, 이 과정에서 다중우주 역설은 그의 길을 안내하는 등대 역할을 했다. 우주론의 지도를 바꾼 그의 마지막 양자우주론은 그가 물리학계에 남긴 네 번째 선물이었다. 이 이론의 출발점이 된 거대한 사고실험은 어떤 면에서 볼 때 거의 500년 동안 과학계에 전수되어온 문제이기도 하다. 우리의 여정은 바로 여기서 시작되었다.

2장

어제 없는 오늘

시공간은 뚜껑이 없는 원뿔형 컵에 비유할 수 있다. 컵의 위쪽으로 이동하면 시간은 미래로 흐르고, 컵의 옆면을 따라 수평 이동을 하면 시간은 흐르지 않으면서 공간 이동만 일어난다. 그리고 컵의 아래쪽으로 이동하면 시간이 거꾸로 흐르는데, 뾰족한 바닥에 도달하면 더 이상 갈 곳이 없다. 이곳이 바로 시간이 시작된 지점, 즉 '과거가 존재하지 않는 지금'이다. 이 지점에서 더 과거로 가면 공간이라는 것이 아예 존재하지 않기 때문이다.

_조르주 르메트르, 《원시원자 가설L'hypothèse de l'atome primitif》 중에서

1957년 4월, 알베르트 아인슈타인의 사망 2주기를 맞이하며 벨기에의 한 라디오 방송국에서 특별 인터뷰를 진행했다. 그 자리에 초대된 사람은 성직자이자 물리학자였던 조르주 르메트르였는데, 그는 과거에 아인슈타인을 만난 자리에서 우주팽창설을 언급했다가 일언지하에 거절당한 일을 회상하면서 깊은 상념에 잠겼다.[1]

때는 1927년, 벨기에의 브뤼셀에서 개최된 5차 솔베이 회의Solvay Council에 세계적인 물리학자들이 모여들었다. 당시 33세의 청년이었

던 르메트르는 정식 초대장을 받지 못했지만 지인의 도움으로 어렵사리 회의에 참여할 수 있었다. 시종일관 기회를 엿보던 그는 잠시 주어진 휴식 시간을 틈타 아인슈타인에게 달려가 자신이 최근에 얻은 연구 결과를 열심히 설명했는데, 아인슈타인의 반응은 냉담하기 그지없었다.

> **르메트르:** 저는 교수님께서 구축하신 일반상대성 이론을 연구하고 있습니다. 데이터를 넣고 방정식을 풀어보니 우주가 팽창하고 있다는 결론에 도달했습니다. 다시 말해서, 은하들이 우리로부터 점점 멀어지고 있다는 거죠. 어떻게 생각하십니까?
>
> **아인슈타인:** 정말 끔찍한 생각이군요. 물리학적 관점에서 볼 때 그런 일은 결코 일어날 수 없습니다.

그러나 르메트르는 포기하지 않고 자신의 이론을 밀어붙였다. 우주가 팽창하고 있다는 것은 과거 어느 시점에 '우주의 탄생일'이 존재했음을 의미한다. 그는 우주가 초고밀도의 '원시원자primeval atom'에서 출발하여 점점 커지면서 시공간과 물질이 만들어졌다고 생각했다.

아인슈타인이 우주탄생설을 그토록 강하게 부정한 이유는 물리학의 기초에 위협을 느꼈기 때문이다. 르메트르의 원시원자 가설이나 다른 종류의 빅뱅 이론을 도입하면 "신이 자연에 개입하는 것을 물리학자 스스로 허락하는 꼴"이라고 생각한 것이다. 1930년대 초의 어느 날, 아인슈타인은 르메트르와 산책을 하면서 조용하게 말했다. "우주에 시작이 있었다는 아이디어는 어떻게든 폐기되어야 합니다. 기독교의 창조설과 너무 비슷하잖아요." 그는 우주의 출생증명서가 발행된다면 누가 우주를 만들었는지 영원히 침묵해야 하고, 가장 근본적인 단계에서 우주를 과학적으로 이해하겠다는 희망도 포기해야 한다고 생각했다.

르메트르는 "원시원자 가설은 종교적 창조설을 대신할 수 있는 과학적 이론"이라고 주장했지만, 옹고집 아인슈타인은 쉽게 설득되지 않았다.[2] 사실 르메트르에게 원시원자 가설은 창조론의 과학적 버전이 아니라, 자연과학의 탐구 영역을 획기적으로 넓힐 수 있는 절호의 기회였다.

아인슈타인과 르메트르는 우주의 팽창과 기원에 대하여 상반된 주장을 펼치면서 '설계된 우주'의 핵심에 도달했고, 이들의 논쟁은 70년 후에 린데와 호킹의 대립으로 이어졌다. 르메트르가 빅뱅을 '창조론의 대안'으로 제시했을 때, 과연 그는 속으로 어떤 우주를 상상하고 있었을까? 이것을 이해하려면 아인슈타인과 르메트르의 머릿속으로 좀 더 깊이 들어가야 한다.

현대 우주론은 아인슈타인의 특수상대성 이론special relativity에서 출발한다. 이 이론은 뉴턴의 고전물리학(운동법칙과 중력법칙)과 제임스 클러크 맥스웰James Clerk Maxwell의 전자기학, 산업혁명을 이끌었던 열역학이 물리학의 대세였던 19~20세기 전환기에 탄생했다. 19세기 물리학자들의 우주관은 일반인들이 직관적으로 느끼는 현실과 거의 일치했다. 그들이 생각하는 우주란 입자와 장場이 전달되는 고정된 시공간의 연속체로서, 모든 사건이 '범우주적 시계'에 맞춰 진행되는 거대한 역학체계였다. 다시 말해서, 빅 벤Big Ben 영국 런던에 있는 시계탑. 2012년에 '엘리자베스 타워'로 공식 명칭이 바뀌었다 같은 하나의 시계가 우주 전역의 시간을 총괄한다고 생각한 것이다. 그러므로 이 무렵 물리학자들이 "자연의 비밀은 거의 다 밝혀졌고, 물리학도 완성 단계에 접어들었다"며 자신만만했던 것은 별로 놀라운 일이 아니다.

그러나 20세기의 문턱에 도달한 1900년에 아일랜드 출신의 위대한 물리학자 윌리엄 톰슨William Thomson(켈빈 경이라는 이름으로 더 잘 알려져 있다)은 "물리학의 지평선에 두 개의 먹구름이 드리웠다"며 자아도취에 빠진 물리학계에 찬물을 끼얹었다.[3] 그가 지적했던 첫 번째 먹구름은 에테르ether 빛의 매개체로 간주되던 가상의 물질를 통과하는 빛과 관련된 문제였고, 다른 하나는 뜨거운 물체에서 방출되는 복사열輻射熱과 관련되어 있었다. 그러나 켈빈 경의 경고에도 불구하고 당대의 물리학자들은 "그런 것은 이론의 자잘한 세부 사항일 뿐, 우리가 세운 이론 체계는 여전히 굳건하다"며 별다른 관심을 보이지 않았다.

그로부터 10년이 채 지나기도 전에, 견고했던 물리학의 전당이 허무하게 무너져내렸다. 켈빈 경이 지적했던 두 가지 문제가 상대성 이론과 양자역학이라는 거대한 혁명의 시발점이 된 것이다. 두 이론은 물리학을 완전히 다른 방향으로 이끌었고, 이 시기에 제기된 문제는 지금까지도 풀리지 않은 채 또 다른 먹구름으로 남아 있다. 그 문제란 "거시 세계와 미시 세계를 어떻게 조화롭게 연결할 것인가?"이다.

빛이 19세기 물리학계를 뒤흔들었다는데, 대체 어떤 특성 때문에 그런 대형 사건이 촉발되었을까? 문제는 바로 빛의 '속도'였다. 지금까지 얻은 관측 자료에 의하면 빛은 광원과 관측자 사이의 상대 속도에 상관없이 항상 초당 30만 킬로미터로 나아가는데, 이것은 우리의 일상적인 경험에서 크게 벗어난 결과다. 달리는 기차 안에서 기차의 속도를 측정하면 당연히 시속 0킬로미터지만, 바깥에서 측정하면 시속 100킬로미터가 넘는다. 이것은 19세기에 널리 퍼져 있던 통념과도 일치하지 않았다. 당시 물리학자들은 우주 공간을 가득 채우고 있는 에테르가 빛을 매개한다고 믿었기에, 에테르에 대해 상대적으로 움직이는 관측자가 빛의 속도를 관측하면 당연히 속도가 달라져야 한다고 생각했다. 그러나 실제 관측 결과는 전혀 다른 이야기를 하고 있었고, 그 무렵 스위스의 특허청에서 근무하던 청년 아인슈타인은 기존의 에테르 가설에 의문을 품기 시작했다.

아인슈타인이 떠올린 해결책은 다음과 같다. "빛의 속도가 관측자의 운동 상태에 상관없이 항상 일정하다면, 각기 다른 속도로 이동 중인 관측자들에게는 시간과 공간도 각기 다르게 보여야 한다." 다들 알다시피 속도란 이동 거리를 시간으로 나눈 값이다. 아인슈타인에 의하면 우주 전역의 시간을 총괄하는 빅 벤 같은 것은 존재하지 않으며, 모든 사람이 자신만의 시계를 갖고 있다. 이 시계들은 똑같이 정확하지만, 여러 사람이 각기 다른 속도로 움직이면 시곗바늘은 각기 다른 속도로 돌아간다. 즉, 각기 다른 속도로 움직이는 관측자에게 시간은 다른 속도로 흐른다. 예를 들어 여러 사람이 각기 다른 속도로 이동하면서 연달아 일어나는 두 개의 사건을 관측했을 때, 두 사건 사이의 시간 간격은 관측자마다 다르다. 간단히 말해서, 시간은 절대적인 양이 아니라 '상대적인 양'이라는 뜻이다. 시간뿐만 아니라 공간도 마찬가지다. 예를 들어 상대 운동을 하는(즉, 각기 다른 속도로 움직이는) 두 사람이 똑같은 막대의 길이를 측정하면 각기 다른 값이 얻어진다. 시간(간격)과 공간은 절대적인 척도가 아니라, 관측자의 운동 상태에 따라 달라지는 양이다. 바로 이것이 1905년에 아인슈타인이 발표했던 특수상대성 이론의 핵심이다. 여기서 '상대성'이라는 단어에는 시간과 공간, 동시성의 개념이 관측자의 관점(운동 상태)에 따라 달라진다는 혁명적 아이디어가 고스란히 담겨 있다.

독자들은 이렇게 물을지도 모른다. "내가 측정한 길이가 다른 사람이 측정한 길이보다 짧게 나왔다면, 나머지 길이는 어디로 사라졌는가?" 정말로 사라진 것일까? 아니다. 짧아진 거리는 시간으로 변하여 시간에 유입된다. 아인슈타인의 상대론적 우주에서는 공간 이동과 시간의 흐름이 한데 섞여서 나타난다. 지금 내 여동생의 스포츠카가 집 앞에 얌전하게 주차되어 있다. 내가 마당에 가만히 서서 그 모습을 바라보고 있을 때, 모든 운동은 공간 이동 없이 "시간이 흐르는 방향"으로만 진행된다. 그러나 여동생이 차를 출발시킨 그 순간부터 시간 이동의 일부가 공간 이동으로 변환된다. 그러므로 여동생의 시계는 내 시계보다 느리게 갈 것이다. 만일 스포츠카가 거의 빛의 속도로 움직인다면 황당한 결과가 초래되겠지만, 시속 100킬로미터의 느린 속도로 달린다 해도 그녀와 나의 시계는 아주 조금 어긋나게 된다.

이제 스포츠카의 속도가 점점 빨라지면 시간의 더욱 많은 부분이 공간 이동으로 변환되다가, 속도가 최대치에 이르렀을 때 시간의 흐름은 사라지고 공간 이동만 남게 된다. 이것이 바로 빛의 속도인 '광속'이며, 우주에서 허용된 속도의 한계이기도 하다. 물체가 이런 속도로 움직이면 공간 이동만 일어나고, 시간은 더 이상 흐르지 않는다. 만일 광자光子(빛을 구성하는 입자)가 시계를 차고 있다면, 그 시계는 전혀 작동하지 않을 것이다.

과거에 뉴턴은 공간을 "모든 사건이 일어나는 고정된 배경"으로 간주했고, 시간은 "무한한 과거에서 무한한 미래를 향해 누구에게나 똑같은 빠르기로 꾸준히 흘러가는 양"이라고 생각했다. 그러나 이 고전적이고 절대적인 개념은 아인슈타인을 거치면서 상대적 개념으로 탈바꿈했다. 뉴턴의 물리학에 의하면 이 세상 그 무엇도 똑바르게 나 있는 공간을 휘어지게 만들 수 없으며, 선형적으로 균일하게 흐르는 시간을 바꿀 수도 없다. 또한 고전적 시간과 공간은 물리적으로 완전히 독립된 양이어서, 둘이 섞이는 것은 원리적으로 불가능했다. 즉, 공간이 존재하지 않는 곳에서도 시간은 흐를 수 있고, 그 반대도 마찬가지라는 이야기다.

그러나 아인슈타인은 시간과 공간의 긴밀한 관계를 알아냄으로써 이 모든 개념을 송두리째 갈아엎었다. 한때 취리히 공과대학에서 아인슈타인을 가르쳤던 독일의 수학자 헤르만 민코프스키Hermann Minkowski는 1908년에 아인슈타인이 창안한 시간과 공간의 개념을 정리하여 "앞으로 시간과 공간은 하나로 합쳐졌을 때 비로소 진정한 의미를 갖게 될 것"이라고 선언했다.[4] 그 후로 3차원 공간과 1차원 시간을 결합한 4차원 시공간spacetime은 민코프스키 공간Minkowski space으로 불리게 된다.

4차원 시공간의 개념을 쉽게 이해하기 위해, 공간을 1차원이나 2차원으로 줄여서 생각해보자. 여기에 시간에 해당하는 또 하나의 차원을 추가하면 2차원(또는 3차원) 시공간이 만들어진다. 그림 8은 민코프스키가 처음으로 제안했던 시공간 개요도인데, 공간은 수평 방향으로 뻗은 1차원으로 표현되어 있고(점선 화살표, raumartiger) 시간은 수직 방향을 따라 아래에서 위로 흐른다(점선 화살표, zeitartiger). 바로 이 그림에 우주와 우리의 관계를 재정립한 특수상대성 이론의 핵심이 담겨 있다. 관측자는 O에 위치해 있고, "과거에서 관측자를 향해 광속으로 다가오는 신호(빛)"와 "O에서 출발하여 미래를 향해 광속으로 진행하는 신호"가 촘촘한 점선으로 표현되어 있다. 그러면 (2차원으로 축약된) 시공간은 두 점선과 그 연장선에 의해 네 개의 구획으로 나뉜다. 이들 중 O를 향해 다가오는 빛의 경로로 에워싸인 삼각형 영역은 시공간에서 관측자의 과거에 해당하며, 이 영역에는 관측자에게 영향을 줄 수 있는 과거의 모든 사건이 포함되어 있다. 반면에 O에서 출발한 빛의 경로로 에워싸인 삼각형 영역은 관측자의 미래이며, 여기에는 관측자의 행위에 의해 바뀔 수 있는 모든 미래가 담겨 있다. 공간을 2차원으로 확장한 3차원 시공간 다이어그램spacetime diagram은 나중에 다룰 예정인데, 이 경우 모든 점에서 과거와 미래의 빛이 그리는 경로를 모으면 꼭짓점을 맞댄 두 개의 원뿔이 된다. 시공

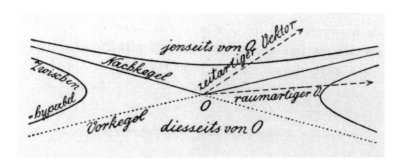

그림 8. 헤르만 민코프스키가 1908년에 집필한 저서 《공간과 시간Raum und zeit》에 수록된 최초의 시공간 다이어그램. 이 그림에는 1차원 시간과 1차원 공간이 점선 화살표 벡터vector로 표현되어 있는데, 'zeitartiger'는 시간이 흐르는 방향이고 'raumartiger'는 공간의 방향이며, O는 관측자의 위치. 시공간에서 관측자의 미래jenseits von O는 '미래 원뿔Nachkegel'의 내부로 한정되고, 관측자의 과거diesseits von O는 '과거 원뿔Vorkegel'의 내부로 한정된다.

간의 모든 점에 존재하는 이 광원뿔light cone이 상대성 이론의 핵심이다. 상대성 이론이 등장하기 전까지만 해도 사람들은 과거와 미래가 단순히 "현재를 기점으로 서로 맞닿아 있다"고 생각했다. 그러나 특수상대성 이론에 의하면 이 드넓은 시공간에서 과거와 미래가 맞닿는 곳은 오직 당신(관측자)이 존재하는 위치뿐이다.

시간과 공간이 별개의 절대적 양으로 존재하고 속도의 한계도 없는 뉴턴의 우주에서, 우리는 공간의 모든 점으로 '순식간에' 이동할 수 있다. 이동 수단이 마땅치 않을 뿐이지, 원리적으로는 얼마든지 가능하다. 그러나 아인슈타인의 상대적 세계에서 우리가 도달할 수 있는 미래는 극히 일부에 불과하다. 관측 가능한 우주는 시공간에서 과거 광원뿔의 내부뿐이다. 어떤 물체나 신호도 빛보다 빠르게 이동할 수 없기 때문이다. 게

다가 우리의 우주는 태어난 지 138억 년밖에 안 되었으므로, 138억 광년(빛이 138억 년 동안 갈 수 있는 거리)보다 먼 곳은 망원경의 성능이 아무리 좋아도 원리적으로 관측할 수 없다. 이렇게 설정된 관측의 한 계를 '우주 지평선cosmic horizon'이라 한다.

우주 지평선 안에서도 관측자는 시공간의 극히 일부에서만 정보 를 수집할 수 있다. 지구에 있는 관측자가 확인할 수 있는 과거는 그 림 9의 과거 광원뿔에서 짙게 칠해진 영역뿐이다. 첫째, 빛을 매개로 한 천문 관측은 138억 년 전까지 볼 수 있는데, 이는 곧 과거 광원뿔 의 표면 근처에서 정보를 수집한다는 뜻이다. 둘째, 지구의 화석이나 우주에서 날아온 입자와 파편을 분석하면 과거 광원뿔에서 46억 년 전까지 정보를 수집할 수 있다. 지구의 나이가 약 46억 년이기 때문이다. 그러나 시

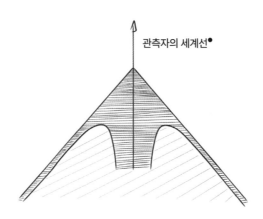

관측자의 세계선●

그림 9. 과거 광원뿔에서 우리가 정보를 수집할 수 있는 곳은 짙게 칠해진 영역뿐이다.

● 세계선world line은 시공간에서 이동하는 물체의 궤적을 말한다.―옮긴이

공간에서 이들 사이에 있는 영역(그림에서 옅게 칠해진 영역)은 우리와 완전히 단절되어 있다.

1907년, 아인슈타인은 자신이 구축한 상대론적 시공간 안에서 중력의 작동 원리를 설명하기 위해 근 250년간 범우주적 칙령으로 군림해온 뉴턴의 중력법칙에 과감하게 메스를 들이댔다. 훗날 그는 이 시기를 회고하며 "느낄 수 있지만 말로 표현할 수 없는 진리를 찾아 어두운 사막을 헤매는 기분"이라고 했다.[5] 다행히도 그의 노력은 결실을 거두었다. 1915년 11월, 제1차 세계대전으로 유럽 전역이 혼란스러웠던 시기에 아인슈타인은 마침내 중력을 상대론적으로 서술한 일반상대성 이론을 완성했다.

일반상대성 이론은 중력을 기하학적으로 서술한 이론이다. 좀 더 정확하게 말하면 '시공간의 기하학적 구조'에 관한 이론이라 할 수 있다.[6] 이 이론에 의하면 중력은 시공간을 구부러뜨리는 것으로 자신의 존재를 드러낸다. 즉, 질량과 에너지가 존재하는 곳에서 시공간이 휘어진다는 것이다. 예를 들어 지구가 태양 주변을 공전하는 것은 1억 5000만 킬로미터라는 먼 거리에서 신비한 힘이 지구를 잡아당기기 때문이 아니라, 태양이 자기 주변의 공간을 구부러뜨렸기 때문이다. 태양의 질량이 자기 주변에 거의 타원에 가까운 계곡을 만들어서, 지구를 비롯한 행성들의 길을 안내하고 있는 것이다. 우리는 이 계곡을 볼 수 없지만 느낄 수는 있다. 그렇다. 그 느낌이 바로 중력이다! 이와 마찬가지로 지구도 자신의 질량에 의해 지표면 근처의 공간에 살짝 팬 굴곡을 만들고, 그곳에서 당신의 몸은 아래쪽으로 당겨진다.

이럴 때 당신은 발바닥에 전해오는 압력을 통해 중력의 존재를 "느낀다." 국제우주정거장ISS, International Space Station이나 달이 지구 주변에서 매끈한 궤도를 도는 것도 같은 원리다.

질량(또는 에너지)은 공간뿐만 아니라 시간도 왜곡시킨다. 영화 〈인터스텔라〉에서 주인공 조지프 쿠퍼Joseph Cooper와 그의 승무원들이 밀러 행성Miller's planet에서 잠시 머물다가 우주선으로 돌아왔는데, 그사이에 우주선에 남아 있던 로밀리는 나이를 무려 스물세 살이나 더 먹었다. 밀러 행성 근처에 있는 거대한 블랙홀 때문에 행성을 방문했던 요원들의 시간이 느리게 흐른 것이다(물론 이것은 상당히 과장된 설정이다).

아인슈타인은 일반상대성 이론에서 물질(에너지)과 시공간 사이에 오가는 이 신비한 대화를 단 한 줄짜리 방정식으로 요약했다.

$$G\mu v = \frac{8\pi G}{c^4} T\mu v$$

최고의 이론치고 방정식 자체는 별로 복잡하지 않은 것 같다. 우변의 $T_{\mu v}$는 시공간에 존재하는 질량과 에너지의 분포 상태를 나타낸다. 그리고 시공간이 휘어진 정도를 나타내는 $G_{\mu v}$는 좌변에 자리 잡고 있다. π는 원주율, G는 중력상수, c는 빛의 속도다. 마법이 일어나는 곳은 바로 등호(=)다. 물질과 에너지의 분포(우변, $T_{\mu v}$)에 따라 시공간의 기하학적 구조(좌변, $G_{\mu v}$)가 결정되는데, 둘 사이의 관계는 위와 같은 방정식으로 주어지며, 그 결과로 우리는 중력이라는 힘을 느끼게 된다. 그러므로 중력은 아인슈타인의 이론에서 독립적으로 작용하는 힘이 아니라, 물질(에너지)과 시공간이 상호작용을 교환하면서 낳은 결과물이다. 그래서 미국의 물리학자 존 아치볼드 휠러John Archibald Wheeler는 "물질은 시공간의 휘어진 형태를 말해주고, 시공간은 물질이 움직이는 경로를 말해준다"고 했다.[7]

간단히 말하면 상대성 이론이 시공간에 생명을 불어넣은 셈이다. 일반상대성 이론은 절대적으로 고정되어 있다고 믿었던 불변의 시공간을 "질량(에너지)의 분포에 따라 수시로 변하는 물리적 장field"으로 바꿔놓았다. 19세기에 스코틀랜드의 물리학자 마이클 패러데이Michael Faraday가 눈에 보이지 않는 장의 개념을 물리학에 처음 도입한 후, 맥스웰은 이 개념을 이용하여 전자기학electromagnetism의 이론적 기초를 확립했다. 물리적 장의 대표적 사례는 막대자석 주변에 형성되는 자기장일 것이다. 오늘날 물리학자들은 힘뿐만 아니라 입자의 종류를 설명할 때에도 장의 개념을 사용한다. 대충 말하자면 입자는 공간을 가득 채우고 있는 장의 작은 덩어리에 해당한다. 아인슈타인은 시공간 자체를 "중력을 낳는 물리적 장"으로 간주했다.

일반상대성 이론이 사실로 판명될 때까지는 그리 오랜 시간이 걸리지 않았다. 19세기 중반에 해왕성을 발견하여 유명세를 떨친 프랑스의 천문학자 르베리에는 수성의 공전궤도가 뉴턴의 중력법칙으로 예견된 값에서 조금 벗어나 있음을 발견하고 깊은 고민에 빠졌다. 뉴턴의 법칙은 그동안 수많은 실험과 관측을 통해 입증된 부동의 진실이었기에, 수성의 궤도에 작은 변화가 생긴 이유를 설명하려면 "그 근처에 아직 발견되지 않은 행성이 존재하여 수성에게 영향을 주기 때문"이라고 생각할 수밖에 없었다. 그래서 천문학자들은 이 행성에 벌컨Vulcan이라는 이름까지 붙여놓고 수성 일대를 샅샅이 뒤졌지만, 새로운 행성은 좀처럼 발견되지 않았다. 이런 상황에서 1915년에 아인슈타인은 자신이 구축한 새로운 중력이론(일반상대성 이론)을 이용하여 수성의 궤도를 다시 계산했고, 그 값은 관측 결과와 정확하게 일치했다. 당시 그는 이 일을 두고 "내 인생을 통틀어 가장 강렬한 경험"이라고 했다.[8]

그러나 일반상대성 이론을 가장 확실하게 입증한 사람은 영국의 천문학자 아서 에딩턴Arthur Eddington이었다. 그는 개기일식이 일어났을 때 별의 위치를 확인하기 위해 1919년에 동료들과 함께 서아프리카의 프린시페섬island of Principe으로 관측 여행을 떠났다. 아인슈타인의 말대로 질량이 시공간을 휘어지게 만든다면 태양과 같이 무거운 별 근처를 지나는 빛은 휘어진 공간을 따라 경로가 휘어질 것이므로, 천구天球 별들이 박혀 있다고 가정한 가상의 구. 별의 위치는 천구상의 경도와 위도로 표현된다상의 위치가 조금 다르게 나타날 것이다. 결과는 어땠을까? 놀랍게도 별은 이전과 조금 달라진 곳에서 관측되었고, 달라진 정도는 아인슈타인이 예측한 값과 거의 정확하게 일치했다. 이튿날 〈뉴욕타임스〉에는 "휘어진 빛, 잔뜩 흥분한 과학자들"이라는 기사가 헤드라인에 실렸고,[9] 불변의 진리로 여겨졌던 뉴턴의 중력법칙은 "근사적으로 맞는 법칙"으로 강등되었으며, 아인슈타인은 뉴턴을 능가하는 세기적 천재로 떠올랐다. 또한 당시는 제1차 세계대전이 끝나기 전이었기에, 일부

정치인들은 영국의 천문학자가 독일 물리학자의 이론을 검증한 것을 두고 "양국 간의 화해를 상징하는 사건"으로 해석하기도 했다.

태양은 지구보다 훨씬 크지만 별 중에서는 경량급에 속하기 때문에, 태양으로 인해 빛이 휘어지는 각도는 단 몇 초에 불과하다(1초 =60분의 1도). 그러나 에딩턴이 별을 관측하고 정확하게 100년이 지난 2019년 봄, '휘어진 빛'의 영상이 극적인 모습으로 공개되었다. 국제 천문학 연구팀이 그린란드에서 남극대륙에 이르기까지 세계 각지에 설치된 여덟 개의 전파망원경을 연결하여 지구만 한 크기의 '사건 지평선 망원경event Horizon Telescope'을 만들었는데, 그 성능은 달에 있는 테니스공을 식별할 정도로 정확하다. 이 망원경으로 메시에 87 은하 Messier 87(처녀자리 은하단에 있는 M87 은하. 지구와의 거리는 약 5500만 광년)의 중심부를 촬영한 후 컴퓨터로 해상도를 높였더니, 스마일 마크 같은 영상이 나타났다. 주변 물질을 닥치는 대로 빨아들이는 괴물 같은 블랙홀이 망원경에 잡힌 것이다.

그림 10의 중심부에 있는 검은 원반이 바로 블랙홀에 해당하는 영역이다. 이 근처를 배회하던 물질과 빛이 블랙홀의 가차 없는 중력에 빨려 들어간 후 두 번 다시 나오지 못하기 때문에 그 일대가 검게 나타난 것이다. 그리고 블랙홀 주변에 보이는 고리 모양의 밝은 부분은 블랙홀 속으로 빨려 들어가는 물질(또는 기체)의 온도가 높아지면서 방출된 빛에 해당한다. 스마일 마크의 웃는 입처럼 생긴 이 구멍은 빠르게 회전하면서 검은 디스크의 아래쪽에서 방출된 빛이 지구에 도달할 정도로 충분한 에너지를 공급하고 있다. 이 블랙홀의 크기는

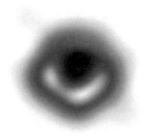

그림 10. 2019년에 사건 지평선 망원경으로 찍은 최초의 블랙홀 사진. 중심부의 '검은 그림자'는 크기가 우리 태양계와 비슷하지만 질량은 태양의 65억 배나 된다. 이 블랙홀은 지구에서 5500만 광년 거리에 있는 메시에 87 은하의 중심부에 자리 잡고 있다. 블랙홀 주변의 밝은 부분은 블랙홀로 빨려 들어가는 물체에서 방출된 빛이며, 검은 부분은 공간의 왜곡이 너무 심해서 빛조차 빠져나오지 못한 영역이다.

우리 태양계와 비슷하지만, 질량은 태양의 65억 배에 달한다. 이 정도면 아마도 우주에서 가장 큰 블랙홀일 것이다.

　일반상대성 이론은 블랙홀이 발견되기 전에 순전히 이론만으로 그 존재를 예측했다. 아인슈타인의 논문이 발표되고 몇 달이 지난 후, 독일의 천문학자 카를 슈바르츠실트Karl Schwarzschild는 일반상대성 이론의 방정식을 풀어서 질량(M)이 엄청나게 큰 구형 물체 주변의 시공간이 휘어지는 형태를 처음으로 알아냈다. 아인슈타인은 질량과 시공간을 연결하는 방정식을 유도했을 뿐, 모든 질량 분포에 대한 방정식의 해까지 알아낸 것은 아니었다. 당시 슈바르츠실트는 제1차 세계대전의 러시아 전선에서 치열한 전투를 치르는 와중에 이 계산을 정리하여 베를린에 있는 아인슈타인에게 편지로 보냈고, 아인슈타인은 매우 기쁜 마음으로 이 결과를 프로이센 아카데미에 발표했다.

슈바르츠실트의 계산에 의하면 구球의 중심에서 $2MG/c^2$만큼 떨어진 곳에 특이한 표면이 존재한다.[10] '특이하다'고 표현한 이유는 바로 이 표면에서 시간과 공간의 역할이 뒤바뀌는 것처럼 보이기 때문이다. 이 사실이 알려지면서 물리학계는 몇 년 동안 극심한 혼란에 빠졌고, 아인슈타인은 "수학적으로 가능한 해일 뿐, 물리적 의미는 없다"며 수습에 나섰다. 그러나 슈바르츠실트는 그 문제의 표면이 바로 "시간과 공간이 끝나는 곳"이라고 생각했다.

이 문제는 1930년대에 해결되었다.[11] 거대한 구형 천체가 핵융합 에너지를 모두 잃으면 자체 중력으로 수축되는데, 알고 보니 슈바르츠실트의 해는 이 과정이 극한에 이르렀을 때 시공간의 궁극적인 형태를 보여주고 있었다.[12] 물론 실제 별은 완벽한 구형이 아니기에, 많은 물리학자들은 이상적인 수학 모형에서 유도된 "자체 중력으로 수축된 별(블랙홀)"의 존재를 다분히 회의적인 시각으로 바라보았다. 그러나 로저 펜로즈Roger Penrose의 연구에 힘입어 1960년대에 일반상대성 이론의 부흥기가 찾아오면서 중력으로 붕괴된 별이 물리적 실체로 인식되기 시작했고, '블랙홀'이라는 용어가 존 휠러John Wheeler에 의해 처음으로 도입되었다. 특히 일반상대성 이론의 복잡다단한 기하학을 다루기 위해 새로운 계산법을 도입한 런던 버크벡대학교Birkbeck college의 순수수학자 펜로즈는 "별의 초기 질량이 충분히 크면 형태나 구조에 상관없이 최종 단계에서 블랙홀로 수축된다"는 사실을 증명함으로써 해묵은 논란에 마침표를 찍었다. 블랙홀은 수학이 낳은 별종이 아니라 우주생태계의 필연적 결과물이었던 것이다. 펜로즈는 1969년에 발표한 논문에 다음과 같이 적어놓았다. "나는 과학자들이 블랙홀을 진지하게 받아들이고 깊이 연구해주기를 간절히 바란다. 지금까지 관측된 천문 현상이 블랙홀과 완전히 무관하다고 어느 누가 장담할 수 있겠는가?"[13] 실로 대단한 선견지명이었다. 그 후로 수십 년 동안 누적된 천문 관측 데이터는 블랙홀이 존재한다는 심증을 더욱 강하게 만들었고, 마침내 2019년에 블랙홀 영상을 최초로 관측하는 쾌거로 이어졌다. 블랙홀의 존재를 이론적으로 예견했던 펜로즈는 55년이 지난 2020년에 여든아홉의 나이로 노벨 물리학상을 받았다.

펜로즈에게 노벨상을 안겨준 1965년 논문[14]은 분량이 달랑 세 페이지에 불과하고 수학 방정식도 몇 개 없다. 그러나 이 논문에는 수축되는 별에서 블랙홀이 탄생하는 과정이 레오나르도 다빈치를 방불케 하는 멋진 그림으로 표현되어 있다.(그림 11 참조) 펜로즈의 시공간 다이어그램은 두 개의 공간 차원이 1차원 시간에 섞여 들어가는 원리를 일목요연하게 보여준다. 별에서 멀리 떨어진 곳에서 미래 광원뿔은 별을 향하기도 하고, 그 반대 방향을 향하기도 한다. 즉, 빛은 별을 향해 나아갈 수도 있고, 별에서 도망갈 수도 있다. 그런데 수축하는 (즉, 자체 중력으로 붕괴되는) 별은 자체 질량에 의해 표면 근처의 공간을 휘어지게 만들기 때문에, 광원뿔이 별의 안쪽을 향하게 된다. 그리

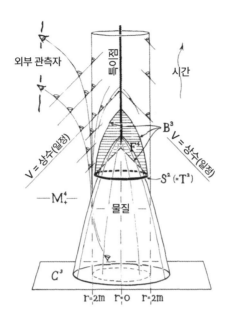

그림 11. 로저 펜로즈의 1965년 논문에 실린 그림. 별이 자체 중력으로 수축되어 블랙홀이 되는 과정이 자세하게 묘사되어 있다. 별이 수축되면 별 주변에 이상한 표면(그림 중앙에 굵은 선으로 그린 원)이 나타나는데, 이곳에서는 빛조차 별에서 멀어질 수 없다. 펜로즈는 순전히 수학적인 논리를 통해 "별이 수축하면 그 형태에 상관없이 빛을 가두는 표면이 형성되고, 이로부터 블랙홀이 탄생한다"고 주장했다. 블랙홀의 중심에 있는 특이점은 3차원 시공간(2차원 공간+1차원 시간)에서 원통 모양의 사건 지평선으로 에워싸여 있으며, 블랙홀의 내부에서 미래 광원뿔은 극단적으로 휘어져서 특이점을 향한다. 그러나 외부에 있는 관측자는 블랙홀의 특이점은 물론이고 붕괴의 마지막 단계도 볼 수 없다(빛이 외부로 탈출하지 못하기 때문이다).

고 붕괴가 계속 진행되면 광원뿔의 방향이 지나치게 휘어져서, 밖으로 향하던 빛이 별의 중심과 일정한 거리를 두고 선회하게 된다. 빛보다 빠르게 움직이는 물체라면 이곳에서 밖으로 탈출할 수 있겠지만 우주의 어떤 물체도 광속을 초과할 수 없으므로, 빛을 포함한 그 어떤 물체도 중력을 벗어날 수 없다. 이렇게 붕괴된 별은 우주의 나머지 부분과 완전히 단절된 시공간을 만들어낸다. 드디어 블랙홀이 탄생한 것이다. 이 그림에서 공간은 3차원이 아닌 2차원으로 축약되어 있다.

"블랙홀 주변에 외부 세계와 블랙홀을 완전히 차단하는 경계면이 존재한다"는 슈바르츠실트의 주장은 일반상대성 이론 초창기에 심각한 혼란을 야기했지만, 지금은 정식으로 '사건 지평선event horizon'이라는 용어로 불리고 있다. 그림 11의 가운데 부분에 굵은 선으로 그려진 원이 바로 사건 지평선에 해당한다. 외부 물질이 이곳을 통해 블랙홀 안으로 유입될 수는 있지만, 일단 안으로 들어오면 물질은 물론이고 무형의 정보information나 빛조차 밖으로 탈출할 수 없다. 즉, 사건 지평선은 우주 최강의 베일에 싸인 '일방통행의 막'인 셈이다.

거대한 블랙홀의 사건 지평선에는 우리가 보거나 느낄 수 있는 것이 거의 없지만, 사건 지평선 자체는 블랙홀의 구조와 밀접하게 관련되어 있다. 사건 지평선 내부에서는 시간과 공간의 역할이 뒤바뀐다. 용감한 우주비행사가 블랙홀의 사건 지평선을 향해 돌진하면, 어떤 진입각으로 접근해도 광원뿔이 점점 기울어지면서 결국 블랙홀의 중심을 향하게 된다. 즉, 공간의 반지름 방향 차원공간 좌표에서 원점과 물체를 연결한 방향으로 뻗은 차원은 시간 차원과 같은 특성을 갖게 되고, 이 방향으로는 멈추거나 후진 없이 계속 앞으로 나아가는 수밖에 없다. 그리고 블랙홀의 중심에는 곡률이 무한대인 특이점이 기다리고 있다. 특이점은 공간 속의 한 장소라기보다 시간 속의 한 시점에 가까우며, 시간의 흐름이 끝나는 곳이기도 하다.

시공간의 특이점에서 일반상대성 이론은 더 이상 적용되지 않는다. 이것은 정말 커다란 수수께끼가 아닐 수 없다. 특이점에서 이론이 먹혀들지 않는데, 펜로즈는 자체 중력으로 수축되는 별에 특이점이 생성된다는 것을 어떻게 알 수 있었을까? 그 비결은 중력 붕괴가 일어나는 과정을 추적하던 중 "되돌아올 수 없는 지점"이 존재한다는 사실을 간파했기 때문이다. 그는 이것을 빛조차 빠져나올 수 없는 '올가미 표면trapped surface'이라고 표현했다. 올가미 표면이 생성되기만 하면, 특이점으로 붕괴되는 것은 이미 정해진 수순이다. 어떤 수단을 동원해도 이 과정을 막을 길은 없다. 펜로즈는 별이 붕괴되는 과정을 끝까지 추적하지 못했지만, 강력한 수학을 동원하여 최종 결과를 예측할 수 있었다.

두 개의 블랙홀이 상대방의 영향권 안으로 진입하여 서로 상대방 주변을 선회하면 어떻게 될까? 일반상대성 이론에 의하면 이들이 상호작용을 교환할 때 중력파가 발생하고, 이 파동이 빛의 속도로 이동하면서 시공간의 교란이 전달된다. 연못 한가운데에 돌멩이를 떨어뜨렸을 때, 연못의 가장자리에 떠 있던 나뭇잎이 잠시 후 위아래로 들썩이는 것과 같은 현상이다. 이것은 몇 단계를 거쳐 유추한 가설이 아니라, 일반상대성 이론의 방정식으로부터 유도된 직접적인 결과다. 서로 상대방 주변을 선회하는 두 개의 블랙홀은 질량 분포가 주기적으로 변하면서 시공간을 주기적으로 변화시킨다.

중력파는 시공간의 기하학적 구조에 일어난 물결이다. 이로부터 전달된 막대한 양의 에너지로 인해 두 블랙홀은 안쪽으로 나선운동을 하다가 하나로 합쳐져서 더욱 큰 블랙홀이 된다. 아마도 이것은 우주에서 일어날 수 있는 가장 격렬하고 난폭한 사건일 것이다. 두 블랙홀이 충돌하면서 생성된 중력파는 우주에 존재하는 모든 별빛 에너지를 합한 것보다 강력한 에너지를 갖고 있다. 그러나 시공간의 구조 자체가 엄청나게 단단하기 때문에, 이렇게 강력한 중력파가 발생해도 시공간에는 아주 희미한 잔물결만 생성될 뿐이다.[15] 그래서 중력파는 그 엄청난 위력에도 불구하고 관측하기 어렵기로 정평이 나 있다.

이뿐만이 아니다. 중력파는 입자를 동반하지 않기 때문에 지구 정도는 아무런 교란 없이 가뿐하게 통과한다. 순간적으로 길이가 조금 길어지거나 짧아지는 현상, 또는 시계가 아주 조금 빨라지거나 느려지는 현상을 제외하고, 중력파는 지구를 거의 '투명 행성'처럼 취급한다. 그래서 중력파가 시공간에 만든 잔물결을 감지하려면 양성자 한 개 크기의 변화를 감지할 수 있는 초정밀 자를 몇 킬로미터 길이로 만들어야 한다. 언뜻 생각하면 불가능할 것 같지만, 미국의 라이고 LIGO 팀과 유럽의 버고Virgo 팀이 첨단 물리학과 공학을 총동원하여 이 불가능한 일을 기어이 현실로 구현해놓았다. 길이가 몇 킬로미터에 달하는 L자형 진공관 세 개를 적절한 위치에 설치하여, 중력파가 지구를 지나갈 때 감지되도록 만들어놓은 것이다. 그리고 몇 년이 지난 2015년 9월 14일, 라이고의 L자형 관측 장비가 어느 순간 미약하게 진동하기 시작하여 진폭이 점점 커지더니 영점몇 초 만에 다시 조용해졌다. 잔뜩 흥분한 물리학자들은 아인슈타인의 이론으로 관측된 진동을 분석한 끝에 "지금으로부터 약 10억 년 전에 질량이 태양의 30배쯤 되는 두 개의 블랙홀이 나선운동을 하다가 충돌하면서 발생한 중력파"라고 결론지었다. 그로부터 다시 5년이 지난 후, 거의 100개에 달하는 중력파가 무더기로 감지되면서 펜로즈가 이론적으로 예측했던 블랙홀은 실존하는 천체로 확인되었다.

블랙홀이 관측됨으로써 아인슈타인의 일반상대성 이론은 다시 한번 사실로 입증되었다. 과거에 수성의 공전궤도와 에딩턴의 일식 관측을 통해 부분적으로 증명되긴 했지만, 블랙홀의 존재는 일반상대성 이론에 발급된 마지막 '합격 인증서'였다. 또한 이것은 한 시대가 끝나고 새로운 이론의 시대가 도래했음을 알리는 신호탄이기도 하다. 우리는 시간과 공간, 중력과 중력파의 원리를 서술하는 추상적인 수학 방정식에서 출발하여 우주를 관측하는 새로운 방법을 얻게 되었다. 갈릴레이가 가시광선을 이용한 망원경으로 별을 바라본 지 400년이 지난 지금, 블랙홀과 암흑 물질dark matter 및 암흑 에너지로 가득 찬 우주를 '중력파'라는 새로운 매개체를 통해 관측할 수 있게 된 것이다. 지금 세계 곳곳에서 운영 중인 중력파 관측소는 시공간 자체를 이용하여 100년 전에 아인슈타인이 예견했던 '장의 진동'을 추적하면서 우주의 비밀을 조금씩 풀어나가고 있다.

일반상대성 이론을 완성하고 2년이 지난 어느 날, 자신의 이론에 새로운 우주관이 담겨 있음을 간파한 아인슈타인은 네덜란드의 물리학자 빌럼 드지터Willem de Sitter에게 의미심장한 편지를 보냈다. "상대성 이론의 기본 개념에서 출발하여 우주의 전체적인 형태를 알아내려고 합니다."[16]

아인슈타인은 우리가 속한 공간을 4차원 구의 표면, 즉 초구超球(하이퍼스피어hypersphere)로 간주했다. 우리에게 익숙한 3차원 구의 표면이 2차원 구면이듯이, 4차원 구의 표면은 3차원 구면이다. 우리는 휘어진 곡면을 유클리드 공간Euclidean space에 존재하는 3차원 구의 표면으로 인식하는 데 익숙하기 때문에, 4차원 구와 그 표면을 상상하기란 쉽지 않다. 그러나 초구는 구에 새로운 차원을 하나 추가한 수학적 도형일 뿐이므로, 굳이 머릿속에 그리려고 애쓸 필요는 없다. 19세기 수학자들은 곡면의 기하학적 특성(직선, 각도 등)이 곡면 바깥에 있는 다른 객체에 의존하지 않고 독립적으로 정의될 수 있음을 증명했다.[17] 이와 마찬가지로, 초구의 3차원 곡면은 외부 기준점을 잡지 않아도 명확하게 정의된다.

3차원 구의 2차원 구면이 그렇듯이, 4차원 구의 3차원 초구에는 중심이 없고 경계도 없다. 당신이 초구의 어느 곳에 있건 간에, 눈에 보이는 공간은 완전히 똑같다. 그러나 아인슈타인의 우주에서 공간의 총 부피는 유한하다. 지구의 표면이 유한한 것처럼, 초구 우주에서 당신이 점유할 수 있는 '위치'의 수는 유한하다. 이런 우주에서 특정 방향으로 계속 나아가면 출발점으로 되돌아온다. 지구 표면에서 임의의 방향으로 직진했을 때 원위치로 되돌아오는 것과 같은 이치다. 게다가 우주가 변하는 것을 원치 않았던 아인슈타인은 초구를 항상 같은 형태로 유지하기 위해 자신의 방정식에 우주항 λ(람다)를 추가했는데, 이것이 바로 그 유명한 우주상수cosmological constant다. 얼마 후 에드윈 허블Edwin Hubble의 우주팽창설이 사실로 확인되면서 우주가 불변이라는 주장은 폐기되었지만, 아인슈타인의 우주상수는 "밀어내는 중력을 발휘하여 우주를 팽창시키는 암흑 에너지"의 후보로 여전히 명맥을 유지하고 있다. 아인슈타인은 초구가 특정한 크기를 가지면 물질끼리 잡아당기는 중력과 λ가 발휘하는 척력이 완벽하게 상쇄되어 팽창도, 수축도 하지 않은 정적靜的인 우주가 유지된다고 주장했다. 우주가 과거에도 미래에도, 지금과 같은 모습으로 영원히 변하지 않는다고 믿었기 때문이다.

우주 전체를 단 하나의 방정식으로 담아낸 아인슈타인의 일반상대성 이론은 뉴턴의 물리학이 도달할 수 없었던 미지의 영역으로 우리를 데려다준다. 그가 고안한 '정적 초구 시공간'은 우주의 전체적인 형태를 질량-에너지 분포와 연관시켜서 우주에 대한 오래된 의문을 해결해줄 것 같았다. 어떤 면에서 보면 그는 고대인들이 생각했던 우주 모형의 바깥 부분을 과학의 영역으로 끌어들인 인물이라 할 수 있다. 아인슈타인이 제기한 우주 모형은 결국 틀린 것으로 판명되었지만, 그의 선구적인 노력이 없었다면 현대의 상대론적 우주론은 탄생하지 못했을 것이다.

아인슈타인이 일반상대성 이론을 발표한 후, 르메트르가 이론의 진정한 의미를 발견하기까지는 거의 10년이 걸렸다.

르메트르는 대부분의 물리학자와 달리 말수가 적고 온화한 사람이었다.[18] 1894년 벨기에의 샤를루아에서 태어난 그는 대학에서 공학을 공부하던 중 1914년에 제1차 세계대전이 발발하여 독일이 벨기에를 침공하자 학업을 그만두고 보병으로 자원입대했다. 그리고 프랑스 국경 근처에서 벌어진 이제르강 전투Battle of Yser에 투입되어 두 달 동안 치열한 전투를 벌였는데, 이때 벨기에 병사들이 흘린 피가 강물을 붉게 물들일 정도로 막대한 희생을 치렀다. 이 치열한 전투의 와중에 잠시 휴식 시간이 찾아오면 르메트르는 참호 속에서 우주발생론에 대한 푸앵카레의 논문을 읽으며 생각을 가다듬곤 했다. 전하는 말에 의하면 그는 전투가 한창 진행 중일 때 탄도 설명서에서 수학적 오류를 지적했다가 장교에게 호된 꾸지람을 들었다고 한다.

전쟁이 끝난 후 르메트르는 루뱅가톨릭대학교의 물리학과에 학적을 두고, 메르시에 추기경Cardinal Mercier의 특별 허락을 받아 메헬렌Mechelen의 신학교에서 아인슈타인의 일반상대성 이론을 공부했다. 그리고 1923년에는 성직자의 신분으로 도버해협을 건너 케임브리지 천문대의 에딩턴과 함께 공동 연구를 시작했다.

철학과 물리학에 잔뜩 심취했던 르메트르는 18세기 스코틀랜드의 철학자 데이비드 흄David Hume의 사상에서 영감을 얻어 수학 이론과 천문 관측을 결합하는 작업에 각별한 관심을 기울였다. 흄은 그의 대표작인 《인간의 지성에 관한 연구An Inquiry Concerning Human Understanding》에서 "지식의 기초는 경험"이라고 주장했다. 또한 그는 수학의 위력을 인정하면서도 추상적인 논리에 내재된 오류 가능성에 대해 다음과 같이 경고했다. "현실을 확인하지 않고 짐작만으로 모든 것을 추론하면 '이 세상 어떤 것으로도 무엇이든 만들어낼 수 있다'는 이상한 결론에 도달하게 된다. 예를 들어 떨어지는 조약돌 때문에 태양이 꺼질 수도 있고, 생각만으로 행성의 궤도를 바꿀 수도 있다." 흄은 과학 이론에서 경험의 역할을 특히 강조했다. 실험과 관측에 기초한 현대과학은 그의 사상에서 비롯되었다고 해도 과언이 아닐 것이다.

흄의 철학을 이어받은 르메트르는 자신의 관점을 다음과 같이 요약했다.

"감각을 통하지 않고 이해한 것은 진정한 이해가 아니다Nihil est in intellectu nisi prius fuerit in sensu"라는 격언이 말해주듯이,[19] 모든 아이디어는 현실 세계에서 탄생한다. 사실에 기초한 아이디어는 현실을 넘어 사고思考의 자연스러운 흐름을 따라야 한다. 이것이 바로 내가 생각하는 '지성적 활동'이자 낯설고 이상한 물리학에서 우리가 배울 수 있는 가장 값진 교훈이기도 하다. 물론 이 흐름은 지성으로 통제되면서 현실과의 연결고리를 유지해야 하며, '만족해야 할 조건'을 현실로부터 이끌어낼 수 있어야 한다.[20]

그 후 르메트르는 영국 케임브리지를 떠나 미국 매사추세츠주의 케임브리지와 하버드 관측소 등으로 옮겨 다니다가, 1925년 1월 워싱턴에서 열린 '위대한 토론the Great Debate'의 현장을 목격하게 된다. 당시 천문학자들은 중세부터 관측되어온 나선 모양 성운이 은하수에 속한 거대 가스 구름인지, 아니면 은하수 바깥에 있는 다른 은하인지를 놓고 열띤 논쟁을 벌이고 있었다. 미국의 천문학자 에드윈 허블은 패서디나 근처에 있는 윌슨산 천문대에서 당시 세계 최대였던 직경 100인치짜리 천체망원경으로 밤하늘을 관측하고 있었는데, 하나로 뭉쳐 보이던 은하를 두 개(안드로메다 은하와 삼각형자리 은하)로 분리한 후 세페이드 변광성Cepheid star을 이용하여 두 은하까지의 거리를 계산해보니[21] 놀랍게도 100만 광년에 가까운 값이 얻어졌다. 은하수의 직경은 기껏해야 4000광년을 넘지 않았기에 이들은 은하수의 구성원이 아니라 새로운 은하임이 분명했고, 이 관측 결과로 인해 우주의 크기가 갑자기 수천 배로 커졌다.

　당시 천문학자들을 당혹스럽게 만든 또 한 가지 문제는 모든 별과 성운이 지구로부터 멀어지고 있다는 점이었다. 1913년 초에 저명한 천문학자 베스토 슬라이퍼Vesto Slipher는 그랜드 캐니언 근처에 있는 로웰 천문대[22]에서 대부분의 나선 성운spiral nebulae 중심에서 나선 모양의 팔이 뻗어 있는 소용돌이 모양의 성운으로부터 방출된 빛의 스펙트럼이 긴 파장 쪽으로 이동한다는 사실을 알아냈다.[23] 이런 현상은 광원이 관측자로부터 멀어질 때 발생하는데, 최초 발견자인 요한 크리스티안 도플러Johann Christian Doppler의 이름을 따서 '도플러 편이Doppler shift'로 알려져 있다. 이것은 음파에서도 나타나는 현상이다. 예를 들어 구급차가 나에게 다가올 때에는 사이렌 소리가 높은음으로 들리다가, 나를 지나쳐서 멀어지기 시작하면 사이렌이 갑자기 낮은음으로 변한다. 빛의 경우에는 이 변화가 색상의 변화로 나타나는데, 멀어지는 광원에서 방출된 빛은 파장이 길어져서 붉은색 쪽으로 치우치게 된다. 이것이 바로 천문학에서 말하는 적색편이red shift 현상이다. 1920년대 중

은하	속도(킬로미터)	은하	속도(킬로미터)
N.G.C. 221	-300	N.G.C. 4526	+580
224	-300	4565	+1100
598	-260	4594	+1100
1023	+300	4649	+1090
1068	+1100	4736	+290
2683	+400	4826	+150
3031	-30	5005	+900
3115	+600	5055	+450
3379	+780	5194	+270
3521	+730	5236	+500
3623	+800	5866	+650
3627	+650	7331	+500
4258	+500		

그림 12. 1917년에 미국의 천문학자 베스토 슬라이퍼가 25개의 나선성운(은하)을 관측하여 작성한 표. 속도가 음수인 은하는 지구로 다가오는 은하이고, 속도가 양수인 은하는 지구로부터 멀어지는 은하다. 이 표는 우주팽창을 예견한 최초의 증거로 남아 있다.

반까지 슬라이퍼는 총 42개 나선 성운의 스펙트럼을 관측했는데, 그들 중 우리 은하를 향해 다가오는 것은 4개뿐이었고, 나머지 38개는 최대 초당 1800킬로미터라는 빠른 속도로 지구로부터 멀어지고 있었다. 이때 슬라이퍼가 작성한 성운(은하)과 이동 속도의 관계도표는 우주팽창을 처음으로 예측한 귀중한 천문 자료로 남아 있다.(그림 12 참조)[24]

1925년, 루뱅가톨릭대학교에 적을 두고 있던 르메트르는 슬라이퍼의 관측 결과에 지대한 관심을 보였다. 전하는 소문에 의하면 그 무렵에 르메트르는 아인슈타인과 에딩턴을 포함하여 일반상대성 이론을 제대로 이해한 세 명의 과학자 중 한 사람이었다고 한다. 그는 아인슈타인이 주장하는 정적 우주static universe가 "똑바로 선 채 아슬아슬하게 균형을 유지하고 있는 바늘"처럼, 물리적으로 매우 불안정하다고 생각했다. 이런 우주라면 어딘가에서 약간의 힘만 유입돼도 균형이 와르르 무너질 것이다. 그리하여 르메트르는 "영원히 변치 않는 우주"라는 오래된 통념을 과감하게 버리고 일반상대성 이론의 결과를 받아들이기로 결심했다. 아인슈타인의 이론에 의해 하나로 통합된 시간과 공간은 질량과 에너지에 대한 반응으로 끊임없이 변하고 있으며, 이 변화는 좁은 영역에 국한되지 않고 전 우주에 걸쳐 일어난다. 즉, 우주는 팽창하고 있다! 아인슈타인은 우주가 정적이라는 철학적 편견에 너무 집중한 나머지 자신이 유도한 역동적인 방정식이 낳은 놀라운 결과를 간과한 것이다. 르메트르는 1927년에 발표한 논문에서 일반상대성 이론과 물리적 우주 사이의 기본적 연결고리를 명시한 후, 공간이 팽창하고 있다는 놀라운 주장을 펼쳤다.[25] 평소 성직자답지 않은 과격한 발언으로 주변 사람들을 종종 놀라게 했던 그는 학자로서의 자신을 다음과 같이 평가했다. "나는 천문학자이지만 다른 어떤 천문학자보다 수학적이며, 또 한편으로는 수학자이지만 어떤 수학자보다 천문학적이다."[26]

르메트르는 우주의 팽창이 일반적인 '폭발'과 근본적으로 다른 과정임을 잘 알고 있었다. 일반적으로 폭발에는 '시작점'이라는 곳이

그림 13. 루뱅가톨릭대학교에서 강의 중인 조르주 르메트르.

존재한다. 예를 들어 우주 공간에서 수명을 다한 별이 폭발했을 때, 그 지점을 향해 다가가는 관측자에게 보이는 광경과 도망가는 관측자에게 보이는 광경은 확연하게 다르다. 그러나 팽창하는 우주는 그렇지 않다. 팽창하는 우주에는 중심도, 가장자리도 없다. 공간 속에서 무언가가 팽창하는 것이 아니라, 공간 자체가 팽창하기 때문이다. 즉, 팽창하는 우주에서 폭발하는 것은 공간 자체다. 르메트르는 이 상황을 다음과 같이 설명했다. "성운이나 은하는 풍선의 표면에 붙어 있는 미생물과 비슷하다. 풍선이 팽창하면 모든 미생물은 자신을 제외한 다른 미생물들이 일제히 자기를 중심으로 멀어지는 것처럼 보인다. 즉, 모든 미생물은 자신이 팽창의 중심에 놓여 있다고 생각할 것이다." 도판 2는 르메트르의 설명을 만화로 표현한 것인데, 이 그림은 1930년에 네덜란드의 한 신문에 게재되었다.

한 미생물이 방출한 빛이 다른 미생물을 향해 나아가는 동안, 공간이 팽창함에 따라 빛의 파장이 점차 길어져서 적색편이가 나타난다. 관측자가 이 현상을 목격한다면, "멀리 떨어진 은하는 제자리에 고정된 것처럼 보이지만 사실은 우리로부터 멀어지고 있다"고 생각할 것이다. 그러므로 슬라이퍼와 허블이 관측했던 적색편이는 고정된 공간 속에서 은하들이 이동했기 때문이 아니라, 공간 자체가 팽창했기 때문에 나타난 결과다. 이 상황은 그림 14에 도식적으로 표현되어 있다. 단, 종이 면에 여러 개의 차원을 표현할 수 없기 때문에, 이 그림에서 공간은 1차원의 원으로 축약되어 있다. 따라서 원의 내부와 외부는 우주에 속한 공간이 아니다. 이런 우주에서 공간이 팽창한다는 것

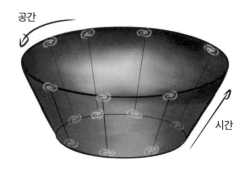

그림 14. 시간에 따라 팽창하는 1차원 원형 우주circular universe를 도식적으로 표현한 그림. 공간 자체가 팽창하면 은하들이 움직이지 않아도 은하 사이의 거리가 멀어지고, 이로 인해 지구에 도달한 별빛 스펙트럼에는 적색편이가 나타난다.

은 시간이 흐를수록 원의 반지름이 커진다는 뜻이며, 반지름이 커질수록 은하들 사이의 거리가 멀어진다.

지구에 도달한 빛이 적색편이된 정도는 빛이 천체에서 방출된 후 흐른 시간(또는 천체까지의 거리)에 따라 다르다. 우주가 일정한 속도로 팽창하고 있다면, 지구에서 관측한 은하의 후퇴 속도와 거리 사이에 일정한 관계가 성립할 것이다. 르메트르는 1927년에 발표한 논문에서 이 관계를 간단한 방정식으로 표현했다. 은하의 후퇴 속도를 v, 은하까지의 거리를 r이라 했을 때, 이들 사이의 관계는 다음과 같다.

$$v = H\,r$$

이것은 르메트르의 논문에서 23번째로 등장하는 방정식이다. 말로 표현하면 "은하가 지구로부터 멀어지는 속도 v는 지구와 은하 사이의 거리 r에 비례한다"는 뜻이며, 두 값을 연결하는 H는 우주의 팽창 속도를 결정하는 비례상수다. 르메트르는 슬라이퍼가 작성한 적색편이 데이터와 허블이 측정한 천체까지의 거리(매우 불확실함)에 기초하여 42개의 은하를 대상으로 계산을 수행한 끝에 "모든 은하는 300만 광년 멀어질 때마다 후퇴 속도가 초당 575킬로미터씩 빨라진다"는 결론에 도달했다.[27]

이것은 뉴턴 이후로 우주론의 패러다임을 통째로 바꾼 역사적 발견이었다. 그러나 당시에는 그 중요성을 간파한 사람이 아무도 없었기에 냉담한 반응만 되돌아올 뿐이었다. 에딩턴은 르메트르가 보낸 논문을 제대로 읽지도 않은 채 잃어버렸고, 정적 우주론에 심취했던 아인슈타인은 아예 거들떠보지도 않았다. 앞서 말한 대로 르메트르는 제5차 솔베이 회의에서 휴식 시간을 틈타 아인슈타인에게 자신의 연구 결과를 열심히 설명했지만,[28] 사실 우주팽창론은 그보다 4년 전에 러시아의 물리학자 알렉산드르 알렉산드로비치 프리드만 Alexander Alexandrovich Friedmann에 의해 이미 제기된 상태였다(프리드만은 그 사이에 세상을 떠났다).[29] 그러나 아인슈타인과 프리드만은 '팽창하는 우주'가 일반상대성 이론 방정식이 낳은 수학적 해解의 하나일 뿐, 실제 우주와는 아무런 관련도 없다고 생각했다. 그들에게는 팽창하는 우주보다 정적인 우주가 훨씬 완벽하면서 감정적으로 만족스러웠기 때문이다. 프리드만은 세상을 떠나고, 아인슈타인은 손사래를 치고, 에딩턴은 논문을 분실한 1920년대 말에 르메트르는 자신이 유도한 일반상대성 이론의 결과를 증명할 사람이 지구상에 단 한 명밖에 없음을 깨달았다.

그 후로 르메트르는 루뱅에 있는 집에 기거하면서 우주의 성장 과정을 본격적으로 연구하기 시작했다. 그의 목적은 질량과 암흑 에너지의 다양한 분포에 대하여 3차원 초구의 진화 과정을 추적하는 것이었다.[30] 1929~1930년에 걸쳐 르메트르가 일반상대성 이론에 입각하여 크기 변화를 계산한 결과는 도판 1에 나와 있는데, 노란색 모눈종이에 세심하게 그린 이 그림은 20세기를 대표하는 최고의 과학 문서로 꼽힌다. 기존의 우주관을 송두리째 바꾼 놀라운 이론이 바로 이 한 장의 그림에서 시작되었기 때문이다.

1929년, 윌슨산 천문대에서 세계 최고의 망원경으로 우주를 탐색하던 허블은 천체의 거리와 후퇴 속도가 서로 비례한다는 사실을 확인했다. 이 관계는 르메트르의 1927년 논문에서 23번째 방정식으로 소개되었으나, 세간에는 '허블의 법칙Hubble's law'으로 알려져 있다.[31] 허블은 일반상대성 이론을 전혀 염두에 두지 않고 오직 관측 결과만으로 이 사실을 증명했으니, 르메트르보다 훨씬 큰 도박에서 이긴 셈이다.[32] 그러나 이런 점을 고려하지 않는다 해도 허블이 얻은 결과는 정말로 대단한 것이었다. 여기서 또 한 가지 짚고 넘어갈 것은 전직 노새 몰이꾼이자 대학을 나오지 않고 천문학자가 된 밀턴 휴메이슨Milton Humason이 허블의 조수로 채용되어 멀리 떨어진 성운에서 방출된 희미한 빛을 잡아냈다는 점이다. 그는 은하 한 개의 빛 스펙트럼을 얻기 위해 사흘 밤을 꼬박 새울 정도로 대단한 열정의 소유자였다.

　　허블과 휴메이슨의 탁월한 관측 덕분에 상대론적 우주론은 일대 전환기를 맞이하게 된다. 1930년 1월, 왕립천문학회에 참석한 에딩턴은 르메트르의 1927년 논문을 언급하면서 "당장 영어로 번역해서 〈월보Monthly Notices〉에 실어야 한다"고 역설했다. 명백한 증거 앞에서 더는 버티기 어려워진 아인슈타인은 정적인 우주를 유지하기 위해 방정식에 도입했던 우주상수 λ를 공식적으로 철회하면서 다음과 같은 말을 남겼다. "그동안 우주상수 때문에 마음 편할 날이 없었다. 이론에 내재된 수학적 아름다움을 그놈의 상수가 다 망쳐놓았기 때문이다." 그리고는 미국의 천문학자 리처드 톨먼Richard Tolman에게 보낸 편지에 "더할 나위 없이 만족스럽다"고 털어놓았다.[33]

아이러니한 것은 우주팽창설을 주장했던 르메트르가 아인슈타인의 상수 λ에 각별한 애착을 보였다는 점이다. 그는 우주상수가 정적인 우주를 보장하는 항이 아니라, 텅 빈 공간을 가득 채운 에너지와 관련되어 있다고 생각했다. 이 점에 대해서는 에딩턴도 르메트르의 의견에 동의하면서 "우주상수를 포기하느니, 차라리 뉴턴의 고전이론으로 되돌아가겠다"고 했다.³⁴ 아인슈타인은 기하학적인 이유에서 우주상수항을 방정식의 좌변에 추가했지만, 그것을 우주의 에너지로 간주한 에딩턴과 르메트르는 방정식의 우변에 추가되기를 원했다. 시공간이 물리적 장이라면 다른 장들처럼 고유한 특성이 있어야 하는데, 에딩턴과 르메트르는 이 특성을 부여하는 것이 바로 우주상수라고 생각한 것이다. 우주상수를 방정식의 우변에 도입하면 시공간은 에너지와 압력으로 가득 차게 된다. 우유 한 잔이 온도에 따라 다른 에너지를 갖는 것처럼, λ는 텅 빈 공간을 암흑 에너지와 음압陰壓, negative pressure 공간을 팽창시키는 압력으로 가득 채운다(에너지와 압력의 크기는 λ 값에 의해 결정된다). 르메트르는 그의 저서인《팽창하는 우주 L'univers en expansion》에 다음과 같이 적어놓았다. "λ를 도입하면 진공상태의 에너지가 0에서 벗어나 모든 사건이 발생한다."³⁵

우주상수가 발휘하는 반중력antigravity(밀어내는 중력) 효과는 공간을 가득 채운 압력이 양압陽壓, positive pressure이 아닌 음압이기 때문에 나타나는 결과다. 독자들은 '음압'이라는 용어에 다소 이질감을 느끼겠지만, 사실 이것은 그리 유별난 개념이 아니다. 간단히 말하면 늘어난 고무줄이 발휘하는 장력張力, tension과 비슷하다. 아인슈타인의 이론에서 음압은 '반중력'이나 '밀어내는 중력'을 의미하며, 팽창 속도가 점점 빨라지는 것은 바로 이 음압 때문이다

모든 물체는 부피가 커지면 밀도가 줄어들지만, 우주 공간은 그렇지 않다. 공간이 아무리 크게 팽창해도 물리적 특성은 달라지지 않는다. 즉, '공간이 팽창한다'는 것은 동일한 특성을 가진 공간이 그만큼 많아진다는 뜻이다. 시공간을 채운 암흑 에너지는 정상적인 물질이나 복사輻射, radiation와 달리 부피가 커져도 희석되지 않기 때문에, 팽창하는 공간의 미래를 좌우하는 결정적 요인이 될 수도 있다. 르메트르가 노트에 그렸던 초구의 진화 과정 중 아래쪽에 그려 넣은 몇 개의 그림들은 이 경우에 해당하지 않는다.(도판 1 참조) 이런 우주는 암흑 에너지의 밀도가 기준 미달이어서 처음에는 암흑 에너지의 반중력에 의해 빠르게 팽창하여 최대 크기에 도달했다가, 결국 중력에 의해 수축되어 하나의 점으로 사라진다. 이 변화를 '시간에 대한 크기의 변화'라는 그래프로 나타내면 허공에 던진 포사체처럼 포물선 모양이 될 것이다. 암흑 에너지의 밀도가 충분히 높지 않은 경우, 우주가 맞이하게 될 최후를 '빅 크런치big crunch'라고 한다. 반면에 우주상수 값이 충분히 크면 반중력이 중력보다 강하게 작용하여 우주의 운명이 극적으로 달라진다. 이런 경우 우주의 궤적은 커졌다가 작아지는 포물선이 아니라, 하늘로 뻗어 나가는 우주선의 궤적과 비슷하다(르메트르의 그래프에서 위쪽 궤적에 해당한다).

르메트르가 우주상수를 쉽게 포기하지 못한 데에는 또 하나의 이유가 있었다. 아인슈타인이 정적인 우주를 만들기 위해 도입했다가

철회한 λ가 1장에서 언급했던 "생명체의 거주 가능성"과 밀접하게 관련된 것처럼 보였기 때문이다. λ의 값을 잘 조절하면 별과 은하, 행성이 탄생하는 데 걸리는 시간이 충분히 길어지도록 만들 수 있다. 이것은 르메트르의 그래프에서 거의 수평선을 따라 변하는 우주에 해당한다(르메트르가 계산을 끝까지 수행했다면, 이런 우주도 결국은 가속 팽창을 겪게 된다는 결론에 도달했을 것이다).

르메트르와 아인슈타인은 여생 동안 "λ 값이 작은 우주"에 대해 열띤 논쟁을 벌였지만 끝내 합의에 도달하지 못했다. 당시 두 사람을 취재했던 기자들은 "칼텍Caltech(캘리포니아공과대학)의 도서관 근처에서 아인슈타인과 르메트르가 함께 산책을 나서기만 하면 어린 양들이 구름떼처럼 모여들어 그들을 따라다녔다"고 했다. 말년에는 아인슈타인도 어느 정도 설득이 되었는지, 르메트르에게 보낸 편지에 "λ가 존재한다는 것을 증명할 수만 있다면 매우 중대한 변화가 일어날 것"이라고 털어놓았다.[36] 자신에게 불명예를 안겨주었던 λ를 아인슈타인이 새로운 눈으로 바라보게 되었다는 뜻이다. 그로부터 80년 후, 폭발하는 초신성supernova이 초정밀 관측 장비에 잡히면서 르메트르가 옳았음이 확인되었다. 우주의 팽창 속도가 점차 느려지던 기간은 수십억 년 전에 끝났고, 지금 우주는 "팽창 속도가 점점 빨라지기 시작하는" 단계에 접어들고 있다.[37]

르메트르의 그래프(도판 1)에서 가장 눈길을 끄는 곳은 그림의 왼쪽 아래, 즉 $t=0$(시간의 시작)에 해당하는 부분이다.

르메트르는 1927년 논문에서 팽창하는 우주를 최초로 언급했지만, '시작'이라는 단어를 언급하지는 않았다. 당시만 해도 아인슈타인처럼 우주의 탄생을 논하기가 부담스러웠는지, "무한히 먼 과거에 우주는 정상상태正常狀態, static state 변하지 않는 상태에 있었으나, 어느 순간부터 서서히 팽창해왔다"고 가정했다. 그러나 르메트르는 1929년에 이 가정이 혼자 서 있는 바늘처럼 가능성이 낮다는 사실을 깨달은 후로 우주의 시작점을 진지하게 파고들기 시작했고, 마침내 "우주의 팽창 과정을 역으로 되돌리면 지금과 완전히 다른 초기 우주에 도달하게 된다. 우주의 진화를 완전하게 설명하려면 불꽃이론을 방불케 하는 새로운 이론이 필요하다"고 결론지었다.[38]

르메트르는 일반상대성 이론의 한계를 넘어서 초창기 우주가 엄청난 질량이 밀집된 원시원자에서 시작되었으며, 이것이 격렬하게 분해되어 지금과 같은 우주가 만들어졌다고 생각했다. 이 무렵에 발표한 그의 논문 「원시원자 가설」에는 다음과 같은 문구가 등장한다. "차갑게 식은 잿더미 위에 태양이 서서히 사라지는 광경을 바라보면서, 우리는 태초에 존재했던 절묘한 균형을 추적하고 있다." 르메트르는 극도의 격렬함 속에서 탄생한 우주의 화석을 찾기 위해 우주선宇宙線, cosmic ray 우주에서 날아오는 고에너지 입자에 관심을 갖기 시작했다. 르메트르에게 우주선이란 태초의 불덩어리로 새겨진 상형문자나 마찬가지였다. 말년에 그는 우주선 입자의 궤적을 분석하기 위해 1958년 브뤼셀 세계 엑스포에서 선보였던 최초의 전자 컴퓨터 버로스Burroughs E 101을 구입하여 학생들과 함께 루뱅가톨릭대학교 물리학과의 다락

방에 옮겨놓았다. 아마도 이것은 세계 최초로 대학교에 설립된 컴퓨터 센터였을 것이다.[39]

그러나 '우주의 시작'이라는 개념은 처음부터 강한 반대에 부딪혔다. 1930년대의 천문학자들은 우주가 팽창한다는 것을 기정사실로 받아들였지만, 우주에 시작이 있었다는 주장에는 극히 회의적인 반응을 보였다. 1931년에 에딩턴이 〈네이처〉에 기고한 글은 당시 천문학자들의 생각을 적나라하게 보여준다. "자연에 존재하는 질서에 출발점이 있었다는 주장은 듣기만 해도 불쾌하다. 나는 과학자로서 우주가 대폭발과 함께 탄생했다는 주장을 도저히 받아들일 수 없다. 우리가 모르는 무언가가 우리가 모르는 일을 은밀하게 해왔다면, 과학자는 자연에 대해 아무것도 모르는 문외한이란 말인가?"[40]

아인슈타인도 처음에는 '우주의 시작점'이라는 개념에 강한 반감을 드러냈다. 슈바르츠실트가 구형 블랙홀의 내부에 특이점을 도입했을 때 그랬던 것처럼, 아인슈타인은 르메트르의 팽창하는 우주에서 '시간이 0인 시점'이란 완벽하게 대칭적으로 팽창하는 우주에서나 가능한 개념이라고 주장했다. 실제 우주는 완벽하게 균일하지 않기 때문에, 시간을 거꾸로 되돌리면 물질들 사이의 연결고리가 끊어진다는 것이다. 그래서 아인슈타인은 "우주의 시작점" 대신 "팽창과 수축을 주기적으로 반복하는 우주"를 제시했다. 1957년에 르메트르는 아인슈타인이 살아 있을 때 나눴던 대화를 다음과 같이 회상했다. "캘리포니아 패서디나의 도서관에서 아인슈타인을 다시 만났을 때, 그는 특정 조건하에서 우주의 시작을 논하는 것이 매우 의심스럽다며 단순화된 비구형非球形, non-spherical 우주 모형을 제시했다. 그 모형의 에너지 텐서는 비교적 쉽게 계산할 수 있었는데, 우주의 시작점을 없애기 위해 아인슈타인이 고안했던 논리는 더 이상 먹혀들지 않았다."[41] '시작'의 필요성을 그도 느끼기 시작한 것이다. 르메트르의 회상은 계속된다. "미학적 관점에서 보면 그다지 달가운 결과가 아니었다. 팽창과 수축을 반복하는 우주에는 전설에 등장하는 불사조처럼 시적인 아름다움이 내재되어 있기 때문이다."[42]

그러나 우주를 우리 입맛에 맞게 뜯어고칠 수는 없는 노릇이다. 과거 천문학자들의 철학적, 미학적 편향에도 불구하고, 상대론적 우주론은 우주에 시작이 존재했음을 강하게 시사하고 있었다. 시간이 0인 순간(르메트르의 "어제 없는 오늘")은 일반상대성 이론에서 시공간의 곡률이 무한대인 특이점을 낳는다. 아인슈타인의 장 방정식도 이 지점에서는 침묵할 수밖에 없다. 빅뱅은 상대론적 우주론의 초석이면서 아킬레스건이기도 하다. 우주를 이해하는 데 반드시 필요한 개념이지만, 우리가 이해할 수 있는 영역을 넘어서 있다.

이것은 매우 혼란스러운 상황이다. 빅뱅이 일어나던 순간부터 비로소 시간이 흐르기 시작했다면, 그 전에 일어난 일을 묻는 것은 아무런 의미가 없다. 따라서 빅뱅을 일으킨 원인을 추적할 수도 없다. 상식적인 우주에서는 원인이 결과보다 시간적으로 앞서기 때문이다. 시간의 시작점에서는 인과율조차 적용되지 않는다. 바로 이것이 아인슈타인(그리고 에딩턴)과 르메트르가 벌인 논쟁의 핵심이었다. 아인슈타인과 에딩턴은 "우주의 시작이라는 말 자체가 초자연적 존재를 연상시킨다"며 그와 관련된 논쟁을 달가워하지 않았다. 향후 100년 동안 "우주는 생명친화적"이라는 증거가 수도 없이 발견된다는 것을 두 사람이 미리 알았다면 그 정도로 우기진 않았을 것이다. 당시에 아인슈타인과 에딩턴이 우주의 시작에 의심을 품은 것은 어찌 보면 당연한 일이었다!

우주의 시작에 대한 아인슈타인과 에딩턴의 관점은 결정론적 우주관이 진하게 배어 있는 뉴턴의 고전물리학을 연상케 한다. 우주가 결정론을 따른다면 처음 탄생했을 때 향후 모든 진화 과정을 결정할 초기 조건이 존재해야 하며, 이 조건은 다사다난했던 진화 못지않게 복잡해야 한다. 특히 우주는 생명체의 등장을 허용했으므로, 동일한 수준의 생명친화적 조건이 처음부터 내재되어 있어야 한다. 그리고 모든 변수가 처음부터 생명의 탄생에 유리한 쪽으로 세팅되었다는 것은 어떤 형태로든 "신의 행위"가 개입되었음을 의미한다.

그러나 르메트르는 우주의 기원에 양자적 관점을 도입함으로써, 인과율로 대변되는 결정론의 사슬을 끊었다. 그는 1931년에 자신의 생각을 '양자이론의 관점에서 바라본 우주의 시작The Beginning of the World from the Point of View of Quantum Theory'이라는 글로 정리하여 〈네이처〉에 실었는데,[43] 이 기사는 20세기의 가장 대담하면서 시적詩的인 과학 에세이로 남아 있다. 총 단어 수는 457개에 불과하지만, 빅뱅 이론을 세상에 천명하는 헌장憲章 같은 분위기가 느껴진다. 이 글에서 르메트르는 자신의 논리를 뒷받침하기 위해 (내가 아는 한) 최초로 일반상대성 이론과 양자이론을 연결지었다. 우주의 시작은 물리법칙을 따라야 하지만, 이 법칙에는 양자이론과 중력이 모두 포함되어야 한다고 주장한 것이다. 중력은 빅뱅에서 핵심적 역할을 했는데, 그 빅뱅은 양자이론으로 서술되어야 하기 때문이다. 이때 르메트르가 제시한 통일(일반상대성 이론과 양자이론의 통일) 프로젝트는 우주의 기원을 자연과학의 영역에서 연구할 수 있는 강력한 동기를 제공했다. 오늘날 빅뱅은 "궁극의 양자 실험장"으로 통하고 있으니, 그가 과학의 미래를 얼마나 멀리 내다보았는지 짐작이 가고도 남을 것이다.

양자이론은 물리학에 피할 수 없는 불확정성과 모호함을 끌어들였다. 그래서 르메트르는 초기 우주의 극단적인 상황에서 시간과 공간조차 모호했을 것으로 추측했다. 그가 〈네이처〉에 기고한 글의 일부를 잠시 읽어보자.

우주가 탄생하던 순간에 시간과 공간을 논하는 것은 아무런 의미가 없다. 시간과 공간은 최초의 양자가 충분히 많은 수로 나뉘어졌을 때 비로소 의미를 갖는다. 이 생각이 옳다면 우주는 시간과 공간보다 조금 먼저 탄생했을 것이다.

비결정론적 양자이론으로 빅뱅에 담긴 인과율의 수수께끼를 해결할 수 있을까? 르메트르는 원시원자에서 무작위로 일어나는 양자점프quantum jump로부터 복잡한 우주가 만들어지는 과정을 떠올렸다. 현재의 복잡다단한 우주가 태초에 완벽하게 조율된 초기 조건의 결과가 아니라 우주 초기에 일어났던 무수히 많은 사건의 종합적인 결과라면, '시작'이라는 개념을 좀 더 쉽게 받아들일 수 있지 않을까? 르메트르는 양자적 기원의 의미를 숙고하면서 자신의 글을 다음과 같이 마무리 지었다.

> 태초의 양자는 우주의 진화 과정에서 자신의 정체를 어떻게든 드러내기 마련이다. 그러므로 우주의 역사가 반드시 최초의 양자에 기록될 필요는 없다. 레코드판에 수록된 노래는 첫 번째 곡이 아니어도 레코드판이 돌아가는 한, 언젠가는 반드시 재생된다. (…) 초기 조건이 같은 우주도 얼마든지 다른 형태로 진화할 수 있다.

사실, 양자적 기원을 고려하면 시간의 기원을 추적하기가 좀 더 수월해진다. 르메트르는 양자적 기원을 새로운 우주론의 핵심으로 간주했지만, 원시원자의 거동을 서술하는 방정식을 단 하나도 유도하지 못했다. 〈네이처〉에 실린 르메트르의 글에서 가장 두드러지는 것은 우주의 시작을 직관적으로 설명하기 위해 많은 공을 들였다는 점이다. 그는 원시원자를 "추상적이면서 서로 구별되지 않는 원시 계란"으로 간주했는데, 나는 이 부분을 읽을 때마다 루마니아의 조각가 콘스탕탱 브랑쿠시Constantin Brâncuşi의 작품 〈세상의 시작The Beginning of the World〉이 떠오르곤 한다.(도판 6 참조)

르메트르의 원시원자 가설을 지지했던 영국의 물리학자 폴 디랙은 여기서 한 걸음 더 나아가 초기 우주에서 일어난 양자 점프가 우주의 초기 조건을 대신할 수 있다고 생각했다. 그렇다면 양자적 기원에서 인과율은 무의미해지고, 양자 세계에서 "최초의 원인"이라는 신비도 사라지는 것일까?

디랙은 르메트르가 에딩턴과 함께 상대성 이론을 연구하기 위해 케임브리지대학교로 왔던 1923년에 같은 대학의 물리학과 학생으로 입학했다. 처음에는 디랙도 일반상대성 이론에 관심을 가졌지만, 지도교수의 권유로 입자물리학을 전공하여 이 분야에서 최고의 업적을 남기게 된다. 그는 특수상대성 이론과 양자이론을 결합하여 전자의 거동을 상대론적으로 서술하는 디랙 방정식Dirac equation을 유도했고, 반물질antimatter의 존재를 이론적으로 예견하여 1933년에 노벨 물리학상을 받았으며, 얼마 후에는 케임브리지대학교 수학과의 제15대 루카스 석좌교수Lucasian Chair가 되었다. 그런데 디랙과 개인적 친분이 있는 사람들은 그의 물리학 실력보다 "과묵한 성격"을 더욱 큰 특징으로 꼽는다. 그는 수줍음이 많고 말수가 너무 적어서, 동료들 사이에서 거의 투명인간으로 통했다. 1970년대 말의 어느 일요일 오후에 스티븐 호킹과 그의 아내 제인 호킹이 디랙을 집에 초대한 적이 있다. 그 무렵 돈 페이지Don Page라는 물리학과 조교가 호킹의 집에 머물면서 그의 일상생활을 돕고 있었는데, 20세기를 대표하는 두 거장이 무슨 대화를 나누는지 너무 궁금하여 서재 문 앞에 서서 귀를 쫑긋 세우고 기다렸다. 그런데 허탈하게도 두 사람은 시종일관 차만 마실 뿐, 단 한 마디의 대화도 나누지 않았다고 한다.

플로리다주 탤러해시에 있는 디랙 기록보관소에는 1930년에 르

그림 15. 1930년에 케임브리지대학교에서 개최된 강연 석상에서 한 청중이 그린 르메트르의 연필화. 그림 아래에 적힌 메모를 보면 르메트르가 강연 중에 "신이 빅뱅을 방해했을 리 없다"고 주장했음을 알 수 있다. 원시원자 가설을 종교나 철학이 아닌 과학(특히 물리학)적 문제로 간주했던 르메트르는 "모든 것은 천문 관측을 통해 검증되어야 한다"고 주장했다. 오른쪽에 있는 주석은 그로부터 40년이 지난 후에 디랙이 적어 넣은 것이다.

메트르가 케임브리지의 카피차 클럽Kapitza Club 1920~1930년대에 케임브리지의 물리학자들이 정기적으로 만나 의견을 나눴던 비공식 모임에서 강연할 때 청중 중 한 사람이 르메트르의 모습을 그린 연필화 한 점이 소장되어 있는데, 그림 아래쪽에는 "그러나 나는 에테르를 휘젓는 신의 손가락을 믿지 않는다But I don't believe in the Finger of God agitating the aether"는 문구가 적혀 있다.(그림 15 참조) 또한 디랙은 1971년에 남긴 노트에 "르메트르가 강연하던 날 양자적 불확정성에 대하여 많은 토론이 오고 갔다"고 적어 놓았다. 디랙과 르메트르는 복잡한 우주의 기원을 태초에 무작위로 일어난 양자 점프에서 찾음으로써, 우주의 시작을 인과율에 의존하지 않고 양자역학적으로 설명할 수 있음을 깨달았다. 우주가 창조적인 방향으로 진화할 수 있었던 것은 바로 이 양자 점프 덕분일지도 모른다.

그 후로 거의 10년 동안 "격동적인 발견의 시대"를 온몸으로 겪었던 디랙은 1939년에 제임스 스콧상James Scott Prize 수상 연설을 하면서 르메트르의 원시원자 가설로 되돌아왔다. "지금 우리는 새로 대두된 (팽창) 우주론에 대하여 아는 것이 별로 없지만, 결국은 상대성 이론이나 양자이론보다 훨씬 철학적이고 혁명적인 이론으로 판명될 것이다."[44] 그로부터 다시 70년이 지난 후, (몇 가지 편견으로부터 자유로워진) 호킹과 나는 디랙이 말했던 철학적 의미를 찾기 위해 과감한 여행길에 올랐다.

• • •

당시에는 천문 관측 자료가 별로 정밀하지 않아서 원시원자 가설의 타당성을 입증할 수 없었다. 우주론은 1930년대 초에 반짝 전성기를 누리다가 '데이터 부족'과 '거창한 가설'이라는 한계를 극복하지 못하여 점차 변두리 과학으로 밀려났다. 우주론학자들은 "자주 틀리지만 의심받지 않는 사람"이라는 평판에 만족해야 했다. 1950년대에 이르러 빅뱅 이론은 아무도 입에 담지 않는 사어死語가 되었는데, 사실 '빅뱅'의 탄생은 이렇다. 1949년에 영국의 천문학자 프레드 호일이 BBC 라디오에 출연하여 기자와 인터뷰를 한 적이 있는데, 이 자리에서 그는 "우주가 빵 터지면서big bang 태어났다는 것은 도저히 과학적으로 설명할 수 없는 비합리적 상상"이라고 주장하면서 빅뱅을 연구하는 천문가들을 사이비 과학자로 몰아세웠다. 그의 주장을 조금 더 들어보자.

> 우주의 시작을 인과율에 입각한 논리로 설명하는 것은 불가능하다. 그런 논리는 이 세상에 존재하지 않는다. 일부 과학자들이 빅뱅에 매달리는 이유는 그것이 구약성서 창세기의 첫 구절과 그럴듯하게 맞아떨어지는 것처럼 보이기 때문이다. 그들의 목적은 종교적 근본주의를 과학에 접목하는 것이다.[45]

그가 1993년에 출간한 저서에는 더 과격한 발언도 등장한다. "누군가가 '기원origin'이라는 단어를 언급한다면, 그 뒤에 나오는 말은 죄다 헛소리이므로 들을 필요조차 없다."[46]

프레드 호일은 1950년대에 헤르만 본디Hermann Bondi, 토머스 골드Thomas Gold와 공동 연구를 진행하면서 르메트르의 원시원자 가설에 대항하는 정상상태 이론을 개발했다. 이 이론에 의하면 우주는 끊임없이 팽창하고 있지만 늘어난 공간을 새로운 에너지(암흑 에너지)가 채워주기 때문에 공간의 밀도는 변하지 않는다(에너지는 아인슈타인의

$E=mc^2$를 통해 질량으로 변할 수 있으므로, 공간이 팽창하면 새로운 은하를 만드는 재료도 그만큼 많아진다). 빅뱅 우주론에서는 대부분의 물질이 태초의 열에서 한꺼번에 생성되지만, 정상상태 우주론에서는 물질이 아주 느린 과정을 거쳐 영원히 생성된다. 호일의 정상상태 우주론에서 우주는 시작도 없고 끝도 없다. 우주가 끊임없이 탄생한다는 다중우주 가설에서 우주를 은하로 바꾸면 호일의 이론과 비슷해진다. 즉, 정상상태 우주론은 다중우주론의 '미니 버전'이라 할 수 있다.

한편, 러시아의 장신長身 물리학자 조지 가모George Gamow는 초고온 상태의 빅뱅을 더욱 깊이 파고들었다. 그는 레온 트로츠키 Leon Trotsky 1879~1940, 러시아의 혁명가와 니콜라이 부하린Nikolai Bukharin 1888~1938, 러시아의 경제학자에서 아인슈타인과 프랜시스 크릭Francis Crick DNA 발견자에 이르기까지, 각계각층의 저명인사를 두루 만나고 다니는 마당발로 유명했다.[47] 우크라이나의 오데사에서 태어나고 자란 그는 제정 러시아의 수도였던 상트페테르부르크에서 프리드만에게 일반상대성 이론을 배웠다. 가모의 삶을 이야기할 때 빠지지 않고 등장하는 에피소드가 하나 있는데, 이 자리에서 소개할까 한다. 그는 공산혁명이 일어난 후 학자를 억압하는 정부의 시책에 불만을 품고 아내와 함께 크림반도 남단에서 노 젓는 배를 타고 흑해를 건너 튀르키예로 탈출을 시도했다. 그러나 바람이 반대 방향으로 부는 바람에 배가 원하는 방향으로 가지 못하다가 결국 출발한 지 이틀 만에 크림반도로 되돌아오고 말았다. 그래도 탈출을 포기하지 않았던 가모는 1933년에 닐스 보어로부터 제7차 솔베이 회의에 참석해달라는 초대장을 받고 미국으로 이주할 기회를 잡았다.

가모는 수학자도, 천문학자도 아닌 핵물리학자였기에, 팽창이 갓 시작된 태초의 우주를 일종의 핵반응기로 간주했다. 그는 랠프 앨퍼 Ralph Alpher, 로버트 허먼Robert Herman과 함께 공동 연구를 수행하면서 빅뱅이 극도로 높은 온도에서 진행되었을 것으로 예측했다. 그렇다면 우리 주변에 있는 모든 원소는 원시우주의 거대한 오븐에서 조리되었을까? 그의 추론은 다음과 같다. 원시우주의 밀도와 온도가 너무 높아서 원자핵이 생성될 수 없었다면 태초에 존재했던 원자핵은 양성자 한 개로 이루어진 수소원자핵뿐이었을 것이고, 우주 전체는 초고온, 초고밀도의 플라스마plasma 모든 원자가 초고온에서 전자와 양이온으로 분리된 상태로 가득 차 있었을 것이다(가모는 이것을 와일럼Ylem이라 불렀다). 플라스마의 구성 입자인 전자와 양성자, 중성자는 뜨거운 열탕 속에

그림 16. 조지 가모와 랠프 앨퍼는 빅뱅의 열기 속에서 원자핵이 합성된 것을 기념하기 위해 쿠앵트로Cointreau 술병에 '와일럼'이라는 레이블을 덧붙였다. '와일럼'은 모든 물질의 기원, 즉 원시 물질을 뜻하는 중세 영어 단어다.

서 제멋대로 움직이다가 우주가 팽창함에 따라 온도가 충분히 내려 갔을 때 서로 결합하여 복잡한 원자핵이 되었다. 이 과정에서 제일 먼저 만들어진 것은 양성자 한 개와 중성자 한 개로 이루어진 중수소 deuterium였고, 이들이 핵융합을 일으켜 헬륨 원자핵이 탄생하는 식이다. 가모와 그의 동료들은 핵물리학의 법칙과 공간 팽창을 결합하여 약간의 계산을 거친 후, "원시우주에서 핵융합은 빅뱅이 일어나고 약 100초가 지났을 때부터 시작되었다가, 우주의 온도가 핵반응의 하한선인 1억 도 이하로 내려갔을 때 종료되었을 것"이라고 결론지었다. 가모 팀의 계산이 옳다면 이 짧은 시간 동안 우주에 존재하는 양성자의 4분의 1이 헬륨과 리튬, 베릴륨의 핵으로 변해야 하는데, 이것은 훗날 천문학자들이 관측한 원소 분포와 거의 정확하게 일치한다. 그래서 가모의 계산 결과는 지금도 초고온 빅뱅 이론의 타당성을 입증하는 핵심 증거 중 하나로 인정받고 있다.[48]

그러나 가모의 계산에는 훨씬 중요한 의미가 담겨 있었다. 앨퍼와 가모, 허먼의 이론에 의하면 원자핵이 합성(융합)될 때 방출된 열은 지금도 복사 에너지의 형태로 우주 공간에 남아 있어야 하는데, 당시에는 한 번도 관측된 적이 없었다. 그 많던 에너지가 다 어디로 간 것일까? 우주가 제아무리 기이하다 해도, 에너지가 새어나갈 구멍 같은 것은 존재하지 않는다. 태초에 있었다면 어떤 형태로든 지금도 있어야 한다. 세 사람은 또다시 약간의 계산을 거친 끝에 수십억 년 전에 방출된 복사열이 오늘날 절대온도 5K, 또는 −268도까지 식었다는 결과를 얻었다. 이 정도로 차가운 복사열은 전자기파 스펙트럼에서 마이크로파 영역에 속한다. 그러므로 현재 모든 우주 공간은 마이크로 파로 가득 차 있어야 한다. 이것은 실로 과학사에 길이 남을 위대한 발견이었다. 가모와 그의 동료들이 옳다면 뜨거웠던 빅뱅의 잔해가 화석처럼 남아 있을 것이며, 마이크로파를 감지할 수 있는 망원경이 있다면 눈으로 직접 볼 수도 있을 것이다.

뜨거운 물체는 무조건 복사열을 방출한다. 우주 자체도 여기서 예외일 수 없다. 우주 공간에 남아 있는 빅뱅의 잔해를 마이크로파 우주배경복사라고 하는데, 이것은 1964년에 미국의 물리학자 아노 펜지어스Arno Penzias와 로버트 윌슨Robert Wilson에 의해 발견되었다. 당시 가모의 연구에 대해 전혀 모르고 있었던 펜지어스와 윌슨은 뉴저지주 홈델Holmdel에 있는 벨연구소에서 거대한 마이크로파 혼 안테나horn antenna 때문에 애를 먹고 있었다. 깨끗한 신호를 수신하고 싶은데, 안테나에 자꾸 잡음여기서는 소리가 아니라 원치 않는 잡신호를 의미이 잡혔다. 이상한 것은 안테나의 방향을 하늘의 어디로 향해도, 낮이건 밤이건 파장 7.35센티미터짜리 잡음이 항상 감지되었다는 점이다. 두 사람은 주변의 우주론학자들과 이 문제에 관해 이야기를 나누다가 드디어 원인을 알게 되었다. 그것은 필요 없는 잡음이 아니라, 뜨거운 빅뱅이 남긴 복사였다. 르메트르가 예견하고 가모가 계산했던 빅뱅의 메아리가 펜지어스와 윌슨의 안테나에 잡힌 것이다.

두 사람이 우주에서 마이크로파를 관측했다는 소식은 곧 전 세계로 퍼져나갔고, 정상상태 우주론을 지지하던 과학자들은 먼 옛날의 우주와 지금의 우주가 상상을 초월할 정도로 달랐다는 것을 인정할 수밖에 없었다. 우주의 기원에 대한 논쟁은 이 사건으로 인해 극적인 변화를 겪게 된다. 근 30년 전에 아인슈타인과 르메트르 사이에 격한 논쟁을 야기했던 "팽창의 원인"은 단 하룻밤 사이에 우주론의 핵심 주제로 떠올랐고, 그 후로 지금까지 수많은 후속 이론을 탄생시켰다.

르메트르는 세상을 떠나기 3일 전인 1966년 6월 17일에 병원 침대에 누워 있는 상태에서 가까운 지인으로부터 "우주배경복사가 발견되었다"는 소식을 전해 들었다. 그 순간 르메트르는 나지막한 소리로 "드디어 증거를 확보했으니…… 나는 이제 행복하다"고 중얼거렸다고 한다.[49]

"빅뱅의 아버지"로 불리는 사람이 천주교 사제였다는 것이 다소 아이러니하게 들릴지도 모른다. 그러나 르메트르는 아인슈타인과 교황 사이를 오가면서 진리로 가는 두 가지 길(과학과 구원) 사이에 아무런 충돌이 없음을 굳게 믿고 있었다. 그는 〈뉴욕타임스〉의 덩컨 아이크만Duncan Aikman과 인터뷰를 하던 중 "과학과 종교의 관계"에 대한 질문이 나오자 갈릴레이의 말을 인용하면서 자신의 신념을 다음과 같이 피력했다.

성경은 과학 교과서가 아니며, 상대성 이론은 구원과 무관하다. 이 당연한 사실을 깨닫기만 하면 과학과 종교 사이의 해묵은 갈등은 곧바로 사라진다.• 나는 하느님을 진심으로 경배하기에, 도저히 그분을 과학적 가설로 평가 절하할 수 없었다.[50](도판 5 참조)

르메트르가 이 문제로 조금도 갈등을 겪지 않았다는 것은 그가 남긴 글에서도 분명하게 알 수 있다. 아니, 갈등을 겪지 않은 정도가 아니라 오히려 마음이 평온하고 신앙심이 더욱 깊어졌다고 한다. 그는 생전에 이런 말도 남겼다. "영혼을 찾는 행위와 우주 스펙트럼을 찾는 행위는 불변의 진리를 추구한다는 점에서 다를 것이 없다."

1960년대 초에 교황청 과학아카데미 회장과 르메트르는 과학과 교회의 건전한 관계를 유지하면서 다른 연구기관처럼 과학을 육성하기 위해 많은 노력을 기울였는데, 그중 하나는 과학과 종교의 언어와 방법론적 차이를 세심하게 구별하여 불필요한 오해나 충돌을 방지하는 것이었다. 과학과 종교를 억지로 묶으려는 일치주의적 사조를 별로 좋아하지 않았던 르메트르는 과학과 종교가 각기 자신만의 무대를 갖고 있으며, 둘을 강제로 섞으면 부작용이 발생한다고 항상 강조해왔다. 원시원자 가설에 대한 그의 관점도 여기서 크게 벗어나지 않는다. "그런 종류의 이론은 형이상학이나 종교적 질문과 완전히 무관하기에 유물론자에게는 초월적 존재를 부정할 빌미를 제공하고, 하느님을 믿는 자에게는 신에게 가까워지려는 의지를 약하게 만든다. 그러나 원시원자 가설은 '창조의 순간부터 은밀하게 존재해온 하느님'을

● 갈릴레이가 1615년에 토스카나 대공비Grand Duchess of Tuscany에게 쓴 편지에는 과학과 종교의 관계에 대한 그의 의견이 분명하게 적혀 있다. 이 편지에서 그는 바티칸 도서관장인 카이사르 바로니우스 추기경Cardinal Caesar Baronius을 언급하면서 다음과 같이 적어놓았다. "성신聖神, Holy Ghost의 목적은 하늘의 섭리를 가르치는 것이 아니라, 인간이 하늘로 가는 방법을 가르치는 것입니다."

말하는 이사야서의 내용과 일치한다."⁵¹

이 문제에 대한 르메트르의 공식적인 입장은 루뱅에 있는 그의 모교인 카디날 메르시에 신토마스 철학학교neo-Thomastic school of philosophy of Cardinal Mercier로부터 적지 않은 영향을 받았다. 이 학교에서는 현대과학을 수용하면서도 과학의 존재론적 중요성을 인정하지 않도록 학생들을 가르쳤고, 이곳에서 르메트르는 존재의 두 가지 수준(시간적 의미에서 물리계의 시작과 존재에 대한 형이상학적 질문)을 엄밀하게 구별하도록 훈련받았다. "우리는 이 사건(원시원자가 분해되기 시작한 사건)을 '시작'이라고 부를 수도 있다. 우주가 창조된 순간을 말하는 것이 아니다. 물리적 관점에서 보면 모든 사건은 마치 그것이 진정한 시작인 것처럼 발생한다. 원시원자가 분해되기 전에 어떤 사건이 일어났다 해도, 우리 우주에는 그것을 확인할 증거가 남아 있지 않다. (…) 그러므로 우주보다 먼저 존재했던 것은 형이상학적 존재에 속한다."⁵²

이런 식으로 구별하면 성직자들도 자연과학을 탐구한다는 마음으로 우주의 기원을 추적할 수 있다. 그러나 아인슈타인은 이것을 물리학에 대한 위협으로 간주했다. 아인슈타인과 르메트르가 논쟁을 벌인 이유는 그들이 추구하는 철학이 근본적으로 달랐기 때문이다. 과학이 알아내려는 궁극의 진실은 무엇인가? 물리학자와 성직자는 이 질문에 대해 완전히 다른 답을 가지고 있었다. 르메트르는 연구 대상이 아무리 추상적이라 해도 인간이 과학을 탐구하는 능력은 "나와 우주의 관계"에 뿌리를 두고 있다고 생각했기에 과학과 종교의

그림 17. 우리가 공동 연구를 시작했을 때, 호킹은 르메트르가 양자우주론에 남긴 선구적 업적에 대해 잘 모르고 있었다. 그래서 나는 루뱅에 있는 프레몬트레레대학Premonstratensian College에 있는 르메트르의 연구실로 호킹을 데려가서 르메트르가 1931년 〈네이처〉에 기고한 역사적 논문을 직접 보여주었다.

경계선을 명확하게 지키면서 두 가지 소명을 충실하게 이행할 수 있었으며, 그 결과 교리에 얽매이지 않은 신앙과 인간에 뿌리를 둔 과학이 탄생했다. 지금도 르메트르의 고향 마을에서는 해마다 그를 기리는 기념행사가 열리고 있다. 얼마 전 그 행사에 직접 참여한 적이 있는데, 르메트르의 조카가 나에게 이런 에피소드를 들려주었다. "삼촌께서 살아 계실 때 내 사촌 동생이 난처한 질문을 던지곤 했어요. 삼촌께서 말하는 그 원시원자라는 게 대체 어디서 온 거냐고 말이죠. 그럴 때마다 삼촌은 씩 웃으며 말했습니다. '아, 그거? 원시원자가 바로 하느님이었어!'라고요."

이와 대조적으로 아인슈타인은 이상주의자였다. 그는 20세기 최고의 과학 이론으로 꼽히는 일반상대성 이론을 구축한 후, "불변의 수학적 진리를 이용하여 우주의 미래를 예측하는" 궁극의 이론을 찾기 시작했다. 인과율과 결정론적 논리로 우주의 기원을 설명하려 했던 그의 한결같은 태도도 여기서 비롯된 것이다. 그러나 자신이 구축한 일반상대성 이론에서 "우주가 빅뱅에서 시작되었다"는 의외의 사실이 유도된 후로 그의 입지는 흔들리기 시작했다.

다음 장에서 나는 르메트르의 관점이 '설계된 우주'의 수수께끼를 해결하는 믿을 만한 지침이라는 것을 증명할 참이다. 사실 아인슈타인과 르메트르가 벌였던 논쟁에는 70년 후에 호킹이 여행하게 될 거리 풍경이 충실하게 담겨 있었다. 처음에 호킹은 "물리적 우주조차 초월한 물리학에서 객관적 진리를 찾는다"던 아인슈타인의 관점을 따랐으나, 얼마 후 입장을 바꿨다. 호킹이 왜 아인슈타인을 버리고 르메트르를 선택했는지, 이것이 빅뱅의 개념과 우주론의 미래에 어떤 영향을 미쳤는지 다음 장에서 자세히 알아보기로 하자.

3장

우주기원론

나는 거의 움직이지 않았는데 어느새 이곳에 도착했다.
당신도 알다시피 이곳에서는 시간이 공간으로 변한다.

_리하르트 바그너Richard Wagner, 〈파르시팔Parsifal〉

호킹은 자신의 회고록에 "자연을 더욱 깊이 이해하기 위해 우주론에
관심을 갖게 되었다"고 적어놓았다. 심오한 질문과 더욱 심오한 답을
찾으려는 욕구가 그를 케임브리지로 이끈 것이다. 호킹은 옥스퍼드에
서 학부과정을 마치고 1962년 가을에 케임브리지로 둥지를 옮겼다.
"당시 옥스퍼드는 연구에 집중할 수 있는 분위기가 아니었다. 그곳에
서 더 좋은 학위를 받기 위해 노력하는 사람은 옥스퍼드 최악의 별명
인 '회색분자'로 불리곤 했다."[1] 졸업시험이 코앞으로 다가왔을 때, 현
실적 지식을 더 쌓을 필요가 없다고 생각한 호킹은 이론물리학을 더
깊이 파고들기로 결심했다. 그의 성적은 1~2등급이었는데, 최종 등급
은 담당 교수와 면담을 거친 후 결정될 예정이었다. 그런데 면접 당일,
호킹은 면접관으로 나온 교수들 앞에서 이렇게 말했다. "제가 1등급
을 받으면 케임브리지로 옮길 것이고, 2등급을 받으면 여기 남겠습니

다." 며칠 후, 교수들은 그에게 1등급을 주었다. 훗날 호킹이 이룩한 업적으로 미루어볼 때, 이날 면접관들이 내린 결정은 800년 옥스퍼드 역사상 최악의 결정이었을 것이다.

케임브리지에서 물리학 공부를 본격적으로 시작한 호킹은 1960년대 초에 학계로부터 지독한 푸대접을 받으면서도 정상상태 이론을 끈질기게 고집했던 '정상상태 물리학자' 프레드 호일에게 학문적 매력을 느꼈다.² 그러나 몇 가지 복잡한 문제 때문에 호일의 제자로 들어가지 못하여 데니스 시아마Dennis W. Sciama의 연구팀에 합류했는데, 이것은 호킹에게 커다란 행운으로 작용하게 된다. 한때 디랙의 제자였던 시아마는 케임브리지를 상대론적 우주론 연구의 성지聖地로 만든 주인공이자 전 세계 물리학자들과 긴밀한 네트워크를 구축하고 있어서, 그의 제자들은 물리학의 최신 소식을 누구보다 빠르게 접할 수 있었다. 새로운 논문이 발표되면 시아마는 제자들에게 그 논문을 읽은 후 자신에게 보고하도록 했고, 런던에서 흥미로운 강연이 개최되면 제자들을 모두 기차에 태워 그곳으로 보냈다. 시아마의 교육 방식에 깊은 영향을 받은 호킹은 훗날 교수가 된 후에도 제자들의 지적 자극을 유도하는 환경을 만들기 위해 항상 최선을 다했다.

호킹이 케임브리지의 신참이던 무렵에는 시아마도 정상상태 우주론에 깊이 빠져 있었다. 그가 연구실에 갓 들어온 호킹에게 제일 먼저 시킨 일은 호일이 정상상태 이론을 살리기 위해 고안했던 몇 가지 자구책 중 하나를 실행하는 것이었다. 당장 연구에 착수한 호킹은 얼마 후 호일의 새 버전 이론에서 무한대가 발생한다는 사실을 알아냈고, 1964년 런던에서 개최된 왕립학회 회의장에서 호일에게 이 사실을 알려주었다. 깜짝 놀란 호일이 "아니, 그걸 어떻게 알았나?"라고 묻자 호킹은 자신 있게 대답했다. "그야 계산을 해봤으니까 알죠!" 될성부른 나무는 떡잎부터 알아본다고 했던가. 호킹의 독립심과 탁월한 재능은 그때부터 빛을 발하고 있었다. 이때 얻은 계산 결과는 훗날 호킹의 박사학위논문 첫 번째 장을 장식하게 된다.

호킹을 비롯한 여러 학자의 반론에 점차 생명력을 잃어가던 정상상태 이론은 마이크로파 우주배경복사가 발견되면서 마지막 사형선고를 받았다. 이런 복사열이 우주 전역에 퍼져 있다는 것은 우주가 과거 한때 엄청나게 뜨거웠음을 보여주는 확실한 증거다. 이로써 정상상태 가설은 우주론의 무대에서 설 자리를 잃었고, 우주의 시작점이 초유의 관심사로 떠올랐다. 우리의 우주는 언제, 어떤 과정을 거쳐 태어났을까? 호킹은 이 문제에 도전할 준비가 완벽하게 되어 있었다.

시아마는 블랙홀이 우주 전역에 존재할 수 있음을 3쪽짜리 논문으로 증명했던 펜로즈에게 호킹을 소개했다. 앞서 말한 대로 펜로즈는 일반상대성 이론이 옳다는 가정하에 "질량이 충분히 큰 별이 자체 중력에 의해 수축(붕괴)되면 시공간에 특이점이 형성되고, 이 특이점은 사건 지평선이라는 경계면에 가려 절대로 관측되지 않는다"는 것을 증명한 사람이다. 이 사건 지평선으로 가려진 영역은 훗날 '블랙홀'이라는 이름으로 불리게 된다.

펜로즈의 논리에서 시간을 반대 방향으로 되돌리면 붕괴가 팽창으로 바뀐다. 호킹은 여기에 착안하여 팽창하는 우주는 과거에 특이점에서 시작되었을 것으로 예측했다.[3] 그는 펜로즈와 함께 연구를 진행하면서 일련의 수학 정리를 증명한 후, 이로부터 "팽창하는 우주의 역사를 거꾸로 되돌려서 최초의 별과 은하, 우주배경복사가 탄생하기 전으로 거슬러 가면 시공간이 휘어지다 못해 하나의 점으로 수축되는 특이점에 도달한다"는 사실을 증명했다. 우주 초기에 특이점이 존재했다면 아인슈타인 방정식의 양변이 무한대가 되면서(시공간의 곡률이 무한대이면 물질의 밀도도 무한대라는 뜻이다) 이론의 기능을 상실한다. 물리학 이론이 제아무리 기이하다 해도, 무언가를 0으로 나누는 것은 엄격하게 금지되어 있다. 계산기에서 임의의 숫자를 0으로 나누면 에러가 나는 것처럼, 임의의 물리량을 0으로 나누는 순간부터 모든 논리는 난센스가 된다. 그러므로 특이점은 일반상대성 이론이 더 이상 적용되지 않는 한계점에 해당한다. 특이점에서는 어떤 사건도 일어날 수 없다.

펜로즈는 상대성 이론에 기초하여 시간이 블랙홀에서 끝난다는 것을 증명했고, 호킹은 팽창하는 우주의 시간을 되돌려서 '시간의 시작점'이 존재한다는 것을 증명했다. 그런데 여기서 한 가지 짚고 넘어갈 것이 있다. 빅뱅이란 먼 옛날에 우주의 "씨앗이 흐르는 시간 속에서" 부화되기를 기다리다가 어느 순간 싹을 틔웠다는 뜻이 아니라, 대폭발이 일어난 순간부터 비로소 시간이 흐르기 시작했다는 뜻이다. 따라서 특이점은 시간의 탄생을 알리는 일종의 신호탄인 셈이다. 호킹은 프리드만과 르메트르가 제안했던 완벽한 구형 우주가 단순한 이론적 모형이 아니라, 상대론적 우주론의 결과로 얻어지는 자연스러운 형태임을 입증했다. 바로 이것이 1965년에 호킹이 제출했던 박사학위논문의 핵심으로, 2014년에 개봉한 호킹의 자전적 영화 〈만물의 이론The Theory of Everything〉에도 등장한다. 이 영화는 국내에서 〈사랑에 대한 모든 것〉이라는 제목으로 상영되었다. 아무리 흥행이 중요하다지만, 왜곡의 정도가 도를 넘었다. 이 논문의 초록에는 다음과 같은 문구가 적혀 있다. "본 논문의 목적은 팽창하는 우주의 의미와 그로부터 유도되는 결과를 분석하는 것이다. (…) 우주 모형에 등장하는 특이점에 대해서는 4장에서 주로 다루었는데, 우주에 어떤 일반적인 조건이 충족되면 특이점이 반드시 생성되는 것으로 확인되었다."

이것은 정말로 놀라운 결과였다. 그랜드 캐니언 같은 지구 표면을 걷다 보면 수십억 년 전에 형성된 바위가 종종 눈에 띈다. 지구에서 가장 단순한 형태의 박테리아는 약 35억 년 전에 출현했고, 지구의 나이는 이보다 조금 많은 46억 년 정도다. 빅뱅 특이점 정리에 의하면 136억 년 전에는 시간도, 공간도, 아무것도 존재하지 않았다. 우주의 나이가 지구 나이의 세 배에 불과하다니, 이 정도면 생각보다 꽤 젊은 편이다.

만일 호킹이 박사학위논문을 쓰고 54년이 지난 후까지 살아 있었다면, 시간의 시작과 끝에 관한 연구 업적을 인정받아 2020년에 펜로즈와 함께 노벨상을 받았을 것이다. 그의 학위논문에는 우리의 과거를 시공간에서 (먹는) 배 모양으로 형상화한 스케치가 실려 있는

데, 자세한 내용은 그림 18과 같다. 이 멋진 그림은 시아마의 제자이 자 1960년대 중반에 호킹과 함께 특이점 정리를 증명했던 조지 엘리스George Ellis의 작품이다.[4] 지금 이 순간 우리는 배의 뾰족한 끝부분에 위치하고 있고, 배의 표면은 하늘의 여러 방향에서 날아와 우리에게 도달한 빛으로 이루어져 있다. 이 그림은 물질의 질량이 우리의 과거 광원뿔을 어떻게 변화시키는지 일목요연하게 보여준다. 빛은 물질의 질량 때문에 직선 경로에서 벗어나, 과거로 거슬러 갈수록 한곳으로 모여드는 경향이 있다. 중력에 의한 효과를 고려하지 않으면 우리의 과거 광원뿔은 그림 8(99쪽)과 그림 9(100쪽)처럼 직원뿔(빗변이 직선인 원뿔) 모양이지만, 현실 세계에서는 중력 때문에 빛의 경로가 휘어져 배의 표면과 비슷한 모양이 된다. 이 광원뿔의 내부는 우리에게 영향을 줄 수 있는 시공간이고, 그 바깥의 모든 우주는 우리와 완전히 단절되어 있다. 호킹이 증명한 특이점 정리의 핵심은 "물질의 질량이 과거 광원뿔을 이런 식으로 변형시키면, 우주의 과거는 무한히 길 수 없다"는 것이다. 이런 우주에서 과거로 계속 거슬러 가면 시간과 공간이 더는 존재하지 않는 '과거의 바닥'에 도달하게 된다는 뜻이다.

엘리스의 그림은 펜로즈가 블랙홀의 형성 과정을 도식적으로 표현한 그림 11(109쪽)을 연상시킨다. 두 그림을 비교하면 '관측자의 과거'는 '무거운 별 내부의 미래'와 매우 비슷하다는 것을 알 수 있다. 그러나 둘 사이에는 결정적인 차이가 있다. 블랙홀의 사건 지평선은 외부에 있는 관측자가 내부의 무지막지한 특이점으로 빨려 들어가는 것을 막아주지만, 빅뱅의 특이점은 우주 지평선 '안'에 존재한다. 즉,

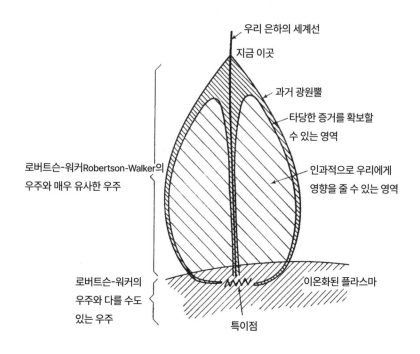

우리 은하의 세계선

지금 이곳

과거 광원뿔

타당한 증거를 확보할
수 있는 영역

로버트슨-워커Robertson-Walker의
우주와 매우 유사한 우주

인과적으로 우리에게
영향을 줄 수 있는 영역

로버트슨-워커의
우주와 다를 수도
있는 우주

이온화된 플라스마

특이점

그림 18. 1971년에 조지 엘리스가 '관측 가능한 우주'와 '우리가 자세히 관측할 수 있는 영역'
을 표현한 그림. 현재 우리의 위치는 '지금 이곳here and now'이다. 과거로 거슬러 갈수록
빛은 물질의 영향을 받아 한 점으로 수렴하고, 그 결과 과거 광원뿔이 안쪽으로 구부러지면서
배 모양의 영역이 만들어진다. 이것이 바로 우리의 과거다. 우주에서는 그 어떤 것도 빛보다
빠르게 이동할 수 없으므로 이 영역은 우주에서 우리가 관측할 수 있는 유일한 부분이다. 호킹
의 이론에 의하면 과거로 갈수록 빛이 한곳으로 집중된다는 것은 "과거로 가는 시간여행"이
특이점에서 끝난다는 것을 의미한다. 그러나 우주 초기에는 빛의 입자인 광자가 플라스마 속
에서 끊임없이 산란되었기 때문에 공간 자체가 불투명했다. 따라서 과거로 거슬러 간다 해도
어느 시점에 이르면 주변 풍경을 더 이상 볼 수 없게 된다.

팽창하는 우주는 안과 밖, 그리고 위와 아래가 뒤집힌 블랙홀과 같다. 우주의 시작에 존재했던 특이점은 과거 광원뿔의 가장자리에 놓여 있으므로, 우리는 원리적으로 그것을 볼 수 있다.

물론 팽창의 초기 단계에는 입자가 심하게 산란되어 시야를 가리기 때문에, 타임머신을 타고 과거로 거슬러 간다 해도 최초의 시작점을 볼 수는 없을 것이다. 빅뱅을 되돌아보는 것은 태양을 바라보는 것과 비슷하다. 태양을 응시할 때 눈에 보이는 외곽선은 내부의 핵융합 반응에서 탄생한 광자가 마지막으로 산란된 경계면이다. 흔히 광구光球, photosphere라 불리는 이 표면을 떠난 광자는 거의 아무런 방해 없이 지구에 도달한다. 그러나 바로 이 광자 때문에 우리는 태양의 내부를 볼 수 없다. 태양 내부에서는 광자가 끊임없이 산란되기 때문에 불투명하다.

이와 마찬가지로 우주 초기에는 뜨거운 플라스마가 광자를 끊임없이 산란시켜서, 공간은 진한 안개가 낀 것처럼 불투명했다. 이런 곳에서 광학망원경은 아무런 쓸모가 없다. 우리 우주는 탄생 후 38만 년이 지났을 때 온도가 3000도까지 내려가면서 비로소 투명해졌다. 이 온도에서는 입자의 에너지가 어느 정도 진정되어 원자핵이 전자를 포획해서 중성원자를 만들 수 있기 때문에, 광자를 산란시킬 전자가 거의 남지 않는다. 그리하여 광자는 우주 탄생 후 처음으로 자유롭게 이동하기 시작했고, 공간이 팽창함에 따라 빛의 파장은 수천 배까지 길어졌다. 처음에 적색광으로 탄생했던 광자는 수십억 년 동안 공간을 가로지르면서 차가운 마이크로파로 변하여 지구에 도달했고, 인류는 수십만 년 동안 그 정체를 모르고 살다가 수십 년 전에야 비로소 알게 되었다. 이것이 바로 1장의 그림 2에 제시된 우주배경복사 분포도다. 언뜻 보기에는 점묘화가가 그린 추상화를 닮았지만, 사실 이것은 우주가 처음으로 투명해진 모습을 찍은 스냅 사진에 해당한다. 그러나 태양 표면에서 방출된 빛이 태양의 내부를 가리는 것처럼, 바로 이 마이크로파 때문에 우리는 그보다 먼 과거를 볼 수 없다.

일반상대성 이론에 의하면 과거는 특이점에서 끝난다. 그렇다면 빅뱅의 화석으로 남은 우주배경복사가 공간 전체에 걸쳐 거의 균일하게 분포된 이유가 더욱 궁금해진다. 1장에서 말한 대로 그림 2에 나타난 반점들은 각 지점의 온도를 나타내는데, 지역에 따른 차이는 1만 분의 1도를 넘지 않는다. 이는 곧 빅뱅이 관측 가능한 우주의 모든 곳에서 정확하게 같은 방식으로 일어났다는 뜻이다. 이것은 우주가 생명친화적 특성을 갖게 된 이유 중 하나이기도 하다. 태양의 광구는 모든 곳에서 온도가 거의 균일한 것으로 알려져 있다. 태양의 표면에서 방출된 광자는 내부 상호작용을 거치면서 열을 획득하는데, 수많은 광자가 이런 과정을 거치다 보면 자연스럽게 같은 온도에 도달하게 된다. 차가운 우유와 뜨거운 차가 만났을 때 둘 다 평형 상태 온도(또는 열평형 상태)로 빠르게 변하는 것과 비슷하다(적어도 영국에서는 그렇다).

그러나 우주 초기에 일어났던 상호작용은 우주배경복사의 온도를 균일하게 만들기가 어려웠을 것이다. 특이점이 생성된 후 일어난 물리적 과정이 빛의 속도로 전달되었다 해도, 광자가 공간을 자유롭게 날아다니기 전까지는 열평형 상태에 도달할 시간적 여유가 없었기 때문이다. 그림 19는 엘리스가 그린 그림 18을 좀 더 정확하게 수정하여 뜨거운 빅뱅 우주에서 관측자의 과거 광원뿔을 표현한 것이다. 하늘의 두 반대편에서 방출된 우주배경복사 광자는 과거 광원뿔의 A와 B에서 출발하여 우리에게 도달했지만, 두 지점은 과거 광원뿔을 따라 시작점으로 거슬러 가도 한곳에서 만나지 않는다. 이는 곧 빅뱅이 일어난 후 A와 B 사이에 광신호(빛을 이용한 신호)가 교환될 수 없었음을 의미한다.• 그런데 우리 우주에서는 어떤 신호나 정보도 빛보다 빠르게 전달될 수 없으므로, A와 B가 물리적 상호작용을 교환하는 것은 원리적으로 불가능하다. 이런 경우 물리학자들은 "A(또는 B)는 B(또는 A)의 사건 지평선 너머에 있다"고 말한다.

1960년대의 빅뱅 이론에 의하면, 우주배경복사 지도에서 시야각
_{관측자의 위치와 하늘의 두 지점으로 삼각형을 만들었을 때 관측자를 중심으로 측정한 각도}으로 몇 도 이상 떨어진 두 지점은 우주가 탄생한 이래 단 한 번도 상호작용을 교환할 기회가 없었다. 현재 관측 가능한 우주에는 이런 식으로 시공간에서 고립된 영역이 적어도 수백만 개 이상 존재한다. 그런데 우주배경복사는 어떻게 지역에 상관없이 그토록 온도가 균일한 것일까? 에딩턴이나 아인슈타인이 생전에 이 사실을 알았다면 "우주 지평선과 관련된 수수께끼야말로 우주의 기원이 존재하지 않는다는 것

• A와 B는 공간상의 두 점이 아니라 시공간상의 두 점이기 때문에 이런 일이 일어날 수 있다. 예를 들어 A와 B 사이의 공간 간격(거리)이 30만 킬로미터이고 시간 간격이 0.5초라면, A에서 출발한 빛은 절대로 B에 도달할 수 없다. 빛은 0.5초 동안 15만 킬로미터밖에 갈 수 없기 때문이다.—옮긴이

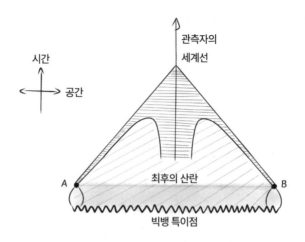

그림 19. 1960년대의 빅뱅 모형에 기초한 우리의 과거. 원뿔의 뾰족한 끝이 현재 우리의 위치이고, 하늘의 반대 방향에서 지금 막 우리에게 도달한 우주배경복사 광자는 과거에 A와 B에서 출발했다. 이 경우 A와 B는 각각 상대방의 우주 지평선 너머에 존재한다. 즉, 배 모양으로 생긴 이들의 과거 광원뿔은 우주의 시작점으로 거슬러 가도 하나로 합쳐지지 않는다. 그러나 A와 B에서 출발하여 지금 막 우리에게 도달한 두 광자는 온도가 거의 같다(오차가 0.0001퍼센트 이내다). 어떻게 그럴 수 있을까?

을 보여주는 확실한 증거"라며 쾌재를 불렀을 것이다. 이것은 마치 북유럽을 휘젓던 바이킹이 북미대륙에 상륙했는데, 그곳에 사는 원주민(아메리카 인디언)이 노르웨이의 고어古語를 유창하게 구사하며 환영 인사를 하는 것과 같다.

정말로 이상하다. 호킹의 특이점 정리는 우주에 시작점이 있었음을 예측했지만 구체적인 탄생 과정에 대해서는 아무런 언급도 하지 않았다. 우주배경복사의 온도가 균일한 이유와 우주가 생명친화적 특성을 갖게 된 이유는 더 말할 것도 없다. 마치 우주의 기원과 설계에 대한 모든 질문을 에딩턴이 말한 "초자연적 존재"의 소관으로 돌리는 것 같았다. 우주를 철학적으로 파헤칠 필요는 없다. 일반상대성이론이 우주의 몰락을 예견하고 있지 않은가. 사실 호킹의 박사학위 논문에 등장한 빅뱅은 설명이 필요 없는 사건이었다. 빅뱅의 순간에는 시간과 공간, 인과율이 붕괴된 상태였기 때문이다. 그래서 존 휠러는 시공간의 특이점을 두고 "인과율의 기본 원리와 과학의 예측 능력이 끝나는 곳"이라고 했다.[5]

어떻게 그럴 수 있을까? 물리학이 어떻게 자신을 부정하는 결론에 도달한다는 말인가? 이 의문을 해결하려면 "물리학자가 내놓은 예측"의 의미를 좀 더 깊이 생각해볼 필요가 있다.

갈릴레이와 뉴턴 이후로 물리학은 두 종류의 정보에 기초한 이원론적 체계로 발전해왔다. 하나는 물리계가 시간이 흐름에 따라 하나의 상태에서 다른 상태로 변해가는 과정을 서술하는 운동 방정식이고, 다른 하나는 임의의 시간에 계의 상태를 간결하게 명시한 경계 조건boundary condition이다. 운동 방정식은 주어진 물리계가 과거에 어떤 상태였는지, 또 미래에 어떤 상태로 변할 것인지를 예측한다. 여기에 경계 조건을 추가하면 임의의 모든 시간에 계의 상태를 구체적으로 알 수 있다. 물리학과 우주론이 과거를 추적하고 미래를 예측할 수 있었던 것은 운동 방정식과 경계 조건을 적절하게 조합했기 때문이다.

예를 들어 일식이 일어나는 날짜를 예측한다고 상상해보자. 이때 필요한 것은 지구와 달의 운동 궤적을 결정하는 뉴턴의 운동법칙과 중력법칙이다. 그러나 정확한 값을 '숫자'로 얻으려면 특정한 시간에 태양(그리고 목성)에 대한 지구와 달의 상대적 위치와 속도를 알아야 한다. 이 경우 뉴턴의 법칙은 운동 방정식에 속하고, 특정 시간에 지구와 달의 상대적 위치는 경계 조건에 속한다. 즉, 경계 조건이란 특정 시간에 측정한 지구와 달의 운동 상태다. 경계 조건을 뉴턴의 법칙으로 알아낼 수는 없다. 그저 측정을 통해 알 수 있을 뿐이다. 일단 경계 조건을 알아내면 뉴턴의 방정식을 풀어서 미래의 위치를 알 수 있고, 이로부터 앞으로 다가올 일식 날짜를 예측하거나 과거에 있었던 일식 날짜를 추적할 수 있다.•

　　일식 날짜 계산법은 물리학이 자연현상을 예측하는 방식을 잘 보여준다. 물리학자는 만물의 변화가 자연의 법칙에 따라 진행된다는 가정하에 모든 계산을 수행한다. 물론 이 법칙 중에는 이미 발견된 것도 있고, 아직 발견되지 않은 것도 있다. 그러나 경계 조건은 특정한 순간의 정보를 담고 있기 때문에 법칙으로 간주되지 않는다. 어떤 면에서 보면 경계 조건은 우리가 물리법칙을 향해 던지는 특정 질문의 '상세 서술'이라 할 수 있다. 실제로 뉴턴의 법칙과 같은 역학법칙들은 다양한 경계 조건을 수용하도록 구성되어 있어서 거의 모든 현상에 범용적으로 유연하게 적용할 수 있다. 이런 점에서 볼 때 물리법칙은 체스 규칙과 비슷하다. 체스의 규칙은 말이 가는 길을 정해주지만, 이

•　측정을 시작한 시점에서 계의 위치와 속도를 '초기 조건initial condition'이라고 하는데, 이것도 경계 조건의 하나다. 즉, 경계 조건은 초기 조건의 일반적 개념이라 할 수 있다.―옮긴이

것만으로는 개개의 움직임이 얼마나 중요한 수手인지 알 수 없다.

그렇다면 자연의 본질적 특성은 운동 방정식으로 대변되는 '법칙'과 때마다 달라지는 '경계 조건'으로 분리되어 있는 것일까? 물론 실험실에서는 '실험 장치를 세팅하는 방법(경계 조건)'과 '실험을 통해 확인하려는 법칙'이 확실하게 분리되어 있으므로, 두 가지를 다르게 취급해도 별문제가 되지 않는다. 그러나 실험 기구와 실험자, 행성과 별, 은하까지 포함한 모든 우주의 상태 변화를 추적하는 우주론에서는 둘을 구별하는 것이 전혀 자연스럽지 않다. 탐구 대상의 규모가 커지면 실험실과 같은 작은 규모의 경계 조건은 더 큰 물리계의 법칙에 포함되기 때문이다. 다시 일식 문제로 돌아가서 생각해보자. 우주를 전체적인 관점에서 바라보는 우주론학자들은 임의의 시간에 행성의 위치와 속도(경계 조건)가 과거에 있었던 원인의 결과라고 주장할 것이다. 지구와 달은 태양이 어릴 때 응축 원반의 가장자리가 식으면서 태어났고, 태양은 그 전에 존재했던 별의 잔해가 뭉쳐서 만들어졌으며, 그 별들은 원시우주에서 밀도가 주변보다 미세하게 컸던 영역이 자라면서 형성되었다. 그런데 그 영역은…… 그런 영역은…… 대체 어떻게 생겨났을까?

우주의 시작점에 도달하는 순간, 역설적인 상황에 직면하게 된다. 우주의 기원에서 궁극적 경계 조건은 무엇이었는가? 우리는 이 조건을 선택할 수 없으며, 다른 경계 조건에서는 어떤 우주가 태어났을지 실험으로 확인할 수도 없다. 즉, 우주의 시작으로 가면 우리가 제어할 수 없는 경계 조건과 마주하게 된다. 흥미로운 것은 빅뱅의 경계 조건이 우리가 말하는 '법칙'처럼 보인다는 점이다. 그러나 이원론적 물리학에서 경계 조건은 법칙의 일부가 될 수 없으며, "빅뱅의 시점에서는 시공간과 모든 법칙이 붕괴된다"는 호킹의 특이점 정리도 이것을 지지하는 것처럼 보인다. 물론 이 역설적인 상황은 우주론에서만 발생한다. 경계 조건을 결정한 "더 먼 과거"나 "더 큰 상자"를 떠올릴 수 없는 경우는 우주 전체의 진화 과정을 생각할 때(즉, 우주론을 연구할 때)밖에 없다.

호킹은 "우주의 시작을 과학적으로 이해하려면 수백 년 동안 이어져온 물리학의 예측 능력을 더 넓게 확장해야 한다"고 주장했다. '역학(운동 방정식) 대 조건(경계 조건)'이라는 이원론적 물리관은 우주를 서술하기에 너무 편협하다고 생각했기 때문이다. 이 문제는 그의 박사학위논문에 이미 언급되어 있다. "일반상대성 이론의 가장 큰 취약점은 역학적 장 방정식을 유도해놓고 경계 조건을 제시하지 않은 것이다. 그러므로 아인슈타인의 이론으로는 우주의 형태를 하나로 결정할 수 없다. 경계 조건까지 포함한 이론이 나온다면 정말 흥미로울 것이다. (…) 호일의 이론이 바로 그 역할을 하고 있지만, 안타깝게도 그의 경계 조건에는 실제 우주(팽창하는 우주)가 제외되어 있다."

그로부터 15년 후, 호킹은 루카스 석좌교수 취임 기념 연설을 하면서 이 점을 다시 한번 강조했다. 수학과의 루카스 석좌교수직은 1663년에 헨리 루카스Henry Lucas(케임브리지의 세인트존스 칼리지 출신인 그는 뛰어난 정치가이자 자선가로서, 케임브리지대학교의 의원직을 역임했다)가 실력 있는 학자를 위해 케임브리지 수학과에 100파운드의 연봉을 조건으로 만들어놓은 직책인데, 1669년부터 1702년까지 이 자리의 주인은 아이작 뉴턴이었다.(300년 후에 같은 직책을 물려받은 호킹은 "루카스 석좌교수는 뉴턴 때문에 비로소 위상이 높아졌으므로, 내가 뉴턴보다 좋은 자리에 앉은 셈"이라며 종종 농담을 던졌다.) 평소 성공회의 삼위일체 교리를 부정했던 뉴턴은 이것 때문에 석좌교수 임용 심사에 탈락할 뻔했으나, 다행히도 계약서에 이 교리를 수용해야 한다는 조항이 누락된 덕분에 간신히 통과할 수 있었다.●

호킹은 1979년에 루카스 석좌교수로 취임하던 날 '이론물리학의 끝이 보이는가?'라는 제목으로 강연을 했다. 당시 이론물리학의 잠재력을 누구보다 강하게 믿었던 그는 "20세기가 끝나기 전에 만물의 이론이 발견될 것"이라고 장담했다.

완벽한 이론은 역학적 이론 체계와 함께 경계 조건도 제시할 수 있어야 한다. 그동안 사람들은 과학의 역할이 이론을 구축하는 것이라 생각했고, 국지적인 역학 체계가 수립되면 이론물리학은 제 역할을 다한 것으로 간주되었다. 우주의 경계 조건은 과학이 아닌 형이상학이나 종교가 해결해야 할 문제라고 생각한 것이다. 그러나 "과거에 그랬기 때문에 지금은 이렇다"는 식의 설명으로는 완벽한 이론이 될 수 없다.

● 뉴턴은 성부聖父와 성자聖子가 하나의 기원에서 비롯되었다는 니케아 공의회 Council of Nicaea의 결정을 받아들이지 않았다.

매사에 낙관적이면서 야심만만했던 호킹은 자신이 증명한 특이점 정리에 발목이 묶이는 상황을 용납할 수 없었다. 그는 초기 우주에 존재했던 특이점이 과학의 영역을 넘어선 미스터리가 아니라, 아인슈타인의 중력이론(일반상대성 이론)이 완벽하지 않아서 그 극단적인 상황을 설명하지 못한 것뿐이라고 주장했다. 빅뱅을 탐구할 때에는 아주 작은 규모에서 무작위로 일어나는 양자적 요동이 중요한 변수로 작용한다. 어떤 면에서 보면 시간과 공간은 아인슈타인이 부과한 결정론적 한계를 극복하고 자유롭게 풀려나기를 간절히 원한다고 볼 수도 있다. 시공간은 질량 분포에 따라 휘어지고 구부러지는 등 자유롭게 변신하는 것 같지만, 따지고 보면 일반상대성 이론의 엄격한 제한을 따른다. 마치 정교하게 만들어진 러시아의 마트료시카 인형처럼, 4차원 시공간은 하나의 틀 속에 다른 하나가 들어가는 식으로 특별한 순서에 따라 배열되어 있다.

호킹의 특이점 정리는 일반상대성 이론과 양자이론 사이의 불화를 적나라하게 드러냈다. "우주의 탄생은 근본적으로 양자적 현상이며, 설계된 우주의 수수께끼를 과학적으로 해결하려면 물과 기름처럼 섞이지 않는 두 이론(일반상대성 이론과 양자이론)을 어떻게든 결합해야 한다"는 르메트르의 직관이 다시 한번 관심을 끌게 된 것이다. 호킹의 요점은 두 이론을 결합하여 물리학의 예측 능력을 강화하자는 것이 아니라, 두 이론을 결합하려면 물리학의 기본 틀 자체를 바꿔야 한다는 것이었다. 과연 물리학은 '법칙과 조건' 또는 '진화와 창조'로 대변되는 해묵은 이원론에서 벗어날 수 있을까?

양자역학은 현대물리학을 떠받치는 두 번째 기둥으로, 이미 앞에서 여러 번 언급된 바 있다. 이 이론은 20세기 초에 빛과 원자와 관련하여 기존의 이론으로 설명할 수 없는 실험 결과가 속출하면서 뉴턴역학의 대안으로 떠오르기 시작했는데, 이 기간에 과학자들이 보여준 협동 정신은 인류 역사상 가장 모범적인 국제 공조 사례로 남아 있다. 그 후로 거의 100년 동안 양자역학은 단 한 번의 실패도 겪지 않았으며, 이론의 위력과 정확도에서 대적할 상대가 없는 최고의 이론으로 군림하게 된다. 양자역학의 주요 대상은 우리 눈에 보이는 거시적 물체가 아니라, 원자와 소립자 같은 미시적 입자들이다. 지금까지 발견된 입자 중 양자역학의 법칙에서 벗어난 사례는 단 하나도 없다. 기본 입자들 사이의 상호작용은 물론이고 별의 내부에서 진행되는 핵융합 반응에 이르기까지, 양자역학으로 내린 결론은 실제 실험 결과와 혀를 내두를 정도로 정확하게 일치한다. 맥스웰의 고전 전자기학 이론이 2차 산업혁명을 이끌었던 것처럼, 양자역학은 현대 첨단기술의 모태가 되었다. 앞으로 계속 진행될 양자혁명에 비하면, 지금까지 우리가 목격한 양자 기술은 빙산의 일각일지도 모른다. 지금 물리학자와 공학자들은 미시 세계에 존재하는 불확정성을 이용한 새로운 정보처리기술을 한창 개발 중이다. 머지않아 양자 비트quantum bit(이를 큐비트qubit라 한다)를 다루는 기술이 완성되면 전자식 컴퓨터의 성능을 훨씬 능가하는 양자 컴퓨터의 시대가 도래할 것이다.

양자혁명의 도화선에 제일 먼저 불을 붙인 사람은 독일의 물리학자 막스 플랑크Max Planck였다. 그는 뜨겁게 달궈진 물체에서 방출되는 복사열이 불연속의 에너지 덩어리인 양자quanta의 형태로 방출된다는 '양자 가설'을 최초로 제안한 사람이다. 1800년대 말에 플랑크는 뜨거운 물체에서 방출되는 빛(복사열)의 파장에 따른 분포를 이론적으로 설명하기 위해 고군분투하고 있었다. 맥스웰의 고전이론에 의하면 빛은 다양한 진동수(다양한 색상)가 섞인 전자기파이며, 뜨거운 물체에서 방출된 에너지는 모든 진동수에 균일하게 분포되어 있다. 그런데 전자기파에는 진동수가 무한히 큰 파동도 섞여 있기 때문에, 물체에서 방출된 총에너지는 무한대가 되어야 한다. 그렇다면 어떤 물체건 뜨겁게 달구기만 하면 에너지를 무한정 뽑아 쓸 수 있다. 정말 그럴까? 물론 말도 안 되는 소리다. 이론적으로는 그래야 하는데, 실제로 뜨거운 물체에서 방출되는 에너지는 분명히 유한하다. 이것이 바로 켈빈 경이 지적했던 고전물리학의 두 번째 문제였다. 진동수가 큰 빛은 자외선에 속하기 때문에, 당시 물리학자들은 이 말도 안 되는 결과를 '자외선 파탄ultraviolet catastrophe'이라 불렀다.

플랑크는 지푸라기라도 잡고 싶은 절박한 심정으로 해결책을 찾아 헤맨 끝에, 다음과 같은 과감한 가설을 제시하기에 이르렀다. "가시광선을 포함한 모든 전자기파는 불연속적인 양자 알갱이의 형태로만 방출될 수 있으며, 양자 한 개에 담긴 에너지는 해당 파동의 진동수에 비례한다." 이 가설대로라면 진동수가 큰 파동의 양자는 에너지가 커서 방출되기 어려우므로, 자외선 양자의 방출량이 크게 감소하여 자외선 파탄을 피해 갈 수 있다. 그로부터 5년이 지난 1905년에 아인슈타인은 광양자설을 주장하여 플랑크의 양자 가설에 더욱 큰 힘을 실어주었다. 금속 표면에 빛을 쪼이면 그 안에서 움직이는 전자는 입사된 빛에너지를 불연속적인 알갱이 단위로 흡수하는데, 아인슈타인의 논문에서 '광양자light quanta'로 명명되었던 이 빛알갱이는 훗날 '광자photon'라는 이름으로 불리게 된다. 이처럼 양자이론의 태동기에 등장한 일련의 가설들은 빛이 파동이면서 동시에 입자라는 이상한 결과를 낳았고, 물리학계에는 심상치 않은 전운戰雲이 감돌기 시작했다.

그 후 덴마크의 물리학자 닐스 보어Niels Bohr는 '양자화quantization'라는 개념을 도입하여 원자가 안정한 상태를 유지하는 데 필요한 조건을 설명함으로써 양자혁명을 본궤도에 올려놓았다. 보어(원자 번호 107번인 보륨bohrium은 그의 이름을 딴 인공 원소다)는 맨체스터에서 영국의 물리학자 어니스트 러더퍼드Ernest Rutherford와 동문수학한 사이였다. 러더퍼드는 그 유명한 산란 실험을 통해 원자의 내부가 대부분 텅 비어 있고 중심부에 아주 작은 원자핵이 자리 잡고 있다는 사실을 최초로 알아낸 사람이다. 실험 결과에 매우 만족했던 그는 음전하를 띤 가벼운 전자가 양전하를 띤 무거운 원자핵 주변을 공전한다고 생각했고, 사람들은 러더퍼드의 원자 모형이 태양과 주변 행성을 닮았다고 하여 '태양계 모형'이라 불렀다. 태양과 지구 사이에 중력이라는 인력이 작용하는 것처럼 전자와 원자핵 사이에도 전기적 인력이 작용하므로, 전자가 원자핵 주변을 공전한다는 주장은 일견 그럴듯하게 들린다. 그러나 이 모형에는 심각한 문제가 있다. 맥스웰의 고전 전자기학에 의하면 원 궤도를 그리는 전자는 에너지(전자기파)를 꾸준히 방출하면서 궤도 반지름이 점점 작아진다. 즉, 전자는 점차 작아지는 나선형 궤적을 그리다가 결국 원자핵 속으로 빨려 들어가야 한다. 그렇다면 우주에 존재하는 모든 원자는 이미 옛날에 하나도 남김없이 붕괴되었을 것이고, 우리 우주는 물질이 아예 존재하지 않는 황량한 공간으로 남았을 것이다. 보어는 이 명백한 모순을 해결하기 위해 "전자는 아무런 궤도나 도는 것이 아니라, 원자핵과의 거리가 특정 값으로 정해진 특별한 궤도만 돌 수 있다"고 제안했다. 간단히 말해서, 전자의 궤도를 양자화시킨 것이다. 이 특별한 궤도에 진입한 전자는 원자핵으로 빨려 들어가지 않고 절묘한 양자적 조화를 이루면서 안정한 상태를 유지할 수 있다. 보어는 이 공로를 인정받아 1922년에 노벨 물리학상을 수상했다.

1911년 10월 11일, 양자역학의 선구자들이 벨기에의 수도 브뤼셀에 있는 한 호텔에 모여들었다. 벨기에의 재벌 사업가인 에르네스트 솔베이Ernest Solvay가 물리학의 발전을 위해 세계적인 물리학자들을 한자리에 초청한 것이다. 당시 벨기에 정부가 국가 간 협력을 적극적으로 장려한 것도 학회를 개최하는 데 커다란 힘이 되었다. 솔베이는 탄산나트륨 공정법을 개발하여 큰돈을 벌어들인 사업가로서, 일선에서 은퇴한 후에는 열혈 등반가로 변신하여 마터호른Matterhorn을 여러 번 정복했고, 벨기에의 국왕인 알베르 1세와 암벽 등반을 즐기기도 했다(알베르 1세는 1934년 2월에 나뮈르 근처에 있는 마르셰르담에서 암벽 등반을 하던 중 불의의 추락사고로 세상을 떠났다).

브뤼셀 중심가의 메트로폴 호텔에서 열린 제1차 솔베이 회의에서 한 시대를 대표했던 최고의 과학자들은 초기 양자이론을 놓고 열띤 토론을 벌이다가 "물리학의 패러다임이 달라져야 한다"는 점에 대체로 동의했다. 1902년 노벨 물리학상 수상자 헨드릭 로런츠Hendrik Lorentz가 주재했던 이 회의는 19세기를 지배했던 고전물리학이 20세기에 양자역학으로 대치되었음을 알리는 상징적 사건이었다. 당시 로런츠의 개회 연설에는 양자 세계의 기이한 모습에 당혹스러워하는 고전물리학 거장의 심정이 고스란히 담겨 있다. "현대물리학은 작은 입자의 거동을 추적하면서 점점 더 어려운 상황으로 빠져들고 있다. (…) 지금의 이론은 전혀 만족스럽지 못하다. 이제 우리는 막다른 골목에 도달했다. 기존의 이론으로는 이 난국을 헤쳐나가기 어렵다고 본다."[6] 1차 솔베이 회의에서는 많은 문제가 거론되었지만 해결된 것은 하나도 없었다. 고전물리학에 양자가 포함되도록 이론 체계를 보완해야 한다고 주장한 사람이 꽤 많았던 것을 보면, 그 누구도 문제의 핵심을 정확하게 꿰뚫지 못했던 것 같다. 분위기를 파악한 아인슈타인은 다음과 같은 말을 남겼다. "양자 질병은 치유될 가능성이 별로 없어 보인다. 무엇 하나 제대로 아는 사람이 없다. 예수회 신부들이 이 모습을 본다면 매우 흡족해할 것이다. 우리 모습이 마치 폐허가 된 예루살렘을 바라보며 애도하는 순례자들 같지 않은가."

이 모든 상황은 1920년대 중반에 신세대 물리학자들이 새로운 이론으로 원자와 아원자 입자subatomic particle(원자보다 작은 입자)의 거동을 설명하면서 극적으로 바뀌었다. 드디어 양자역학이 물리학의 중앙무대로 진출한 것이다.

양자역학의 제1원리는 독일의 천재 물리학자 베르너 하이젠베르크Werner Heisenberg가 주장한 불확정성 원리uncertainty principle다. 이 원리에 의하면 우리는 입자의 위치와 속도를 "동시에 정확하게" 측정할 수 없다. 입자의 위치를 정확하게 측정할수록 운동량(또는 속도)이 부정확해지고, 그 반대도 마찬가지다.[7] 그러므로 양자역학에서 우리가 할 수 있는 최선은 "위치와 속도가 대충 알려진 모호한 상태"를 바라보는 것뿐이다.

측정 가능한 모든 물리량은 불확정성 원리에서 내려진 오차의 한계를 극복할 수 없다. 제아무리 정밀한 기계를 들이댄다 해도, 또는 제아무리 교묘한 방법으로 불확정성 원리를 피해 간다 해도 양자적 불확정성을 줄일 수는 없다. 여기서 중요한 것은 양자적 불확정성이 "대상에 대한 정보 부족"에서 기인한 결과가 아니라는 점이다. 예를 들어 투자자가 주식의 시세를 정확하게 예측하지 못하는 것은 정보가 부족하기 때문이다. (현실적으로 불가능하지만) 주식의 가격을 좌우하는 모든 변수를 완벽하게 알고 있다면 모든 투자는 백전백승으로 끝난다. 그러나 하이젠베르크가 발견한 양자적 불확정성은 정보가 부족해서 생기는 오차가 아니라, 자연의 원리 단계에 내재되어 있는 태생적 오차다. 바로 이 원리 때문에 물리계에서 추출 가능한 정보의 양에는 명확한 한계가 있다. 흥미롭게도 양자역학은 "우리가 알 수 있는 것"에 관한 이론이면서 "우리가 알 수 없는 것"에 관한 이론이기도 하다. 이 부분은 6장과 7장에서 양자적 다중우주를 다룰 때 다시 언급될 것이다.

1920년대 중반에 물리학자들이 이룩한 가장 중요한 업적은 양자적 모호함을 적절한 수학으로 체계화한 것이다. 여기서 탄생한 양자역학이 고전역학보다 훨씬 난해하고 유동적인 것은 양자 세계의 특성을 고려할 때 너무도 당연한 결과였다. 그리하여 양자역학을 수용한 물리학자들은 "올바른 이론은 미래에 일어날 물리적 사건을 정확하게 예측할 수 있어야 한다"는 결정론적 믿음을 포기해야 했으며, "한 번의 관측에서 나올 수 있는 결과가 여러 개일 때, 우리가 알 수 있는 것은 개개의 결과가 얻어질 확률뿐"이라는 것도 인정할 수밖에 없었다. 양자 세계에서는 완벽하게 똑같은 조건에서 똑같은 실험을 해도 다른 결과가 얼마든지 나올 수 있다.

　　미시 세계의 비결정론적 특성을 처음으로 엿본 사람은 원자의 태양계 모형을 제안한 러더퍼드였다. 1899년에 그는 원자의 내부 구조를 알아내기 위해 우라늄 같은 방사성 동위원소에서 방출된 알파 입자를 얇은 금박을 향해 발사하는 산란 실험을 실행했다. 실험 방법은 금박에서 산란된 알파 입자가 그 주변에 설치된 스크린에 도달했을 때 밝은 섬광이 나타나는 것을 확인하는 식이었는데, 러더퍼드의 예상과 달리 알파 입자가 산란되는 방향과 스크린에 도달하는 시간은 완전히 무작위로 결정되는 것 같았다. 양자역학에 의하면 우라늄 원자핵은 주어진 시간 안에 붕괴될 확률이 명확한 값으로 정해져 있지만, 특정 시간에 붕괴 여부를 미리 아는 것은 원리적으로 불가능하다. 양자역학을 이용하면 방사성 원소에서 방출된 알파 입자가 특정 시간에 스크린에 도착할 확률과 특정 궤도를 그릴 확률을 계산할 수 있지만, 주어진 하나의 알파 입자가 스크린에 도달하게 될 위치와 시간을 미리 알아낼 수는 없다. 양자역학이 강력하면서도 기이한 이론으로 알려진 이유는 미시 세계의 제거할 수 없는 불확정성과 무작위성이 이론의 수학 체계에 깊이 각인되어 있기 때문이다. 비유하자면 양자역학의 법칙은 확률 게임에서 승자를 알아맞히는 법칙이 아니라, 배당률을 산출하는 법칙이다. 그러므로 우리가 할 수 있는 일이란 다양한 결과들이 나올 확률을 계산하는 것뿐이다.

양자역학의 특성은 오스트리아의 물리학자 에르빈 슈뢰딩거Erwin Schrödinger가 유도한 파동 방정식에서 가장 극명하게 드러난다. 1925년에 그는 입자가 점이 아닌 파동이라는 가정하에, 이 파동이 만족하는 일반적인 방정식을 유도하는 데 성공했다. 그러나 슈뢰딩거의 파동 방정식에 등장하는 파동은 현실 세계에 존재하는 실제 파동이 아니다. 양자역학의 파동은 다분히 추상적인 개념으로, 임의의 위치에 점입자가 존재할 가능성을 알려주는 일종의 '확률 파동probability wave'이라고 할 수 있다. 즉, 파동의 값(진폭)이 클수록 그곳에서 입자가 발견될 확률이 높고, 파동의 값이 작은 곳에서는 입자가 발견될 확률이 낮다. 마을에 범죄 파동crime wave이 도달하면 범죄가 발생할 확률이 높아지는 것처럼, 전자의 파동이 높은 곳에서는 전자가 발견될 확률이 높다.[8]

특정 순간에 입자의 파동적 특성(물리학자들이 말하는 파동함수의 값)이 주어졌을 때, 슈뢰딩거의 파동 방정식을 풀면 파동의 시간에 따른 변화와 위치에 따른 변화를 모두 알 수 있다. 즉, 양자이론은 앞서 언급한 '법칙과 경계 조건'으로 이루어진 이원론적 체계를 그대로 따르는 이론이다. 슈뢰딩거의 방정식은 물질계의 변화 과정을 설명하는 진화의 법칙이며, 완전한 설명을 위해서는 특정 순간의 조건이 파동함수의 형태로 주어져야 한다. 양자이론의 법칙이 뉴턴과 아인슈타인으로 대변되는 고전역학과 가장 크게 다른 점은 물리계의 미래를 단 하나의 답으로 정확하게 예측하지 못하고, "여러 개의 답이 중첩된" 확률만 제공한다는 점이다. 그러나 예측 능력의 기반이 이원적(역학법칙과 경계 조건이 모두 필요함)이라는 점은 고전역학과 판에 박은 듯 똑같다.

슈뢰딩거의 확률 파동은 실제로 존재하는 파동이 아니기 때문에 눈으로 직접 볼 수는 없다. 물리적 의미로 따지면, 이 파동은 관측 대상을 선재先在, preexistence의 수준에서 서술하는 도구다. 입자의 위치를 직접 관측하기 전에는 위치를 묻는 것 자체가 무의미하다. 관측되기 전의 입자는 명확한 위치를 갖고 있지 않으며, "특정 위치에서 발견될 확률"만 갖고 있다. 입자는 우리(관측자)가 관측을 시도했을 때 비로소 위치라는 특성을 갖는다. 우리가 자연을 바라보거나 실험을 하면서 대상과 상호작용을 교환해야 물리적 실체를 드러내는 것이다. 그래서 휠러는 이 상황을 다음과 같이 표현했다. "질문이 없으면 답도 없다!"

양자 세계의 모호하고 이중적인 특성을 적나라하게 보여주는 실험이 하나 있다. 가늘고 기다란 구멍(슬릿) 두 개를 향해 입자를 발사하는 이중 슬릿 실험double-slit experiment이 바로 그것이다. 두 개의 슬릿이 평행하게 나 있는 벽을 향해 전지를 연달아 발사하면 슬릿을 통과한 전자가 그 뒤에 있는 스크린에 도달하면서 흔적을 남기고, 나중에 흔적의 분포를 분석하면 전자가 지나온 경로를 통계적으로 추적할 수 있다. 이제 전자총의 발사 속도를 조절하여 전자기 1초당 한 개씩 발사된다고 가정해보자. 이런 경우 슬릿을 통과한 전자는 스크린에 도달하면서 뚜렷한 흔적을 남긴다. 즉, 개개의 전자는 절대로 넓게 퍼지지 않고 스크린에 도달할 때까지 점입자의 형태를 유지한다. 바

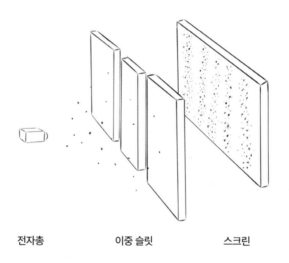

전자총　　　　　　이중 슬릿　　　　　　　스크린

그림 20. 1927년에 벨연구소에서 최초로 실행된 이중 슬릿 실험의 개요도. 이 실험을 통해 전자의 파동성이 처음으로 확인되었다. 양자역학은 오른쪽 끝의 스크린에 나타난 간섭무늬를 다음과 같이 설명한다. "개개의 전자는 앞으로 진행하는 파동함수로서, 슬릿을 만나는 순간 두 부분으로 갈라졌다가 슬릿을 통과한 후 다시 합쳐지면서 간섭을 일으킨다. 두 개의 물결파가 만날 때 간섭을 일으키는 것처럼, 두 파동이 서로 간섭을 일으켜서 스크린에 줄무늬를 만드는 것이다. 스크린에서 진한 부분은 전자가 도달할 확률이 높은 부분이고, 옅은 부분은 전자가 도달할 확률이 낮은 부분이다."

로 이것이 우리가 예상했던 전자의 특성이다. 여기까지는 별로 새로울 것이 없다. 그런데 이 실험을 몇 시간 동안 계속 진행하면 스크린에 생긴 점의 개수가 점점 많아지면서 놀라운 광경이 연출된다. 전자기 입자라면 스크린에 세로줄이 단 두 개만 생겨야 하는데(슬릿이 두 개이므로), 일정한 간격으로 여러 개의 세로줄 무늬가 나타나는 것이다! 이것은 물결파 같은 파동을 이용한 실험에서 두 개의 파동이 서로 간섭을 일으켰을 때 나타나는 무늬와 비슷하다.(그림 20 참조) 전자뿐만 아니라 광자나 원자, 또는 분자로 실험을 해도 이와 비슷한 간섭무늬가 얻어진다.

스크린에 간섭무늬가 나타난 것을 보면, 개개의 입자들은 파동적 성질을 갖고 있으면서 자신이 가는 길목에 슬릿 두 개가 있다는 사실을 알고 있는 것 같다. 슈뢰딩거의 파동 방정식은 이 희한한 실험 결과를 다음과 같이 설명한다. 일단 전자는 입자가 아닌 '진행하는 확률 파동'이다. 따라서 전자는 호수에서 일어난 물결파처럼 슬릿을 통과할 때 두 부분으로 나뉘었다가 슬릿을 통과한 후 다시 합쳐지면서 간섭을 일으키고, 그 결과 스크린에 간섭무늬가 나타난다. 스크린에서 파동의 진폭이 큰 곳은 전자가 도달할 확률이 높아서 여러 개의 흔적이 생기고, 그렇지 않은 곳에는 전자가 거의 도달하지 않기 때문에 흔적이 거의 남지 않는다. 이 모든 사실을 종합하면 스크린에 세로줄무늬가 반복적으로 생기는 이유를 이해할 수 있다. 두 슬릿을 통과한 부분 파동이 합쳐져서 스크린에 도달할 때 보강 간섭을 일으키면 확률이 커지고, 소멸 간섭을 일으키면 확률이 작아지는 식이다. 그러므로 개개의 입자가 슬릿의 존재를 인식하는 비결은 확률 파동의 수학적 외형이 아니라 더욱 깊은 곳에서 찾아야 한다.

지금까지 실행된 모든 실험은 양자이론으로 계산한 확률적 예측과 정확하게 일치하지만, 법칙 자체는 일반적인 상식에서 크게 벗어나 있다. 상식적으로 생각하면 입자는 '이곳' 아니면 '저곳'에 있어야할 것 같은데, 양자이론이 서술하는 입자는 파동처럼 넓은 지역에 퍼져서 여러 곳에 동시에 존재하며, 특별한 경우에는 간섭까지 일으킨다. 양자이론의 창시자들도 처음에는 이것을 받아들이지 못하여 한동안 애를 먹었다. 슈뢰딩거는 양자이론으로 서술되는 우주가 "삼각형으로 만든 원만큼 황당하진 않지만, 날개 달린 사자보다는 훨씬 황당하다"고 했다.[9]

그로부터 20년 후, 리처드 파인먼Richard Feynman도 직관을 벗어난 양자역학 때문에 골머리를 앓았다. 휠러의 제자였던 그는 입자물리학과 계산과학computational science 분야에 탁월한 업적을 남긴 20세기 최고의 과학자 중 한 사람으로, 양자전기역학QED을 구축한 공로를 인정받아 1965년에 노벨상을 수상했다. 또한 그는 1986년에 우주왕복선 챌린저호가 이륙 직후 폭발하는 참사가 일어났을 때, 로저스 위원회Rogers Commission(챌린저호의 참사 원인을 규명하기 위해 소집된 대통령 직속 위원회)의 일원으로 TV에 출연하여 간단한 실험을 통해 우주왕복선의 O-링액체의 유출을 막기 위해 용기 테두리에 두르는 고무 재질의 원형 고리이 사고의 원인임을 보여주었다. 그 후 파인먼은 위원회가 제출한 최종 보고서에서 다음과 같이 경고했다. "기술이 성공하려면 홍보보다 현실을 먼저 생각해야 한다. 제아무리 뛰어난 기술이라 해도 자연을 속일 수는 없기 때문이다."

휠러가 "생각하는 사람"이라면, 파인먼은 "행동하는 사람"이었다. 휠러는 물리적 실체의 기반과 과학탐구의 본질을 규명하기 위해 먼 과거와 먼 미래를 내다보았지만, 파인먼은 언제나 '지금 여기'에 머물러 있었다. 그의 관심사는 오직 "실험으로 검증 가능한 자연의 법칙을 찾는 것"이었으며, 평생 이 범주를 넘은 적은 단 한 번도 없었다.[10] 모든 연구에 이런 자세로 임했던 그는 1940년대 말에 양자적 입자의 파동함수를 훨씬 직관적이고 실용적으로 해석하는 방법을 창안하여 양자역학의 새로운 지평을 열게 된다. 기본 아이디어는 고전물리학에서 그랬던 것처럼 입자를 파동이 아닌 알갱이로 간주하되, 그 입자가 한 지점에서 다른 지점으로 이동할 때 "두 지점 사이를 연결하는 모든 가능한 경로를 동시에 지나간다"고 가정하는 것이다.(그림 21 참조) 물론 고전역학에서 입자는 시공간에서 단 하나의 경로만 지나갈 수 있다. 즉, 고전적 물리계의 과거는 단 하나뿐이며, 아무런 모호함 없이 정확하게 정의된다. 그러나 파인먼에 의하면 양자적 입자는 훨씬 포괄적이어서 다양한 과거를 갖고 있으며, 시공간의 한 점에서 다른 점으로 이동할 때 "모든 가능한 경로"를 동시에 지나간다. 단, 각 경로는 할당된 확률이 서로 다르기 때문에, 입자가 A에서 B로 이동할 확률을 구할 때에는 그 사이에 존재하는 모든 가능한 경로의 확률을 더해야 한다. 이것을 '파인먼의 경로 적분path integral'이라고 한다.

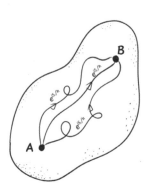

그림 21. 뉴턴의 고전역학에 의하면 A에 서 B로 이동하는 입자는 단 하나의 경로 만 취할 수 있다. 그러나 양자적 입자는 모든 가능한 경로를 '동시에' 지나간다. 그리고 입자가 A에서 B로 이동할 확률은 개개의 경로에 가중치(확률)를 곱해서 더 한 값과 같다.

그림 22. 1962년 폴란드의 바르샤바에서 상대 성 이론을 주제로 열린 국제학술회의장에서 휴 식 시간에 대화를 나누는 리처드 파인먼(오른쪽) 과 폴 디랙.

예를 들어 이중 슬릿 실험의 경우, 파인먼의 해석에 의하면 전자 는 하나의 경로만 따라가는 게 아니라, 출발점과 스크린을 잇는 모든 가능한 경로를 동시에 쓸고 지나간다. 이들 중에는 전자가 왼쪽 슬릿 을 통과한 경로도 있고 오른쪽 슬릿을 통과한 경로도 있으며, 오른 쪽 슬릿을 통과한 후 좌회전하여 왼쪽 슬릿을 거꾸로 통과했다가 다 시 유턴해서 오른쪽 슬릿을 통과하는 희한한 경로도 있다. 상식이나 직관 같은 것은 완전히 접어두고, 전자의 모든 가능한 경로(즉 모든 과거)를 하나도 빠짐없이 고려해야 한다. 스크린에 형성된 무늬는 이 모든 것이 더해져서 나타난 결과이기 때문이다. 파인먼의 전자는 출발지와 도착지를 입력했을 때 여러 경로를 알려주는 자동차의 GPS 내비게이션과 비슷하다. 내비게이션과 다른 점은 말도 안 되는 경로까지 모두 뜬다는 것이다. 바로 이 지점에서 파인먼의 전자에 양자적 불확실성이 개입된다. 파인먼은 이렇게 말했다. "전자는 자신이 원하는 건 무엇이든 할 수 있다. 어떤 방향이건 원하는 속도로 나아갈 수 있고, 심지어 과거로 갈 수도 있다. 이 모든 경로의 진폭을 더하면 전자의 파동함수가 얻어진다."[11]

파인먼은 전자가 스크린의 특정 부위에 도달할 확률을 계산하기 위해 모든 경로에 복소수complex number를 할당했다. 다시 말해서, 모든 경로에 파동 조각의 수학적 속성을 부여한 것이다. 전자가 각 경로를 취할 확률과 경로들 사이에 일어나는 간섭은 바로 이 복소수로부터 계산된다. 그리고 다음 단계에서 파인먼은 모든 경로를 더하여 입자의 파동함수를 구하는 멋진 방정식을 유도했다. 이 방정식은 슈뢰딩거의 파동 방정식을 대신할 만큼 막강한 위력을 발휘한다. 스크린의 간섭무늬는 슬릿을 통과한 두 개의 궤적이 파인먼의 합을 통해 섞이면서 나타난 결과다. 수학적으로 말하면 모든 경로에 할당된 복소수들이 파동처럼 서로 보강되거나 상쇄되어 간섭무늬를 만드는 것이다.

그러므로 스크린에 형성된 무늬만으로는 전자가 둘 중 어떤 슬릿을 통과했는지 알아낼 길이 없다. 사실 이것은 별로 놀라운 일이 아니다. 양자역학적 객체가 거쳐온 길은 하나가 아니라 여러 개이므로, 과거에 대해 말할 수 있는 내용이 크게 제한될 수밖에 없다. 우리는 과거를 회상할 때 단 하나로 결정된 또렷한 사건을 떠올리지만, 양자적 과거는 태생적으로 모호하다.[12]

놀랍게도 파인먼의 경로합 이론sum-over-histories은 양자적 과정을 시각적으로 보여줄 뿐만 아니라, 정확한 해석법까지 제공해준다. 그래서 물리학자들 사이에서는 '다중 과거 체계many histories formulation'로 알려져 있다. 파인먼의 관점에서 볼 때 자연은 중세시대에 플랑드르 지방에서 생산된 양탄자와 비슷하다. 날줄과 씨줄이 교차하는 무수히 많은 방법 중 하나를 선택하여 현실 세계의 아름다운 무늬가 만들어지듯이, 입자가 이동하는 무수히 많은 방법이 모두 더해져서 하나의 자연현상이 나타나고 있다.

호킹은 양자역학에 대한 파인먼의 접근 방식에 최고의 찬사를 보냈다. 1970년대에 호킹은 칼텍을 정기적으로 방문했는데, 그때마다 두 사람은 양자역학에 대한 의견을 교환하며 많은 시간을 함께 보냈다. 호킹은 파인먼을 두고 "개성이 지나칠 정도로 강하지만 정말로 뛰어난 물리학자"라고 했다.

아원자 세계에서 놀던 물리학자들은 파인먼의 새로운 이론 체계가 알려진 후 고향 땅을 벗어나 양자역학을 새로운 시각에서 바라보기 시작했다. 그의 접근 방식은 외관상 매우 낯설었지만, 고전역학과 양자역학 사이에 존재했던 근본적 모순은 더는 나타나지 않았다. 왜 그럴까? 파인먼의 경로합은 작은 물체와 큰 물체에 모두 적용된다. 그런데 큰 물체에 적용하면 다른 경로들보다 확률이 압도적으로 높은 하나의 경로가 부각되고, 바로 이 경로가 뉴턴의 운동법칙으로 얻은 경로와 일치하기 때문이다. 그러므로 파인먼식 접근법을 수용하면 미시 세계와 거시 세계를 구별할 필요가 없다. 다만 거시적 물체에서는 미시적 요동이 서로 상쇄된 후 끝까지 살아남은 단 하나의 경로가 고전적인 경로와 일치하는 것뿐이다. 그러나 미시 세계로 가면 극적인 상쇄가 일어나지 않아서 많은 경로가 최종 결과에 기여하게 된다.

양자역학이 전대미문의 성공을 거두면서 고전적 세계관은 서서히 설 자리를 잃어갔다. 양자혁명은 원자 이하의 작은 규모에서 시작되었지만, 물리학자들은 과학의 패러다임을 바꾼 양자역학이 미시 세계뿐만 아니라 우리에게 친숙한 거시 세계에도 똑같이 적용된다고 생각했다. 1960년대에 휠러와 그의 동료들은 "양자 거품으로 가득 차 있으면서 수시로 아기 우주가 태어나고, 느닷없이 웜홀이 나타났다가 사라지는" 역동적인 시공간을 떠올렸다. 미시적 규모에서 보면 난리도 이런 난리가 없지만, 거시적 규모에서는 이들이 모두 상쇄되어 아인슈타인의 일반상대성 이론에서 말하는 고전적 시공간처럼 보인다는 것이다.

호킹은 파인먼의 경로합 이론을 중력에 적용해보기로 마음먹었다. 호킹에게 파인먼의 이론을 소개한 사람은 짐 하틀이었는데, 그는 1960년대에 '대학원의 해병대'로 통했던 칼텍에서 파인먼에게 경로합 이론을 직접 전수받은 전문가였다. 또한 그는 파인먼이 그 유명한 '볼 링공 실험'을 할 때 조교의 신분으로 실험을 도왔으며, 역사상 가장 유명한 물리학 교과서인 《파인먼의 물리학 강의The Feynman Lectures on Physics》를 출간할 때 편집에 참여하기도 했다(《파인먼의 물리학 강의》는 기발하면서도 명쾌한 설명으로 정평이 나 있지만, 정작 이 책을 읽은 학생들 사이에는 "그래도 여전히 어렵다"는 평가가 지배적이다).

1976년에 하틀과 호킹은 블랙홀의 사건 지평선에서 탈출한 입자의 모든 가능한 경로를 파인먼식으로 더하여 호킹 복사 이론을 구축한 후,[13] 여기서 한 걸음 더 나아가 훨씬 어렵고 혼란스러운 빅뱅에 도전장을 내밀었다. 빅뱅은 우주의 시작점이므로, 그림 21에서 입자의 출발점인 A에 해당한다. 입자의 경우 양자적 불확정성이란 위치와 속도를 동시에 정확하게 결정할 수 없다는 뜻이다. 그러나 불확정성 원리를 시공간에 적용하면 시간과 공간 자체가 모호해지면서 모든 지점과 모든 순간에 불확정성이 스며들게 된다. 관측 가능한 우주 전체에서 이와 같은 시공간의 불확정성은 극도로 제한적이어서 겉으로 나타나는 효과가 무시할 수 있을 정도로 미미하지만, 물질의 밀도와 시공간의 곡률이 엄청나게 컸던 초기 우주에는 양자적 불확정성이 미래를 좌우하는 핵심 변수였을 것이다. 그래서 호킹은 우주가 갓 태어났을 때 가끔씩 시간 간격이 공간 간격으로 변하고 공간 간격이 시간 간격으로 변하는 등, 시간과 공간이 정체성의 혼란을 겪었을 것으로 예측했다. 그리고 짐 하틀과 공동 연구를 수행한 끝에 "모호하고 복잡다단한 시공간에 파인먼의 경로합 이론을 적용하면 기하학적으로 우아한 우주 파동함수를 구할 수 있다"고 주장했다.

이들이 말하는 우주 파동함수를 이해하기 위해, 다음 장에 제시된 그림 23에 집중해보자. 이 그림은 팽창하는 우주를 도식화한 것으로, 기본적인 세팅은 그림 14와 비슷하지만 시간의 시작점이 훨씬 먼 과거로 확장되어 있다. 그림 23-a는 아인슈타인의 고전적 상대성 이론을 맹신했을 때 무슨 사고가 일어나는지 확실하게 보여준다. 보다시피 과거로 갈수록 공간이 점점 작아지고 있으므로, 어느 순간에 도달하면 공간의 곡률이 무한대가 되면서 시간과 공간이 하나의 점으로 사라질 것이다.

　　그러나 하틀과 호킹은 실제 우주에서 이런 일은 결코 일어나지 않으며, 우주 초기에 양자적 효과가 우주의 미래를 극적으로 바꿔놓았다고 주장했다. 좀 더 구체적으로 말하면 시간과 공간의 구별이 명확하지 않아서 (그림에서) 수직으로 흐르는 시간이 수평의 새로운 공간 차원으로 유입되었다는 뜻이다. 만일 이것이 사실이라면 우주의 탄생 비화에는 완전히 새로운 가능성이 대두된다. 시간이 공간으로 변한 덕분에 1차원에서 2차원으로 확장된 공간은 지구의 표면과 비슷한 매끄러운 곡면을 형성할 수 있다. 이 양자적 진화 과정을 표현한 것이 그림 23-b다. 고전적 우주 모형의 바닥에는 "원인 없이 일어난 사건", 즉 과학으로 다룰 수 없는 특이점이 있었는데, 이 골칫덩어리가 매끄러운 곡면으로 바뀌면서 물리법칙을 적용할 수 있게 된 것이다.

　　정말로 독창적인 아이디어다. 하틀과 호킹은 "초기 우주가 팽창하던 시기에는 시간 차원이 양자적 불확정성에 녹아든 상태였기 때문에 특이점이 존재하지 않았다"고 주장했다. 그림 23-b에 제시된 깔

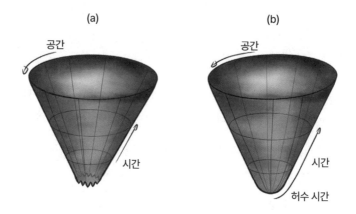

그림 23. 팽창하는 우주의 고전적 버전과 양자적 버전. (a) 아인슈타인의 고전 중력이론(일반상대성 이론)에 의하면 우주는 곡률이 무한대이면서 물리법칙이 적용되지 않는 특이점(그림의 바닥 부분)에서 탄생했다. (b) 하틀과 호킹의 양자이론에서는 특이점이 매끄러운 곡면으로 대치되어 모든 곳에서 물리법칙이 적용된다.

때기의 바닥에서 시간은 공간이 된다. 그러므로 빅뱅 이전에 무엇이 있었는지 묻는 것은 아무런 의미가 없다. 호킹은 "빅뱅 이전의 상황을 묻는 것은 남극의 남쪽에 무엇이 있는지 묻는 것과 같다"면서 자신이 제안한 양자우주론을 '무경계 가설no-boundary proposal'이라 불렀다.[14]

　호킹의 무경계 가설에는 양립하기 어려울 것 같은 두 가지 특성이 있다. 하나는 우주의 과거가 유한하다는 것이고, 다른 하나는 "시간이 흐르기 시작한 순간", 즉 우주의 시작점이 존재하지 않는다는 것이다. 당신이 우주의 시작점을 찾겠다며 그림 23-b의 깔때기 표면을 개미처럼 아무리 기어 다녀도 절대로 찾을 수 없다. 깔때기의 둥그런 바닥은 과거가 끝나는 한계점일 뿐, 창조의 순간이 아니기 때문이다. 무경계 가설에서 우주의 시작을 찾겠다는 생각은 일찌감치 접는 게 좋다. 그런 것은 양자적 불확정성에 가려 보이지 않는다.

무경계 가설은 '시간=0'이라는 수수께끼를 정면으로 공략하지 않고 두루뭉술하게 만들어놓았으니, 미학적 관점에서 보면 일견 매력적인 구석이 있다. 시공간 바닥의 둥그런 부분은 르메트르가 말했던 원시원자의 기하학적 버전처럼 느껴지기도 한다. 호킹은 "나는 유한한 존재이지만 스스로 무한한 공간의 왕이라고 생각할 수도 있다"는 햄릿의 대사에서 힌트를 얻어, 자신의 손안에서 새로 태어난 우주를 본 것이다.

1983년 7월에 하틀과 호킹은 무경계 가설을 「우주의 파동함수 The Wave function of the Universe」라는 논문으로 정리하여 학술지 〈피지컬 리뷰Physical Review〉에 보냈으나, 만사가 뜻대로 흘러가지 않았다. 첫 번째 심사위원이 "파인먼의 경로합 이론을 우주 전체에 적용한 것은 지나친 비약"이라며 출판을 거부한 것이다. 하틀과 호킹은 논문을 조금 수정하여 두 번째 심사위원에게 보냈는데, 이번에는 "나도 첫 번째 심사위원과 같은 생각이지만 논문의 중요도를 생각해서 출판하기로 결정했다"는 답이 돌아왔다.[15] 이로써 르메트르가 1931년에 발표한 '시간의 기원에 대한 양자적 해석'은 반세기 만에 하틀과 호킹의 논문을 통해 정식 가설로 인정받게 된다. 이들이 제안한 우주 파동함수가 학계에 알려지자 물리학자들은 우주론의 양자적 기초에 관심을 갖기 시작했고, 이와 함께 설계된 우주의 수수께끼도 이론물리학의 현안으로 떠올랐다.

사실 무경계 가설은 호킹이 1970년대에 자신의 연구실로 들어온 첫 제자들과 함께 중력의 양자적 특성을 새로운 방식으로 연구하다가 탄생한 아이디어였다. 양자 중력에 대한 케임브리지 연구팀의 접근법은 아인슈타인의 기하학을 기본 언어로 사용했지만, 놀랍게도 주 무대는 상대성 이론의 휘어진 시공간이 아니라 (시간 차원이 없는) 4차원의 휘어진 공간이었다.

아인슈타인의 고전적 상대성 이론에서는 시간과 공간이 엄격하게 구분되어 있다. 이들은 민코프스키 공간이나 펜로즈의 블랙홀 다이어그램에서 4차원 시공간으로 통합되긴 했지만, 시간은 어디까지나 시간이고 공간은 어디까지나 공간일 뿐이다. 그림 8(99쪽)에서 미래 광원뿔은 공간이 아닌 시간 화살표를 따라간다. 호킹은 중력의 양자적 특성이 담겨 있는 4차원 공간의 기하학적 구조를 도마 위에 올려놓고 그만의 조리법에 따라 주무르기 시작했다. 이 방법은 공간의 기하학을 최초로 연구했던 고대 그리스의 수학자 유클리드의 이름을 따서 '양자 중력에 대한 유클리드식 접근법Euclidean approach to quantum gravity'으로 불리게 된다.

기하학적 관점에서 볼 때 시간을 공간으로 변환하는 것은 시간의 방향을 90도 회전시키는 것과 같다. 그림 23-b의 초기 우주, 즉 깔때기의 바닥 부분에서 시간은 원형의 공간 차원처럼 수평 방향으로 흐르기 시작한다. 물리학자들은 시간을 공간으로 바꿀 때 종종 시간을 허수로 표현하는데, 이것은 허수 단위인 $i(=\sqrt{-1})$를 곱하는 것이

90도 회전에 해당하기 때문이다.[*] 물론 우리가 알고 있는 일상적인 시간개념과는 완전히 무관하다. 내일 아침 일찍 기차를 타기 위해 알람을 7시에 맞추는 것은 아무런 의미가 없다. 현실 세계에서는 브렉시트Brexit 영국의 유럽연합 탈퇴를 뜻하는 용어처럼 느리게 진행되는 사건도 허수가 아닌 실수 시간을 따라 진행된다. 호킹은 "인간의 의식이나 측정을 수행하는 능력과 관련된 모든 주관적 시간개념은 종말을 고할 것"이라고 선언했다. 실수 시간을 허수 시간으로 대체하여 아인슈타인의 휘어진 시공간을 더욱 대담하게 구부러뜨림으로써, 양자 중력의 세계로 진입하는 교두보를 마련한 것이다.

블랙홀을 예로 들어보자. 2장의 그림 11에 제시된 펜로즈의 블랙홀은 실수 시간에 존재하는 고전적 블랙홀을 기하학적으로 표현한 것이다. 그러나 허수 시간에 존재하는 양자 블랙홀은 기하학적으로 완전히 다른 형태여서, 그림 11보다는 그림 24에 가깝다. 이 블랙홀에서 허수 시간을 따라 '앞으로' 이동하는 것은 원을 따라 회전하는 것에 해당하며, 시가cigar 모양의 왼쪽 끝은 블랙홀의 사건 지평선을 나타낸다. 지평선 너머(지평선보다 왼쪽)에는 아무것도 없으므로, 실수 시간에 존재하는 블랙홀과 달리 호킹의 유클리드식 블랙홀에는 이론이 붕괴되는 특이점이 존재하지 않는다. 무경계 가설이 특이점을 포함한 고전적 우주 모형을 두루뭉술한 양자적 기원으로 대치한 것처럼, 유클리드식 블랙홀은 모든 곳에서 (양자) 물리법칙이 성립하는 매

● 복소수 평면에서 임의의 복소수 z에 i를 곱하면, 새로 만들어진 iz는 원점을 중심으로 z를 반시계 방향으로 90도 회전시킨 점에 해당한다.—옮긴이

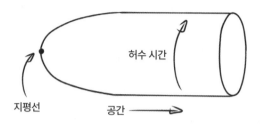

허수 시간

지평선　　　　　**공간**　⟶

그림 24. 블랙홀을 허수 시간에서 보면 시가와 비슷한 형태가 된다. 시가의 왼쪽 끝은 블랙홀의 사건 지평선에 해당하고, 이곳의 매끄러운 곡률은 오른쪽에 있는 원형 허수 차원의 크기와 관련되어 있으며, 이 크기로부터 블랙홀의 온도(실수 시간에서 블랙홀에서 방출되는 호킹 복사의 강도)가 결정된다.

끈한 기하학적 구조를 갖고 있다. 호킹을 비롯한 케임브리지의 연구팀은 유클리드식 블랙홀 덕분에 블랙홀이 완전히 검지 않고 특정 온도에서 일상적인 물체처럼 입자를 방출하는 이유를 더욱 깊은 수준에서 이해할 수 있었다.[16]

호킹은 중력의 양자적 특성을 설명하는 유클리드 기하학의 매력에 흠뻑 빠져들었고, 그가 개척한 허수 시간법은 빅뱅의 비밀을 풀기 위해 중력과 양자역학을 결합하려는 모든 시도의 초석이 되었다. "양자 중력을 비롯한 모든 물리학은 허수 시간을 통해 정의할 수도 있다. 우주의 시간을 실수 시간으로 해석하는 것은 오직 인간만이 갖고 있는 인식認識의 결과일지도 모른다."[17]

중력을 고려하지 않은 양자역학에서 시간을 공간으로 회전시키는 것은 입자의 모든 과거를 더할 때(즉, 파인먼의 경로합을 계산할 때) 사용하는 전형적인 방법이다. 시간을 허수로 취급하면 복잡했던 경로합이 간단해지기 때문이다. 계산이 완료된 후 공간 차원 중 하나를 시간 차원으로 되돌리면 입자가 하나의 상태에서 다른 상태로 변환될 확률이 구해진다. 그러나 하틀과 호킹은 계산이 끝난 후에도 시간을 실수로 되돌릴 생각이 없었다. 이들이 제안한 무경계 가설에서 시간을 공간으로 취급하는 것은 계산을 위한 임시방편이 아니라 근본적인 변환이었기 때문이다. 다시 말해서, 우주의 이야기는 "옛날 옛적 시간이 존재하지 않았을 때"부터 시작된다는 뜻이다.

무경계 가설에는 아인슈타인의 이론과 닮은 부분도 있다. 1917년에 아인슈타인은 상대론적 우주론을 연구하던 중 우주의 가장자리에 적용할 경계 조건을 알아내지 못하여 잠시 당혹감에 빠졌다가, 우주에 경계가 없다는 과감한 가정을 내세움으로써 이 문제를 피해 갔다. 예를 들어, 구의 2차원 표면은 아무리 돌아다녀도 가장자리라는 것이 없다. 면적은 유한하면서 경계가 없기 때문이다. 아인슈타인은 여기에 착안하여 우주가 초구의 3차원 표면이라고 생각했다. 그리고 긴 세월이 흐른 뒤에 하틀과 호킹은 아인슈타인처럼 초기 경계 조건을 제거함으로써 '시간=0'일 때의 경계 조건 문제를 해결했다.

놀라운 것은 호킹이 양자 중력에 대한 기하학적 접근법을 한창 연구하던 중에 손가락의 기능이 거의 손상되어 단 한 줄의 방정식도 쓸 수 없게 되었다는 점이다. 그러나 호킹의 목적은 양자 중력의 세계를 기하학과 위상 수학topology의 언어로 서술하는 것이었고, 그의 상상력은 굳이 방정식을 쓰지 않아도 모든 상황을 머릿속에 그릴 수 있을 정도로 뛰어났다. 사실 호킹은 칠판에 방정식을 적는 것보다 무엇이건 눈에 보이도록 시각화하는 것을 좋아했다. 그래서 호킹과 공동 연구를 하는 사람은 복잡한 수식의 물리적 의미를 그림으로 표현하는 데 대부분의 시간을 보냈다. 나와 공동 연구를 막 시작했을 무렵, 호킹은 중요한 수술을 받고 한동안 병원에 입원해 있었는데 하루는 병문안 차 그를 찾아갔다가 '방정식을 쓰지 않고 계산하는 법'의 진수를 엿볼 기회가 있었다. 그는 한동안 수술받으면서 고생했던 이야기를 늘어놓다가 갑자기 칠판을 가져다 달라고 부탁했다. 그래서 비품실에 있는 화이트보드를 병실로 끌고 왔더니, 다시 나에게 칠판에 원을 그려보라고 했다. 그날 저녁, 내가 그렸던 원은 어느새 팽창하는 양자우주(그림 23-b)를 평면에 투영했을 때 나타나는 가장자리 경계선으로 변해 있었다. 원의 중심은 우주의 시작점이고, 원 자체는 현재의 우주에 해당한다. 물론 이 모든 것은 허수 시간에 기초하여 얻은 결과다.

호킹은 유클리드식 접근법으로 양자 중력을 집요하게 파고든 끝에, 다른 방법으로는 결코 도달할 수 없는 깊은 통찰을 얻었다. 아마도 그 대표적 사례가 바로 무경계 가설일 것이다. 그러나 이 가설의 핵심인 시간-공간 회전 변환은 우주가 시작될 때 실제로 어떤 일이 일어났는지를 알아내기가 그만큼 어렵다는 뜻이기도 했다. 시공간의 밑바닥이 둥그런 그릇처럼 생겼다는 것은 우주 초기에 '이전'이나 '이후'라는 개념이 적용될 수 없음을 의미한다. 그렇다면 시간이 존재하지 않을 때에는 어떤 일이 일어났으며, 오목한 그릇처럼 생긴 시공간에서는 어떤 종류의 양자 현상이 우주를 지배했을까? 안타깝게도 무

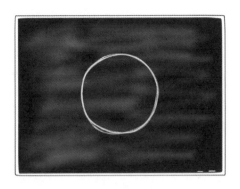

그림 25. 허수 시간에서 바라본 팽창하는 우주의 진화.

경계 이론으로는 이 질문의 답도 구할 수 없다. 마치 이론이 "그렇게 어려운 질문은 꺼내지도 말라"고 경고하는 것 같았다.

사정이 이렇다 보니 물리학자들은 호킹이 유클리드 기하학을 무슨 마술처럼 갖고 논다며 불평을 늘어놓기 시작했고, 그의 접근법은 케임브리지에서 "물리학의 삐딱선"으로 낙인찍혔다. 시간은 왜 그토록 기이한 방식으로 거동하는가? 그 이유 중 하나는 유클리드 기하학에 기초한 접근법이 완벽한 양자중력 이론이 아니라, 명백한 수학적 지침 없이 고전이론과 양자이론을 강제로 붙여놓은 준고전적 혼합물이기 때문이다. 호킹과 그의 제자들은 연구를 진행하면서 그때마다 법칙을 만들어나가야 했다. 하버드의 이론물리학자 시드니 콜먼Sidney Coleman은 유클리드식 접근법으로 우주상수가 0이어야 한다는 결론에 도달한 후 이렇게 말했다. "유클리드식 중력이론에는 명확한 절차라는 것이 없다. 그것은 마치 전인미답의 늪길을 걷는 것과 비슷하다. 다행히도 나는 늪을 무사히 건넜지만, 자칫하면 자신도 모르는 사이에 목까지 빠져서 허우적대기 십상이다."[18] 그러나 호킹은 조금도 흔들리지 않고 "나는 엄격한 절차보다 진실을 원한다"고 받아쳤다. 그에게 유클리드 기하학은 블랙홀과 빅뱅의 세계로 진입하는 가장 강력한 도구였기 때문이다. 그로부터 거의 40년이 지난 지금도 무경계 가설은 여전히 혼란과 논쟁을 야기하고 있지만, 호킹의 깊은 통찰을 대신할 만한 이론은 아직 등장하지 않았다.

1981년 10월, 바티칸에서 개최된 교황청 과학 학술회의에서 호킹은 "우주에는 경계가 없으며, 명확한 창조의 순간도 존재하지 않는다"고 주장하여 청중석에 앉아 있던 사제들을 어리벙벙하게 만들었다. 교황청의 과학 아카데미는 천주교 사제들이 전문과학자들에게 조언을 구하고 과학과 종교의 원만한 교류를 위해 설립된 단체로서, 1년에 한 번씩 세계적인 석학들을 성베드로 대성당 뒤의 식물원 한가운데에 그림처럼 서 있는 비오 4세 별관에 초청하여 '우주와 기초물리학'이라는 주제로 일주일 동안 토론을 벌여왔다.[19] 그러나 빅뱅은 성직자와 과학자들이 마음 놓고 의견을 나눌 수 있는 편안한 주제가 아니었다. 학회 첫날, 당시 교황이었던 요한 바오로 2세는 다음과 같은 연설문을 낭독했다. "원시원자에서 물리적 우주가 탄생했다는 가설을 비롯하여 우주의 기원에 대한 모든 과학적 가설은 '우주의 시작'이라는 근본적 문제를 우리에게 던져줍니다. 이 문제의 답을 구하려면 과학뿐만 아니라 물리학과 천문학을 넘어선 형이상학적 지식이 필요합니다. 그리고 무엇보다 하느님의 계시로부터 얻은 지식이 제일 중요하다고 생각합니다."[20] 그 후 호킹의 강연 순서가 돌아왔을 때, 그는 교황의 연설에 화답이라도 하듯 '우주의 경계 조건The Boundary Conditions of Universe'이라는 주제로 파격적인 주장을 펼치기 시작했다. "우주에는 매우 특별한 경계 조건이 존재해야 하며, 탄생 초기에는 이보다 더 특별한 무언가가 존재했을 겁니다. 왜냐하면 우주에는 시작이라는 것이 아예 없었기 때문입니다." 이 말을 들은 천주교 사제들이 얼마나 놀랐을지, 독자들도 짐작이 갈 것이다.

여기서 태어난 무경계 우주 파동함수는 매우 파격적인 아이디어였고, 지금도 여전히 논란의 대상으로 남아 있다. 이것은 역학법칙도, 경계 조건도 아니면서 둘을 혼합한 새로운 물리학 체계다. 앞서 말한 대로 거시 세계를 서술하는 고전물리학과 입자의 거동을 서술하는 양자역학은 '법칙'과 '경계 조건'이 뚜렷하게 분리된 이원론적 틀을 벗어나지 않는다. 그러나 무경계 우주론은 초기 조건과 역학을 동등하게 취급하기 위해 이원론의 틀을 과감하게 벗어버렸다. 무경계 가설에 의하면 우주에는 외부 조건을 지정할 지점 A가 아예 존재하지 않는다.

사실 이와 비슷한 주장은 오래전부터 있었다. 1939년에 디랙은 에든버러에서 개최된 강연회에서 이원론적 물리학의 종말을 예견했다. "역학법칙과 경계 조건을 분리하는 것은 '자연의 통일성'이라는 개념에 어긋나기 때문에 철학적으로 그다지 바람직하지 않다. 기존의 이원론적 이론이 우리의 세계관을 크게 바꾼 것은 사실이지만, 장기적으로 이런 이론들은 사라질 가능성이 크다." 그로부터 40년 후, 디랙의 예견은 무경계 가설을 통해 현실로 다가왔다.

하틀과 호킹의 무경계 가설은 칸트에서 아인슈타인에 이르기까지 수많은 사상가들이 불가능하다고 여겼던 것을 가능하게 만들었다. 이들의 이론은 창조론과 진화론 사이의 오래된 간극을 극복하고 자연과학의 영역 안에서 우주의 기원에 대하여 명확한 질문을 제기했으며, '우주의 시작'이라는 수수께끼의 답을 찾을 수 있는 결정적 기회를 제공했다. 이 얼마나 매력적인 이론인가! 호킹은 특이점을 우회함으로써 존재의 기원을 찾는 거대한 수수께끼를 풀었다고 생각했다.

르메트르는 물리학자이기 전에 천주교 사제였기에 우주론에 신학을 끌어들일 때 온갖 눈치를 봐야 했지만, 무신론자였던 호킹은 이점에서 아무런 제약이 없었다. 그의 저서인 《시간의 역사》에는 다음과 같이 적혀 있다. "우주는 완전한 자급자족 시스템이어서, 외부의 어떤 것에도 영향을 받지 않는다. 우주는 생성되거나 파괴되지 않으며, 항상 그 자리에 존재한다. (⋯) 이런 곳에 창조주가 설 자리가 어디 있겠는가?" 무경계 가설에 의하면 우주는 무無로부터 창조될 수 있으므로, 굳이 원동자原動者, primum movens 최초의 움직임을 유발한 원인 같은 개념을 도입할 필요가 없다. 물론 《시간의 역사》에서 호킹이 언급한 창조주는 르메트르가 말했던 "숨어 있는 신Deus Absconditus"과는 거리가 멀다.

방금 언급한 인용문은 호킹이 아인슈타인의 형이상학을 추종하던 시절의 이야기다. 초기에 호킹은 아인슈타인이 그랬던 것처럼 수학으로 점철된 물리법칙에 물리적 실체를 대체할 만한 무언가가 내재되

그림 26. 호킹의 예순 번째 생일을 축하하기 위해 케임브리지의 킹스 칼리지에 모인 그의 제자들.

어 있다고 생각했다. 아인슈타인이 빅뱅에 거부감을 느낀 이유는 논리 자체가 법칙에 내재된 그 무엇을 훼손한다고 느꼈기 때문이다. 호킹의 특이점 정리는 아인슈타인이 품었던 의혹을 더욱 증폭시킨 반면, 무경계 가설에서 특이점의 대안으로 제시한 "경계 없이 둥그런 밑바닥"은 우주의 시작을 이해하고 아인슈타인의 이상주의를 지지하는 것처럼 보였다.

아인슈타인이 자신이 구축한 상대성 이론에 대경실색했듯이, 무경계 가설은 훗날 호킹에게 진정한 놀라움을 선사하게 된다. 그러나 처음에는 호킹 자신도 그다지 큰 충격을 받지 않았다. 초기의 무경계 가설은 그다지 급진적인 이론이 아니었기 때문이다!

4장

재와 연기

그는 발산하고 수렴하는 수많은 시간이 어지러운 그물망처럼 엮인
채 평행하게 흐른다고 믿었다. 그중 어떤 시간에는 나 없이 당신만 존
재하고, 어떤 시간에는 내가 존재하면서 당신은 존재하지 않는다. 그
리고 또 다른 시간에는 내가 이것과 똑같은 말을 하고 있지만, 그곳에
서 나는 유령으로 존재하고 있다.

_호르헤 루이스 보르헤스, 〈두 갈래로 갈라지는 오솔길 정원El jardín de senderos
que se bifurcan〉 중에서

호킹이 이끌던 케임브리지의 상대성 이론 연구팀은 형식에 얽매이지
않고 일상과 동떨어져 있으면서 세상을 바꾸겠다는 야심으로 가득
찬, 물리학계의 언더그라운드 록밴드였다.

　이들의 본거지인 DAMTP(응용수학 및 이론물리학과)는 1959년
에 케임브리지의 응용수학자 조지 배철러George Batchelor에 의해 설립
되었는데, 초창기에는 캐번디시 연구소의 한쪽 구석에 자리 잡고 있
었다. 이 연구소는 1897년에 조지프 존 톰슨Joseph John Thomson이 전
자를 최초로 발견한 곳이자, 1953년에 제임스 왓슨과 프랜시스 크릭

이 DNA의 이중나선 구조를 발견한 곳이기도 하다.* 그 후 1964년에 DAMTP는 실버가Silver Street와 밀레인Mill Lane 사이에 있는 파츠빌리스 빵집 맞은편의 올드프레스사이트Old Press Site로 이전했고, 바로 이곳에서 호킹과 나의 첫 만남이 이루어졌다. 빅토리아시대에 지어진 그 건물은 곳곳에 먼지가 수북이 쌓여 있고 강의실로 이어지는 복도는 음침한 미로를 방불케 했지만, 우리는 그곳을 매우 좋아했다.

DAMTP의 심장부는 소위 말하는 '공동구역common area'이었다. 기둥으로 받친 높은 천장과 벽에서 사람을 내려다보는 듯한 루카스 교수의 근엄한 초상화, 비닐로 덮어놓은 안락의자, 학생들의 파티와 학술회의 일정을 알리는 포스터가 어지럽게 붙어 있는 이곳은 1960년대 중반에 데니스 시아마가 티타임 미팅 장소로 제안했는데, 말이 좋아 제안이지 사실은 강제나 다름없었다. 그래서 매일 오후 4시가 되면 공동구역의 조명이 환하게 켜지고, 교수와 학생들이 마치 장난감 병정처럼 줄줄이 모여들어 의무적으로 차를 마시면서 대화를 나누었다. 그러나 얼마 지나지 않아 공동구역 티타임은 가장 활발한 토론의 장이 되었다. 이론물리학도 결국은 사회적 활동 속에서 진리를 추구하는 행위이기 때문이다.

티타임이 되면 호킹은 연구실의 녹갈색 문을 열고 나와, 한 손에 리모컨을 들고 다른 한 손으로는 휠체어 핸들을 잡고, 사람들 사이를

---

* 케임브리지에 전해 내려오는 소문에 의하면 왓슨과 크릭은 길 건너편에 있는 이글 Eagle이라는 선술집에서 DNA의 구조를 알아냈다고 한다.

지그재그로 통과하여 자신의 테이블을 찾아갔다(가끔은 휠체어 바퀴가 다른 사람의 발등을 밟고 지나가기도 했다). 그가 흰 천으로 덮인 테이블 가에 자리를 잡으면 동료들과 열띤 토론이 시작되는데, 아이디어가 몇 번 오가다 보면 어느새 하얀 테이블보는 물리학자들이 휘갈긴 복잡한 수식으로 가득 차곤 했다. 물론 이 테이블보는 세탁을 거친 후 새로운 '탁상용 칠판'으로 재활용된다. 연구소에서 제공하는 차는 맛이 끔찍했지만, 티타임 미팅은 과학자들이 모여 의견을 교환하는 데 더없이 좋은 기회였다. 프린스턴 고등연구소의 소장이자 원자폭탄의 아버지로 불렸던 로버트 오펜하이머Robert Oppenheimer도 "티타임은 자신이 이해하지 못하는 것을 다른 사람에게 설명하는 자리"라고 했다. DAMTP의 티타임 미팅은 여러 해 동안 이 기능을 효율적으로 수행하여, 훗날 이론물리학의 국제적 허브로 자리 잡게 된다.

나는 호킹과 티타임 미팅을 하면서 더욱 강한 유대감을 느꼈다. 우리는 공동구역이 텅 빈 후에도 대화를 계속 이어나갔고, 캠강 근처 선술집에서 맥주를 마시기도 했다. 가끔은 워즈워스 그로브 Wordsworth Grove에 있는 그의 집에 초대되어 밤늦은 시간까지 토론을 벌인 적도 있다.● 호킹과 공동 연구를 하다 보면 그의 사생활에 자연스럽게 끼어들게 된다. 그는 자신의 직업과 개인적인 삶을 엄격하게 구별하지 않았다. 실제로 호킹은 연구로 맺어진 동료들을 항상 제2의 가족처럼 대했다.

● 호킹의 집에 가려면 엄청나게 매운 카레를 먹을 각오를 해야 한다.

존 휠러는 "위대한 과학으로 가는 세 가지 길"을 언급한 적이 있다. 두더지의 길과 개의 길, 지도 제작자의 길이 바로 그것이다. 두더지는 출발점에서부터 체계적으로 앞으로 나아가고, 개는 이리저리 냄새를 맡으면서 단서를 찾은 후, 역시 코를 이용하여 다음 단서를 찾아 나선다. 마지막으로 지도 제작자는 전체적인 그림을 머릿속에 그리면서 목적지를 직관적으로 느끼고 있기에, 새로운 '이해'로 가는 길을 스스로 찾아갈 수 있다. 내가 보기에 호킹은 지도 제작자에 가까운 인물이었다.

시아마는 이론물리학의 주요 현안을 해결하기 위해 사람들을 한데 모으는 데 성공했지만, 호킹은 자신만의 지도를 갖고 특별한 길을 개척해나갔다. 물론 지도의 빈칸을 채울 때에는 망설임 없이 제자들의 도움을 받았다. 그는 연구실에 갓 들어온 제자들도 자신의 머릿속에 그린 거대한 지도를 따라 연구를 수행할 수 있도록 최선을 다해 이끌었고, 그 덕분에 제자들은 다른 어떤 학자들보다 호킹과 가까이 지낼 수 있었다.

호킹이 대화할 때 사용하는 음성 발생 장치는 기능이 매우 제한적이었기 때문에(일상적인 대화도 느렸지만, 방정식을 풀 때는 각별한 인내심이 필요했다) 제자들에게 계산법을 일일이 가르칠 수 없었다. 그래서 호킹은 일반적인 계산 지침을 알려준 후 제자의 계산이 틀릴 때마다 바로잡는 식으로 대화를 이어나갔다. 암호를 방불케 하는 간단한 지침만 손에 들고 호킹의 지도를 따라가는 것은 결코 쉬운 일이 아니었지만 이를 위해 창의적이고 독립적인 사고력을 최대한으로 발휘해야 했기에, 사실 그의 제자들은 최고의 이론물리학자로부터 최상의 훈련을 받은 셈이다.

호킹은 제자들을 무한정 신뢰했다. 어려운 연구 과제를 받아들고 당황하던 대학원생도 "우주의 수수께끼가 아무리 난해해도 너는 풀 수 있다"는 호킹의 격려를 듣다 보면 자신도 모르게 자신감이 생겼다. 불편한 몸에도 불구하고 포기하지 않는 호킹의 강철 같은 의지와 결단력은 그가 이룩한 업적에도 그대로 배어 있다. 내가 막다른 길에서 절망 속에 허우적거릴 때마다 호킹은 그의 지도를 펼치고 새로운 관점을 제시하면서 나를 절망의 늪에서 건져내어 깔끔한 도로 위로 올려놓았다. 이것이 바로 호킹의 방식이다. 가장 심오한 문제에 도달할 때까지 모든 방향으로 철저하게 공략하면서 올바른 길을 찾아 나가는 것이다.

호킹은 제자들에게 '데우스 엑스 마키나deus ex machina'가망 없어 보이는 절망적 상황에 갑자기 나타나 모든 것을 해결하는 신비한 힘 또는 그런 사건 같은 존재였다. 또한 그는 연구팀원들이 난관에 부딪힐 때마다 탁월한 해결책을 제시하는 아이디어맨이자, 기발한 농담으로 긴장감을 풀어주는 분위기 메이커였다. 호킹의 연구팀은 주로 블랙홀과 우주를 연구하면서 시간을 보냈지만, 나는 호킹으로부터 과학적 지식보다 정신적인 교훈을 더 많이 배웠던 것 같다. 그는 양자우주론 못지않게 용기와 겸손, 살아가는 방식에 대하여 많은 것을 가르쳐주었다.

물론 호킹은 나와 공동 연구를 하는 와중에도 유명 인사로서 많은 스케줄을 소화하느라 매우 바쁜 나날을 보냈다. 그러나 외부 행사를 마치고 DAMTP로 출근하면 언제 그랬냐는 듯 소박한 지도교수로 돌아오곤 했다. 아침에 신문을 펼쳐 들었다가 호킹이 라말라Ramallah 요르단강 서쪽에 있는 팔레스타인 자치 정부의 임시 수도를 향해 차를 타고 가는 모습이나 비행기 안에서 무중력 상태를 체험하는 모습을 접하면, 역시 그가 세계적인 명사임을 새삼 느끼게 된다. 그러나 외부 일정을 마치고 DAMTP로 돌아오면, 호킹은 아무런 티도 내지 않고 연구팀에 섞여서 물리학 외에는 아무런 관심도 없는 사람처럼 우주의 법칙을 집요하게 파고들었다.

호킹은 그 자체로 기적 같은 인물이었다. 태평한 마음으로 과학의 최고 난제를 파고들면서도, 그 특유의 장난기는 때와 장소를 가리지 않았다. 팝워스 병원에 입원했을 때, 팬터마임 연극을 꼭 보러 가야 한다며 자신의 몸 상태에 스스로 '외출 가능' 진단을 내린 적도 있다. 강의를 할 때도 농담은 절대 빠지지 않는다.• 기계에서 흘러나오는 목소리 톤은 신의 정령을 연상케 하지만, 그래도 그는 잡담 나누기를 무척 좋아했다(시간은 매우 오래 걸리지만 아무도 불편해하지 않았다).

지혜와 재미가 적절하게 섞인 호킹의 화법은 언제 어디서나 마법 같은 힘을 발휘했다. 문을 드나들 때조차 혼자 다니는 일이 거의 없었으니, 특유의 화법을 발휘할 기회도 그만큼 많았을 것이다.

• 자신이 하는 농담을 어깨너머 모니터로 보면서 간신히 따라오는 사람들을 위해, 호킹은 기발한 농담을 구사했다. 자고로 농담이란 모든 사람이 동시에 웃어야 제맛이 아니던가. 그래서 호킹은 농담을 구사할 때 마지막 단어까지 들어야 웃음이 터져 나오도록 문장의 구조를 절묘하게 변형시켰다.

1998년 6월, 내가 호킹의 연구실을 처음 방문했을 때 그의 양자 우주론 프로젝트는 한창 진행 중이었다. 초대박 베스트셀러인 《시간의 역사》 열풍이 거의 잦아들고 이론물리학의 애물단지였던 끈이론이 2차 혁명기를 맞이하여 관련 논문이 홍수처럼 쏟아지는 와중에 호킹의 연구팀도 바쁜 나날을 보내고 있었다. 또한 이 무렵에 망원경 제작 기술이 크게 발전하여, 추론만 난무하던 우주론은 수십억 년에 걸친 우주의 역사를 정량적으로 분석하는 단계에 이르렀다. 바야흐로 우주론의 황금기가 도래한 것이다.

1989년에 우주배경복사를 관측하기 위해 나사NASA에서 발사한 COBE 위성Cosmic Background Explorer satellite은 우주 역사의 처음 몇 페이지를 우리 눈앞에 펼쳐 보였다. COBE가 수행한 첫 번째 실험에 의하면 마이크로파 우주배경복사의 온도는 하늘 전체에 걸쳐 2.725K로 거의 균일하게 나타났다. 그 후 COBE는 두 번째 실험에 돌입했는데, 이것은 아주 미세한 온도 차를 감지할 수 있는 복사계radiometer를 이용하여 여러 부위의 온도를 정밀하게 비교하는 야심 찬 실험이었다. 오래전부터 우주론학자들은 초기 우주의 온도가 모든 공간에 걸쳐 절대로 균일하지 않았음을 잘 알고 있었다. 현재 우주의 온도가 균일하지 않으니, 과거에도 그랬을 것이라고 생각한 것이다. 오늘날 우주에는 은하와 은하단이 사방에 널려 있고, 이들 모두는 물질이 한 지역에 집중되면서 형성된 천체다. 만일 우주가 완벽하게 균일한 기체에서 시작되었다면 은하는 형성되지 않았을 것이고, 은하가 없으면 생명체도 태어나지 않았을 것이다. 그러나 원시 플라스마의 밀도가 지역마다 아주 미세하게 달랐다면, 이 차이가 중력에 의해 증폭되면서 밀도가 높은 지역에 물질이 집중되어 은하와 같은 천체가 탄생할 수 있다. 팽창에 의한 퍼짐 효과와 중력에 의한 응집 효과가 서로 경쟁하면서 약 100억 년이 흐른 후에 지금과 같은 은하가 만들어지려면, 아기 우주의 지역에 따른 밀도 비율은 10만 분의 1 이상 차이가 나야 한다. 한 지역의 밀도가 1이면, 인근 지역의 밀도는 1.00001보다 높거나 0.99999보다 낮아야 한다는 뜻이다. 1960년대 중반에 우주배경복사가 우연히 발견된 이후로, 우주론학자들은 이 정도의 불균일성을 확인하기 위해 온갖 관측 장비를 동원했지만 번번이 실패했다. 그러나 1989년에 발사된 COBE 위성은 이 정도의 차이를 감지할 수 있는 정밀한 장비를 탑재하고 있었기에, 빅뱅을 믿는 우주론학자들의 마지막 희망이었다.

결국 하늘은 우주론학자들의 손을 들어주었다. COBE 위성이 정확하게 원하던 값을 얻은 것이다. 관측 데이터에 의하면 초기 우주에는 주변보다 약간 뜨거운 영역과 약간 차가운 영역이 공존하고 있었다. 우주배경복사의 평균 온도는 2.7250K인데 특정 방향으로 이동하면 2.7251K로 높아지고, 다른 방향으로 이동하면 2.7249K로 낮아지는 경향을 보였다. COBE의 지상 관제센터에서 데이터를 분석했던 한 전문가는 기자회견 자리에서 "마치 신의 얼굴을 보는 것 같았다"며 흥분을 감추지 못했다.

우주에서 날아온 희미한 마이크로파 광자는 우리가 관측할 수 있는 아주 오래된 흔적 중 하나다.[1] 광자를 이용한 광학 망원경으로는 초기 우주의 모습을 볼 수 없다. 우주 초창기의 뜨거운 열기 속에서 어떻게 그토록 미세한 온도 차가 발생한 것일까? 이것은 배경복사가 방출되기 전에 일어났던 어떤 물리적 과정의 결과임이 분명하다. 안타깝게도 COBE의 관측 장비로는 배경복사의 극도로 미세한 차이를 감지할 수 없었지만, 우주론학자들은 원시 불구덩이의 재와 연기가 배경복사 데이터에 어떤 형태로든 저장되어 있다고 믿었다. COBE가 관측한 마이크로파 우주배경복사는 현대 우주론의 가장 심오한 질문을 투영하는 캔버스였던 셈이다.

20세기가 끝나가던 무렵, 황금기를 맞이한 천문 관측 기술은 마침내 우주의 출생증명서를 해독하는 데 성공했다. 70년 전에 르메트르가 제안했던 우주 탄생 가설이 마침내 공식적으로 인정받게 된 것이다.[2]

> 이 세상은 옛날에 끝난 불꽃놀이와 같다.
> 그 잔해로 재와 연기가 남았으니
> 우리는 차갑게 식은 잿더미 위에 서서
> 서서히 꺼져가는 태양을 바라보며
> 찬란했던 태초의 광휘光輝를 추억하노라.

우주론의 이론과 실험(관측 결과)을 연결하는 데 주력해왔던 호킹도 "빅뱅의 재를 꾸준히 걸러내다 보면 우주의 기원에 도달할 수 있을 것"이라며 긍정적인 반응을 보였다.

1990년대에 호킹은 무경계 가설을 개선하는 데 많은 공을 들이고 있었다. 만물의 시작을 논할 때마다 발목을 잡아왔던 해묵은 가설을 교묘하게 피해 간다는 것은 꽤나 매력적인 아이디어였기 때문이다. 또한 호킹에게는 이것이 진리와 연결된 고리였고, 일생일대의 위대한 발견이라고 생각했다.[3] 그러나 우주론이 제아무리 아름답고 우아해도 검증 가능한 결과를 예측하지 못하면 아무짝에도 쓸모없다. 물론 호킹은 이 사실을 누구보다 잘 알고 있었다. 우주가 완전한 무無의 상태에서 구형의 공간으로 태어났다고 가정했을 때, 우주배경복사 지도의 검은 반점은 어떤 식으로 분포되어 있을까? 매우 흥미로운 질문이면서 호킹이 추구했던 이론의 핵심이기도 하다. 그러나 이 질문에 답하려면 우주가 탄생 초기에 상상을 초월할 정도로 빠르게 팽창했다는 인플레이션 이론으로 돌아가야 한다.

1980년대 초에 이론물리학자 앨런 구스Alan Guth와 안드레이 린데, 폴 스타인하트, 안드레아스 알브레히트Andreas Albrecht 등이 제안한 인플레이션 이론은 우주의 기원을 설명하는 빅뱅 이론의 가장 중요한 업그레이드 버전으로 알려져 있지만, 원래는 우주 초기에 중력이 아주 짧은 시간 동안 '극강의 척력'(밀어내는 힘)으로 작용했다는 가정을 도입하여 팽창의 원인을 설명하는 이론이었다. 인플레이션의 선구자들은 몇 단계의 계산을 거친 후에 태초의 우주가 몇 분의 1초 동안 10^{30}배로 커졌다는 결론에 도달했다. 원자 하나가 눈 깜짝할 사이에 은하수만큼 커진 셈이다.•

우주론학자들은 쌍수를 들고 인플레이션 이론을 환영했다. 초기 우주에 급속 팽창을 도입하면 3장에서 언급했던 문제가 깔끔하게 해결되기 때문이다. 우주가 거시적 규모에서 매끄럽고 균일한 이유는 무엇인가? 우주의 초고속 팽창이 아주 짧은 시간 안에 이루어졌다는 것은 현재 관측 가능한 우주에서 가장 멀리 떨어진 두 지점이 인플레이션이 시작되던 순간에는 아주 가까이 붙어 있어서 서로의 사건 지평선 안에 놓여 있었음을 의미한다. 그림 19(158쪽)에서 극도로 짧은 시간 동안 초고속 팽창이 일어나면 빅뱅 특이점이 그림보다 훨씬 아래로 내려와서 모든 것이 우리의 과거 광원뿔 안에 들어오게 된다. 이는 곧 관측 가능한 우주 전체가 하나의 기원에서 탄생했다는 뜻이며, 우주 전역이 거의 동일한 형태로 진화한다는 뜻이기도 하다.

그러나 인플레이션을 논하다 보면 관련된 숫자들이 너무 커서 할 말을 잃게 만든다. 우주 초기의 짧은 시간 동안 우주의 팽창 비율(팽창하기 전과 팽창한 후의 부피 비율)은 그 후 138억 년 사이의 팽창 비율보다 크다! 대체 우주 초기에 어떤 물질이 있었길래 공간을 그토록 빠르게 부풀릴 수 있었을까? 인플레이션 이론의 선구자들은 그 후보로 '스칼라장scalar field'이라는 것을 떠올렸다. 스칼라장은 물질의 신비한 형태 중 하나인데, 눈에 보이지 않으면서 공간을 가득 채우고 있으며 전기장이나 자기장과 비슷하면서 이들보다 훨씬 단순하다. 전기장

●   은하수의 직경은 대략 10만 광년이므로, 원자 한 개가 1초도 안 되는 사이에 이 정도로 커지려면 당연히 팽창 속도가 빛보다 빨라야 한다. 언뜻 생각하면 특수상대성이론에 위배되는 것 같지만, 팽창이란 물체가 공간을 가로지르는 사건이 아니라 공간 자체가 커지는 현상이므로 아인슈타인의 '광속초과금지령'을 지킬 필요가 없다. 즉, 인플레이션 이론이 옳다면 초기 우주는 빛보다 훨씬 빠른 속도로 팽창되었다.—옮긴이

과 자기장은 공간의 모든 점에서 '크기'와 '방향'을 갖는 반면, 스칼라장은 방향이 없고 크기만 갖고 있다. 지난 2012년에 CERN•에서 발견된 힉스장Higgs field이 그 대표적 사례다. 힉스장은 입자물리학의 최신 이론인 표준 모형의 진위 여부를 가려줄 최후의 후보였으나, 1960년대 중반에 그 존재가 예견된 후로 50년이 넘도록 발견되지 않으면서 물리학자의 애간장을 태우다가, 거금을 들여 업그레이드한 입자 가속기에서 드디어 발견되었다. 표준 모형을 확장한 이론에는 여러 개의 스칼라장이 포함되어 있으며, 이들 중 일부는 아직 그 정체가 밝혀지지 않은 암흑 물질일 것으로 추정된다. 이와 비슷하게 인플레이션을 일으킨 것으로 추정되는 물질을 '인플라톤장inflaton field'이라 하는데, CERN에서는 물론이고 지구 어디에서도 발견된 적이 없다. 어쨌거나 인플레이션 이론에 의하면 초기 우주는 인플라톤장에 의해 아주 짧은 시간 동안 엄청난 규모로 팽창했다.

스칼라장은 어떻게 밀어내는 중력의 원천이 될 수 있을까? 아인슈타인 방정식(102쪽)의 우변에는 온갖 형태의 물질이 들어 있으며, 물론 여기에는 스칼라장도 포함된다. 그러나 일상적인 물질과 달리 스칼라장은 아인슈타인의 우주상수 λ와 비슷한 특성을 갖고 있다. 즉, 우주상수와 마찬가지로 스칼라장은 중력을 야기하는 양(+)의 에너지뿐만 아니라, 밀어내는 중력(반중력)을 야기하는 음압陰壓, negative pressure으로 공간을 균일하게 채우고 있다. 그런데 스칼라장의 밀어내

• 유럽원자핵공동연구소European Organization for Nuclear Research. CERN은 프랑스어 명칭인 Conseil Européen pour la Recherche Nucléaire의 약자다.

는 중력이 잡아당기는 중력보다 강하기 때문에 공간이 점점 빠르게 팽창하고 있는 것이다(가속 팽창). 게다가 인플라톤장은 팽창하는 공간에 에너지를 계속 공급하고 있다. 일상적인 물질은 부피가 커지면 밀도가 작아지지만, 공간을 가득 메운 인플라톤장은 공간이 팽창해도 희박해지지 않고 거의 동일한 밀도를 유지한다. 이는 곧 인플라톤장에서 생성된 음압이 팽창하는 공간에 계속해서 에너지를 공급한다는 뜻이다.[4]

1917년에 아인슈타인이 자신의 이론에 우주상수를 추가할 때, 그는 물질에 의한 인력(중력)과 우주상수에 의한 척력이 정확하게 상쇄되어 우주가 항상 같은 상태를 유지하도록 값을 인위적으로 조정했다. 그로부터 60년 후, 인플레이션 이론의 선구자들은 여기서 한 걸음 더 나아가 "우주 초창기에 인플라톤장이 발휘하는 반중력이 아주 짧은 시간 동안 잡아당기는 중력을 압도하여 빅뱅이 일어났다"는 가상의 시나리오를 완성했다. 추상적이었던 빅뱅 이론이 한층 더 구체화된 것이다.

인플레이션 이론의 기본 원리는 그림 27과 같다. 그래프의 곡선은 (가상의) 인플라톤장 값에 대한 에너지 밀도를 나타낸다. 즉 각 위치에서 곡선의 높이는 인플라톤장이 만들어낸 밀어내는 중력(반중력)의 세기를 보여주고 있다. 인플레이션 우주론에 의하면 우주 초창기에 인플라톤장이 에너지 곡선의 꼭대기 값을 갖는 작은 영역이 존재했다. 이 영역은 밀어내는 중력이 작용하면서 빠르게 팽창했고, 내부의 인플라톤장은 에너지 곡선을 따라 아래로 내려오다가 깊게 팬

계곡으로 굴러떨어졌다. 인플라톤의 에너지가 이렇게 최소치에 도달하면 인플레이션을 일으키는 연료가 바닥나고, 급속도로 팽창하던 우주는 완만한 팽창 모드로 접어들게 된다. 인플라톤장과 우주상수는 둘 다 밀어내는 중력의 원천이지만, 한 가지 중요한 차이점이 있다. 우주상수는 시간이 아무리 흘러도 변하지 않는 반면, 인플라톤장의 값은 시간에 따라 얼마든지 변할 수 있다는 것이다. 바로 이러한 특성 때문에 우주는 초단시간 동안 빠르게 팽창하다가 진정국면으로 접어들 수 있었다('변하는 인플라톤장'은 인플레이션을 연구하는 학자들의 가장 강력한 무기이기도 하다).

인플레이션이 어느 시점에 마무리되려면 인플라톤장에 저장된 방대한 양의 에너지는 어디론가 배출되어야 하며, 우주가 선택한 폐기통은 바로 '열heat'이었다. 인플레이션이 멈췄을 때 인플라톤장에서

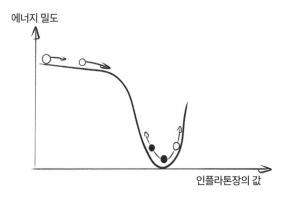

그림 27. 그래프의 가로축은 인플라톤장의 값이고, 세로축은 각 인플라톤장의 값에 대응되는 에너지 밀도를 나타낸다. 초기 우주가 급속도로 팽창할 때(즉, 인플레이션을 겪을 때) 인플라톤장의 값은 점차 감소하다가 깊은 계곡으로 굴러떨어졌다.

방출된 에너지는 뜨거운 복사 에너지의 형태로 우주를 가득 메웠고, 이들 중 일부는 물질로 변했을 것이다. 왜냐하면 아인슈타인의 그 유명한 공식 $E=mc^2$을 통해 에너지(E)는 물질(m)로 변환될 수 있기 때문이다. 즉, 고에너지 복사 입자(광자)는 질량을 가진 물질 입자로 바뀔 수 있다. 인플레이션의 마지막 단계에서 방출된 에너지는 우주를 1000×1조×1조K(10^{27}K)까지 달궜고, 이로부터 거의 10^{50}톤에 달하는 물질이 생성되었을 것으로 추정된다.

그리하여 인플레이션은 눈 깜짝할 사이에 방대하고 균일한 우주를 만들어냈다. 그렇다면 COBE가 찍은 우주배경복사 지도에서 검은 반점은 왜 나타나는가? 인플레이션으로 탄생한 우주는 완벽하게 균일하지 않은 것일까?

그렇다. 우주는 완벽하게 균일하지 않다. 물리학에 등장하는 모든 장이 그렇듯이, 인플라톤장은 양자장quantum field의 일종이다. 그리고 하이젠베르크의 불확정성 원리는 예외를 허용하지 않으므로, 인플라톤장에도 양자적 모호함이 존재해야 한다. 즉, 특정 위치에서 장의 값을 정확하게 결정할수록 그 위치에서 장의 변화율은 불확실해지고, 장의 변화율이 불확실하면 미래의 장의 값도 불확실해진다. 그러므로 양자장은 다양한 변화율과 값이 혼재된 상태다. 이것은 입자의 다양한 경로가 더해져서 파동함수를 만드는 것과 같은 이치다.

이와 같은 양자적 요동은 일반적으로 아주 작은 규모에서 발생한다. 그러나 느닷없이 일어나는 우주의 인플레이션은 전혀 일반적이지 않다. 인플레이션 전문가들은 우주 초기에 일어났던 엄청난 팽창이 미세한 양자 요동을 증폭시켜서, 거시적 규모의 파동과 같은 효과를 낳을 수 있다는 놀라운 사실을 알아냈다. 인플레이션이 불확정성원리에서 허용되는 최소한의 요동에서 시작되었다 해도, 무지막지한 인플레이션이 시작되면 그 작은 요동이 눈에 보이는 거품만큼 커져서공간 전체로 퍼져나가고, 그 결과로 인플라톤장에는 물결이 치는 듯한 변화가 일어난다. 마치 잔잔한 호수(우주 공간)에 돌멩이(인플레이션)를 던졌을 때 파동이 발생하는 현상과 비슷하다.

　　여기서 중요한 것은 인플레이션이 끝난 후 인플라톤의 에너지가열에너지로 바뀌었을 때, 뜨거운 가스로 가득 찬 우주에 인플라톤장의 요동이 발자국처럼 남는다는 것이다. 그러므로 우리 우주가 인플레이션에서 탄생했다면, 복사 에너지의 온도와 물질의 분포에 작은불규칙성이 존재할 수밖에 없다. 그 후 우주가 서서히 팽창함에 따라초기에 생겼던 잔물결이 우주 지평선 안으로 들어오면서 인간이 만든 관측 장비에 포착되었다. 멀리서 일어난 파도가 해변가에 도달하여 피서객의 시야에 들어온 것과 비슷하다. 우주배경복사의 온도에나타난 작은 변화가 인플레이션 이론의 예측과 거의 정확하게 일치한다는 것은 정말로 놀라운 일이 아닐 수 없다. 우주배경복사의 온도분포를 여러 방향으로 추적해보면 뜨거운 지점과 차가운 지점이 확연하게 드러난다. 그리고 위치에 따른 물질의 밀도 변화도 중요한데,이로부터 '은하의 씨앗'이 어떻게 분포되어 있는지 알 수 있기 때문이다. 물질 밀도가 주변보다 낮은 지역은 초기에 더 빠르게 팽창하여 결국 텅 빈 공간이 될 것이고, 밀도가 높은 지역은 주변으로부터 더 많은 물질을 끌어모아서 밀도가 더욱 높아지다가 거대한 은하로 자라게 된다.

1982년 여름에 호킹과 게리 기번스는 인플레이션 전문가들을 케임브리지에 초청하여 몇 주 동안 활발한 토론을 벌였다. 그로부터 몇 년 후, 호킹은 이 일을 회상하며 "그 모임이야말로 진짜배기 학술회의였다"고 했다. '초창기의 우주The Very Early Universe'라는 주제로 열린 이 모임은 1940년대 자동차 업계의 거물 윌리엄 모리스William Morris가 설립한 자선단체인 너필드 재단Nuffield Foundation의 후원으로 개최되었는데,• 호킹과 그의 동료들은 인플레이션에서 생긴 원시 요동의 물리적 특성을 파악하기 위해 며칠 동안 초청 인사들을 끈질기게 붙잡고 늘어졌다. 그리고 모임이 끝날 무렵에 참석자들은 "인플레이션의 결과로 우주배경복사에는 식별하기 어렵지만 관측 가능한 흔적이 뚜렷하게 남아 있다"는 점에 모두 동의했다.[5] 하늘에 퍼져 있는 마이크로파를 정밀하게 스캔하면 인플레이션 이론을 검증할 수 있다는 것을 너필드 학회에 참석한 최고의 석학들이 한목소리로 외친 것이다. 이 발견은 지금도 우주론은 물론이고 과학 전체를 통틀어 최고의 업적으로 평가받고 있다. 우주배경복사에 각인된 인플레이션의 흔적은

• 이 모임은 호킹이 케임브리지에서 너필드 재단의 후원을 받아 개최한 두 번째 학술회의였다. 첫 번째 회의는 1980년 6월에 초중력supergravity을 주제로 개최되었는데, 이때 호킹은 반 농담 삼아 "4주를 유익하게 보내는 최상의 방법"이라고 했다. 이 모임에서 학자들이 칠판에 휘갈긴 방정식과 그림은 기념품으로 보존되어, 호킹이 세상을 떠나는 날까지 그의 연구실 한쪽 벽에 걸려 있었다.(도판 10 참조)

의심할 여지 없이 "우주가 남긴 가장 오래된 유물"이다.

너필드 학회는 지금까지도 전설로 남아 있다. 특히 1982년에 개최된 2차 너필드 학회는 1911년에 개최된 솔베이 회의에 견줄 만큼 의미 있는 모임이었다. 다른 점이 있다면 솔베이 회의의 주제는 원자물리학이었고, 너필드 학회의 주제는 우주론이었다는 것이다. 이 모임을 계기로 초기 우주에 대한 연구가 이론물리학의 주요 현안으로 떠올랐고, 물리학과 천문학의 경계가 모호해지기 시작했다. 양자역학은 주로 미시 세계의 현상을 설명하는 이론으로 알려져 있지만, 인플레이션 이론은 거시적 규모의 우주에도 양자역학이 영향을 미칠 수 있음을 분명하게 보여주었다. 1911년에 개최된 솔베이 회의에서 양자역학이 원자 규모의 현상을 설명하는 핵심 이론으로 떠오른 것처럼, 1982년의 너필드 학회에서는 양자역학이 우주론의 핵심으로 떠올랐다. 인플레이션 이론에 의하면 우주배경복사의 차가운 영역과 뜨거운 영역은 초기 우주에 존재했던 양자적 요동이 거대한 규모로 확대되면서 나타난 결과다. 게다가 인플레이션 이론은 "최첨단 COBE 위성이 하늘을 촬영하면(즉, 우주배경복사의 분포를 영상에 담으면) 이 모든 것이 입증될 것"이라고 미리 예측까지 했다. 실제로 COBE가 찍은 사진은 빅뱅 후 10^{-32}초에 일어났던 미세한 양자 요동과 138억 년 후에 얻은 관측 결과를 연결하는 범우주적 가교였다.

너필드 학회가 끝난 후 잔뜩 흥분한 호킹은 회의록에 다음과 같이 적어놓았다. "우리가 인플레이션 가설에 기대를 거는 이유는 검증 가능한 예측을 내놓았기 때문이다. 이 가설이 옳다면 우주의 온도는 지역에 따라 미세한 차이가 있어야 한다. 이것은 정밀 관측을 통해 확인할 수 있으므로, 가능한 한 빠른 시일 안에 진위 여부가 밝혀지기를 간절히 바란다."[6]

우주배경복사에 인플레이션의 흔적으로 남은 '얼룩'은 블랙홀에서 방출된 호킹 복사와 비슷하다. 즉, 블랙홀과 빅뱅 사이에 모종의 연결고리가 존재한다는 뜻이다. 앞서 말한 대로, 호킹 복사는 블랙홀 근방에 있는 물질장matter field의 양자 요동에 의해 발생하는 현상이다. 이런 요동이 일어나면 한 쌍의 입자가 생성되어 짧은 시간 동안 존재했다가 금방 사라진다. 마치 바다에서 돌고래 한 쌍이 수면 위로 점프했다가 금방 바닷속으로 사라지는 것과 비슷하다. 물리학자들은 이런 입자를 '가상 입자virtual particle'라 부른다. 일상적인 입자와 달리 존재하는 시간이 너무 짧아서 입자 감지기에 포착되지 않기 때문이다. 그러나 블랙홀의 사건 지평선 근처에서는 가상 입자가 현실로 나타날 수 있다. 블랙홀 근처에서 가상 입자 한 쌍이 생성되었는데, 둘 중 하나가 블랙홀의 중력에 빨려 들어가면 나머지 하나는 사라지지 않고 머나먼 우주로 날아갈 수 있기 때문이다. 이 과정을 먼 거리에서 바라보면 블랙홀에서 희미한 복사(입자)가 방출된 것처럼 보일 것이다.[7] 팽창하는 우주에서 일어나는 일은 안과 밖이 뒤집힌 블랙홀과 비슷하다. 우주가 빠르게 팽창하면 우리를 에워싼 우주 지평선 근처에서 양자 요동이 증폭되고, 그 결과 우주 공간은 마이크로파 진동수 대역에서 희미한 반짝임 현상이 나타나게 된다. 즉, 인플레이션 이론은 우리 우주가 호킹 복사로 가득 찬 욕조임을 말해주고 있는 셈이다.

호킹의 가장 큰 소원은 살아 있는 동안 우주배경복사의 변화 패턴이 인플레이션 이론의 예측과 일치한다는 것을 눈으로 확인하는 것이었다.

2009년 여름에 유럽우주국에서 발사한 플랑크 위성Planck satellite은 거의 15개월 동안 하늘을 가로지르면서 마이크로파 광자를 성공적으로 수집했다. 일반적으로 위성에 탑재된 망원경은 대기의 방해를 받지 않기 때문에, 지상에 설치된 망원경보다 덩치가 작아도 훨씬 우수한 성능을 발휘한다. 플랑크 위성은 거의 모든 방향에서 날아온 우주배경복사의 온도와 편광polarization 상태를 빠짐없이 기록했고, 지구의 천문학자들은 이 데이터를 종합하여 COBE 위성이 작성했던 우주배경복사 지도를 훨씬 정교한 수준으로 업그레이드했는데, 이때 작성된 지도는 도판 9에 실려 있다. 그림에서 지구는 구의 중심에 있으며, 구의 가장자리는 지구에서 바라본 우주 지평선에 해당한다. 그림 2(42쪽)에 제시된 우주배경복사 지도는 세계지도를 평면에 그리는 로빈슨 도법Robinson Projection처럼, 관측 가능한 우주 전체를 하나의 평면에 나타낸 것이다.

언뜻 보기에 구면에 나타난 우주배경복사의 온도(색상)는 무작위로 분포된 것처럼 보인다. 그러나 우주론학자들이 수백만 개의 점을 면밀히 분석해보니, 놀랍게도 이 분포는 원시우주에서 일어났던 인플레이션의 흔적과 정확하게 일치했다.

그림 28은 초기 우주의 양자 요동이 인플레이션에 의해 확장된 패턴을 각거리angular separation 하늘의 두 지점과 관측자 사이를 브이자 모양의 직선으로

연결했을 때 두 직선 사이의 각도에 따른 온도 차로 나타낸 것이다. 종소리가 멀리 갈수록 약해지는 것처럼, 온도의 진동 폭은 각거리가 좁아질수록 감소하는 추세를 보인다. 그림에서 보다시피 플랑크 위성이 관측한 데이터(점)와 인플레이션 이론으로 계산된 값(실선)은 놀라울 정도로 정확하게 일치한다. 이 물결 모양 그래프는 초기 우주의 양자적 요동이 찰나의 인플레이션으로 인해 증폭되었음을 보여주는 가장 확실한 증거로서, 현대 우주론을 상징하는 아이콘으로 자리 잡았다. 이 정도면 플랑크 위성은 이름값을 톡톡히 한 셈이다.

이뿐만이 아니다. 각거리에 따라 우주배경복사가 변하는 패턴(그래프상의 진동 패턴)을 알면 현재 우주의 구성 성분 비율과 앞으로 나타날 변화까지 예측할 수 있다. 배경복사 스펙트럼의 미세한 변화는

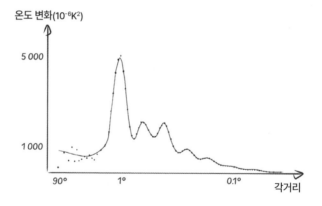

그림 28. 각거리에 따른 우주배경복사 온도의 변화. 그래프의 가로축은 하늘의 두 지점 사이의 각거리이고, 세로축은 우주배경복사의 온도 변화량을 나타낸다(각거리는 왼쪽으로 갈수록 커지고, 오른쪽으로 갈수록 작아진다). 검은 점은 플랑크 위성이 관측한 값이고 실선은 이론으로 예측된 값인데, 보다시피 두 값은 놀라울 정도로 정확하게 일치하고 있다.

인플레이션이 일어난 방식에 따라 달라지지만, 우주 전체의 기하학적 구조와도 관련되어 있기 때문이다. 물리학자들은 시공간의 기하학적 구조와 물질의 분포를 연결하는 아인슈타인의 일반상대성 이론을 이용하여, 플랑크 위성의 데이터로부터 우주의 구성 성분과 관련된 다량의 정보를 추출할 수 있었다.

예를 들어 그림 28에서 각거리가 약 1도일 때 나타난 첫 번째 피크를 생각해보자(참고로 달의 직경은 약 0.5도의 시야각에 해당한다). 피크가 이 위치에 있다는 것은 관측 가능한 우주의 기하학적 형태가 휘어짐이 거의 없이 평평하다는 뜻이다. 따라서 우리에게 친숙한 3차원 공간이 초구의 3차원 표면에 해당한다면, 우주 지평선의 규모에서 볼 때 초구의 표면은 규모가 너무 커서 거의 평평하게 보일 것이다. 이것은 지구가 너무 커서 지평선이 평평하게 보이는 것과 같은 이치다.

그림 28의 두 번째 피크는 우리 눈에 보이는 일상적인 물질(양성자, 중성자 등)이 우주의 약 5퍼센트를 차지한다는 것을 보여준다. 그리고 세 번째 피크는 우주에 존재하는 물질의 25퍼센트가 암흑 물질임을 시사하고 있다. 암흑 물질은 그 정체가 아직 파악되지 않은 신비의 물질로서, 일상적인 물질이나 빛과 상호작용을 거의 하지 않기 때문에 기존의 망원경으로는 관측되지 않는다.[8] 그러나 암흑 물질은 소규모의 원시 기체가 은하로 자라나는 데 필요한 추가 중력을 제공함으로써, 우주의 역사에 핵심적인 역할을 했다. 이들이 없었다면 우주에는 대규모 은하가 형성되지 않았을 것이고, 생명체도 존재할 수 없었을 것이다.

그러므로 플랑크 위성이 알아낸 처음 세 피크의 위치와 높이로부터 "우주에 존재하는 콘텐츠의 70퍼센트는 우리가 알고 있는 물질이 아니다"라는 몹시 불편한 결론에 도달하게 된다.(그림 29 참조) 우주의 가장 많은 부분을 차지하는 것은 최근에 우주의 팽창을 다시 가속시키고 있는 암흑 에너지다. 1998년에 두 개의 천문 관측팀이 먼 거리에서 폭발하는 별을 관측하다가 50억 년 전부터 우주의 팽창 속도가 조금씩 빨라져왔다는 사실을 알아냈는데, 이것 역시 플랑크 위성이 수집한 우주배경복사 데이터와 일치하는 결과였다.[9]

만일 암흑 에너지가 아인슈타인이 자신의 방정식에 끼워 넣었던 우주상수 λ(텅 빈 공간의 에너지)라면, 미래의 우주는 극도로 썰렁한 최후를 맞이하게 된다. 이런 경우 우주상수는 인플라톤장과 달리 값이 변하거나 0으로 사라지지 않기 때문에 우주팽창은 진정국면 없

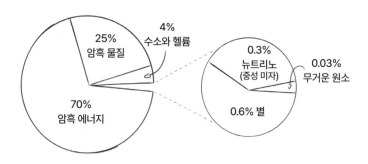

그림 29. 현재 우주를 구성하는 물질과 에너지의 비율을 나타낸 원형 도표. 우주의 70퍼센트는 지난 수십억 년 동안 가속 팽창을 주도해온 암흑 에너지이고, 나머지 30퍼센트의 대부분은 미지의 입자로 이루어진 암흑 물질이다. 우리가 알고 있는 입자와 복사는 전체의 5퍼센트를 넘지 않는다.

이 영원히 계속되고, 은하는 서로 충돌해서 흩어지거나 서로의 지평선 너머로 서서히 사라질 것이며, 결국 밤하늘은 아무것도 없는 암흑천지가 될 것이다.[10] 이런 우주에 사는 천문학자는 할 일이 별로 없을 것 같다.

그림 28과 29는 수많은 관측과 실험을 거치면서 의심의 여지 없이 확실하게 검증된 결과다. 이제 물리학자들은 관측 가능한 우주의 역사를 매우 정확하게 알아냈다고 확신하고 있다. 90년 전에 르메트르는 우리 우주가 짧은 시간 동안 격렬한 폭발(빅뱅)을 겪은 후 한동안 정체 상태를 유지하다가 다시 완만한 가속 팽창 모드로 접어들었다고 생각했다.(도판 3 참조) 그런데 우주론의 황금기에 알려진 우주의 역사는 르메트르의 예견과 거의 정확하게 일치한다. 우주의 역사를 설명하는 이론적 모형을 구축하여 2019년에 노벨 물리학상을 수상한 제임스 피블스James Peebles는 "적어도 지금까지는 지평선에 구름이 끼지 않았다"며 다소 낙관적인 태도를 보였다.[11]

그러나 인플레이션 이론이 내놓은 다양한 예측 중 '원시 중력파 primordial gravitational waves'는 아직 확인되지 않았다. 공간이 급속하게 팽창하면 공간뿐만 아니라 양자 요동도 함께 증폭되기 때문에, 일정한 수준의 중력파가 발생한다. 물론 중성자별neutron star이 폭발할 때나 은하가 충돌할 때, 또는 블랙홀이 형성될 때에도 강력한 중력파가 발생하지만, 이것은 인플레이션이 종료되고 한참 후에 발생한 것이다. 그래서 우주론학자들은 인플레이션의 여파로 발생한 중력파를 후대에 발생한 중력파와 구별하기 위해 원시 중력파로 부르고 있다.

원시 중력파는 우주가 탄생한 후 공간과 함께 꾸준히 확장되면서 파장이 엄청나게 길어졌을 것이므로, 지구에 설치된 L자형 감지기(라이고)로는 그 존재를 확인하기가 거의 불가능하다. 그러나 팽창과 함께 생긴 중력파의 잔물결이 공간 속에서 출렁이다 보면 마이크로파 배경복사의 편광에 영향을 줄 수도 있다. 우리가 관측한 마이크로파 광자는 중력파로 주름진 공간을 138억 년 동안 여행한 끝에 망원경에 도달한 것이기 때문이다. 인플레이션 전문가들은 원시 중력파의 강도가 지극히 낮다 해도 이로부터 생긴 우주배경복사의 편광 효과가 반드시 관측될 것으로 믿고 있다.

안타깝게도 플랑크 위성에는 고성능 편광계polarimeter 편광을 감지하는 장치가 탑재되어 있지 않다. 남극대륙의 아문센-스콧 남극기지Amundsen-Scott South Pole Station에 설치된 편광계에 그토록 기다리던 편광이 감지된 적이 있는데, 데이터를 정밀하게 분석한 결과 은하 먼지의 간섭 때문에 나타난 현상으로 밝혀졌다. 그러나 우주론학자들은 원래 포기를 모르는 사람들이다. 이들은 지금 우주배경복사에서 원시 중력파의 흔적을 찾는 위성 탐사 계획을 추진하고 있다. 이로부터 얻을 수 있는 정보가 많지 않다 해도, 원시 중력파를 (간접적으로나마) 발견하는 것 자체만으로도 획기적인 사건으로 기록될 것이다. 원시 중력파는 인플레이션 이론의 타당성을 뒷받침할 뿐만 아니라, 시공간의 장이 모든 물질장과 마찬가지로 양자 요동으로부터 탄생했음을 보여주는 최초의 증거이기 때문이다.

호킹 역시 원시 중력파가 감지되기를 간절히 바라고 있었다. 그가 임종을 앞두고 마지막으로 수행했던 연구는 원시 중력파의 정확한 강도를 예측하기 위해 인플레이션 이론에서 예측된 내용을 정교하게 다듬는 것이었다. 그가 이 연구에 그토록 공을 들인 이유는 양자 요동이 인플레이션에 의해 확장되는 현상이 블랙홀에서 방출되는 호킹 복사의 우주론 버전이었기 때문이다. 즉, 원시 중력파가 발견되면 호킹 복사 이론은 (간접적으로나마) 검증되는 셈이었다.

인플레이션 이론은 우주 초창기에 아주 짧은 시간 동안 일어났던 일련의 사건을 매우 성공적으로 설명했다. 물론 인플라톤의 물리적 특성이 아직 명확하게 밝혀지지 않았고 원시 중력파도 확인되지 않았지만, 우주배경복사의 온도 분포가 이론에서 예측된 값과 정확하게 일치하기 때문에, 대부분의 우주론학자는 인플레이션을 정설로 받아들이고 있다. 아닌 게 아니라, 인플레이션 이론은 느낌상으로도 옳고, 겉모습도 옳은 이론처럼 보인다. 그러나 인플레이션이 실제로 일어났다면, 그것을 촉발한 원인이 무엇인지 묻지 않을 수 없다. 초기 우주에서 일어난 일을 설명할 때, 하나의 수수께끼를 다른 수수께끼로 대치하는 것은 절대 금물이다. '원인 없는 인플레이션'은 빅뱅의 수수께끼를 인플레이션이라는 또 다른 수수께끼로 대치한 것에 불과하다. 그러므로 인플레이션이 제아무리 매력적인 이론이라 해도 그것이 일어난 원인을 설명하지 못하면 아무런 의미가 없다. 이것이 바로 과학이 작동하는 방식이다.

인플레이션을 촉발한 원인은 과연 무엇일까? 초기에 인플라톤장은 어떻게 에너지 언덕의 높은 곳으로 올라갈 수 있었을까? 바로 이 대목에서 호킹의 무경계 가설이 해결사로 등장한다. 놀랍게도 무경계 가설은 우주가 인플레이션에서 시작되었음을 암시하고 있다. 수학적 관점에서 볼 때 창조의 순간에 시공간의 밑바닥이 완만한 곡면이었다는 것은 인플레이션 이론의 주장대로 신비한 스칼라 물질이 음압을 발휘했음을 의미하기 때문이다. 실수 시간에 기초한 고전 우주론에서 음압을 발휘하는 물질은 초고속 팽창(인플레이션)을 유발하고, 허수 시간에 기초한 양자우주론에서 음압을 발휘하는 물질은 시공간의 바닥을 구의 표면처럼 매끄럽게 닫아놓는다. 따라서 창조의 순간에 적용되는 무경계 가설과 창조 직후의 상태를 설명하는 인플레이션 이론은 서로 밀접하게 관련된 '쌍둥이 프로세스'라 할 수 있다. 이들은 서로 보완하는 관계에 있으며, 인플레이션을 양자적으로 완성한 버전이 바로 무경계 가설이다.(그림 30 참조) 만일 우주가 (무경계 가설의 법칙에 의해) 아무것도 없는 무의 상태에서 태어났다면, 향후 우주가 겪게 될 팽창 시나리오의 대부분은 완전히 배제되고, 단 하나의 시나리오만 남는다. 즉, 우주가 겪을 수 있는 다양한 역사 중 "탄생 초기에 아주 짧은 시간 동안 급속도로 팽창했다가 진정국면으로 접어드는" 역사만 남게 되는 것이다.

1장의 앞부분에서 나는 결정론이 "진화의 모든 단계에서 가장 일반적인 구조와 특성만을 결정할 뿐"이라고 했다. 다시 말해서, 결정론으로는 계의 구체적인 특성을 알아낼 수 없다는 뜻이다. 무경계 가설

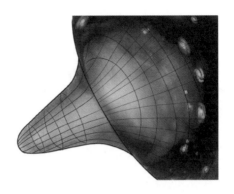

그림 30. 하틀과 호킹의 무경계 가설에 의하면 우주는 초고속으로 진행되는 팽창으로부터 탄생했다.

에 의하면 어떤 특정한 형태의 인플레이션에는 우주의 진화를 좌우한 구조적 특성이 담겨 있다.

호킹의 제자들은 블랙홀과 무경계 가설 사이의 유사성을 파고들면서 더없이 흥미진진한 나날을 보내다가 의미심장한 결론에 도달했다. 이 분야의 선구자들은 인플레이션이 과거에 우주가 일시적으로 겪었던 중간 단계라고 생각했다. 그러나 이 이론을 양자 버전으로 확장하면 인플레이션 자체가 곧 우주의 시작이라는 결론에 도달하게 된다. 무경계 가설에 의하면 인플레이션은 양자적 과정을 통해 고전적 시공간이 탄생하기 위한 필수 과정이다. 무경계 가설은 인플레이션 이론을 더욱 높은 수준으로 끌어올려서 시공간과 연결해준다. 인플레이션이 일어난 것은 우연한 행운도 아니고, 신의 손이 인플라톤을 에너지 언덕 꼭대기에 올려놓았기 때문도 아니다. 그것은 우주가 존재하기 위해 반드시 필요한 과정이었다.

그러나 여기에는 문제가 하나 있다. 무경계 가설에 의하면 인플레이션은 가능한 한 작은 규모로 일어나야 한다. 그리고 인플레이션의 초기 강도는 인플라톤장의 초기값에 의해 결정된다. 인플라톤장의 초기값이 그림 27(209쪽)의 언덕 꼭대기에 있었다면, 인플레이션이 상상을 초월하는 강도로 진행되어 공간은 엄청나게 커지고, 물질의 양도 풍부해져서 수십억 개의 은하가 탄생할 수 있다. 우리의 우주가 바로 이런 경우다. 이와 반대로 인플라톤장의 초기값이 에너지 곡선의 깊게 팬 골짜기 근처에 있었다면, 인플레이션이 아주 얌전하게 시작되어 우주 공간은 은하가 생성되지 못한 채 거의 텅 비었을 것이고, 자체 중력으로 다시 수축되어 빅 크런치big crunch 우주가 특이점과 같은 한 점으로 축소되면서 종말을 맞이하는 현상를 맞이하게 될 것이다. 물론 이런 우주는 우리와 거리가 멀다. 그런데 안타깝게도 무경계 가설을 액면 그대로 수용하면 우리의 우주는 전자가 아닌 후자의 길을 걸어왔어야 한다. 생명체가 존재할 수 없는 우주에서 생명의 근원을 찾아야 하는 난처한 상황에 놓이게 되는 것이다. 대부분의 물리학자가 무경계 가설을 진지하게 받아들이지 않은 것은 바로 이런 약점 때문이었다. 하틀과 호킹이 무경계 가설에 기초한 우주 모형을 제시한 후로, 이 문제는 "다들 알고 있지만 대놓고 말하기 꺼리는" 눈엣가시 같은 존재였다.

이 눈엣가시를 좀 더 자세히 들여다보자. 인플레이션의 원인은 '시간 화살arrow of time' 시간이 과거로 역행하지 않고 오직 미래로만 흐르는 특성을 강조하는 용어이라는 문제와 밀접하게 관련되어 있다. 다들 알다시피 우리가 매일 겪는 일상적인 경험들은 명확한 방향을 향해 진행된다. 달걀은 깨질 수 있지만 깨진 달걀은 다시 붙지 않고, 사람은 시간이 흐를수록 늙지만 다시 젊어지는 일은 절대로 없다. 그리고 별은 자체 중력으로 붕괴되어 블랙홀이 될 수 있지만, 블랙홀이 다시 별로 환생하는 사건은 절대 일어나지 않는다. 무엇보다 중요한 것은 "과거를 기억하는 사람은 있어도, 미래를 기억하는 사람은 없다"는 것이다. 이 확고한 방향성, 즉 시간 화살은 물리적 세계의 배후에서 모든 것을 지배하는 강력한 원리 중 하나다. 우리는 깨진 달걀이 다시 들러붙어서 멀쩡한 달걀이 되거나 블랙홀에서 별이 탄생하는 광경을 절대로 볼 수 없다. 그런데 시간은 왜 이토록 확고한 방향성을 갖게 되었을까?

고대인들은 시간의 방향성을 목적론적 관점에서 이해했다. 만사가 진행되는 방향이 "모든 것은 자연을 지배하는 '최종 원인'을 향해 나아간다"는 아리스토텔레스의 주장과 거의 일치하는 것처럼 보였기 때문이다.

그러나 현대를 사는 우리는 시간이 "무질서도가 증가하는 방향"으로 진행한다는 사실을 잘 알고 있다. 침실이나 사무실은 사용자가 특별히 신경을 써서 관리하지 않으면 금세 난장판이 된다. 왜 그럴까? 이유는 간단하다. 사무실이 놓일 수 있는 수많은 상태 중에서 깔끔해지는 경우의 수보다 지저분해지는 경우의 수가 압도적으로 많기 때문이다. 또 다른 사례로 퍼즐을 생각해보자. 퍼즐을 새로 구입해서 포장을 뜯지 않고 마구 흔든 후에 상자를 열었는데, 모든 조각이 맞춰져 있다면 당신은 대경실색할 것이다. 모든 조각이 배열될 수 있는 경우의 수는 엄청나게 많지만, 완벽하게 맞춰진 경우는 단 하나밖에 없기 때문이다. 물리계의 보편적 속성도 이와 비슷해서 질서보다는 무질서를 향해 나아가고, 비로 이런 특성 때문에 여러 개의 입자로 이루어진 계는 시간이 흐를수록 더욱 무질서해지는 경향이 있다.

물리학자들은 계의 무질서한 정도를 '엔트로피entropy'라는 수치로 나타낸다. 이것은 19세기 오스트리아의 물리학자 루트비히 볼츠만Ludwig Boltzmann이 도입한 개념이다. 계의 엔트로피가 높다는 것은 무질서한 상태에 있다는 뜻이고, 엔트로피가 낮다는 것은 계가 질서정연한 상태에 있다는 뜻이다. 정리하자면, 복잡한 물리계는 엔트로피가 높은 상태를 향해 나아가려는 경향이 있다. 이것이 바로 그 유명한 열역학 제2법칙2nd law of thermodynamics이다. 항상 증가하는 '엔트로피 화살'은 항상 미래로만 흐르는 '시간 화살'보다 더 근본적인 현상이다. 즉, 시간이 흐르기 때문에 엔트로피가 증가하는 것이 아니라, 엔트로피가 증가하기 때문에 시간이 흐른다는 이야기다.

그런데 여기에는 한 가지 미스터리가 있다. 엔트로피가 증가하려면 물리계는 일단 낮은 엔트로피 상태(저엔트로피 상태)에서 출발해야 한다. 그렇다면 어제의 엔트로피가 오늘의 엔트로피보다 낮은 이유는 무엇인가? 오믈렛을 만들 수 있는, "깨지지 않은" 멀쩡한 달걀은 어떻게 존재하게 되었는가? 물론 달걀은 닭의 몸에서 나왔고, 닭은 농장이라는 저엔트로피계에서 사육되었으며, 농장은 생물계라는 저엔트로피계의 일부다. 그리고 지구의 생물계를 유지하는 원천은 태양에너지다. 그렇다면 저엔트로피 태양은 또 어디서 왔는가? 태양은 50억 년 전에 극저엔트로피 상태의 가스 구름이 수축되면서 탄생했고, 이 가스 구름은 이전 세대의 별이 수명을 다하고 남긴 잔해였다. 이쯤 되면 그다음 질문은 독자들도 알 것이다. 1세대 별의 모태가 되었던 극저엔트로피 가스 구름은 어디서 온 것인가? 이 구름은 초기 우주를 가득 채웠던 뜨거운 기체의 아주 작은 밀도 변화에서 탄생했고, 밀도가 위치마다 아주 조금씩 달라진 원인은 인플레이션까지 거슬러 올라간다.

그러므로 인플레이션이 마무리될 즈음에 우주의 엔트로피는 극도로 낮았을 것이다.

이런 식으로 따져보니 닭과 달걀의 이야기에 무언가 심오한 뜻이 담겨 있는 것 같다. 그렇다. 이 이야기는 오늘날 깨지지 않은 저엔트로피 달걀이 존재하게 된 궁극적 이유가 빅뱅의 기원과 깊이 관련되어 있음을 말해준다. 지금으로부터 약 140억 년 전에 우주는 엔트로피가 믿을 수 없을 정도로 낮은 상태에서 시작되었으며, 그 후로 엔트로피가 커지는 쪽을 향해 꾸준히 변해왔다. 그러므로 과거와 미래를 구별하는 시간 화살의 기원은 엔트로피가 극도로 낮았던 원시우주에서 찾아야 한다. 아마도 이것은 우주가 생물친화적 특성을 갖게 된 이유 중 가장 미스터리한 수수께끼일 것이다. 원시우주는 어떻게 그토록 엔트로피가 낮은 생태에 놓이게 되었을까? 무지막지하게 터지는 인플레이션의 와중에 열역학 제2법칙을 교묘하게 피하여 저엔트로피 상태로 찾아간 것일까? 아니다. 인플레이션이 일어나는 동안에도 우주의 엔트로피는 증가했고(증가 속도는 지금보다 느렸겠지만), 그 후로 지금까지 줄기차게 증가일로를 달려왔다.

이런 이유로 펜로즈는 인플레이션 이론을 '환상'으로 치부했다.

인플레이션이 시작되려면 인플라톤장이 에너지 곡선 꼭대기의 극저 엔트로피 상태에 놓여 있어야 하는데, 펜로즈는 이것이 "지나치게 미세 조정된 초기 조건"이라고 생각한 것이다. 그러나 인플레이션에 양자우주론을 도입하면 펜로즈의 걱정거리가 해결될 수도 있다. 역학과 초기 조건을 결합한 무경계 가설의 한쪽 끝에는 매끄러운 인플레이션 우주가 존재하고, 반대편 끝에는 무질서한 우주가 있다. 즉, 무경계 가설에는 시간적 비대칭성이 자연스럽게 내재되어 있는 것이다. 그러나 무경계 가설에 내포된 시간 화살만으로는 현재의 우주를 설명하기에 역부족이다. 이 이론에서 인플라톤은 언덕의 조금 위쪽(중간 엔트로피 상태)에 놓여 있는데, 이런 경우라면 우주는 폭발적 빅뱅이 아닌 "부드러운 확장"으로 탄생하게 된다. 무경계 가설은 우아하고 심오하면서 아름다운 이론이지만, 안타깝게도 현실에 맞지 않는다. 한때 혜성처럼 나타났다가 조용히 사라진 대부분의 이론이 그랬던 것처럼, 무경계 가설도 열역학 제2법칙 앞에 무릎을 꿇고 말았다.

그렇다고 모든 희망이 사라진 것은 아니었다. 무경계 가설의 양자적 뿌리 깊은 곳에 의외의 해결책이 숨어 있을지도 모른다. 무경계 가설은 우주의 파동함수를 다루는 이론이므로, 인플레이션이 반드시 최소한의 규모로 일어날 필요는 없다. 양자우주의 기원은 하나의 값으로 떨어지지 않고 모호한 상태에서 시작되었기 때문이다. 전자 한 개의 파동함수가 각기 다른 확률을 가진 여러 궤적의 합으로 표현되듯이, 무경계 가설에서 말하는 우주의 파동함수는 각기 다른 인플라톤장에서 시작된 다양한 인플레이션 우주의 혼합으로 표현된다. 즉, 양자우주는 단 하나의 팽창하는 공간이 아니라, 영화 〈백 투 더 퓨처Back to the Future〉에서 브라운 박사가 칠판에 그림을 그려가며 마티에게 설명했던 것처럼 여러 개의 팽창 역사가 중첩되어 있다.

양자우주의 추상적인 특성을 이해하기 위해, 팽창하는 원형 우주를 다시 한번 떠올려보자. 앞에 제시한 그림 30은 무경계 가설에 입각하여 1차원 원형우주의 창조 과정을 표현한 것이다. 그러나 이 그림은 다양한 팽창의 역사 중 하나일 뿐이다. 그림 30에서 "매 순간의 우주"에 해당하는 원들은 훨씬 방대한 양자적 현실 중 하나의 특정한 파동 마루를 따라가고 있다. 무경계 가설의 파동 전체를 묘사하려면 각기 고유한 방식으로 확장되는 원들의 집합을 모두 고려해야 하는데, 그 결과는 그림 31과 같다. 여기 표현된 "팽창 역사의 집합"은 무경계 파동 속에 공존하고 있으며, 양자적 시공간의 모호한 특성이 고스란히 반영되어 있다.

여러 개의 우주가 공존한다는 것은 꽤 흥미롭긴 하지만 여전히 혼란스럽다. 고전적인 상대성 이론에서 하나의 시공간은 다른 시공간과 완전히 단절되어 있다. 예를 들어 도판 1의 르메트르 다이어그램에 제시된 모든 곡선은 각각 별도의 우주를 나타내는데, 아인슈타인의 이론은 이들에게 가중치를 부여하지 않고 단 하나의 우주만을 골라서 서술하고 있지만 양자우주론에서는 모든 가능한 역사를 고려해야 한다. 호킹의 파동함수는 "모든 가능한 우주의 역사"라는 방대한 무대에서 작동하는 함수다. 전자 한 개가 취할 수 있는 모든 가능한

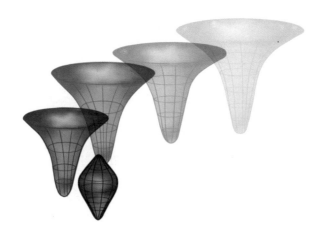

그림 31. 양자역학에서 입자의 파동함수가 입자의 모든 가능한 경로의 합으로 주어지듯이(그림 21 참조), 양자우주론에서 우주의 파동함수는 우주가 겪을 수 있는 모든 가능한 확장 시나리오의 합으로 존재한다. 호킹의 무경계 가설에서 말하는 파동함수를 액면 그대로 해석하면 "약한 인플레이션을 겪은 후 다시 붕괴되는 우주"가 주류를 이룬다. 무지막지한 인플레이션에서 탄생하여 수많은 은하를 낳고 생명체의 존재까지 허용하는 우주는 무경계 가설에서 완전히 배제되진 않지만, 파동함수의 꼬리 부분에 미약하게 존재할 뿐이어서 이론상으로는 거의 보이지 않는다.

경로가 더해져서 전자의 파동함수가 만들어지듯이, 무경계 가설의 파동함수는 우주가 겪을 수 있는 모든 가능한 팽창 시나리오를 종합한 결과물이다. 여러 개의 가능성이 혼재되어 있으니, "이들 중 어느 것이 우리의 우주인가?"라는 질문을 통해 설계된 우주의 수수께끼에 대하여 더욱 깊은 통찰을 얻을 수 있다.

흥미롭게도, 다양한 역사가 하나로 묶여 있다는 것은 우주의 파동함수가 시간에 따라 변하지 않는다는 것을 의미한다. 그래서 팽창하는 우주 집합이 진화하는 과정을 표현한 그림 31에는 전체적인 시간의 흐름이 명시되어 있지 않다. 양자우주론의 가장 근본적인 단계에서 시간은 아무런 의미가 없으며,[12] 개개의 팽창하는 우주에서 통용되는 "국소적 시간개념"만이 존재할 뿐이다. 시간을 측정하려면 하나의 물리적 속성이 다른 물리적 속성에 대하여 상대적으로 변해야 하기 때문이다. 예를 들어 우리 우주에서는 공간이 팽창함에 따라 일정하게 식어가는 우주배경복사의 온도를 시계로 사용할 수 있지만 (물론 시곗바늘이 너무 느리게 움직여서 스케줄 조정용으로는 부적절하다), 이 시계를 다른 우주에서 사용할 수는 없다.

그러나 안타깝게도 무경계 파동은 엄청난 인플레이션으로 탄생한 생명친화적 우주를 모두 커버하지 못한다. 무경계 파동에는 강도가 각기 다른 인플레이션의 발생 확률이 담겨 있는데, 강도가 최소인 인플레이션이 일어날 확률은 매우 높은 반면, 강한 인플레이션이 일어날 확률은 기하급수로 작아진다. 무경계 가설은 음압에 의해 팽창하는 우주와 궁합이 잘 맞지만, 이 가설에 의하면 강력한 인플레이션으로 태어난 생명친화적 우주보다 최소한의 인플레이션으로 간신히 명맥만 유지하는 우주가 생성될 확률이 압도적으로 높다.

이것은 매우 혼란스러운 상황이다. 지금 우리는 확률이 가장 높은 우주에서 살고 있는 것일까? 아니면 확률이 지극히 낮은 우주에서 살고 있으니, 우주 파동함수 이론을 폐기해야 할까? 이런 질문을 떠올릴 관찰자가 존재하려면, 그 우주에는 원자로 이루어진 물질이 있어야 한다. 물질도, 생명체도 없이 텅 빈 우주가 발생할 확률이 압도적으로 높다 해도, 우리가 그런 우주에 살고 있지 않은 것은 당연한 일이다. 또한 우주에 생명체가 존재하기 위해 특정한 조건(예를 들어 은하 등)이 반드시 충족되어야 한다 해도, 그런 이유로 텅 빈 우주의 발생 확률이 가장 높은 우주 파동함수를 폐기할 수는 없다. 중요한 것은 이론상에서 "발생 확률이 가장 높은 우주"가 아니라, "관측될 확률이 가장 높은 우주"다. 우주가 겪을 수 있는 수많은 역사 중 관측자가 존재하지 않는 역사는 이론과 관측 결과를 비교할 때 별로 중요한 요소가 아니다.

1997년에 호킹과 닐 튜록은 위와 같은 전제하에 "우리는 반드시 우주에 존재해야 한다"는 인류 원리적 논리에 기초한 무경계 이론 구출 작전에 나섰으나,[13] 결과는 그리 만족스럽지 못했다. 인류 원리로 이론을 보강해봐야 은하가 달랑 하나밖에 없는 우주가 부각될 뿐, 은하로 가득 찬 우주가 발생할 확률은 여전히 0에 가까웠던 것이다. 이 실망스러운 결과에 자극받은 튜록은 과감하게 기어를 바꿔서 우주의 시작을 피해 가는 새로운 방법을 파고들기 시작했고, 호킹은 무경계 가설을 끝까지 고수했다. 당시에는 잘 몰랐지만 지금 돌이켜보면 그때 호킹의 연구는 이제 막 첫발을 뗀 것이나 다름없었다.

한편, 안드레이 린데와 우크라이나 태생으로 미국 터프츠대학교의 물리학자 알렉산더 빌렌킨Alexander Vilenkin(그는 생각이 깊으면서 말수가 적은 사람으로 유명하다)은 인플레이션의 기원을 설명하는 또 다른 이론을 제안했다. 이들의 이론은 너무 파격적이어서 발표와 동시에 학계의 이목을 사로잡았는데, 이것이 바로 그 말 많고 탈 많은 다중우주 가설이다.

린데와 빌렌킨은 인플레이션의 기원에 관한 문제를 거꾸로 뒤집어서 생각하다가 "인플레이션은 우주가 겪는 기본 상태로서, 멈추기가 매우 어렵다"고 주장했다. 다시 말해서, 인플레이션 팽창은 일회성 사건이 아니라 본질적으로 영원히 계속된다는 것이다.[14] 이들의 논리에는 인플레이션을 통해 은하의 씨앗으로 자라나는 것과 동일한 종류의 양자 요동이 포함되어 있는데, 지금 이 요동은 우리 우주의 지평선보다 훨씬 커졌을 것으로 예상된다. 인플레이션에 의해 파장이 엄청나게 긴 파문이 일어나면 인플라톤장의 강도는 방대한 규모에 걸쳐 진동할 것이다. 일부 지역에서는 이 진동 때문에 인플라톤이 에너지 언덕의 낮은 곳으로 굴러떨어져서 뜨거운 빅뱅과 함께 완만한 인플레이션이 시작되고, 또 다른 지역에서는 인플라톤의 에너지가 높아져서 인플레이션이 훨씬 강렬하게 일어날 것이다. 린데와 빌렌킨의 주장을 요약하면 다음과 같다. "인플라톤의 에너지가 높은 영역은 매우 드물겠지만, 이런 곳에서 인플레이션이 일어나면 엄청나게 큰 부피로 팽창할 것이다. 따라서 강한 인플레이션이 약한 인플레이션을 압도하는 영역은 항상 존재하며, 이는 곧 인플라톤의 에너지가 높은 영역이 항상 존재한다는 뜻이다." 거시적 관점에서 볼 때 인플레이션은 전염성이 강한 바이러스와 비슷하다. 즉, 한 영역이 팽창하면 또 다른 팽창 영역이 생겨나고, 이들이 빅뱅이나 더욱 많은 후속 팽창 영역을 양산하면서 영원히 계속된다.

인플레이션이 일회성 이벤트가 아니라 영원히 계속되는 것이라면, '머나먼 과거'에 대한 우리의 관점은 대대적으로 수정되어야 한다. 질문: 인플레이션의 기원은 무엇인가? 답: 인플레이션은 기원이라는 것이 없다. 인플레이션은 지금의 시공간을 낳은 짧고 강력한 팽창사건이 아니라, 잠시도 멈추지 않고 영원히 가동되는 '우주 생산 공장'이다. 린데는 그의 저서에 다음과 같이 적어놓았다. "우주는 시작도 없고(또는 없을지도 모르고) 끝도 없는 자체 재생산 시스템이다."[15] 우리의 관측 장비로 볼 수 있는 모든 우주는 훨씬 큰 우주에 떠다니는 작은 섬에 불과할지도 모른다. 그리고 모든 '작은 우주'를 아우르는 큰 우주(다중우주, 또는 코스모스cosmos)는 훨씬 복잡한 구조를 갖고 있다. 하나의 작은 섬 안에서 양자 요동이 우주 스케일로 커지면 은하가 탄생한다. 그러나 양자 요동이 이보다 훨씬 큰 규모로 커지면 섬이 아니라 거대한 대륙이 탄생할 수도 있다. 다중우주를 어떻게든 바깥에서 바라볼 수 있다면, 서서히 팽창하는 섬우주island universe와 인플레이션의 마지막 단계에서 새로운 순환을 시작하는 우주, 또 이들을 모두 포함하면서 무한히 팽창하는 공간(코스모스)을 보게 될 것이다. 개중에는 수많은 은하가 제임스 웹 망원경James Webb telescope의 가시권 안에 퍼져 있는 우주도 있고, 인플레이션이 조기에 종료되어 은하를 만들 물질이 거의 존재하지 않는 우주도 있다. 그러나 하나의 섬우주에서 다른 섬우주로 이동하거나 신호를 교환하는 것은 원리적으로 불가능할 것이다. 섬들 사이의 거리가 빛보다 빠르게 멀어지면 두 지역을 연결할 방법이 없기 때문이다. 그러므로 개개의 섬우주는 사실상 완전히 고립되어 있다. 앞으로 다중우주를 논할 때 개개의 우주는 '섬우주'로, 전체 우주는

'코스모스'로 표기하기로 한다.

물리적 현실로 받아들이기에는 참으로 황당한 이론이다. 거대 우주 안에 작은 섬우주들이 떠 있다는 주장은 토머스 라이트Thomas Wright가 상상했던 끝없는 우주를 연상시킨다. 18세기 영국의 더럼에서 시계 제작자 겸 건축가로 활동했던 라이트는 시대를 한참 앞서간 선구자였다. 독학으로 천문학까지 연구했던 그는 은하수가 무수히 많은 은하 중 하나이며, 모든 은하는 수많은 별로 이루어져 있다고 생각했다. 1750년에 출간된 그의 저서 《우주 기원론An Original Theory of the Universe》에는 구형 은하들이 거품처럼 모여 있는 그림이 실려 있는데, 그 모습이 인플레이션 다중우주와 놀라울 정도로 비슷하다.(도판 7 참조) 라이트의 우주 모형에서 영감을 얻은 이마누엘 칸트Immanuel Kant는 은하를 '섬우주'라고 불렀다. 라이트와 칸트의 우주 모형은 우주의 규모를 파악하는 데 매우 중요한 실마리를 제공했지만, 이들의 주장은 1925년에 나선 성운이 별개의 은하임을 에드윈 허블이 발견한 후에야 비로소 수용되었다. 그러나 허블 덕분에 우주의 규모가 제아무리 커졌다 해도, 인플레이션 이론에서 탄생한 무한 다중우주에 비하면 새 발의 피도 안 된다.

프랙털fractal 세부 구조가 전체적인 구조와 닮은 형태로 끝없이 반복되는 도형. 눈의 결정이 대표적 사례다을 방불케 할 정도로 복잡다단한 다중우주는 결코 쉽게 받아들일 수 있는 이론이 아니다. 영원히 팽창하는 다중우주에는 무한히 많은 우주가 공존하고 있으므로, 이들 중 어딘가에는 우리 은하수와 완전히 똑같은 은하가 존재할 것이다. 여기서 "완전히 똑같다"는 말은 은하를 구성하는 개개의 원자가 정확하게 똑같이 배열되어 있다는 뜻이다. 따라서 그 은하에는 우리 태양계와 똑같은 태양계가 있고, 당신이 사는 집과 똑같은 집에서 당신의 도플갱어가 이 책과 똑같은 책을 읽고 있다. 게다가 전체 코스모스에 당신과 똑같은 도플갱어는 하나가 아니라 무수히 많이 존재한다. 나의 막내딸 살로메에게 이 가설을 들려줬더니 다음과 같은 답이 돌아왔다. "그런 엉터리 같은 얘기가 어디 있어? 아빠 물리학자 맞아?"

호킹의 예순 번째 생일을 맞이하여 케임브리지에서 디너 파티가 열렸을 때(세간에는 잘 알려져 있지 않지만, 호킹은 진짜 파티를 즐길 줄 아는 사람이다), 그 자리에 참석한 안드레이 린데는 호킹과 처음 만났던 날을 러시아 물리학자 특유의 스타일로 다음과 같이 회고했다. 때는 1981년, 학회 참석차 모스크바의 슈테른베르크 천문연구소Sternberg Astronomical Institute를 방문한 호킹은 내로라하는 러시아 물리학자들 앞에서 강연을 하기로 되어 있었다. 당시 호킹은 말을 할 수 있는 상태였지만 발음이 많이 어눌해서 알아듣기가 어려웠다. 그래서 호킹이 하는 말을 그의 제자 중 한 사람이 또렷한 영어로 따라 하면, 영어와 러시아어에 모두 능통한 젊은 러시아 학생 린데가 영어를 러시아어로 통역하는 식으로 진행되었다. 인플레이션 이론의 창시자 중 한 명이었던 린데는 호킹의 강연 주제를 누구보다 잘 알고 있었기에, 호킹이 하는 말에 부연 설명까지 해가면서 열심히 통역했다. 강연은 한동안 별문제 없이 진행되었다. 호킹이 어눌한 발음으로 말을 하면 그의 제자가 또렷한 영어로 반복하고, 린데는 그것을 자신의 모국어인 러시아어로 (보충 설명을 곁들여) 청중에게 전달했다. 그런데 어느 순간부터 분위기가 이상해졌다. 호킹이 갑자기 린데의 인플레이션 이론의 문제점을 지적하면서 비난하기 시작한 것이다. 그리하여 린데는 세계 최고의 우주론학자가 자신의 인플레이션 이론이 틀렸다고 생각하는 이유를 러시아의 석학들에게 시시콜콜 설명해야 하는 딱한 처지에 놓이게 되었다. 그날은 호킹과 린데의 우정이 처음으로 싹튼 날이자, 우주론의 격렬한 논쟁이 시작된 날이기도 하다.

인플레이션의 기원을 놓고 치열하게 전개된 린데와 호킹의 논쟁은 어떤 면에서 호일과 르메트르의 논쟁을 떠올리게 한다. 다른 점이 있다면 린데와 호킹의 무대는 고전 및 양자 물리학을 융합한 준고전적 우주론이었다는 점이다. 1950년대에 호일은 "은하들이 멀어지면서 생긴 빈공간을 채우기 위해 물질이 계속해서 창조된다"는 논리를 펼치면서 우주가 영원히 변치 않는다는 정상상태 우주론을 고집했고, 르메트르는 우주가 격렬한 진화를 겪었기 때문에 과거와 현재가 완전히 다르다고 주장했다. 여기서 은하를 우주로 바꾸면 호일의 고전적 우주론은 린데의 준고전적 우주론이 된다. 영원히 팽창하는 다중우주에서 섬우주가 끊임없이 창조되면 다중우주도 정상상태를 유지할 수 있다. 인플레이션이 영원히 계속되는 다중우주에서는 인플레이션의 원인(그리고 우주의 시작)을 추적할 필요가 없다. 그런 것은 애초부터 존재하지 않았기 때문이다.[6] 이와 대조적으로, 호킹의 무경계 우주론에는 우주가 정상상태였다는 증거가 전혀 없다. 그는 인플레이션이 시작되는 지점에 우주의 시간을 공간으로 바꿈으로써 진화에 대한 르메트르의 아이디어를 극단으로 밀어붙였다. 다중우주론은 모든 사건의 배경인 '영원히 팽창하는 공간'이 안정적인 상태를 유지한다고 주장하는 반면, 무경계 가설은 초기 우주에서 양자역학이 막강한 영향력을 발휘하여 배경(시공간의 구조)을 근본적으로 바꿔놓았다고 주장한다.

호킹은 "영구적 팽창에 기초한 다중우주 이론은 물리적 현실을 과도하게 확장한 가설이어서 논리적 타당성이 떨어질 뿐만 아니라, 관측 결과와도 일치하지 않는다"고 주장했다. 안드레이 린데는 여기에 대항하여 "무경계 가설이 옳다면 우주에는 관측자가 존재할 수 없

그림 32. 1987년에 모스크바 학회에서 만난 스티븐 호킹과 안드레이 린데(호킹 뒤에 서 있는 인물). 안드레이 사하로프Andrei Sakharov(소파에 앉아 있는 인물)와 바흐 구자디안Vahe Gurzadyan(중앙에 서 있는 인물)의 모습도 보인다.

다"고 받아쳤다. 무경계 가설에 의하면 우주는 인플레이션이 최소한의 규모로 일어나서 별도, 생명체도 없이 텅 비어 있어야 하기 때문이다. 린데의 영구적 인플레이션 이론에서는 인플레이션이 우리가 상상할 수 있는 최대한의 강도로 일어났고 지금도 일어나고 있으므로, 코스모스(다중우주)에는 무수히 많은 우주와 무수히 많은 관측자가 존재할 수 있다. 무경계 가설에 의하면 우리는 존재할 수 없고, 영구적 인플레이션 이론은 우리에게 '정체성의 위기'라는 새로운 문제를 안겨주었다. 우주론의 황금기에 탄생한 두 가지 이론이 각자 문제점을 간직한 채 외나무다리에서 정면충돌한 것이다.

그러나 과학자와 일반 대중의 상상력을 더욱 강하게 자극한 것은 무경계 가설이 아닌 다중우주론이었다. 게다가 20세기가 끝날 무렵에 끈이론학자들이 다중우주에 관심을 갖기 시작하면서 평형추가 더 크게 기울어졌다. 끈이론학자들이 시연하는 마법 같은 수학은 다중우주론에 '텅 빈 섬우주'와 '은하로 가득 찬 섬우주' 외에 '모든 물리적 특성이 화끈하게 다른 이질적 섬우주'까지 추가함으로써 린데의 이론을 더욱 다채롭게 만들어주었다. 그렇다면 다중우주론은 우주가 생명체의 생존에 알맞게 미세 조정된 이유를 설명할 수 있을까? 다중우주론을 수용하면 설계된 우주의 수수께끼를 풀 수 있을까?

5장

다중우주에서 길을 잃다

그는 아르키메데스의 점Archimedean point을 찾았지만, 자신에게

불리한 쪽으로 사용했다. 그것은 애초부터 그런 용도로 써야 한다는

조건에서만 찾을 수 있었던 게 아니었을까?

_프란츠 카프카Franz Kafka, 《역대기Paralipomena》 중에서

"여러분이 블랙홀을 만들 수 있기를 바랍니다." 호킹이 환한 미소를
지으며 말했다. 2009년에 스위스 제네바 인근의 CERN(유럽원자핵
공동연구소)을 방문한 우리는 그곳에서 운영 중인 초대형 입자 검출
기 ATLAS•를 견학하기 위해 리프트를 타고 지하 5층까지 내려갔다.
CERN의 사무총장 롤프 호이어Rolf Heuer가 우리를 맞이했는데, 얼굴
에는 긴장한 기색이 역력했다. 그 무렵 CERN에서는 새로 건설된 대
형 강입자 충돌기LHC, Large Hadron Collider가 가동 직후 고장을 일으키
는 바람에 1년이 넘도록 복구 작업에 매달렸고, 복구가 마무리될 즈
음에는 일부 미국인들이 "LHC가 가동되면 소형 블랙홀이 생성되어

• ATLAS는 A Toroidal LHC Apparatus의 약자다.

지구 전체를 빨아들일 것"이라며 법원에 입자 가속기 가동을 금지해 달라는 소송을 제기했다.

LHC는 고리 모양의 입자 가속기로서, 입자물리학의 최신 이론인 표준 모형을 검증하기 위해(특히 힉스 입자의 존재 여부를 확인하기 위해) 건설된 세계 최대 규모의 실험 장치다. 스위스와 프랑스 접경지역에 거대한 지하터널 형태로 매립된 LHC는 둘레가 27킬로미터에 달하며, 그 안에서 양성자proton와 반양성자antiproton¹가 각기 반대 방향으로 광속의 99.9999991퍼센트까지 가속된다. 이 두 가닥의 초고에너지 입자빔이 고리 주변에 설치된 세 개의 입자 검출기에서 정면으로 충돌하면 온도가 100만×10억 도(10^{15}도)까지 상승한다. 이 정도면 빅뱅 직후 아주 짧은 시간 동안 유지되었던 우주의 환경과 비슷하다. LHC의 대표적인 입자 검출기로는 ATLAS와 CMS가 있는데, 이곳에서는 레고 블록처럼 쌓아놓은 수백만 개의 고감도 센서가 격렬한 충돌의 와중에 생성된 입자의 궤적을 추적하고 있다.

다행히도 미국인들이 제기한 소송은 "위험을 초래한다고 판단할 만한 근거가 불충분하다"는 이유로 기각되었다. 그해 11월에 LHC는 정상적으로 가동되기 시작했고, 얼마 후 ATLAS와 CMS 검출기에서 드디어 힉스 보손Higgs boson 힉스 입자가 입자 분류상 보손에 속하기 때문에 이런 이름으로 불리기도 한다이 발견되었다. 그리고 일부 사람들이 걱정했던 블랙홀은 단 한 번도 생성되지 않았다.

호킹이 "LHC에서 블랙홀이 생성될 수도 있다"고 한 것은 결코 지나친 생각이 아니었다(아마 호이어 사무총장도 같은 생각이었을 것이다).

사람들은 블랙홀이라고 하면 흔히 초대형 별이 수축된 괴물 같은 천체를 떠올리지만, 이것은 관련 지식이 부족해서 생긴 편견이다. 부피가 아무리 작아도 밀도가 충분히 높으면 블랙홀이 될 수 있다. 양성자 한 개와 반양성자 한 개가 거의 광속으로 내달리다가 충돌하는 경우에도 충돌 에너지가 아주 작은 영역에 집중되면 블랙홀이 생성될 수 있다. 그러나 이 정도로 작은 블랙홀은 곧바로 호킹 복사를 방출하면서 사라지기 때문에, 지구에 해를 입히는 것은 원리적으로 불가능하다.

만일 호킹의 예측대로 LHC에서 블랙홀이 생성되었다면, 가능한 한 큰 에너지로 입자를 충돌시켜서 초단거리 상호작용을 연구하려는 입자물리학의 연구 역사는 궁극의 목적지에 도달했을 것이다. 입자 충돌기는 초단거리에서 일어나는 현상을 포착한다는 점에서 현미경과 비슷하다. 그러나 이 현미경의 해상도는 중력 때문에 어느 한계를 넘지 못한다. 더 작은 영역을 들여다보려고 에너지를 높이다 보면, 어느 순간 갑자기 블랙홀이 생성되어 모든 것을 망쳐버리기 때문이다. 이 시점에 도달한 후에도 에너지를 계속 높이면, 가속기의 배율(확대 능력)이 좋아지는 대신 더 큰 블랙홀이 만들어진다. "에너지를 많이 투입할수록 더 짧은 거리를 볼 수 있다"는 물리학의 오래된 통념이 중력과 블랙홀 때문에 더 이상 적용되지 않는 것이다. 입자 가속기의 출력(에너지)을 높이려는 경쟁은 물질을 구성하는 최소 단위가 밝혀졌을 때 끝나는 것이 아니라(이것은 모든 환원주의자의 꿈이다), 거시적 규모의 휘어진 시공간이 나타났을 때 끝나게 된다. 오래전부터 물리학자들은 자연의 구조가 워낙 체계적이어서 단계적으로 하나씩 껍질을 벗겨나가면 궁극의 구성 요소에 도달할 수 있다고 굳게 믿어왔으나, 중력은 이 오래된 믿음을 물거품으로 만들어버렸다. 환원주의자●의 희망을 꺾었다는 점에서, 중력(또는 시공간 자체)은 반환원주의적 속성을 가진 것처럼 보이기도 한다. 이와 관련된 내용은 (결코 쉽지 않지만) 7장에서 자세히 다룰 예정이다.

그렇다면 중력이 누락된 입자물리학은 어떤 미시적 규모에서 '중력이 있는 입자물리학'으로 바뀔 것인가? 다시 말해서, 블랙홀을 인공적으로 만들려는 호킹의 꿈이 실현되려면 돈을 얼마나 쏟아부어야 하는가? 이것은 자연의 모든 힘을 하나의 체계로 묶는 통일이론과 깊이 관련되어 있다(이 장의 주제가 바로 통일이론이다). 자연의 모든 법칙을 하나로 통일하는 것은 아인슈타인의 오랜 꿈이었으며, 다중우주론이 설계된 우주에 대하여 타당한 설명을 내놓을 수 있는지를 판정하는 기준이기도 하다. 물리학의 기본 법칙에 대하여 더욱 깊은 통찰을 얻고, 이 법칙이 다중우주에서 어떤 식으로 변하는지 알아내려면 입자와 힘이 조화롭게 섞여서 물리적 실체를 만드는 원리부터 이해해야 한다.

눈에 보이는 대부분의 물질은 원자로 이루어져 있고, 원자는 전자와 원자핵으로 이루어져 있다. 원자핵은 다시 양성자와 중성자로

● 복잡하고 높은 단계의 개념을 하위 단계의 요소로 세분하여 명확하게 정의할 수 있다고 믿는 사람. 예를 들어 사람의 정신이나 영혼이 원자의 특별한 배열에 불과하다고 믿는 사람은 환원주의자에 속한다.—옮긴이

이루어져 있으며, 양성자와 중성자는 각각 세 개의 쿼크quark로 이루어져 있다. 원자핵이 단단한 결합 상태를 유지할 수 있는 것은 쿼크들 사이에 작용하는 강한 핵력strong nuclear force(강력) 덕분이다. 강력은 이름이 말해주듯이 매우 강한 힘이지만 작용하는 거리가 매우 짧아서, 10조 분의 1센티 이상 멀어지면 힘의 세기가 급격하게 0으로 떨어진다. 또 다른 종류의 핵력인 약한 핵력weak nuclear force(약력)은 쿼크뿐만 아니라 전자와 뉴트리노(중성 미자)에 작용하는 힘이다. 물질을 구성하는 입자는 크게 강입자(하드론hadron)와 경입자(렙톤lepton)로 분류되는데, 쿼크는 강입자이고 전자와 뉴트리노는 경입자에 속한다. 약력은 원자핵의 구성 입자 중 일부를 다른 입자로 바꾸는 역할을 한다. 예를 들어 원자핵에 속하지 않고 혼자 떨어져나온 중성자는 몇 분 안에 양성자와 두 개의 경입자로 분해되는데, 이 과정에 관여하는 힘이 바로 약력이다. 입자들 사이에 작용하는 세 번째 힘은 우리에게 가장 친숙한 전자기력electromagnetic force으로, 강력이나 약력과 달리 매우 먼 거리까지 영향을 미칠 수 있다(이 점은 중력도 마찬가지다). 즉, 전자기력은 전자를 원자핵과 가까운 곳에 붙잡아둘 뿐만 아니라, 거시적 규모의 먼 거리에서도 위력을 행사한다. 우리 일상생활이 주로 전자기력과 중력의 영향을 받는 것은 바로 이런 이유 때문이다. 통신장비와 MRI 스캐너에서 무지개와 북극광aurora에 이르기까지, 거의 모든 전자기기와 자연현상은 전자기력에 기반을 두고 있다.

눈에 보이는 모든 물질과 그들 사이에 작용하는 세 가지 힘을 설명하는 이론 체계를 표준 모형이라고 한다. 1960년대에서 1970년대 초에 걸쳐 개발된 표준 모형은 물질 입자(물질을 구성하는 입자)와 힘을 공간에 퍼진 장場의 개념으로 설명하는 양자장 이론QFT, quantum field theory이다(장에 대해서는 앞에서 설명한 바 있다). 표준 모형에 의하면 전자와 쿼크 같은 물질 입자는 공간에 독립적으로 존재하는 작은 당구공이 아니라, 양자장이 국소적으로 들뜨면서 나타난 결과일 뿐이다. 그리고 물질 입자들 사이에 작용하는 역장力場, force field이 들뜨면서 나타난 입자는 위에 열거한 힘을 매개하는 입자로서, 이들을 통틀어 '보손boson'이라 한다. 예를 들어 전자기력을 매개하는 광자는 전자기장이 들뜨면서 생긴 "입자를 닮은 양자"다.

표준 모형의 이론적 틀은 양자장의 물리적 특성을 서술하는 양자장 이론에 기초하고 있다. 예를 들어 두 개의 전자가 상호작용을 교환하는 경우를 생각해보자. 이들은 전기전하가 같기 때문에, 가까이 접근하면 전기적 반발력이 작용하여 상대방을 밀어내는데, 표준 모형은 이 현상을 "두 전자 사이에 교환되는 광자 때문에 나타나는 결과"로 설명한다. 두 개의 전자가 서로 상대방의 영향권 안으로 진입했을 때 한 전자가 광자를 방출하면 다른 전자가 그것을 흡수하고, 이 교환 과정을 통해 두 전자는 약간의 '발길질'을 느끼면서 서로 멀어지게 된다.(그림 33 참조) 그러나 이것이 전부가 아니다. 파인먼의 경로합을 이용하여 두 전자가 겪게 될 최종 결과(최종 산란각)를 구하려면 "두 전자 사이에 광자가 교환되는 모든 가능한 방식"을 더해줘야 한다. 물론 여기에는 여러 개의 광자가 교환되는 경우도 포함된다. 광자를 교환하는 방식이 여러 개라는 것은 하이젠베르크의 불확정성 원리에 의

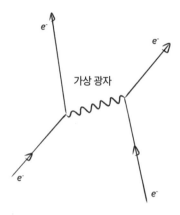

그림 33. 두 개의 전자가 광자 한 개를 교환하는 '양자 산란quantum scattering' 과정을 나타낸 파인먼 다이어그램Feynman diagram. 파인먼의 경로합 이론을 이용하여 전자의 산란각을 계산하려면, 교환된 광자가 한 개인 경우뿐만 아니라 여러 개인 경우까지 고려해서 모두 더해야 한다.

해 두 전자의 상호작용이 언제, 어디서 일어나는지 정확하게 알 수 없다는 뜻이다.

광자는 질량이 없다. 중력을 매개하는 중력자graviton도 마찬가지다. 그러나 약력과 강력을 매개하는 보손은 꽤 큰 질량을 갖고 있다. 약력과 강력이 초단거리에서만 작용하는 것은 바로 이런 이유 때문이다. 일반적으로 매개입자의 질량이 클수록 힘이 작용하는 거리가 짧아진다. 전자기력과 중력은 매개입자의 질량이 0이기 때문에, 우주를 가로질러 무한히 먼 거리까지 작용할 수 있다.

이것이 표준 모형의 전부인가? 아니다. 마지막 퍼즐 조각이 아직 남아 있다. 1964년에 영국의 이론물리학자 피터 힉스Peter Higgs가 그 존재를 예견했던 '힉스 보손'이 마지막 빈칸을 채워야 한다. 힉스 보손은 초기 우주의 인플라톤장과 같은 스칼라장인 힉스장의 양자에 해당하며, 처음 제기되었을 때부터 모든 공간에 퍼져 있을 것으로 예측되었다(이런 점에서 보면 과거에 폐기된 에테르의 현대식 버전이라 할 수 있다). 힉스장은 다른 모든 입자에 질량을 부여하기 때문에, 표준 모형에 반드시 필요한 요소다. 표준 모형에 의하면 매개입자는 물론이고 심지어 전자와 쿼크까지도 고유의 질량을 갖고 있지 않다. 그러나 이들은 모든 공간에 퍼져 있는 힉스장을 통과할 때 일종의 저항을 받으면서 질량을 획득하게 된다. 이것은 진흙탕에서 작은 돌멩이를 잡아당길 때 힘이 더 드는 것과 비슷하다. 진흙의 저항이 돌멩이의 질량을 증가시킨 것과 같은 효과를 내듯이, 힉스장 속을 통과하는 입자는 장의 저항 때문에 움직임이 둔해지고, 그 결과가 입자의 질량으로 나타나는 것이다. 이때 입자가 획득한 질량은 각 입자가 느끼는 힉스장의 강도에 따라 달라지는데, 예를 들어 쿼크는 힉스장과 매우 강하게 상호작용을 하기 때문에 질량이 크고, 전자는 상호작용이 약해서 질량이 작다. 그리고 광자는 힉스장과 상호작용을 전혀 하지 않기 때문에 질량이 0이다.

스칼라장이 모든 입자에 질량을 부여한다는 아이디어를 처음으로 떠올린 사람은 소심한 성격으로 유명한 피터 힉스였다. 그리고 항상 활기가 넘치는 미국의 물리학자 로버트 브라우트Robert Brout와 벨기에의 프랑수아 앙글레르François Englert도 힉스와 거의 동일한 아이디어를 각자 독립적으로 제안했다. 그래서 벨기에 사람들은 입자를 닮은 장의 들뜬 상태를 "브라우트-앙글레르-힉스 보손"이라 불렀고, 그 외의 지역에서는 "힉스 보손"으로 통용되었다. 표준 모형의 마지막 퍼즐 조각이었던 힉스 보손은 그 후로 거의 50년 동안 감질나는 증거만 흘리면서 물리학자들의 애간장을 태우다가, 2012년에 대형 강입자 충돌기에서 마침내 발견되었다. 이 사건은 첨단과학과 공학으로 무장한 다양한 분야의 학자들이 국적 불문하고 일치단결하여 이루어낸 최고의 성과로 꼽힌다. 우주론에서 발견된 암흑 에너지처럼, 힉스 보손은 우주 공간이 텅 비어 있지 않고 눈에 보이지 않는 장으로 가득 차 있음을 다시 한번 확인시켜주었으며, 우리 주변에 있는 일상적인 물질의 질량이 힉스장으로부터 생겼다는 가설도 사실로 확인해주었다. 또한 물리학자들은 자연이 물리계의 형태를 결정할 때 스칼라장이라는 도구를 즐겨 사용한다는 것도 덤으로 알게 되었으며, 우주 초기에 힉스장과 비슷한 장(인플라톤장)에 의해 인플레이션이 초래되었다는 가설을 더욱 신뢰하게 되었다.

힉스 보손을 발견하려면 LHC 같은 초대형 가속기가 반드시 필요하다. 힉스장은 다른 입자뿐 아니라 자기 자신과도 매우 강하게 상호작용을 하면서 결코 적지 않은 질량(m)을 자신에게 부여하기 때문이다. 그런데 질량과 에너지는 $E=mc^2$의 관계에 있으므로, 모든 공간에 퍼져 있는 힉스장을 충분한 강도로 들뜨게 만들어서 하나의 양자(입자)를 끄집어내려면 엄청나게 많은 에너지가 투입되어야 한다. 실제로 LHC에서 힉스 보손이 생성될 확률은 100억 분의 1밖에 되지 않는다. 양성자와 반양성자를 100억 번 충돌시킬 때 달랑 한 개의 힉스 보손이 생성된다는 뜻이다. 게다가 힉스 보손은 아주 짧은 시간 동안 존재하다가 순식간에 더 가벼운 입자로 분해되기 때문에 물리학자들은 '분해'보다 '붕괴decay'라는 단어를 선호한다 힉스 입자를 온전한 형태로 포획하는 것은 거의 불가능에 가깝다. 그래서 물리학자들은 차선책으로 힉스 입자가 존재했음을 보여주는 흔적을 찾기로 했다. 하나의 입자가 붕괴하면서 생성된 작은 입자들의 궤적을 추적하여, 방금 전에 생성된 입자가 힉스 보손임을 입증하는 식이다. 물론 여기에는 힉스 보손의 질량이 양성자의 약 130배라는 정보가 중요한 역할을 한다. 이 정도면 꽤 무거운 것 같지만, 대부분의 물리학자는 힉스 보손의 질량이 예상했던 값보다 훨씬 작다고 생각하고 있다. 실험으로 확인된 힉스 보손의 질량(양성자의 130배)은 물리학자들이 자연스럽게 떠올렸던 값의 1억×10억 분의 1밖에 되지 않는다.[2] 2016년에 LHC를 대대적으로 업그레이드했을 때 이론물리학자들은 힉스 보손의 질량을 작게 만드는 새로운 입자가 발견되기를 기대했지만 아무런 소식도 들려오지 않았고, 힉스 보손의 질량은 더욱 큰 미스터리로 남게 되었다. 그러나 힉스 보손의 가벼운 질량은 우주의 역사에서 매우 중요한 역할을 한다. 만일 힉스 보손이 지금보다 무거웠다면 양성자와 중성자도 지금보다 무거워서 원자가 만들어지지 못했을 것이다. 따라서 우주에 생명체가 존재할 수 있었던 것은 "참을 수 없는 힉스의 가벼움" 덕분이었다.

힉스 보손이 발견되긴 했지만, 표준 모형으로는 각 입자가 힉스 보손과 교환하는 상호작용의 강도를 알 수 없기 때문에 힉스 보손을 포함한 여러 입자의 질량을 이론적으로 계산할 수 없다. 표준 모형에는 입자의 질량과 힘의 세기를 포함하여 약 20개의 변수가 존재하는데, 구체적인 값을 계산하는 방법이 아직 개발되지 않아서 실험과 관측을 통해 인위적으로 집어넣어야 한다. 이 값들은 관측 가능한 우주 안에서 시간이 아무리 흘러도 변하지 않는다는 가정하에(적어도 지금까지는 그렇다), 종종 "자연의 상수constants of nature"로 불리고 있다. 표준 모형에 이 상수를 추가하면 눈에 보이는 물질의 거동을 매우 정확하게 설명할 수 있다. 사실 표준 모형은 지금까지 개발된 과학 이론 중 가장 정확한 이론으로, 이로부터 계산된 값은 실험으로 확인된 값과 소수점 이하 14번째 자리까지 일치한다!

여기에 20여 개에 달하는 변수의 값까지 이론적으로 결정할 수 있다면 금상첨화일 것이다. 그런 이론이 과연 존재하긴 하는 것일까? 우리가 예상했던 값보다 훨씬 작은 힉스 보손의 질량에 엄청난 수학적 진리가 숨어 있는 것은 아닐까? 또는 위에서 말한 20여 개의 상숫값이 우주 전역에 걸쳐 일정하지 않을 수도 있다. 만일 이들이 변한다면 우주의 진화에 발맞춰 아주 느리게 변할 것이다. 아니면 여러 우주가 난립한 다중우주의 섬우주마다 상숫값이 달라서, 어떤 섬우주에서는 비표준 모형이 입자물리학의 정설로 받아들여지고 있을지도 모른다.

이 어려운 질문에 대한 답을 구하려면 힉스장이 입자에 질량을 부여하는 과정에서부터 시작해야 한다. 힉스장의 값은 창조주의 뜻대로 결정된 것이 아니라, 뜨거운 빅뱅에서 우주가 팽창하기 시작한 후로 온도가 서서히 내려가면서 진행된 역학적 과정의 결과다. 그리고 여기에는 추상적인 수학적 대칭의 무작위가 붕괴되는 과정도 포함되어 있다.

일반적으로 온도가 내려가면 물리계의 대칭이 붕괴된다. 이것은 우리에게 매우 친숙한 현상이다. 물은 상온에서 액체 상태로 존재하다가 온도를 0도까지 내리면 고체 상태의 얼음으로 변한다. 그러면 액체가 고체보다 대칭성이 높다는 뜻인가? 그렇다. 물의 분자 배열 상태는 어떤 방향에서 봐도 똑같다. 다시 말해서, 물은 회전 대칭을 갖고 있다. 반면에 얼음 결정은 기하학적으로 규칙적인 구조를 갖고 있는데, 이는 곧 물에 존재했던 회전 대칭이 붕괴되었음을 의미한다. 자석도 마찬가지다. 예를 들어 쇠막대(막대자석)의 자기적 특성은 770도에서 급격하게 변한다(이 온도를 퀴리점이라 한다). 온도가 이보다 높아지면 개개의 원자가 만든 자기장의 요동이 방향성을 잃고 무작위로 배열되기 때문에 외부에서 바라본 자기장의 평균값은 0으로 사라지고, 전자기력의 본성인 회전 대칭이 복원된다. 그러나 이 상태에서 다시 쇠막대의 온도를 퀴리점 이하로 서서히 낮추면 자기장을 띤 영역들이 자발적으로 형성되면서 회전 대칭이 붕괴되고, 자석의 N극은 무작위로 선택된 특정 방향을 향하게 된다. 자성을 잃었던 쇠막대가 다시 막대자석이 된 것이다.

이것은 쇠막대뿐만 아니라 모든 물체에서 나타나는 일반적인 현상이다. 온도가 내려가면 물리계는 대칭이 붕괴되는 경향이 있으며, 그 결과 물체의 구조는 더욱 복잡하고 다양해진다. 힉스장도 예외가 아니다. 장이 온도 변화에 반응하는 방식은 일상적인 물질과 거의 비

숫하다. 인플레이션이 끝난 직후, 우주의 온도가 태양 중심보다 1억
배쯤 높았을 때 힉스장이 격렬하게 요동치면서 평균값이 거의 0에 가
까웠다. 퀴리점보다 높은 온도에 노출된 막대자석이 자성을 잃은 것
과 비슷한 상황이다. 각 태어난 우주에 "평균값이 0인 힉스장"이 골고
루 퍼졌으니 모든 입자는 질량이 0이었고, 우주는 높은 대칭성을 갖
고 있었다. 그러나 계속되는 팽창과 함께 온도가 내려가면서 힉스장
이 변하기 시작했다. 이 변화는 아마도 우주의 온도가 10^{15}도 이하로
내려갔을 때, 즉 빅뱅 후 10^{-11}초가 지났을 때부터 시작되었을 것이다.
이 시점에서 힉스장의 요동은 많이 진정되었으며, 장의 거동 방식은
"자체 상호작용"과 "장의 값에 따른 에너지 함유량", 즉 에너지 곡선에
의해 좌우되었다. 그런데 그림 27(209쪽)에 제시된 인플라톤장의 에
너지 곡선처럼, 힉스장의 에너지 곡선도 장의 값이 0일 때 최대이고 0
에서 벗어날수록 작아진다. 따라서 대칭성이 높았던 0-힉스장은 혼
자 똑바로 선 연필처럼 갑자기 불안정한 상태에 놓이게 되었다. 그림
34처럼 똑바로 선 연필은 대칭성은 높지만 매우 불안정하다. 이런 경
우 연필은 대칭과 안정성을 맞바꾼다. 즉, 똑바로 서 있던 연필이 무작
위로 선택된 방향으로 쓰러지면서 대칭이 붕괴되는 대신 안정한 상태
를 찾아가는 것이다. 이와 마찬가지로 힉스장도 빠르게 응결되어 0이
아닌 값을 갖게 되면서 자신이 선호하는 에너지값을 찾아간다. 입자
들이 질량을 갖게 된 것은 이와 같이 힉스장의 대칭이 붕괴되면서 0
이 아닌 값으로 위상 변화를 일으켰기 때문이다. 이것은 우주가 복잡
성을 향해 나아가는 긴 여정의 출발점이었다.

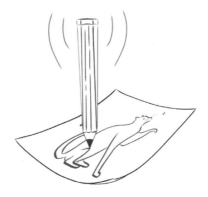

그림 34. 똑바로 선 연필은 아래로 잡아당기는 중력의 대칭성을 훼손하지 않는다. 그러나 이렇게 대칭이 높은 상태는 물리적으로 불안정하기 때문에 곧 바닥으로 쓰러진다. 연필이 수평 방향으로 드러누우면 상태는 안정적이지만 특정 방향이 선택되었으므로 중력장의 대칭은 이미 깨진 상태다.

게다가 힉스장이 응결되어 대칭성이 감소하면서, 원래 한 몸이었던 약력과 전자기력이 각기 다른 종류의 힘으로 분리되었다. 힉스장의 값이 0일 때에는 물질 입자의 질량이 0일 뿐만 아니라, 약력을 매개하는 입자의 질량도 0이었다. 표준 모형의 창시자인 셸던 글래쇼 Sheldon Glashow와 스티븐 와인버그, 압두스 살람 Abdus Salam은 입자의 질량이 0인 초고온 상태에서 전자기력을 매개하는 광자와 약력을 매개하는 입자이것을 '위크 보손weak boson'이라고 한다를 맞바꿔도 물리적 과정이 조금도 달라지지 않는다는 사실을 발견했다. 즉, 우주 초창기에는 약력이 매우 먼 거리까지 작용했기 때문에 전자기력과 구별되지 않았다는 것이다. 이는 곧 두 힘을 연결하는 수학적 대칭이 존재하여, 전자기력과 약력이 하나의 통일된 힘으로 작용했다는 뜻이다. 물리학자들은 이 힘을 약전자기력electroweak force이라 부른다. 그러나 우주의 온도가 점차 내려가다가 힉스장이 얼어붙으면서 대칭이 붕괴되었을 때, 약전자기력은 단거리에서만 작용하는 약력과 먼 거리까지 작용하는 전자기력으로 분리되었다.

그러므로 빅뱅의 초고온 용광로에 표준 모형을 적용하여 얻은 결과는 다음과 같다. 우주가 태어나던 순간에 입자의 질량과 힘의 세기는 오늘날 우리가 알고 있는 값과 완전히 달랐으며, 공간이 팽창하고 온도가 내려감에 따라 대칭이 붕괴되면서 지금과 같은 우주가 만들어졌다. 이것은 매우 중요한 발견이다. 팽창의 초기 단계에서 물리법칙의 기본 구조가 우주와 함께 진화했다는 뜻이기 때문이다. 우리가 알고 있는 입자물리학의 법칙들은 팽창의 와중에 에너지와 온도가 상대적으로 낮은 환경에서만 적용된다. 그래서 물리학자들은 이 법칙을 '유효법칙effective laws'이라 부르고 있다.

더 가까운 거리, 또는 더 높은 에너지에서 입자물리학의 법칙은 어떻게 달라질까? 궁금하긴 하지만, 굳이 알 필요는 없다. 이런 것을 모른다 해도 우리는 입자물리학의 법칙을 발견할 수 있으며, 적절한 곳에 적용할 수도 있다. 별일 아닌 것 같지만, 사실 이것은 매우 놀랍고도 다행스러운 일이다. 자연은 (적어도 지금까지는) 계층적인 구조를 유지하면서 안정적으로 운영되어왔다. 예를 들어 물의 거시적 거동을 서술하고 싶다면, H_2O 분자의 복잡한 역학을 전혀 신경 쓰지 않은 채 액체의 매끄러운 움직임을 서술하는 유체역학 방정식을 풀면 된다. 이렇게 얻은 답은 실제로 물의 거동 방식과 정확하게 일치한다. 또는 기가전자볼트GeV, giga electron volt 이하의 에너지 수준에서 양성자와 중성자의 거동을 서술할 때에도, 이들이 세 개의 쿼크로 이루어져 있다는 사실을 완전히 무시한 채 단순화된 입자이론을 적용해도 정확한 답을 구할 수 있다. 과거에 물리학이 커다란 성공을 거둘 수 있었던 것은 크고 작은 규모가 계층구조를 이루면서 확연하게 분리되어 있기 때문이다. 또한 이 계층구조는 표준 모형으로 중력을 공략하다가 한계에 도달했을 때, 직면한 문제의 난이도를 알려주는 경고 신호 역할을 했다.

우주 진화의 가장 오래된 계층에서 뜨거운 빅뱅의 깊은 곳에 숨어버린 '유효법칙'에는 가장 근본적인 의미가 담겨 있다. 힉스장이 응결될 때 지금과 약간 다른 강도로 고정되었다면, 모든 입자는 지금과 다른 질량을 갖게 되었을 것이다. 그리고 입자의 질량이 지금과 조금이라도 달랐다면 우주에는 안정된 원자가 형성될 수 없고, 생명체도 존재하지 않았을 것이다.

표준 모형의 범주를 벗어나지만 않는다면 우리는 안전한 삶을 누릴 수 있다. 힉스장의 대칭이 붕괴된 후 나타난 결과는 범우주적으로 동일하다. 힉스장이 에너지 곡선 위에서 미끄러져 내려올 수 있는 길은 무수히 많지만(그림 34에서 똑바로 선 연필이 쓰러졌을 때 연필의 끝이 향할 수 있는 방향이 무수히 많은 것과 같은 이치다), 장의 전체적인 강도와 입자가 획득하게 될 최종 질량은 중간 경로에 상관없이 항상 동일하다. 그러나 표준 모형은 입자물리학의 일부에 불과하다. 이 이론에서는 약전자기력과 강력이 통일되어 있지만 그 방식이 별로 매끄럽지 않다. 게다가 표준 모형은 우주에 존재하는 질량과 에너지의 25퍼센트를 차지하는 암흑 물질에 대해 아무런 설명도 내놓지 못했으며, 시공간을 휘어지게 만드는 주원인인 중력과 암흑 에너지에 대해서도 침묵으로 일관하고 있다.

이 모든 것은 창조의 순간에 더욱 가까이 다가갈수록 단순성과 대칭을 통일할 수 있는 여지가 많이 남아 있음을 시사한다. 그래서 지금부터는 아직 실험으로 검증되지 않은, 다소 사색적인 영역으로 들어가볼 참이다. 우주의 시작점에 좀 더 가까이 다가가면 약전자기력을 약력과 전자기력으로 분해한 대칭 붕괴의 메커니즘이 좀 더 일반적인 방식으로 작동할 수도 있고, 우리에게 친숙한 '유효법칙'이 더 이상 적용되지 않을 수도 있다.

우선 물질 입자부터 도마 위에 올려보자. 지금까지 얻은 관측 데이터에 의하면 우주에는 약 10^{50}톤에 달하는 물질이 존재하는데, 이와 대조적으로 반물질은 가뭄에 나는 콩보다 훨씬 희귀하다. 왜 그럴까? 이유를 따지기 전에, 생명친화적인 우주라면 반드시 그래야 한다. 팽창하는 우주에서 물질과 반물질의 양이 처음부터 완전히 똑같았다면, 입자(물질의 구성 성분)와 반입자(반물질의 구성 성분)가 만날 때마다 강렬한 감마선 복사를 방출하면서 무無로 사라졌을 것이고, 그 결과 우리의 우주는 물질도, 반물질도 존재하지 않는 텅 빈 우주가 되었을 것이다. 실제로 강입자 충돌기에서 고에너지 충돌을 통해 물질이 생성되면, 그와 똑같은 양의 반물질이 함께 생성된다. 그러므로 불구덩이에서 태어난 우리의 우주에는 처음부터 물질이 반물질보다

10^{50}톤만큼 많았다는 뜻이다. 어떻게 그럴 수 있었을까? 아마도 초고 온 빅뱅의 와중에 무언가가 물질과 반물질 사이의 대칭을 깨뜨려서 물질이 반물질보다 조금 많이 생성되도록 만들었을 것이다. "조금 많 은" 정도가 약 10^{50}톤이다.

전술한 대칭 붕괴 메커니즘 및 이와 관련된 (힉스장과 유사한) 장 은 표준 모형의 확장 버전인 대통일 이론GUTs, Grand Unified Theories의 일부다. '통일'이라는 수식어가 붙은 이유는 GUT에서 약전자기력과 강력이 하나의 힘으로 통일되기 때문이다. GUT에 등장하는 거의 모 든 개념은 대칭을 통해 정의되는데, 그 원조는 아인슈타인까지 거슬 러 올라간다. 1905년에 아인슈타인은 특수상대성 이론에 대칭 원리 를 적용하여 시간과 공간을 하나로 통일했다. 이때 탄생한 개념이 바 로 시간과 공간을 하나로 묶은 4차원 시공간이다. 당시 헨드릭 로런 츠Hendrick Lorentz는 자신의 아이디어를 아인슈타인이 도용했다며 불 만을 토로했지만, 역사는 아인슈타인의 손을 들어주었다. 그 후로 추 상적인 수학적 대칭은 물리학 이론을 떠받치는 기본 개념으로 자리 잡게 된다.

• • •

GUT는 우주론 분야에서도 중요한 예측을 내놓았다. 우주의 온 도가 태양 중심부보다 수십억 배 이상 높았을 때 약전자기력과 강력 은 하나의 힘으로 통일된 상태였고, 물질과 반물질 사이에도 완벽한 대칭이 존재하여 똑같은 양만큼 생성되었다. 그러나 전형적인 GUT에 의하면 통일의 바구니 안에서 구성 요소들 사이에 약간의 혼합이 허용되었고, 그 결과 전자의 반입자인 양전자positron가 양성자로 변신했다(양성자는 반입자가 아니라 입자다). 이런 변신이 (극히 드물게라도) 실제로 일어났다면, 우주의 온도가 내려가면서 원시우주의 GUT 대칭이 붕괴될 때 물질이 반물질보다 조금이라도 많아졌을 것이다. 그 후 모든 반물질은 조밀한 원시 기체 속에서 물질과 접촉하여 사라지고, 우주는 고에너지 광자(감마선)로 가득 차게 되었다. 그러나 이 난리통에서 전체 물질의 10억 분의 1에 해당하는 10^{50}톤이 끝까지 살아남아 당신과 나를 포함한 우주의 삼라만상을 만들었다. 그리고 물질과 반물질이 만나면서 생성된 광자는 오늘날 차가운 마이크로파 우주배경복사로 남아, 그 옛날 물질-반물질 소멸 사건이 대대적으로 일어났음을 조용히 말해주고 있다.

물론 대통일 이론은 표준 모형만큼 완성된 이론이 전혀 아니다. 원시우주의 대칭을 재현하려면 엄청난 고에너지 상태를 인위적으로 만들어야 하는데, 지금의 LHC로는 어림 반 푼어치도 없다. 게다가 천문 관측 자료가 아직 턱없이 부족하기 때문에, GUT의 다양한 버전 중 어느 것이 우주를 올바르게 서술하는지 판별할 수도 없다. 그러나 GUT의 기반인 대칭 원리가 사실로 판명된다면, 질량이나 물질과 같은 물리계의 기본 속성은 수학을 초월한 절대적 개념이 아니라 우주의 다양성을 낳은 대칭 붕괴의 결과로 간주할 수 있다.

이것이 전부가 아니다. 만물의 구성 성분인 '입자'와 이들 사이에 작용하는 '힘'도 빅뱅의 맹렬한 열기 속에서는 구별이 모호해질 수도 있다. 1974년에 오스트리아의 물리학자 율리우스 베스Julius Wess와 이탈리아의 물리학자 브루노 주미노Bruno Zumino는 역장力場, force field과 물질장 사이에 더욱 일반적인 대칭이 존재한다는 초대칭supersymmetry 가설을 제안했다. 이 가설이 맞는다면 힘을 매개하는 힘입자와 물질을 구성하는 물질 입자의 차이도 힉스장과 비슷한 일련의 변화로부터 나타난 결과다. 즉, 태초에는 힘입자와 물질 입자가 한 종류의 입자였다는 뜻이다. 우주가 식으면 장이 응결되면서 초기에 존재했던 초대칭이 붕괴되고, 이로부터 우리에게 친숙한 네 종류의 힘과 함께 암흑 물질 입자가 탄생했을 것이다.

지금까지 말한 내용을 정리해보자. 입자물리학의 통일이론에 의하면 우주가 초고온 빅뱅을 일으킨 후 아주 짧은 시간 동안 빠르게 식으면서 다양한 수학적 대칭이 붕괴되었고, 이로부터 일련의 변화가 일어나 저온에서 적용되는 '유효법칙'이 탄생했다. 여기서 우리는 놀라운 사실을 발견하게 된다. 우주의 진화를 관장하는 법칙 자체가 진화하는 '메타 진화meta-evolution'가 모습을 드러낸 것이다. 그림 35는 거대한 대칭으로 통일되어 있던 초기 우주의 법칙이 일련의 변화를 겪으면서 생명친화적인 법칙으로 분화해온 과정을 나타낸 것이다(이들 중 일부는 검증된 사실이고, 일부는 아직 가설 단계에 머물러 있다).

이 놀라운 시나리오는 오래전에 폴 디랙이 제안했던 아이디어를 연상케 한다. 1930년대에 디랙은 우리가 알고 있는 물리법칙이 우주가 태어날 때부터 결정된 것이 아니라, 일련의 변화를 겪으면서 지금

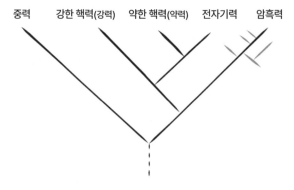

중력　　강한 핵력(강력)　　약한 핵력(약력)　　전자기력　　암흑력

그림 35. 뜨거운 빅뱅 후 일련의 대칭 붕괴를 겪으면서 물리법칙이 변해온 과정. 입자물리학의 통일이론에 의하면 진화의 초기 단계는 이 그림과 사뭇 다른 방식으로 진행되었을 수도 있다.

과 같은 형태로 진화했을지도 모른다고 생각했다.

　　최신 우주론과 관련하여 한 가지 짚고 넘어갈 것이 있다. 시간이 처음으로 흐르기 시작했을 때 자연을 다스리던 법칙은 지금과 크게 달랐을 것이다. 그러므로 자연의 법칙은 시대에 따라 끊임없이 변하는 것으로 간주해야 한다.[3]

　　그로부터 80년이 지난 지금, 우주론의 통일입자 이론은 물리법칙이 진화할 수도 있다는 디랙의 예측을 현실로 구현하고 있다. 그리고 대칭 붕괴에 포함된 무작위적 요소는 "물리법칙은 왜 하필 지금과 같은 형태가 되었는가?"라는 의문을 해결하는 데 핵심적 역할을 한다.
　　무작위적 요소가 중요한 이유는 다음과 같다. GUT는 가장 큰 에너지 규모를 다루는 야심 찬 이론이지만, 원시우주가 겪은 진화의 결과를 하나의 답으로 결정하지 못한다. 가장 규모가 큰 GUT조차 우주 탄생 직후에 "대칭이 붕괴되는 다양한 방법"을 제시할 뿐이다. 이것은 우주의 진화에 결정적 영향을 미친 표준 모형과 암흑 물질의 특성이 GUT의 수학으로 결정되지 않고, 초기 우주가 겪을 수 있는 다양한 역사 중 특별한 하나만을 (적어도 부분적으로) 반영한다는 뜻이다.

　이런 상황은 생물의 진화에서 쉽게 찾아볼 수 있다. 이 책의 1장에서 말한 대로, 지구에 생명체가 존재하게 된 것은 과거에 수없이 일어났던 우연한 사건의 결과다. 각 개체의 기능적 특성에서 계통수(생명의 나무)의 분류에 이르기까지, 생물학의 모든 법칙에는 수십억 년에 걸쳐 일어났던 우연한 사건의 흔적이 어떤 형태로든 남아 있으며, 이들 중 일부는 우주의 변화와 비슷하게 대칭 붕괴로 설명되는 것도 있다. DNA 이중나선의 꼬인 방향이 그 대표적 사례다. 지금까지 알려진 바에 따르면 지구에 서식하는 모든 생명체의 DNA는 오른쪽으로 꼬여 있다. 그러나 분자생물학의 기초인 전자기학의 법칙은 DNA 나선이 꼬일 때 어느 특정한 방향을 선호하지 않는다. 즉, 두 방향은 완벽하게 대칭적이다. 만일 최초의 생명체가 왼쪽으로 꼬인 DNA를 선택했다면, 그 후에 태어난 지구의 모든 생명체는 왼쪽으로 꼬인 DNA를 갖게 되었을 것이다. DNA의 방향성을 설명하는 가설은 여러 가지가 있는데, 가장 그럴듯한 설명은 다음과 같다. 지금으로부터 약 37억 년 전에 최초의 생명체가 출현했을 때 무작위로 일어난 어떤 사건 때문에 DNA는 오른쪽으로 꼬이게 되었고, 이렇게 대칭이 붕괴된 후로는 오른쪽으로 꼬인 DNA가 생명체의 기본 구조로 정착되었다. 즉, 오른쪽으로 꼬인 DNA가 지구 생명체의 법칙으로 굳어진 것이다.

GUT의 설명도 이와 비슷하다. '유효법칙'이 가진 대부분의 특성은 태초에 일어난 우연한 사건에서 생겨났으며, 이들이 물리적 청사진에 각인되어 향후 진화의 방향을 결정했다. 자연의 법칙에 무작위적 요소가 내재된 이유는 모든 것의 근원이 양자역학이고, 양자역학은 본질적으로 비결정적이기 때문이다. 그리고 대칭이 붕괴되는 방식은 빅뱅 직후에 무작위로 일어난 장場의 양자 점프에 의해 결정되었다. 똑바로 선 연필이 쓰러질 때 방향이 무작위로 선택되는 것처럼, 우주적 변화가 장을 응결시킬 때에도 무작위적 요소가 필연적으로 개입된다.

그렇다고 모든 것이 가능하다는 뜻은 아니다. 연필은 평면의 360도 중 어떤 방향으로든 쓰러질 수 있지만, 초기 우주의 장들은 서로 얽혀 있기 때문에 응결되는 값에 약간의 제한이 가해진다. 하나의 장이 변하면 다른 장에 영향을 주고, 이것이 또 다른 장에 영향을 주는 식이다. 그리고 이들이 얽힌 방식에 따라 향후 나아갈 길이 정해진다. 그러므로 우주 진화의 초기 단계에는 무작위로 일어나는 변화와 무작위 선택 사이에 모종의 상호작용이 존재했을 것이다. 물리법칙의 가장 근본적인 단계에서 다윈이 말한 '우연과 필연chance versus necessity'이 중요한 역할을 한 것이다.

간단히 말해서, 현재의 우주를 지배하는 법칙은 지금과 완전히 다른 형태일 수도 있었다는 이야기다. 우리 우주에는 3종이 아닌 6종의 광자가 존재할 수도 있었고, 일상적인 물질과 암흑 물질이 강력한 상호작용을 주고받는 우주가 될 수도 있었다. 만일 그랬다면 우리 우주는 완전히 다른 세상이 되었을 것이다. GUT와 그 확장 버전은 한결같이 "상호작용(힘)의 크기와 입자의 질량, 입자의 종류, 물질과 힘이 존재하는 이유 등은 주춧돌에 새겨진 수학적 진실이 아니라, 태초에 일어났던 거대한 진화의 흔적"임을 시사하고 있다.

독자 중에는 이렇게 생각하는 사람도 있을 것이다. "생명체의 종이 분화되듯 물리법칙이 갈라진 사건은 아득한 옛날에 아주 짧은 시간 동안 일어난 사건일 뿐이며, 지구의 생명체는 그 후로 수십억 년에 걸쳐 복잡다단한 생명계에 적응하면서 끊임없이 진화해왔다."

맞는 말이다. 태초의 인플레이션이 끝나고 약 10억 분의 1초가 지났을 때 우주의 온도는 10억 도까지 식었고, 이 시기에 유효법칙이 지금과 같은 형태로 고정되었다. 물리법칙이 그토록 짧은 시간 동안 다윈의 진화론처럼 변하는 것이 과연 가능한 일일까? 우주의 규모와 나이를 생각하면 거의 불가능할 것 같다. 그러나 물리법칙을 결정하는 요인은 시간이 아니라, 법칙이 만들어지는 과정에서 물리계가 겪은 온도다. 태초에 우주의 온도는 상상할 수 없을 정도로 높았기 때문에 다양한 길을 따라 변할 수 있었고, 이로부터 초래될 저온 우주의 종류도 무수히 많았다.

그렇다면 태초의 우주에는 얼마나 많은 가능성이 존재했을까? 물리법칙의 '변화'와 '선택' 사이에서 과연 무엇이 균형추 역할을 했을까? 생물학에서 변화의 폭은 상상을 초월할 정도로 크다. DNA의 염기가 배열되는 방법의 수는 말할 것도 없고, 수학적으로 의미 있는 DNA의 종류도 우리가 지금까지 접해온 그 어떤 수보다 크다. 지구의 생명계에는 그 많은 가능성 중 극히 일부만 실현되었을 뿐이다. 생물학적 배열 공간configuration space 모든 가능성을 모아놓은 공간이 이토록 넓다는 것은 '우연'이 그만큼 중요한 요인이라는 뜻이며, 생물학적 진화가 매우 다양한 방향으로 진행될 수 있다는 뜻이기도 하다. 우연한 사건으로 점철된 진화의 계통수에 담긴 정보의 양은 화학이나 물리학에 담긴 정보보다 압도적으로 많다. 진화생물학자 스티븐 제이 굴드가 "시간을 되돌려서 생명의 역사가 처음부터 다시 시작되도록 만들 수 있다면, 지금과 완전히 다른 계통수가 얻어질 것"이라고 한 것은 바로 이런 맥락이었다.

그렇다면 빅뱅이 일어나던 순간에도 수많은 가능성이 열려 있었을까? 물리법칙의 분화 과정을 나타낸 그림 35에서 나무의 전체적인 형태는 뿌리에 존재했던 수학적 대칭에 의해 이미 결정되어 있었는가? 아니면 그 후에 일어난 우연한 사건에 의해 결정되었는가? 이것은 다중우주 지지자들에게 매우 중요한 질문이다.

다양한 가능성을 제대로 분석하려면 우리 여정을 한 단계 업그레이드하여 통일이론에 중력을 포함시켜야 한다.

앞서 말했듯이 중력을 포함한 '확장판 대통일 이론'은 완전히 다른 수준의 도전 과제다. 아인슈타인의 일반상대성 이론은 중력을 고전적인 장(시공간)으로 서술한 반면, 표준 모형과 GUT에서는 양자장의 요동이 핵심적 역할을 하고 있다. 따라서 통일이론은 중력과 시공간을 양자장으로 서술해야 한다. 양자 중력에 대한 호킹의 유클리드식 접근법은 (적어도 근사적으로) 이 조건을 충족했지만, 그가 도입한 허수 시간은 중력의 양자적 속성을 일반적인 수준에서 서술할 뿐, 시공간의 저변에 숨어 있는 양자의 미시적 특성까지 서술하지는 못했다. 게다가 시공간이라는 장의 양자 요동은 작은 규모로 갈수록 무한정 커지기 때문에, 양자장만으로 중력의 양자이론을 구축하는 것은 애초부터 불가능한 일이었다. 미시 규모에서 일어나는 시공간의 요동은 '자체 강화 요동'요동을 더욱 증폭시키는 요동을 주기적으로 양산하여 시공간의 기본 구조를 파괴한다. 그리고 공간을 배경으로 진동하는 장과 달리, 중력은 시공간 그 자체다. 바로 이런 문제 때문에 중력을 양자이론과 조화롭게 엮는 것은 최고의 난제로 여겨져왔다.

지금부터 양자중력 이론의 강력한 후보로 떠올랐던 끈이론의 세계로 들어가보자. 1980년대 중반부터 이론물리학자들 사이에는 "만물의 최소 단위인 입자를 점point이 아닌 끈string으로 간주하면 양자중력 이론을 구축할 수 있다"는 솔깃한 소문이 떠돌기 시작했다. 간단히 말해서, 만물의 최소 단위는 점 입자가 아니라 '진동하는 끈'이라는 것이다. 다만, 끈의 크기가 너무 작아서 세계 최강의 입자 가속기를 동원해도 그 존재를 확인할 수 없다는 것이 문제였다.

고대 그리스어로 "보이지 않고, 쪼갤 수 없는 물체"라는 단어에서 유래한 원자atom는 종류가 90여 가지나 되지만, 끈이론에서 말하는 끈은 단 하나뿐이다. 입자의 종류에 상관없이 모든 끈은 물리적으로 완전히 동일하다. 모든 종류의 입자에 똑같은 끈이 숨어 있는 것이다. 종류를 차별하지 않는 평등주의적 관점은 통일의 철학에 잘 부합되는 것 같다. 그런데 똑같은 끈이 어떻게 질량과 스핀, 전하 등이 제각각인 입자 무리를 만들어낼 수 있다는 말인가? 답은 끈은 진동하는 모드에 따라 각기 다른 입자로 자신의 모습을 드러낸다는 것이다. 끈이론에 의하면 전자와 쿼크는 물론이고 심지어 광자와 같은 매개입자(보손)도 끈이 고유한 모드로 진동한 결과다. 첼로의 줄이 진동수에 따라 각기 다른 음을 내는 것처럼, 끈은 다양한 모드로 진동하면서 입자 동물원에 입주한 모든 종류의 입자를 만들어내고 있다.

끈이론이 양자중력 이론의 후보로 떠오른 이유는 끈이 취할 수

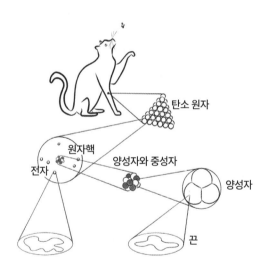

그림 36. 끈이론에 의하면 물질의 최소 단위는 입자가 아니라 진동하는 에너지 가닥, 즉 '진동하는 끈vibrating strings'이다.

있는 진동 모드 중 중력의 양자(중력자graviton)와 똑같은 특성을 가진 모드가 존재했기 때문이다. 다시 말해서, 중력의 매개입자인 중력자가 이론 안에 자연스럽게 포함되어 있다는 것이다. 뿐만 아니라 점을 진동하는 끈으로 확장하면 초미세 영역에서 항상 말썽을 일으키던 시공간의 양자 요동까지 잠재울 수 있다. 입자 두 개가 상호작용을 교환하는 파인먼 다이어그램을 끈이론 버전으로 수정하면 그림 37처럼 되는데, 보다시피 점이 '닫힌 끈closed string'(고리 모양의 끈)으로 바뀌었기 때문에 초미세 영역을 따로 고려할 필요가 없다. 이 그림은 끈이론에서 두 개의 중력자가 상호작용을 교환하고 산란되는 과정을 나타낸 것으로, 상호작용이 일어나는 지점을 정확하게 지정하기가 원리적으로 불가능하다. 끈은 더 이상 분해할 수 없는 만물의 최소 단위이므로, 그보다 작은 규모에서 시공간은 본질적으로 모호할 수밖에 없다. 이처럼 끈이론은 불확정성을 차단막으로 가려놓음으로써, 시공간의 초미세 요동이 통제 불능 상태가 되는 것을 원천 봉쇄할 수 있었다.

그림 37. 끈이론은 중력의 양자인 중력자를 '진동하는 작은 고리형 끈'으로 서술한다. 이 그림은 두 개의 중력자가 상호작용을 교환하는 파인먼 다이어그램을 끈이론에 맞게 수정한 것으로, 상호작용이 일어나는 위치가 정확하게 정의되지 않기 때문에 초단거리에서 일어나는 양자 요동을 제어할 수 있다.

더욱 놀라운 것은 끈이론이 시공간의 형태까지 결정한다는 것이다. 상대론적 시공간은 질량과 에너지에 의해 휘어지고 구부러지지만, 끈이론은 여기서 한 걸음 더 나아가 시공간의 기하학적 구조가 매우 유동적이어서 공간 차원이 나타나거나 사라질 수 있다고 주장한다. 그렇다면 시공간의 기하학이란 무엇인가? 끈이론은 그 답이 관점에 따라 다르다고 주장한다. 끈이론에 의하면 물리적으로 동일한 상황을 서술하는 시공간은 여러 개가 있을 수 있다. 이런 시공간들(기하학적 구조가 다르면서 물리적으로 동일한 상황을 서술하는 시공간들)은 서로 이중적dual인 관계에 있으며, 이들을 연결하는 수학연산을 이중성duality이라 한다. 그중 가장 유명하고 기이한 것이 '홀로그램 이중성holographic duality'인데, 자세한 내용은 7장에서 다룰 예정이다.

　　1980년대 말에 끈이론학자들은 상호작용하는 1차원 끈이 미시적 규모에서 중력을 (수학적 문제를 일으키지 않으면서) 올바르게 서술한다고 굳게 믿고 있었다. 끈이론이 등장하기 전까지만 해도 중력(일반상대성 이론)과 양자이론은 상반된 내용을 담은 두 권의 책처럼 절대 양립할 수 없는 별개의 이론으로 보였다. 그러나 어느 날 혜성처럼 나타난 끈이론 덕분에 이론물리학자들은 20세기 물리학을 떠받치는 두 개의 기둥을 조화롭게 합칠 수 있다는 희망을 품게 되었다. 더욱 바람직한 것은 끈이론의 체계 안에 두 기둥이 모두 포함되어 있다는 점이었다. 끈이론을 크고 무거운 물체에 적용하면 아인슈타인의 일반상대성 이론 방정식이 도출되고, 에너지가 유별나게 크지 않은 몇 개의 끈에 적용하면 양자장 이론이 된다.

그러나 이 모든 장점에도 불구하고 끈이론의 기본 구조는 아직 모호한 채로 남아 있다. 이론물리학자에게 "끈이론이란 무엇인가?"라고 물으면 사람마다 각기 다른 답이 돌아온다. 실험적 증거가 전혀 없는 상황에서 끈이론학자들은 "흥미롭고 아름다운 수학적 구조를 찾는 것도 매우 의미있는 일"이라는 디랙의 격언을 좇아 연구에 매진해왔다. 사실 끈이론학자들은 실험적 증거가 없다는 외부의 지적에 별로 신경 쓰지 않는다. 물질과 중력에서 끈의 특성을 부각시키는 초고에너지 입자 가속기는 이 세상에 존재하지 않고, 당분간은 만들 수도 없기 때문이다. 지난 여러 해 동안 끈이론학자들은 긴밀한 상호 협조 하에 수학에 기초하여 자체적으로 진행 상황을 판단하고 이론의 품질을 평가하는 '견제-균형 시스템'을 구축해왔으며, 그 덕분에 중력과 양자역학을 통일한다는 원래의 목표를 뛰어넘어 혁명적인 성과를 이루어낼 수 있었다. 사실은 뛰어넘은 게 아니라 목표가 바뀐 것이다. 중력과 양자역학은 아직 통일되지 않았다. 그중에서 가장 눈에 띄는 것은 초전도와 양자정보 이론에서 (7장에서 논의될) 양자우주론에 이르기까지, 광범위한 분야들을 거대한 연결망으로 통합한 것이다.

　　끈이론의 가장 큰 단점은 이론 전체를 아우르는 운동 방정식이 존재하지 않는다는 것이다. 일반상대성 이론에는 장 방정식이 있고 양자역학에는 슈뢰딩거 방정식, 상대론적 양자역학에는 디랙 방정식이 있는데, 이에 해당하는 끈이론 방정식은 아직 발견되지 않았다. 게다가 끈이론으로 자연의 법칙을 통일하려면 꽤 큰 대가를 치러야 한다. 옛날부터 3차원이라고 하늘같이 믿어왔던 공간을 무려 9차원으로 확장시켜야 하기 때문이다. 언뜻 들으면 말도 안 되는 소리 같지만, 끈이론의 배경 수학이 제대로 작동하려면 이 황당한 제안을 받아들이는 수밖에 없다. 공간이 9차원이라는 것은 우리에게 친숙한 세 가지 방향인 전후(길이), 좌우(폭), 상하(높이) 외에 여섯 개의 방향이 추가로 존재한다는 뜻이다.[4]

물리학에서 수학의 역할이 제아무리 중요하다 해도, 물리학자들은 공간의 차원을 늘린다는 황당한 제안을 어찌 그토록 쉽게 받아들일 수 있었을까? 공간이 4차원 이상이었다면, 인간의 공간 감각은 초과된 차원을 아득한 과거에 이미 인지하지 않았을까? 맞는 말이다. 그러나 9차원 중 우주적 규모로 길게 뻗어 있는 3차원을 제외한 나머지 6차원이 초미세 영역에 돌돌 말린 채 숨어 있다면 이야기가 달라진다. 차원의 규모가 인간의 인지 가능 한계보다 작으면 보이지 않는 것이 당연하다. 음료를 마실 때 사용하는 빨대를 예로 들어보자. 다들 알다시피 빨대는 가늘고 기다란 원기둥 모양이어서, 빨대의 표면은 2차원 곡면을 형성한다. 즉, 빨대 표면에 붙어 있는 미생물은 길게 뻗은 방향(큰 차원)으로 똑바로 나아갈 수 있고, 빨대의 테두리(작은 차원)를 따라 작은 원을 그리며 나아갈 수도 있다. 그러나 빨대를 먼 거리에서 바라보면 굵기가 없는 직선처럼 보인다. 큰 차원은 보이는데 작은 차원이 시야에서 사라진 것이다. 즉, 빨대의 표면은 가까운 거리에서 볼 때 2차원이고, 먼 거리에서 보면 1차원이다. 이와 마찬가지로 9차원 공간에서 여섯 개의 차원이 세계 최강 입자 가속기로도 도달할 수 없는 작은 규모에 돌돌 말린 채 숨어 있다면, 우리는 이들의 존

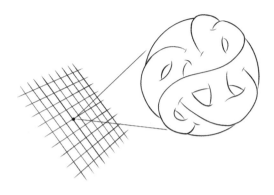

그림 38. 끈이론은 공간이 3차원이 아니라 9차원이라고 주장한다. 단, 여섯 개의 여분 차원은 초미세 영역에 돌돌 말린 채 숨어 있다. 공간을 충분히 크게 확대할 수 있다면, 우리에게 친숙한 3차원 공간의 모든 점이 여섯 개의 미세 차원으로 이루어져 있음을 알게 될 것이다. 이 6차원 공간의 독특한 기하학적 형태는 대규모 3차원에서 힘과 입자가 통일되는 방식을 좌우한다.

재를 인식할 수 없다. 여섯 개의 여분 차원은 지금까지 '점'으로 인식되어왔을 것이다.(그림 38 참조)

그러나 끈은 아주 작기 때문에 여섯 개의 숨은 차원을 마음대로 드나들 수 있다. 그리고 첼로 몸통의 형태가 현을 켤 때 생성되는 음색(진동 패턴)을 결정하는 것처럼, 초미세 영역에 숨어 있는 6차원 공간의 기하학적 형태는 끈이 어떤 종류의 입자로 나타날 것인지를 결정한다.

끈이론에 의하면 우리 눈에 보이는 3차원 공간은 "눈에 보이지 않지만 그보다 훨씬 복잡한 고차원 공간의 그림자"에 불과하다.

그러므로 우리에게 친숙한 3차원 공간에 존재하는 모든 물질과 물리법칙의 형태(기본 힘의 세기, 입자의 종류, 일상적인 물질과 암흑 물질의 질량 및 전기전하, 암흑 에너지의 양 등)는 숨은 여섯 개 차원의 기하학적 구조에 의해 결정되며, 거시적 세계가 생명친화적 특성을 갖게 된 것도 결국은 초미세 6차원 공간이 그것을 허용하는 구조로 말려 있기 때문이다.

따라서 '설계된 우주'의 수수께끼를 끈이론 버전으로 바꾸면 다음과 같다. "6차원 공간은 어떤 원리에 따라 선택되었는가?"

처음에 끈이론의 창시자들은 강력한 수학 원리를 이용하여 여분 차원의 기하학적 형태를 결정할 수 있을 것으로 예측했다. 표준 모형으로 결정하지 못한 20여 개의 상수와 그림 29(218쪽)의 원형 도표(우주의 물질 분포도)를 오직 수학적인 논리로 계산할 수 있다고 믿은 것이다. 이들의 꿈이 이루어진다면 플라톤의 이상향이 되살아나고, 우주의 생명친화적인 특성도 신의 가호가 아니라 엄밀한 수학의 운 좋은 결과임이 만천하에 드러나게 된다.

그러나 이 야무진 꿈은 얼마 가지 않아 일장춘몽이 되어버렸다. 여분 차원이 취할 수 있는 기하학적 구조의 종류가 너무나 많았기 때문이다. 1990년대에 끈이론학자들은 여분의 6차원을 초미세 공간에 욱여넣는 방법의 수가 턱없이 증가하는 광경을 바라보면서 깊은 무력감에 빠졌다. 숨겨진 여분 차원은 기하학적 핸들과 다리, 구멍, 장선場線, field line 등이 어지럽게 널려 있는 고차원 미로를 방불케 한다. 6차원에 존재하는 기하학적 구조체를 2차원 종이에 표현하는 것은 원리적으로 불가능하다. 따라서 그림 38도 사실과는 거리가 멀다. 다만 독자들의 이해를 돕기 위해 최대한 비슷하게 그려 넣은 것뿐이다.

끈이론학자들이 이론의 다양한 요소를 결합하여 찾아낸 "숨은 차원이 취할 수 있는 기하학적 형태의 개수"는 관측 가능한 우주에 존재하는 원자의 수보다 훨씬 많다. 그리고 개개의 형태는 각자 나름의 물리법칙이 지배하는 하나의 우주에 해당한다. 이것은 여분 차원의 가능한 형태를 분석하다가 "수학적으로 가능한 우주"로 가득 찬 다중우주 전망도landscape가 완성되면서 알려진 사실이다. 이들 중에는 물리법칙이 우리 우주와 거의 같으면서 입자 몇 개의 질량만 다른 우주도 있을 텐데, 이런 우주는 우리 우주처럼 생명친화적일 가능성이 크다. 그러나 대부분의 우주는 여분 차원을 구겨 넣은 방식이 우리의 우주와 판이하게 달라서, 입자와 힘이 완전히 다른 방식으로 통일되어 있을 것이다. 21세기로 접어드니, 어느덧 끈이론은 물리법칙의 백화점이 되어 있었다. 이론상으로는 존재하지 못할 우주가 거의 없으니, 우주를 지배하는 법칙을 먼저 고른 후 백화점으로 가서 거기에 맞는 우주를 고르면 그만이었다. 끈이론에서 허용된 우주 중에는 암흑 에너지의 반발력이 너무 커서 은하가 생성되지 못한 우주도 있고, LHC에서 블랙홀이 생성된 (그래서 호킹이 노벨상을 받은) 우주도 있으며, 심지어 공간 차원 중 몇 개가 거대한 규모로 자라서 눈에 보이는 차원이 네 개 이상인 우주도 있다.

우주론의 관점에서 볼 때, 여분 차원의 기하학적 구조는 대칭 붕괴 후에 나타날 물리법칙의 특성을 결정하는 중요한 변수다. 우리 우주가 폭발적 인플레이션을 겪으면서 아홉 개의 공간 차원 중 유독 세 개만 거대한 규모로 자라난 것은 우주가 9차원 덩어리로 처음 탄생한 순간부터 이미 결정된 수순이었다. 사실 공간이 시공간으로 '분할된' 것까지 대칭 붕괴의 결과일 수도 있다. 게다가 양자 점프를 도입하면 이 모든 과정에 무작위적 요소가 추가된다. 물론 대부분의 양자 점프는 흔적을 남기지 않지만, 대칭 붕괴를 유발한 점프는 크게 증폭되어 새로 등장할 물리법칙(유효법칙)의 일부로 남게 된다. 다윈이 말한 "변이와 선택의 상호작용"이 태초의 우주에도 비슷한 형태로 존재했던 셈이다. 아마도 이것은 우리가 상상할 수 있는 가장 낮은 수준의 진화일 것이다.

끈이론에서 6차원 공간을 초미세 영역에 구겨 넣는 방법은 혀를 내두를 정도로 많다. 그러므로 내가 앞서 제기했던 질문(6차원 공간은 어떤 원리에 따라 선택되었는가?)에 대한 끈이론의 답은 다음과 같다. "6차원의 기하학적 구조를 선택할 때에는 필요성보다 변화(대칭 붕괴)와 우연적 요소가 중요하게 작용했다." 그냥 중요한 정도가 아니라, 후자가 전자를 완전히 압도했을 것이다. 그렇다면 만물의 이론은 이론 자체가 너무 강력해서 아무것도 결정하지 못하는 것일까?

진동하는 양자적 끈이 중력을 낳는다는 것은 모든 힘과 입자를 하나로 통일하려는 아인슈타인의 꿈이 끈이론을 통해 이루어질 수 있음을 시사하고 있다. 게다가 표준 모형과 달리 끈이론에는 이론으로 결정되지 않는 매개변수(자연의 상수)가 없다. 상수를 인위적으로 집어넣을 일이 없으니, 이만큼 순수한 이론도 드물다. 그러나 바로 이 순수함 때문에 끈이론에는 무수히 많은 유효법칙이 숨어 있다.

미국의 물리학자 브라이언 그린Brian Greene의 저서 《숨은 실체Hidden reality》한국에서는 《멀티 유니버스》라는 제목으로 출간되었다에는 이 수많은 수학적 가능성과 다섯 종류의 끈이론이 자세히 소개되어 있다.

현실적 관점에서 볼 때 유효법칙 세트가 무수히 많다는 것은 끈이론의 법칙이 사실상 법칙이라기보다 '메타법칙metalaw'(법칙을 초월한 법칙)에 가깝다는 것을 의미한다. 돌이켜보면 이것은 그다지 놀라운 일이 아니다. 끈이론의 수학에 미리 결정된 구조나 매개변수가 없다는 것은 그 안에 포함된 유효법칙에 무언가 새로운 요소가 담겨 있다는 뜻이며, 이들이 양자 세계에 출현할 때에는 무작위로 일어나는 변화에 따라 얼마든지 다른 형태로 나타날 수 있다.

그러므로 물리법칙을 하나로 통일하는 대통일grand unification 프로젝트는 동전의 양면처럼 두 가지 의미로 해석될 수 있다.

첫 번째 해석은 그림 35(260쪽)의 위에서 아래로, 즉 저에너지에서 고에너지를 향해 올라가는 상향식 해석이다. 이 방향을 따라가면 입자물리학이 큰 성공을 거뒀던 통일 프로그램이 복원된다. 에너지가 증가하는 방향으로 갈수록 대칭의 규모가 커지고, 힘과 입자를 연결하는 수학도 더욱 심오해진다. 여기서 계속 나아가면 암흑 물질까지 포함하는 통일체계가 모습을 드러낼 수도 있다. 바로 이것이 정통 입자물리학의 통일 전략이며, 실험실에서 이론을 검증하는 방법이기도 하다. 입자물리학자는 가능한 한 규모가 큰 대칭을 탐구하기 때문에, 입자 가속기의 출력은 무조건 클수록 좋다(물론 블랙홀이 생성되는 에너지가 엄청나게 높다는 가정하에 그렇다). 대통일 프로그램을 이런 식으로 해석하면 '자연의 기본단위'와 '통일 프로그램의 목적' 사이의 상호 의존적 관계가 뚜렷하게 부각된다.

두 번째 해석은 고에너지에서 저에너지를 향해 내려가는 하향식 해석으로, 그림 35의 뿌리에서 출발하여 나무를 타고 오르는 것과 같다. 이것은 다윈의 진화론에 기초하여 만들어진 생명의 나무(계통수)와 비슷하다.(65쪽 그림 5 참조) 이 방향으로 나아가면 팽창→냉각→분기分岐의 순서로 진행되어 우주론의 관점에서 볼 때 매우 자연스러우며, "대통일 프로젝트=무한한 변화의 원천"임이 분명하게 드러난다. 빅뱅이 일어나고 수십억 년 후에 생명체가 탄생할 때까지, 물리법칙이 변하고 세분화된 모든 과정이 일목요연하게 펼쳐지기 때문이다.

방금 언급한 두 가지 해석은 서로 모순적인 관계가 아니라 한쪽 면에 '변화variation', 반대쪽 면에 '선택selection'이 새겨진 동전의 양면과 같다.

끈이론은 우주의 역사에서 엄청나게 많은 분기점을 발견하여 다중우주 가설의 판도를 바꿔놓았다. 과거에 린데와 빌렌킨이 다중우주를 처음으로 제안할 때, 섬우주의 구조와 구성 성분이 제각각이라는 점은 이미 알려져 있었다. 개중에는 수십억 개의 은하가 생성될 정도로 다량의 물질이 존재하는 섬우주도 있고, 아무것도 없이 텅 빈 섬우주도 있다. 그러나 다중우주에 끈이론이 개입되자 섬우주의 다양성이 거의 무한대로 치솟았다. 영원히 팽창하는 코스모스에서 다중우주의 종류가 상상을 초월할 정도로 많아진 것이다. 개개의 섬우주는 팽창과 냉각을 겪으면서 자신만의 고유한 "탄생의 흔적"을 남겼고, 다중우주는 끈이론의 보이지 않는 메타법칙에 의해 변화무쌍한 코스모스가 되었다.

하나의 섬우주에 거주하는 생명체는 주변을 둘러보면서 물리법칙이 우주 어디서나 똑같이 적용된다며 경이감에 빠질 수도 있고, 그 법칙이 생명체에 유리한 쪽으로 세팅된 이유를 궁금하게 여길 수도 있다. 그러나 끈이론이 지배하는 변화무쌍한 다중우주에서 이런 생각은 그저 환상일 뿐이다. 우리가 물리법칙이라고 부르는 것은 우리의 우주에서만 통용되는 국지적 특징이며, 우리 우주가 빅뱅을 겪은 후 특별한 길을 따라 냉각되면서 남긴 독특한 흔적에 불과하다. 핀치새의 뾰족한 부리나 오른쪽으로 감긴 DNA처럼, 입자와 힘의 속성은 거대한 설계의 일부가 아니라 우리 우주에서만 발견되는 국지적 특징일 뿐이다. 우리가 알고 있는 물리학의 유효법칙도 우리 우주가 탄생 초기에 다윈의 진화와 비슷한 과정을 겪으면서 나타난 결과이며, 그 진화적 특성은 이미 오래전에 보이지 않는 곳으로 숨어버렸다.

나는 2003년 3월에 '하나의 우주인가, 다중우주인가?Universe or Multiverse?'라는 타이틀을 달고 개최된 학술회의에서 레너드 서스킨드가 '끈이론이 제시하는 인류 원리적 풍경The anthropic Landscape of String Theory'이라는 제목으로 진행했던 강연을 지금도 생생하게 기억하고 있다.[5] 린데와 폴 데이비스의 초청장을 받고 처음으로 한자리에 모인 끈이론학자와 우주론학자들은 학회 기간 내내 강렬한 에너지를 발산하며 열띤 토론을 벌였다. 그 무렵 천문 관측 데이터에 의존한 통일이론은 한동안 정체돼 있었는데, 서스킨드는 그런 식의 접근이 잘못되었음을 지적하면서 막판 반전을 이끌어냈다. "끈이론은 확고하고 심오한 수학에 기초하고 있지만 일반적인 의미의 법칙은 아니다. 끈이론에서 얻은 법칙은 무한한 섬우주로 이루어진 다중우주에 포괄적으로 적용되는 메타법칙으로 간주해야 한다."

그해 말, 샌타바버라 남쪽에 있는 카블리 이론물리학연구소Kavli Institute for Theoretical Physics에서 세계 최초로 초끈우주론Superstring Cosmology 프로그램이 개설되었는데, 이 자리에 초청된 린데는 그의 말 한마디에 오락가락하는 끈이론학자들을 앞에 앉혀놓고 영구적 인플레이션의 결과로 탄생한 수많은 섬우주가 끈이론에서 예측한 다중우주의 가장 먼 구석까지 퍼져나가게 된 경위를 일목요연하게 설명했다. 그의 주장에 따르면 다중우주라는 방대한 무대에는 영구적 인플레이션을 통해 탄생할 수 있는 모든 우주가 골고루 존재하고 있다.

그러나 안타깝게도 끈이론의 메타법칙으로는 우리 우주가 다중우주에서 어디쯤에 있는지, 또 우리 주변에 어떤 우주가 있는지 알 길이 없다. 다중우주 가설 자체가 인간과 무관하면서 불완전한 이론이라는 뜻이다. 이런 역설적 상황은 1장에서도 언급된 바 있다. 다중우주 가설은 물리학 이론치고 예측되는 결과가 너무 많은 것이 흠이다.

여기서 서스킨드는 과감한 제안을 했다. 다중우주에 인류 원리를 도입하면 난처한 상황을 극복할 수 있다는 것이다. 인류 원리가 생명친화적인 섬우주를 알아서 골라내주기 때문이다. 그는 "인류 원리는 과학이 아니지만, 다중우주에 적용하면 뛰어난 예측 능력을 발휘할 수 있다"고 주장하면서, 시간을 초월한 법칙과 객관성에 기초한 정통 우주론을 대체할 새로운 패러다임으로 "인류학적 다중우주론 anthropic multiverse cosmology"을 제안했다.

　우주론에서 인류 원리가 뜨거운 감자로 떠오른 이유는 새로운 다중우주론을 낳은 끈이론과 암흑 에너지의 존재를 암시하는 관측 결과가 조화롭게 맞아떨어졌기 때문이다. 앞서 말한 대로 21세기가 시작되던 무렵에 우주론학자들은 그동안 수집해온 천문 관측 결과를 분석한 끝에 우주의 팽창 속도가 지난 50억 년 동안 꾸준히 빨라져왔음을 알게 되었다. 그리고 이 놀라운 소식에 잔뜩 흥분한 이론물리학자들은 오래전에 폐기했던 아인슈타인의 우주상수를 소환하여, λ에 내재된 암흑 에너지와 음압이 거대한 규모에서 밀어내는 중력을 낳는다고 생각했다. 그러나 우주가 지금과 같은 가속도로 팽창하는 데 필요한 암흑 에너지의 양은 많은 사람이 예측했던 양의 '10^{-123}분의 1'밖에 되지 않았다. 이론과 관측이 이토록 말도 안 될 정도로 큰 차이를 보인 이유는 양자역학에서 찾을 수 있다. 양자역학에 의하면 진공은 텅 빈 공간이 아니라 양자 요동으로 태어난 수많은 가상 입자가 우글거리고 있는 공간인데, 우주상수는 이들의 에너지가 모여서 나타난 결과다. 그러나 입자물리학자들이 나서서 가상 입자의 에너지를 모두 더해보니, 은하가 생성되기도 전에 우주를 갈가리 찢어버릴 정도로 큰 λ가 얻어졌다. 1990년대 후반까지만 해도 대부분의 이론물리학자는 끈이론의 핵심부에 암흑 에너지의 값을 0으로 만드는 모종의 대칭이 숨어 있을 것으로 예상했다. 그러나 2000년대 초에 관측 데이터를 분석하던 과학자들은 우주상수가 0이 아니라는 쪽으로 기울었고, 여기에 끈이론의 다중우주가 결합되면서 학자들이 가장 자연스럽다고 생각하는 λ 값에 극적인 변화가 일어났다. 그동안 λ가 0인 이유를 설명하기 위해 애써왔던 우주론학자들이 "거대한 다중우주에서 암흑 에너지의 양은 섬우주마다 무작위로 다를 수 있으며, 인류 원리에 의하면 우리 우주에 존재하는 암흑 에너지의 양은 극히 미미하지만 0은 아니다"라는 주장에 설득된 것이다.

사실 인류 원리는 우주론이 황금기를 누렸던 1990년대 이전부터 곤란한 상황을 피해 가는 수단으로 인용되어왔다. 다중우주 가설이 삼류 공상과학물 취급을 받던 1987년에 스티븐 와인버그는 인류 원리의 관점에서 우주상수의 값을 예측하는 유명한 사고실험을 실행했다. 그의 주목적은 가상의 다중우주를 표류하는 하나의 섬우주에 다량의 은하가 생성되려면 어떤 조건이 충족되어야 하는지 확인하는 것이었는데, 시뮬레이션을 여러 번 반복한 끝에 "섬우주에 은하가 생성되려면 우주상수가 어떤 상한값을 절대로 초과하면 안 된다"는 결론에 도달했다. 예를 들어 λ가 우리 우주보다 조금 큰 섬우주는 빅뱅 후 수십억 년이 아닌 수백만 년이 지난 시점부터 가속 팽창 모드로 접어들기 때문에, 물질이 뭉쳐서 은하로 자라날 시간적 여유가 없다.[6] 또한 은하의 형성을 허용하는 암흑 에너지 밀도(λ)는 아래로도 한계가 있고, 은하가 없는 우주에는 생명체가 존재할 수 없으므로 와인버그는 다음과 같이 주장했다. "우리가 존재한다는 것은 우리 우주의 암흑 에너지가 은하를 생성할 수 있는 범위 내에 있다는 뜻이다. 이 범위는 지극히 좁지만 우리는 이미 그 안에 거주하고 있으므로, λ 값이 적절한 '지극히 드문 우주'에 자연스럽게 집중하게 되는 것이다."

와인버그는 우리가 "λ 값이 적절한(생명체가 거주할 수 있는) 모든 섬우주 중에서 무작위로 선택된 샘플 관찰자"라고 가정했다. 생명체가 거주하는 섬우주의 대부분은 암흑 에너지 밀도가 상한값 근처일 것이다. λ가 이보다 작으면 더욱 세밀한 미세 조정이 필요하기 때문이다. 와인버그는 이런 맥락의 논리를 펼친 끝에 다음과 같은 최종 결론에 도달했다. "관측된 암흑 에너지의 양은 (당시 학자들이 믿었던 대로) 절대로 0이 아니며, 은하의 형성을 방해하지 않는 범위 내에서 최대한 큰 값을 가질 것이다." 우주상수가 0이 아니면서 매우 작은 값이라는 와인버그의 예측은 그로부터 10년 후에 초신성이 관측되면서 사실로 확인되었다.

게다가 이 시기에 끈이론에서 파생된 무한 다양성 다중우주는 와인버그의 사고실험을 뒷받침하는 것처럼 보였다. 그리하여 2000년대 초에 관측과 이론 및 λ에 대한 인류학적 논리가 하나로 합쳐지면서(이 세 가지는 각자 나름대로 혁명적인 발견이었다) '인류학적 다중우주론'이 탄생했고, 새로운 패러다임을 수용한 우주론학자들은 서스킨드가 생각했던 미세 조정 문제를 본격적으로 파고들기 시작했다.

다중우주가 정말로 존재한다면, 우리 우주 근처에는 생명체에게 적합한 법칙으로 운영되는 다른 섬우주들이 여기저기 널려 있을 것이다. 물론 생명체는 그런 섬우주에만 존재할 수 있다. 생명친화적이지 않은 다른 섬우주들은 우리에게 관측되지 않을 가능성이 높다. 지구의 천문학자는 우리가 존재할 수 없는 곳을 애써 관측하지 않을 것이기 때문이다. 그러므로 인류 원리는 다중우주에서 생명체가 살 수 있는 섬우주를 골라내는 역할을 한다. 그런 우주가 아무리 희귀하다 해도, 일단 우리 우주에 생명체가 살고 있으니 유리한 고지를 선점한 셈이다. 이렇게 생각하면 인류학적 다중우주가 '설계된 우주'라는 해묵은 수수께끼를 해결한 것처럼 보인다. 우리는 생명체가 거의 없는 다중우주에서 인류 원리에 의해 선택된 '아주 희귀한' 생명친화적 섬우주 영역에 살고 있다.

언뜻 보기에 이런 식의 논리는 관측 가능한 우주 안에서 일상적인 선택 효과를 설명하는 논리와 크게 다르지 않은 것 같다. 우리 우주만 놓고 볼 때 물질의 밀도가 지나치게 낮아서 별이 형성될 수 없는 지역에는 생명체가 존재할 수 없고, 탄소 같은 원소가 풍부해지기 이전 시대에도 생명체는 존재할 수 없다. 생명체가 존재하려면 위치와 시기가 적절해야 한다. 우리는 빅뱅 후 수십억 년이 지났을 때 형성된 고요한 항성계의 거주 가능 지역 중 대기에 에워싸인 바위형 행성에 살고 있다. 이곳의 환경은 지능을 가진 생명체가 진화할 수 있을 정도로 생명친화적이기 때문이다. 이와 마찬가지로 인류학적 우주론에 의하면 우리를 지배하는 물리법칙이 생명친화적인 이유는 "우리 우주가 생명체에 적대적이었다면 우리는 애초부터 존재할 수 없기 때문"이다. 우주의 법칙이 지금과 같은 형태를 갖게 된 이유는 "우리가 지금 그런 우주에 살고 있기 때문"이라는 것이다.

호킹에게는 이런 해답이 조금도 만족스럽지 않았다. 그는 우주가 생명친화적 특성을 갖게 된 이유를 반드시 설명해야 한다는 서스킨드와 린데의 주장에 전적으로 동의했지만, 인류학적 다중우주론으로는 아무것도 설명할 수 없다며 인류 원리 자체를 일축해버렸다. 우리는 샌타바버라에서 학회를 마치고 패서디나로 돌아오는 길에 베벌리힐스에 있는 쿠바 댄스 클럽에 들러 잠시 여흥을 즐겼다. 호킹은 한동안 음악에 맞춰 몸을 가볍게 흔들다가 배경음악으로 흘러나오는 쿠바식 살사 리듬에 맞춰 대화상자에 글자를 입력하는가 싶더니, 어느 순간 그의 모니터에는 다음과 같은 글이 떠 있었다. "나는 새로 등장한 끈우주론string cosmology이 도통 마음에 들지 않습니다. 영구적 인플레이션 추종자들과 다중우주 추종자들이 똘똘 뭉쳐서 이상한 방향으로 나아가고 있어요. 아무 생각 없이 그들을 따라갔다간 틀림없이 함정에 빠질 겁니다."

• • •

21세기가 시작되던 무렵, 호킹은 인류학적 우주론이 지금까지 쌓아온 논리적 접근법을 무력화시킨다며 깊은 고민에 빠졌다. 꽤 미묘한 문제여서 독자들도 나름대로 생각이 있겠지만, 호킹과 린데 사이에 벌어진 논쟁의 핵심에 거의 도달했으니 조금만 더 기다려주기 바란다.

문제는 인류 원리가 "우리는 다중우주의 전형적인 거주자(또는 다중우주를 대표하는 거주자)"라는 가정을 깔고 있다는 것이다(반대론자들은 이것이 "골치 아픈 문제를 카펫 밑으로 슬쩍 밀어 넣은 얄팍한 속임수"라고 비난한다). 인류학적으로 따지기를 원한다면 '전형적인 것'과 '그렇지 않은 것'부터 분명하게 구별해야 하고, 이를 위해서는 물리계의 생명친화적 특성 중 생명체의 생존에 반드시 필요한 것을 골라내야 한다. 이 과정을 거치면 '우리'나 '관찰자' 같은 단어를 물리학적 언어로 바꿀 수 있다. 우리 우주와 비슷한 섬우주가 우리 주변에 많다는 사실을 확인했다면, 다중우주의 통계적 특성을 이용하여 "전형적인 다중우주 거주자"가 사는 섬우주는 어떤 종류이며, 그런 우주에서는 망원경으로 어떤 물리법칙이 발견될지 예측할 수 있다.

그렇다면 전형적인 관찰자 집단의 인류학적 특성은 어떤 기준으로 선택해야 하는가? 그 우주에 작용하는 유효법칙의 특성을 기준으로 삼아야 하는가? 아니면 나선 은하의 수를 일일이 헤아려야 하는가? 은하 구성 물질에서 바리온baryon 강력을 교환하는 입자 중 세 개의 쿼크로 이루어진 입자의 총칭이 차지하는 비율? 그것도 아니면 진보된 문명의 수를 기준으로 삼아야 하는가? 우리는 어떤 면에서 보면 전형적이지만, 또 다른 면에서 보면 변칙적인 존재이기도 하다. 지구에서 인구가 가장 많은 나라에 사는 국민은 지구를 대표하는 이들인가? 중국인은 그렇다고 생각할지 몰라도, 다른 나라 사람들은 절대 동의하지 않을 것이다. 2022년 말 통계에 의하면 세계에서 인구가 제일 많은 나라는 중국이 아니라 인도다. 또 사계절이 뚜렷한 나라에 사는 사람들이 전형적인 이들인가? 대부분의 독자는 그렇게 생각할지 몰라도, 극지방에 사는 사람들은 격하게 반대할 것이다. 그래도 이런 기준은 말로 표현이라도 할 수 있으니 괜찮은 편이다. 문제는 말로 표현할 수 없는 선택 기준이 엄청나게 많다는 것이다. 우리는 이 우주에서 문명의 수가 가장 많은 지역에 살고 있는가? 그럴 가능성이 높다. 그러나 다른 우주에서 꽃피운 문명이 우리 우주보다 훨씬 많다면, 우리 우주는 전혀 전형적이지 않게 된다. 그 진실은 과거와 미래의 데이터를 총동원한다 해도 결코 알 수 없다. 이것이 바로 인류학적 우주론이 직면한 문제다. 다중우주 거주자의 전형을 명시하는 기준이 없기 때문에, 인류학적 다중우주론이 내놓은 이론적 예측은 모호할 수밖에 없고, 결국은 개인적 주관과 취향에 우선권을 내주게 된다. 당신의 관점에서 볼 때 우리가 수많은 섬우주 중 하나에 살고 있다면, 내 관점에서 볼 때 우리는 "실험과 관측으로는 우리 우주의 유형을 논리적으로 판별할 수 없는" 답답한 섬우주에 살고 있는 셈이다.

우주상수가 아주 작은 양수라는 와인버그의 '예측'이 적절한 사례다. 우주론학자들이 분석한 바에 따르면, λ의 값은 우리가 표준으로 선택한 다중우주 거주자 집단의 특성에 따라 크게 달라진다. 와인버그는 우리가 "암흑 에너지의 양은 다르지만 물리적 변수(자연의 상수)가 같은 섬우주 거주자들"을 대표하는 전형적인 존재라고 가정했다. 그러나 우주론학자 맥스 태그마크Max Tegmark와 마틴 리스Martin Rees는 우리가 "우주상수의 값이 다르고 은하의 수도 다른, 훨씬 많은 섬우주 거주자 집단"에서 무작위로 선택된 샘플이라면, λ는 실제 측정한 값보다 1000배쯤 클 것이라고 했다.[7] 여기서 표준집단의 선택 기준을 조금 바꾸면 "텅 빈 공간에 '방금 전 일어난 일만 기억하는 진공 요동 두뇌'만이 존재하는 섬우주"를 대표 집단으로 삼아야 하는 지경까지 이를 수 있다. 이로부터 내려지는 결론은 다음과 같다. 인류 원리에 입각하여 논리를 펼치면 제아무리 황당한 결과도 성공으로 둔갑할 수 있고, 그 반대도 가능하다는 것이다. 무작위 관찰자의 모집단을 적절하게 고르기만 하면 어떤 결론도 내릴 수 있다.

잠깐, 지금 우리는 "다중우주론은 반증될 수 있다"고 착각하고 있는 것이 아닐까? 과거에도 여러 번 속았듯이 자연은 원래 친절하지 않다. 관측 데이터만으로 다중우주를 반증하는 것은 애초부터 불가능할지도 모른다. 모름지기 과학 이론은 반복되는 관측과 실험을 통해 신뢰도를 높일 수 있어야 한다. 이런 가능성이 없다면 과학은 제기능을 발휘하지 못한다. 그러나 인류학적 다중우주는 무작위 분포에서 단 하나의 샘플(우리)만 취하여 예측을 내놓고 있으므로, 과학의 기본 조건을 충족하지 못한 셈이다.

우주론학자들은 이것을 다중우주론의 '측정 문제measure problem'라 부른다. 한 물체의 무게가 각기 다른 섬우주에서 어떻게 달라지는지 확인할 길이 없으니, 이론의 예측 능력이 떨어질 수밖에 없다. 사실, 측정 문제는 생명과 무관한 특성을 예측할 때 가장 뚜렷하게 부각된다. 인류 원리는 이런 경우에 빠져나갈 탈출구를 제공하지 않기 때문이다.[8]

이로써 우리는 토머스 쿤이 말했던 '위기' 단계에 진입하게 된다.•

다중우주 가설의 지지자들은 인류 원리가 영구적 인플레이션의 한 지역에서 "우리는 누구인가?"라는 질문에 답을 제시하고, 이로부터 추상적인 다중우주론과 우리의 경험(관측 결과)을 연결해주기를 기대했다. 그러나 과학의 기본 관행에 따라 방정식에 '우리'를 끼워 넣는 데 실패하여, 결국 아무것도 설명하지 못했다.

메타법칙과 무관하게, 또는 그보다 높은 수준에서 무작위 선택을 도입하는 것은 분명히 비인류학적인 발상이며, 우주에서 일어나는 사건을 신과 같은 위치에서 조종하는 것이나 다름없다. 사실 무작위 선택이란 우리가 다중우주를 느긋하게 내려다보면서, 비슷한 관찰자 중 '우리'를 선택한다는 뜻이다. 우리, 또는 다른 어떤 형이상학적 조직이 이 일을 수행하여 그 결과를 알고 있다면 여기서 내린 선택을 정당한 절차로 인정할 수 있겠지만, 이를 입증할 만한 증거는 어디에도 없다. "우리가 하나의 우주에서 살아가는 생명체임을 자각하는 것"과 "무작위 선택이라는 우주적 행위"를 동일시하는 것은 분명히 잘못된 생각이다.[9] 그러므로 우리가 선택한 모집단에서 우리가 무작위로 선택된 것처럼 취급하여 이론적 예측을 내놓으면 안 된다. 우리 우주에서 통용되는 유효법칙이 여러 면에서 변칙적인 법칙일 가능성은 얼마든지 있다. 이것은 무작위로 일어나는 대칭 붕괴로부터 예측 가능한 결과다.

누가 뭐라 해도 이것 하나는 확실하다. 유효법칙과 별과 은하, 일

• 토머스 쿤은 그의 유명한 저서인 《과학혁명의 구조》에서 과학이 진보하는 과정을 '정상과학 → 위기 → 혁명'이라는 세 가지 단계의 순환으로 설명했다.—옮긴이

부 지역에 생명체가 서식하는 우주가 적어도 하나는 존재하고 있다. 이것이 우주의 전부이건, 아니면 방대한 다중우주의 일부이건, 우리 눈에 보이는 우주는 생명이 살아가기에 아주 적합한 물리적 특성을 갖추고 있다. 우리와 인과적으로 단절된 우주에서 무슨 일이 일어났건, 또는 일어나지 않았건 간에, 이런 것은 설계된 우주의 미스터리와 완전히 무관하다.

전형성(대표성)에 기초한 논리에는 빠지기 쉬운 함정이 있다. 이와 유사한 논리가 다른 역사과학 분야(생명의 진화, 인류의 역사 등)에 자주 등장하여 우리에게 지나치게 익숙하다는 것이 문제다. 만일 다윈이 인간을 전형적인 생명체(지구를 대표하는 생명체)로 간주했다면, 그는 지구와 비슷한 모든 행성에서 호모 사피엔스라는 가지가 달린 모든 가능한 계통수(생명의 나무)의 집합을 떠올렸을 것이다. 그러고는 우리 인간("지구의 호모 사피엔스"라는 특별한 사례)이 "호모 사피엔스라는 가지가 달린 모든 가능한 계통수" 중에서 가장 흔한 형태에 속한다고 생각했을 것이다. 즉, 다윈이 진화론을 우주적 규모로 확장했다면, 계통수에서 뻗어 나온 모든 가지가 우연의 결과라는 사실(이것은 진화론의 핵심이다!)을 무시했을 가능성이 높다. 뿐만 아니라 우리가 알고 있는 계통수가 외부에서 무작위로 선택한 것이 아니라, "수십억 년 걸리는 생물학적 실험이 수조 년에 걸쳐 반복되면서 만들어진 파란만장한 우연한 역사의 산물"이라는 것도 고려하지 않았을 것이다.

생물학적 진화는 무한한 가능성을 갖고 있기에, 지구의 생명계가 지금과 같은 계통수를 갖게 된 이유를 인과율에 입각하여 설명하기란 거의 불가능하다. 생물학자들이 계통수의 분기점을 설명할 때 시간이 흐르는 순서대로 따라가지 않고 거꾸로 거슬러 올라가는 것은 바로 이런 이유 때문이다. 주어진 개체의 전형성은 생물계의 가장 일반적인 특징 중 일부를 설명하는 가이드라인으로 활용하는 것이 바람직하다.

무작위 점프와 일련의 대칭 붕괴로 대변되는 초고온 빅뱅에서 유효법칙이 탄생하는 과정을 끈이론으로 설명할 때에도 생명의 진화 못지않게 무수히 많은 경로가 양산된다. 물론 주어진 결과가 전형적이거나 선험적일 필요는 없다.[10] 그러나 현대 생물학과 달리 인류학적 다중우주론은 무작위성을 무시한 채 '어떻게'보다 '왜'를 중요시하는 결정론적 설명에 집착하는 경향이 있다. 2004년 노벨 물리학상 수상자인 데이비드 그로스는 이런 관점을 오랫동안 고수해왔다. "관측자료가 쌓이고 우주에 대해 아는 것이 많아질수록 인류 원리의 입지는 더욱 좁아지고 있다."[11]

다중우주론 학자들은 진화라는 개념에 근본적 한계가 있다고 주장한다. 이들의 설명에 의하면 다중우주는 태초의 진화를 겪으면서 불변의 메타법칙을 배경으로 물리학의 유효법칙을 새겨넣었다. 이런 식의 설명은 물리학에서 오랫동안 통용되어온 전통적 설명법에서 크게 벗어나지 않는다. 여기에는 물리학과 우주론의 가장 밑바닥에 시간을 초월한 안정적인 메타법칙이 존재한다는 가정이 깔려 있다. 이 메타법칙은 다중우주 전체를 다스리는 마스터 방정식의 형태를

그림 39. 2006년에 CERN을 방문하여 ATLAS 입자 탐지기를 견학 중인 스티븐 호킹과 저자(호킹 뒤). 그 옆에 ATLAS의 대변인 피터 제니Peter Jenni와 부대변인 파비올라 자노티Fabiola Gianotti가 실험실 내부를 안내하고 있다. 훗날 자노티는 CERN을 총괄하는 최초의 여성 소장이 되었다.

띠고 있으며, 이로부터 우리에게 친숙한 저에너지 수준의 관측 결과를 확률적으로 예측할 수 있다. 이토록 거대한 관점에서 바라볼 때, 다중우주는 고대인들이 위기에 빠진 프톨레마이오스의 천동설을 구원하기 위해 우주 모형에 추가했던 주전원周轉圓, epicycle 다른 원의 원주를 따라 중심이 이동하는 원처럼, 뉴턴식 인식론에 추가된 주전원에 불과하다. 다중우주론에서 진화와 발생은 근본적인 현상이 아니며, 이것이 바로 호킹과 린데 사이에 벌어진 논쟁의 핵심이었다. 우주의 가장 근본적인 속성을 대변하는 '변화'와 '영원', 이 중 최후의 승자는 과연 누구일까?

결국 이것이 전부인가? 우리 일행이 베벌리힐스에 들렀던 그날 저녁, 쿠바 음악 밴드의 살사 곡이 흘러나오는 카페에서 호킹은 인류 원리를 폐기하기로 마음을 굳히고 그의 대화창에 글자를 입력했다. "지금부터 제대로 한번 해봅시다." 비과학적 원리로 우주론을 반증하려는 무의미한 시도를 멈추고, 기본 원리에 집중하는 쪽으로 가닥을 잡은 것이다. '설계된 우주'의 수수께끼를 좇아 물리학의 가장 깊은 영역까지 들어와보니, 어느새 우리는 외부와 완전히 고립되어 있었다. 끈이론학자들은 우리와 완전히 다른 우주에 사는 사람들 같았다.

6장
질문이 없으면 과거도 없다!

우리는 저 너머에 우주가 있고, 이곳에서는 6인치짜리 판유리가 우주로부터 관찰자(인간)를 안전하게 보호해준다고 하늘같이 믿어왔다. 그러나 양자역학을 알게 되면서 전자처럼 작은 입자를 관찰하려면 그 든든한 판유리를 깨뜨려야 한다는 것도 알게 되었다. 우리는 위험을 무릅쓰고서라도 반드시 그곳에 도달해야 한다…….

_존 아치볼드 휠러, 《물리학의 질문A Question of Physics》 중에서

언젠가 호킹에게 "명성이란 무엇입니까?"라고 물었더니 이런 대답이 돌아왔다. "그야 당신이 아는 사람보다 당신을 아는 사람이 더 많아졌다는 뜻이죠." 처음에는 재미있는 농담이라고 생각했는데, 2002년 외국에서 약간의 비상사태를 겪은 후에야 그것이 얼마나 겸손한 대답이었는지 비로소 깨닫게 되었다.

호킹과 공동 연구를 시작하고 몇 년이 흐른 후, 나는 케임브리지를 졸업하고 아내와 함께 실크로드를 따라 중앙아시아 여행길에 올랐다. 여생을 다중우주에 바쳐야 할 팔자라면, 내가 사는 우주부터 자세히 둘러봐야 한다고 생각했기 때문이다. 그런데 아프가니스탄을

방문한 후 중세의 천문학자 울루그베그Ulūgh Beg가 1420년에 설립한 천문대를 구경하기 위해 우즈베키스탄의 사마르칸트로 이동하던 중, 케임브리지에서 이메일이 날아왔다. 호킹이 "급하게 만나야 할 일이 생겼다"며 여행 중인 나를 긴급 호출한 것이다. 깜짝 놀란 나는 여행 일정을 취소하고 곧바로 귀국길에 올랐다. 그러나 아프가니스탄 국경을 넘던 중 우즈베키스탄과 아프가니스탄 사이의 아무다리야강을 건너는 구소련의 다리 위에서 꼼짝없이 갇히고 말았다. 아프가니스탄으로 들어오는 외부인을 차단하기 위해 국경수비대가 다리를 폐쇄했기 때문이다. 나는 "들어오려는 게 아니라 나가려는 것"이라고 열심히 항변했지만 경비병은 들은 척도 하지 않았다. 나와 아내는 하는 수 없이 마자르이샤리프에 있는 우즈베키스탄 영사관으로 되돌아와서 영사에게 도움을 청했으나, 그 역시 도울 방법이 없다며 난감한 표정을 지었다. 절망에 빠진 나는 지푸라기라도 잡겠다는 심정으로 호킹이 보낸 이메일을 영사에게 보여주었다. 그랬더니 그가 "나도 호킹 박사의 열렬한 팬"이라며 자신의 차에 우리를 태운 채 일사천리로 다리를 건넜고, 그 덕분에 우리는 무사히 케임브리지로 돌아올 수 있었다.•

현재 DAMTP는 케임브리지 도심에서 벗어나 세인트존스 칼리지St. John's College의 운동장 뒤에 새로 지은 수리과학동에 자리 잡고 있다. 널찍하고 채광도 좋은 호킹의 연구실에서 창밖을 내다보면 드넓은 캠퍼스가 한눈에 들어온다. 우리가 처음 만났던 실버가의 칙칙한

• 그 후 우즈베키스탄을 떠날 때에도 문제가 발생했다. 폐쇄된 국경을 통해 입국한 것 자체가 불법이었기 때문이다.

연구실과 비교하면 거의 호텔 수준이다. 여행 도중 급히 돌아온 나는 곧바로 호킹에게 달려갔고, 그의 격앙된 눈빛을 보는 순간 이유를 짐작할 수 있었다.

호킹은 늘 나누던 잡담을 모두 생략한 채 곧바로 본론으로 들어갔다. 글자를 입력하는 속도도 평소보다 두 배쯤 빠른 것 같았다.[1]

> **호킹:** 생각이 달라졌어요. 《시간의 역사A Brief History of Time》는 잘못된 관점에서 쓰인 책입니다.
>
> **나:** (가볍게 웃으며) 저도 동의합니다! 편집자한테 얘기하셨나요?

호킹은 걱정스러운 표정으로 나를 올려다보았다.

> **나:** 그 책에서 교수님은 독자들이 신과 같은 관점에서 우주를 바라볼 것을 권했지요. 우주의 파동함수를 우주 바깥에서 바라보듯이 말입니다.

호킹은 눈썹을 위로 치켜올렸다. 상대방의 뜻에 동의한다는 그만의 표현법이다.

> **호킹:** 하긴, 뉴턴과 아인슈타인도 그랬습니다. 신과 같은 관점은 입자 산란 실험에서 초기 상태를 세팅하고 최종 상태를 측정할 때나 유용한 관점이죠. 하지만 우리는 우주의 초기 상태를 알 수 없고, 다른 초기 상태에서 어떤 우주가 탄생하는지 확인할 수도 없지 않습니까?

다들 알다시피 실험실이란 물리계의 거동을 외부의 관점에서 파악하기 위해 모든 것을 특별하게 세팅한 장소이며, 실험자는 실험장비가 외부 세계와 섞이지 않도록 각별히 주의를 기울여야 한다.(실제로 CERN에서 실험하는 입자물리학자들은 가속기 안에서 고에너지 충돌이 일어나는 동안 충분한 거리를 두고 격리되어 있다!) 전통적인 물리학 이론에서도 '자연의 법칙을 따르는 역학계'와 '실험 장치 및 계의 초기 상태를 나타내는 경계 조건'을 개념적으로 엄밀하게 분리하고 있다. 전자는 무언가를 발견하거나 검증하는 것이고, 후자는 실험자가 제어하려고 애쓰는 대상이다. 이것이 바로 3장에서 말했던 이원론dualism이다.

법칙과 경계 조건을 엄밀하게 구분할수록 실험 과학의 예측은 더욱 정확해지지만, 예측 가능한 범위에 한계가 생긴다. 우주 전체를 실험실 안에 욱여넣을 수는 없기 때문이다. 나는 호킹을 향해 단호하게 대답했다.

나: 아무리 스케일이 큰 우주론이라 해도, 신과 같은 관점에서 현상을 서술하는 것은 잘못된 발상이라고 생각합니다. 어차피 우리는 우주를 벗어날 수 없으니까요.

호킹은 내 말에 동의를 표하면서 글자를 입력하는 데 온 정신을 집중했다.

호킹: 그동안 우리는 이 사실을 깊이 깨닫지 못했기 때문에 막다른 길에 도달했던 것입니다. 이제 우리에게는 우주론을 위한 새로운 (물리학적) 철학이 필요합니다.

나: (웃으며) 아하, 마침내 철학의 시간이 도래했군요!

호킹은 철학 이야기를 잠시 접어두고 내 말에 동의한다는 뜻으로 눈썹을 다시 한번 치켜올렸다. 생각해보니 린데와 호킹의 논쟁은 서로 다른 우주론을 놓고 벌인 논쟁이 아니었다. 다중우주와 관련된 논쟁의 핵심에는 물리학 이론의 인식론적 특성에 대한 질문이 도사리고 있다. 우리는 물리학 이론과 어떻게 연결되어 있는가? 위대한 발견을 이루어낸 물리학과 우주론은 '존재'라는 근본적 질문에 어떤 실마리를 제공할 것인가?

현대 과학혁명 이후 물리학은 우주에 대한 '전지적 시점'을 채택하여 눈부신 발전을 이루어냈다. 물론 창조주 행세를 했다는 뜻이 아니라, 이론적 관점이 그렇다는 뜻이다.

코페르니쿠스가 유서 깊은 천동설에 도전장을 내밀었을 때, 그는 지구를 비롯한 태양계를 다른 별에서 내려다보는 상상을 하면서 전체적인 그림을 그려나갔다. 그런데 행성이 원궤도를 따라 움직인다고 가정하니 그가 제시한 태양 중심 모형에 오차가 발생했고, 당시의 천문 관측 데이터도 부정확하긴 마찬가지였다.[2] 그러나 코페르니쿠스는 지구와 행성이 허공에 둥둥 뜬 채로 움직인다고 가정함으로써, 우주와 지구에 대한 사고방식에 혁명적인 변화를 가져왔다. 물리학과 천문학에서 "관찰자가 탐구 대상을 전지적 관점에서 객관적으로 바라볼 수 있는 위치"를 아르키메데스 점Archimedean point이라고 하는데,• 이 개념을 최초로 도입한 사람이 바로 코페르니쿠스였다. 이 아이디어에서 새로운 과학이 탄생하여 세상을 바꿀 때까지는 수백 년이 걸렸지만, 지구가 우주의 중심이 아니라는 사실이 전반적으로 수용되어 코페르니쿠스 혁명에 불이 붙을 때까지는 불과 수십 년밖에 걸리지 않았다.3

지금 우리는 코페르니쿠스의 사상이 "우주의 아르키메데스 점을 찾기 위한 긴 여정의 출발점"이었음을 잘 알고 있다. 그 후로 수백 년이 지나는 동안 코페르니쿠스의 우주적 관점은 물리학의 언어에 깊이 뿌리내려서, 지금은 굳이 강조하지 않아도 당연하게 받아들여질 정도다. 현대 물리학자들은 입자 가속기를 가동할 때나 새로운 원소를 합성할 때, 또는 우주배경복사의 광자를 관측할 때에도 항상 외부의 추상적 관점에서 자연을 다루고 있다. 원한다면 이것을 '무소불위의 관점' 혹은 '전지적 관점'이라 불러도 무방하다.4 물리학자들은 무소불위는커녕 조그만 지구에 얽매인 처지임에도 불구하고, 탐구 대상이 무엇이든 우주를 객관적으로 바라보는 전지적 관점을 고수해왔다.

• 고대 그리스의 시라쿠사에서 태어난 아르키메데스는 무거운 물체를 들어 올리는 지레를 발명한 사람으로 알려져 있다. 아르키메데스 점이라는 용어도 "나에게 충분히 긴 지레와 든든한 받침점만 주어지면 지구도 들어 올릴 수 있다"는 그의 주장에서 유래한 것이다.

이런 방향으로 가장 큰 도약을 이룩한 것은 뉴턴의 운동법칙과 중력법칙이다. 뉴턴은 플라톤 시대부터 과학자들을 헷갈리게 만들었던 "물리계(현실 세계)와 수학의 관계"가 시간을 초월한 형태를 결정하는 것이 아니라, 역학과 진화를 결정한다는 것을 깨달았다. 게다가 그가 발견한 법칙이 우주 모든 곳에 보편적으로 적용된다는 사실이 알려지면서, 과학은 "객관적 지식을 발견하는 수단"으로 입지를 굳히게 된다. 뉴턴은 지구로부터 멀리 떨어진 별을 기준으로 한 고정된 무대를 상정하고, 이 무대를 배경으로 삼아 모든 물체의 운동을 서술함으로써 '전지적 시점'을 구현했다. 운동의 배경인 공간은 어떤 경우에도 움직이지 않고 변하지도 않아야 했기에, 뉴턴은 이것을 절대공간absolute space이라 불렀다. 뉴턴의 중력법칙과 세 가지 운동법칙은 절대공간에서 일어나는 물체의 운동을 결정해주었지만, 그 어떤 것도 절대공간을 바꿀 수는 없었다. 절대공간과 절대시간은 신이 만들어놓은 영원불변의 무대이자, 뉴턴역학을 떠받치는 견고한 발판이었다.

그러나 뉴턴의 절대적 배경은 그가 생각했던 것처럼 객관적인 기준이 아니었다. 뉴턴의 법칙을 수학적으로 표현한 운동 방정식은 물체가 절대공간에 대하여 회전 운동이나 가속 운동을 하지 않는 경우에만 성립한다. 예를 들어 당신을 태운 우주선이 우주 공간에서 회전 운동을 한다고 가정해보자. 이런 경우 당신이 우주선 창밖을 내다보면, 멀리 있는 별들이 아무런 힘을 받지 않았는데도 반대 방향으로 회전하는 것처럼 보일 것이다. 이것은 "외부에서 힘을 가하지 않는 한, 모든 물체는 정지 상태를 유지하거나 등속 직선 운동을 한다"는 뉴턴의 제1법칙에 위배된다. 그러므로 뉴턴의 운동법칙은 "절대공간에 묶여 있는" 특별한 관찰자에게만 성립하며, 그렇지 않은 관찰자에게는 운동 방정식이 훨씬 복잡해진다.

여기에 제일 먼저 불편함을 느낀 사람은 상대성 이론의 원조인 아인슈타인이었다. 그는 배경 공간에 대해 정지해 있거나 등속 운동을 하는 관찰자의 관점이 그렇지 않은(즉, 배경 공간에 대해 가속 운동을 하는) 관찰자의 관점보다 우월하다(운동 방정식이 더 단순하다)는 주장을 도저히 납득할 수 없었다. 운동 상태가 다르다고 해서 자연이 통째로 다르게 보일 리가 없다고 생각한 것이다. 아인슈타인이 볼 때 이것은 오래전에 폐기된 코페르니쿠스 이전의 세계관으로 되돌아가는 것이나 다름없었다. 그리하여 아인슈타인은 뉴턴의 절대시간과 절대공간을 역동적이고 관계지향적인 시공간으로 대체하고, 물체의 운동이 관측자의 운동 상태에 상관없이 항상 똑같은 방정식으로 서술되도록 물리법칙에 대대적인 수정을 가했다. 2장에서 언급한 일반상대성 이론의 방정식은 관측자가 어떤 식으로 움직이건, 누구에게나 동일한 형태로 적용된다. 또한 아인슈타인은 한 관측자의 관측 결과가 위치와 운동 상태에 따라 어떻게 달라지는지 명시하기 위해 서로 다른 관측자의 관점을 연결하는 일련의 변환규칙을 제안했는데, 이 규칙을 이용하면 범우주적으로 통용되는 방정식에서 객관적 핵심을 추출할 수 있다.

상대성 이론은 "그 누구의 관점도 특별하지 않다"는 아인슈타인의 확고한 신념을 물리학에 구현하는 데 성공했다. 아인슈타인은 실체의 객관적 근원이 특별한 상태에 있는 관찰자에게만 보이는 것이 아니라, 추상적인 수학을 통해 누구나 볼 수 있어야 한다고 생각했다. 과학자들이 그토록 찾던 아르키메데스 점이 시공간을 넘어 수학이라는 초월적 영역으로 옮겨간 것이다. 이 관점을 수용하면 "바깥 세계 어딘가에 근본적인 법칙이 존재한다"는 생각과 "모든 사건의 진정한 인과관계를 설명하는 물리적 우주를 초월한 현실이 존재한다"는 생각이 하나로 통합된다. 노벨상 수상자이자 이 분야의 선두주자인 셸던 글래쇼는 1992년에 출간한 저서 《과학의 종말The End of Science》에서 다음과 같이 주장했다. "우리는 세상의 원리를 이해할 능력이 있다. 우리는 영원하고 객관적이면서 역사를 초월해 있고, 사회적으로 중립적이면서 외부지향적이고 범우주적인 진리가 반드시 존재한다고 믿는다."[5]

다중우주론은 어려운 상황을 극복하고 이와 같은 관점을 사수하는 데 성공했다. 간단히 말해서, 물리학은 궁극적으로 시간을 초월한 토대 위에 안정적으로 놓여 있다는 것이다. 어떤 의미에서 보면 다중우주론은 아르키메데스 점을 아르키메데스나 코페르니쿠스, 심지어 아인슈타인이 시도했던 것보다 훨씬 먼 곳으로 옮겨놓았다고 할 수 있다. "존재 이전의 존재"가 포함된 메타법칙을 상정함으로써, 다중우주론은 "(전지적 관점에서 정의된) 고정된 배경에 새겨진 물리적 현상의 배열 공간"이라는 뉴턴식 패러다임으로 되돌아간 셈이다.

모든 것이 통제된 실험실에서는 존재론적 상태가 별로 중요하지 않지만, 깊은 근원을 파고들어가면 한없는 미궁 속으로 빠지게 된다.

생명친화적 속성의 근원을 파고들 때는 더 말할 것도 없다. 5장에서 본 바와 같이, 다중우주론을 도구 삼아 깊은 미스터리를 추적하다 보면 자기파괴적 소용돌이에 휘말리기 십상이다. 그렇다면 이론의 전체적인 기반에 의구심이 들 수밖에 없다. 다중우주는 절대적 객관성을 향해 코페르니쿠스의 추를 너무 크게 흔든 것이 아닐까?

코페르니쿠스를 비롯한 16세기 철학자들이 느꼈던 당혹감은 근대 초기의 철학자들도 여전히 느끼고 있었다. 지구에 속박된 인간이 어떻게 우주를 객관적 시각으로 바라볼 수 있다는 말인가? 현대과학의 여명기를 맞이한 철학자들은 과학의 눈부신 업적에 환희의 송가를 부르는 대신 깊은 의구심에 빠졌다. "모든 것을 의심하라De omnibus dubitandum"는 르네 데카르트René Descartes의 명언은 진실이나 진리가 아예 존재하지 않는 허구일 수도 있다는 강한 의구심의 발로였다. 그리고 과학혁명을 촉발한 "우리는 모른다ignoramus"라는 깊은 통찰도 세상에 대한 인간의 자신감에 치명타를 날렸다. 20세기의 위대한 사상가 중 한 사람인 한나 아렌트Hannah Arendt는 자신의 저서인 《인간의 조건The Human Condition》에서 이 불편한 상황을 적나라하게 묘사했다. "갈릴레이가 이룩한 위대한 진보는 최악의 두려움(우리의 감각이 우리를 배신할 수 있다는 두려움)과 가장 야무진 희망(외부의 관점에서 우주의 비밀을 풀 수 있다는 희망)이 모두 실현될 수 있음을 보여주었다."6

데카르트는 17세기 과학혁명을 평가하면서 아르키메데스 점을 인간의 내면으로 옮기고, 인간의 마음을 궁극의 기준점으로 삼아야 한다고 주장했다. 사실 현대문명은 인간을 본연의 위치에 되돌려놓는 것으로 시작되었다. "나는 의심한다. 그러므로 나는 존재한다 Dubito ergo sum"에서 "나는 생각한다. 그러므로 나는 존재한다Cogito ergo sum"가 탄생한 것이다. 그리하여 과학혁명은 "사고思考는 내부를 향하면서 망원경으로 수십억 광년 떨어진 우주를 바라보는" 역설적 상황을 낳았다. 그로부터 거의 500년이 지난 지금, 이 상반된 두 개의 흐름이 우리를 매우 당혹스럽게 만든다. 한쪽 면에서 보면 현대과학과 우주론은 우주의 특성과 인간을 이어주는 경이로운 연결고리를 발견했다. 별의 내부에서 진행되는 탄소 융합에서 원시우주에 존재했던 은하의 씨앗에 이르기까지, 인간이라는 존재의 근원은 우주의 역사와 기적처럼 연결되어 있다. 그러나 좀 더 근본적인 곳을 들여다보면 이 모든 발견이 방대한 우주에서 인간의 위치를 더욱 모호하게 했음을 알게 된다. 현대과학은 자연에 대한 우리의 이해와 인간이 추구하는 목표 사이에 커다란 균열을 일으켜서, 우리가 세상의 일부라는 소속감을 약하게 만들었다. 아르키메데스식 철학의 대가이자 열성적 환원론자인 스티븐 와인버그는 그의 저서 《태초의 3분The First Three Minutes》에 이렇게 적어놓았다. "우주에 대해 아는 것이 많아질수록, 우주는 더욱 무의미하게 보인다."

나는 자연의 법칙에 대한 와인버그의 플라톤적 개념이 이 한 문장에 압축되어 있다고 생각한다. 우주론과 물리학이 우리와 단절된 과학적 존재론에서 우주가 무의미하게 보이고 생명친화적 특성이 신비하게 보이는 것은 별로 놀라운 일이 아니다.

신과 같은 관점을 포기한다면 어떻게 될까? 전지적 관점을 버리고 우리 자신을 포함한 모든 것을 우리가 이해하려는 시스템 속으로 끌어들이면 무엇이 달라질까? 진정한 존재론적 우주론이라면 경계 조건이나 형이상학적 배경을 특정하는 "우주의 나머지 부분"이 없어야 한다. 우주론은 안쪽과 바깥쪽을 뒤집은 실험 과학이며, 우리는 시스템 안에서 바깥을 바라보고 있다.

• • •

"이제 신 놀음을 그만둘 때가 되었습니다." 점심을 먹고 돌아왔을 때, 호킹이 환한 미소를 지으며 말했다.

새로 지은 캠퍼스의 매점은 심오한 과학과 친목이 오갔던 옛 DAMTP의 공동구역과 분위기가 사뭇 달랐다. 새로운 매점의 가장 큰 문제는 맛없는 음식이 아니라 방정식을 휘갈겨 쓸 테이블이 없다는 것이었다.

이번에는 호킹이 철학자들에게 동의하는 것 같았다. "물리학 이론은 플라톤의 이상향에서 공짜 하숙집을 빌려 쓸 수 없습니다. 우리는 바깥세상에서 우주를 내려다보는 천사가 아니라, 우리가 서술하는 우주의 일부입니다. 물론 물리학 이론도 마찬가지고요."

그는 계속해서 글자를 입력해나갔다.

"우리는 물리학 이론으로부터 완전히 분리될 수 없습니다."[7]

맞는 말이다. 그동안 이런 말을 수도 없이 들어왔다. 우주론은 이론 체계가 정교해질수록 우주 안에서 우리의 존재를 더욱 정확하게 설명해왔다. 우리가 수많은 별과 은하로 에워싸인 은하수와 마이크로파 배경복사 속에서 살고 있다는 것은 우주에 대해 "안과 밖이 뒤집힌" 관점을 갖고 있다는 뜻이다. 호킹은 이것을 벌레의 관점worm's-eye view이라 불렀다. 그렇다면 우리는 우주를 더 깊이 이해하기 위해 벌레 특유의 주관적 관점에 익숙해져야 하는가?

이런 문제로 고민하는 동안 호킹의 연구실은 서서히 비둘기장으로 변해갔다. 연구 동료와 의료진, 정치인과 연예인 등 온갖 유명인사들이 연구실을 수시로 드나들었지만, 호킹은 간단하게 응대만 할 뿐별로 신경 쓰지 않았다. 오히려 적당한 수준의 혼돈이 그의 집중력을 높여주는 것 같았다. 오후 휴식 시간, 내가 차를 마시는 동안 호킹은 상당한 양의 바나나와 키위를 게걸스럽게 먹어치운 후 전지적 관점을 유행시킨 주범인 다중우주론의 고전적 토대를 또다시 도마 위에 올려놓고 성토를 벌이기 시작했다.

"다중우주 지지자들은 신과 같은 전지적 관점에 집착하는 경향이 있습니다. 우주에는 잘 정의된well defined 출발점이 존재하고, 명확한 시공간에서 전개되어온 단일한 역사를 갖고 있기 때문이지요. 하지만 이것은 어디까지나 고전적인 그림일 뿐입니다."

그렇다. 다중우주론은 고전이론이 아니라 고전적 사고와 양자적 사고의 혼합물이다. 한편으로는 무작위로 일어나는 양자 점프로부터 다양한 섬우주가 탄생하는 장면을 상상하면서, 다른 한편으로는 이모든 사건이 그 전부터 존재했던 팽창하는 공간 속에서 일어난다고 가정하고 있다. 후자가 바로 다중우주론의 고전적 배경인데, 계속해서 커진다는 것만 빼면 뉴턴이 말했던 배경과 비슷하다. 이런 관점을 채택하면 바깥에서 실험실의 기자재를 바라보듯 섬우주의 탄생을 바라보면서 다중우주의 모자이크를 그려나갈 수 있다.

호킹은 이 점을 계속해서 강조했다. "다중우주는 우리를 우주론의 상향식 철학bottom-up philosophy으로 인도하고, 그 안에서 우리는 망원경에 무엇이 잡힐지 예측하기 위해 시간의 순방향을 따라 진화하는 우주를 상상하게 됩니다."

다중우주론은 우주에 대한 뉴턴과 아인슈타인의 존재론적 설명과 인과론에 입각한 결정론적 논리에 대체로 동의하는 편이다. 이것은 다중우주의 여러 섬우주에 흩어져 사는 생명체들이 자신만의 독특한 과거를 갖고 있다는 생각과 일맥상통한다.

나는 호킹의 의견에 동의를 표하면서 이렇게 말했다. "하지만 교수님과 짐 하틀은 상향식 접근법을 이용하여 무경계 가설을 구축했습니다. 그것이 양자이론임에도 불구하고 말이죠. 교수님이 집필한 《시간의 역사》는 바로 이렇게 잘못된 관점에서 쓰였다고 생각합니다."

이것으로 우리는 중요한 지점에 도달한 것 같았다. 호킹은 눈썹을 치켜올리며 모니터에 글자를 계속 입력했다.

호킹이 글자를 입력하는 동안 연구실을 이리저리 둘러보던 중, 그가 1965년에 제출했던 박사학위논문에 시선이 멎었다. 무심결에 논문을 꺼내 들고 이리저리 페이지를 넘겨보았는데, 마지막 부분에 적힌 문장 하나가 유난히 눈에 들어왔다. 젊은 청년이었던 호킹이 빅뱅 특이점 정리를 공들여 증명한 후, "이는 곧 우주의 탄생이 양자적 사건이었다는 증거"라고 적어놓은 것이다. 훗날 호킹은 이 양자적 기원을 설명하기 위해 무경계 가설을 개발했지만(3장 참조), 고전우주론의 특징인 인과율에 입각하여 가설의 결과를 해석했다.

상향식 관점에서 볼 때 무경계 가설은 무無에서 우주가 탄생한 과정을 설명하는 이론인데 시공간이 탄생하기 전부터 추상적인 무가 존재했다고 가정했으니, 플라톤의 이상향에 지어진 또 하나의 전당인 셈이었다. 하틀과 호킹이 무경계 가설을 처음으로 떠올렸을 때, 두 사람은 우주의 기원뿐 아니라 우주가 존재하게 된 이유까지 인과율에 입각해서 설명하려 했으나 뜻대로 풀리지 않았다. 상향식 접근법을 따라 만들어진 무경계 가설에 의하면 우리의 우주는 은하도, 생명체도 없는 텅 빈 우주가 되어야 했다. 무경계 가설이 뜨거운 논쟁을 야기한 이유는 이론 자체가 이런 취약점을 갖고 있었기 때문이다.(4장 참조)

글자를 입력하는 소리가 멈췄을 때 호킹의 어깨너머로 모니터를 들여다보니 이런 문장이 떠 있었다. "나는 우주 전체가 고전적 상태라는 주장에 동의하지 않습니다. 우리는 양자적 우주에 살고 있으므로, 파인먼의 경로합처럼 각자 고유의 확률을 가진 모든 가능한 역사의 중첩으로 설명되어야 합니다."

이것으로 호킹의 양자우주론이 본격적으로 가동되기 시작했다. 나는 우리가 같은 생각을 하고 있는지 확인하기 위해, 방금 그가 한 말을 다음과 같이 해석해서 들려주었다. "우주에서 일어나는 모든 사건(입자의 파동함수, 진동하는 끈 등)뿐만 아니라 우주 전체까지도 완전히 양자적인 관점에서 서술해야 한다는 말이죠? 그렇다면 고전적인 배경 시공간의 개념을 포기하고 우주를 모든 가능한 시공간의 중첩으로 간주해야겠네요. 양자우주는 영구적 인플레이션의 사건 지평선처럼 방대한 규모에서 불확정성을 갖게 될 것이고요. 이런 대규모 불확정성은 린데를 비롯한 다중우주 추종자들이 철석같이 믿고 있는 '영원한 배경'에 폭탄을 설치하는 거나 마찬가지일 겁니다."

다행히도 호킹의 눈썹이 또 한 번 위로 치켜올라갔고, 잠시 후 그의 모니터에 새 문장이 입력되었다. "우리는 관측으로 확인된 우주에서 시작해야 합니다. 논리적인 출발점은 그곳밖에 없으니까요."

신탁神託의 수준은 점점 더 높아졌고, 호킹은 철학자들이 말하는 '사실성facticity'(다른 형태가 아니라 바로 지금과 같은 형태로 존재한다는 사실)의 중앙 무대로 나아가고 있었다. 호킹이 한 말은 분명히 맞는 말이다. 그런데 이로부터 과연 어떤 결론이 내려질까? 그는 모든 것을 재고할 준비가 되어 있을까? 머릿속에 오만가지 질문이 떠올랐다. 그러나 나는 오랜 경험을 통해, 호킹이 말하는 '논리적'이란 의미가 "직관적으로 옳다고 느껴지지만 증명할 수는 없으니, 더는 왈가왈부하지 말자"는 뜻임을 알고 있었다. 그래서 나는 다른 방향으로 대화를 이어나갔다. 양자우주론의 광범위한 역사(하나의 역사가 아닌 모든 가능한 역사)가 우주론의 전체적인 기반을 아르키메데스 점에서 멀어지게 만들 수 있을까? 우주론을 서술하는 적절한 양자이론이 '벌레의 관점'을 포함하면서, 인류 원리와 달리 과학의 기본 원리를 지켜낼 수 있을까? 아마도 이것은 코페르니쿠스 이후 500년 만에 시도되는 가장 놀라운 통일 프로그램일 것이다.

토머스 쿤의 패러다임 전환점에 선 호킹은 모든 에너지를 쥐어짜 내는 듯한 표정으로 또 하나의 문장을 써 내려갔다.

"(우주에 대한) 적절한 양자적 관점이 확립되면, 관측의 표면에서 출발하여 시간을 거슬러 가는 우주론의 하향식 철학에 도달하게 될 것입니다."•

나는 깜짝 놀랐다. 호킹의 하향식 철학은 우주론에서 원인과 결과를 뒤집은 것처럼 보이기 때문이다. 이 점을 지적했더니 호킹은 조용히 미소를 지어 보였다. 그것은 분명히 발견의 즐거움을 만끽하는 표정이었다. 그날 저녁, 호킹은 간결하면서도 야심 찬 포부를 가슴에 품고 집으로 돌아갔다.

"우주의 역사는 당신의 질문에 따라 달라진다는 걸 명심하세요. 그럼 내일 봅시다."

호킹이 한 말은 무슨 뜻이었을까? 물론 양자역학에서 '관측 행위'의 역할을 염두에 두고 한 말이었다. 이것은 1920년대 물리학자들 사이에 뜨거운 논쟁을 불러일으킨 문제이기도 하다. 양자역학의 놀라운 속성 중 하나는 관찰자의 실험과 관측 행위가 예측 과정에 명시적으로 포함된다는 것이다.

• 여기서 '표면'이란 4차원 시공간의 3차원 표면을 의미한다. 엄밀히 말하면 '관측의 표면'은 우리의 과거 광원뿔에 놓여 있지만, 이에 대한 근사적 서술로 종종 '한순간의 3차원 공간'을 떠올리곤 한다.

사실 이것은 아인슈타인이 양자역학을 싫어하게 된 결정적 이유였다. 1927년 10월, 제5차 솔베이 회의에 초대되어 브뤼셀에 모여든 1세대 양자물리학자들은 미시 세계를 서술하는 새로운 이론의 탄생을 마음껏 축하하고 있었다. 그 자리에서 독일의 물리학자 막스 보른 Max Born은 물리학이 6개월 안에 끝난다고 장담했고, 학회의 주최자이자 후원자인 에르네스트 솔베이도 그렇게 되기를 내심 바라고 있었다. 벨기에의 공업화학자이자 성공한 사업가인 솔베이는 "물리학이 이룰 수 있는 모든 것은 머지않아 이루어진다"는 확고한 믿음 아래 1911년부터 30년 동안 학회를 지원해왔다.[8]

아인슈타인은 20세기 초에 물리학 혁명을 이끈 최고의 학자였지만, 새로 등장한 양자역학은 한입에 삼키기에 너무 벅찬 내용을 담고 있었다. 아니나 다를까, 제5차 솔베이 회의가 시작되자마자 양자역학의 파격적인 행보에 심기가 몹시 불편해진 그는 논문을 발표해달라는 로런츠의 부탁을 정중히 거절하고 회의가 진행되는 동안 구석 자리에 조용히 앉아 있었다. 그러나 학자들의 토론은 회의가 끝난 후에도 계속되었다. 학회에 참석한 물리학자들은 모두 같은 호텔에 묵고 있었는데, 이튿날 아침 식당에 나타난 아인슈타인은 언제 그랬냐는 듯 활기찬 표정으로 사람들과 인사를 나누었다. 노벨상 수상자인 오토 슈테른Otto Stern은 그날의 분위기를 다음과 같이 회상했다. "아침 식사를 위해 식당으로 내려온 아인슈타인은 곧바로 양자이론에 대한 우려를 표명했다. 양자이론가들이 자신의 주장을 펼칠 때마다 그는 논리적 허점을 드러내는 기발한 실험을 즉석에서 제안했는데, 그

그림 40. 벨기에 브뤼셀에서 열린 솔베이 회의에 참석한 닐스 보어와 알베르트 아인슈타인.

중 하나는 정말로 심각한 문제여서 보어를 하루 종일 괴롭혔다. 그러나 보어는 그날 저녁에 말끔한 해결책을 기어이 찾아내 위기를 모면할 수 있었다."[9]

양자역학에 의하면 관측이 실행된 후에는 입자의 위치가 정확하게 결정되지만, 관측되기 전에는 특정한 확률로 이곳과 저곳에 '동시에' 존재한다. 고전적 사고에 익숙한 아인슈타인에게는 도저히 수용할 수 없는 희한한 발상이었다. 그는 물리학이 "관측된 결과와 무관하게 현실을 있는 그대로 서술하는 과학"임을 강조한 후,[10] 반 농담 삼아 양자역학의 허점을 다음과 같이 공격했다. "입자의 정확한 위치가 반드시 관측을 통해 결정되는 것이라면, 그 관측은 꼭 사람이 해야 하는가? 지나가는 쥐가 무심결에 바라봐도 입자의 위치가 하나로 결정되는가?"

아인슈타인은 "양자역학으로 확률밖에 알 수 없는 이유는 이론 자체가 불완전하기 때문이며, 관측과 상관없이 객관적 현실을 서술하는 이론이 더 깊은 수준에 존재할 것"이라고 주장했다. 학회가 열리기 1년 전에 그는 막스 보른에게 이런 편지를 보낸 적도 있다. "양자이론은 꽤 많은 결과를 양산했지만, 신의 비밀을 풀기에는 역부족입니다. 나는 신이 주사위놀음 따위는 하지 않으리라 생각합니다."[11]

그러나 수학 못지않게 철학에도 조예가 깊었던 닐스 보어는 양자역학이 옳다는 확실한 직관이 있었다. 관찰자의 관측 행위가 관측 결과에 영향을 미친다는 양자역학의 핵심 교리를 신중하게 받아들인 그는 "어떤 현상이든 관측되기 전에는 진정한 현상이 아니다"라고 주장했다.

제5차 솔베이 회의에서 20세기의 가장 위대한 논쟁이 드디어 시작되었다. 아인슈타인과 보어가 양자이론의 사활을 걸고 제대로 한판 붙은 것이다.

어떤 면에서 보면 이것은 물리학의 인과율과 결정론에 관한 논쟁이었다. 양자역학의 무작위 점프와 확률적 예측은 '현재 위치'와 '미래 위치'를 연결하는 고전물리학의 직접적인 연결고리를 사정없이 끊어버린다. 결정론적 특성과 인과율을 무시한 채 자연을 서술하는 것이 과연 일시적인 방편인가?(아인슈타인) 아니면 자연의 속성이 원래 그런 것이어서 물리학의 기초를 통째로 바꿔야 하는가?(보어)

그러나 또 다른 면에서 보면 아인슈타인과 보어의 논쟁은 양자역학의 존재론적 속성과 관련되어 있다. 아인슈타인의 지극히 논리적인 반론에 직면한 보어는 여러 개의 현실이 중첩된 양자역학의 파동함수가 '단 하나의 현실'로 급격하게 변하는 과정을 어떻게든 설명해야 했다. 현실 세계에 중첩이란 있을 수 없다. 실험실에서 관측된 입자는 '이곳' 아니면 '저곳'에서 발견될 뿐, 이곳과 저곳에 동시에 존재하지 않는다. 어떻게 그럴 수 있을까? 여러 상태가 중첩된 파동함수에 관측이라는 행위가 개입되면 왜 단 하나의 상태만 남기고 유령처럼 사라지는 것일까? 보어의 코펜하겐학파가 내놓은 대략적인 답은 "변화라는 것 자체가 관측자의 개입으로 인해 일어나기 때문"이라는 것이었다. 보어는 관측 행위가 자연을 자극해서 여러 가능성 중 하나를 선택하도록 만든다고 주장했다. 예를 들어 입자의 위치를 측정하려면 빛을 비추거나 레이저포인터를 쏘거나, 어떤 방식으로든 입자에 영향을 줄 수밖에 없는데, 보어는 이 영향이 입자의 파동함수를 붕괴시켜서 단 하나의 값만 남는다고 했다. 이 값이 바로 우리가 얻는 관측 결과다. 관측을 실행한 후 레이저를 끄면 파동함수는 3장에서 언급한 슈뢰딩거 방정식에 따라 퍼지기 시작하여 이전과 비슷한 확률 분포로 되돌아가고, 여기서 다시 레이저를 켜면 입자의 파동함수가 또다시 붕괴되어 명확한 하나의 값만 남는 식이다.

　보어가 제시한 해석의 문제점은 파동함수의 갑작스러운 붕괴가 슈뢰딩거의 파동 방정식과 완전히 상충된다는 것이다. 슈뢰딩거의 방정식에 따라 변하는 파동함수는 갑자기 붕괴되지 않고 항상 매끄럽게 변한다. 그러므로 보어는 관측자에게 특별한 역할을 부여함으로 써, 양자이론의 수학과 근본적으로 상충되는 해석을 내린 셈이다.

또한 코펜하겐 해석은 "도구로 관측할 수 있는 것"과 "방정식으로 서술되는 물리학적 진실" 사이의 차이를 인정했으므로, 양자역학을 도구주의instrumentalism적 관점에서 바라보았다는 뜻이기도 하다. 아서 에딩턴은 코펜하겐 해석을 평가하면서 "관측과 실체 사이의 관계는 전화번호와 가입자 사이의 관계와 같다"고 했다.[12] 그러나 도구주의적 관점은 "양자역학은 대체 무엇에 관한 이론인가?"라는 인식론적 수수께끼를 낳았고, 코펜하겐 해석은 여기에 아무런 답도 내놓지 못했다. 사실 코펜하겐 해석은 슈뢰딩거 방정식으로 서술되는 양자적 미시 세계와 고전적 법칙을 따르는 거시 세계를 완전히 분리함으로써 인식론의 문제를 은근슬쩍 피해 간 것이나 마찬가지다. 보어는 엄밀하게 분리된 두 세계를 연결하기 위해 "측정 행위 때문에 파동함수가 붕괴된다"고 주장했는데, 어떤 면에서 보면 다중우주에서 하나의 섬 우주를 골라내는 인류 원리와 비슷한 점이 있다. 파동함수의 붕괴와 인류 원리는 둘 다 "객관적인 수학 체계"와 "관측을 통해 알려진 물리적 실체"를 연결하는 아이디어였으나, 그들이 추구했던 이론의 기본 틀과 별 관계가 없었기 때문에 성공하지 못했다.

보어와 아인슈타인은 그 후로 여러 해 동안 이 문제를 놓고 논쟁을 벌였지만 끝내 합의에 도달하지 못했다. 관측 행위가 양자우주의 물리적 현상에 깊은 영향을 준다는 보어의 주장은 심오한 통찰로 평가받아 마땅하지만, 파동함수가 갑자기 붕괴된다는 주장에는 심각한 결함이 있다. 지금까지 수집된 증거에 의하면 슈뢰딩거가 개발한 수학(파동 방정식)은 작은 입자의 집합뿐만 아니라, 입자로 이루어진 거시계(실험 도구와 관측자를 포함한 우주 전체)에도 똑같이 적용된다. 이 점에서는 보어의 주장을 끝까지 수용하지 않은 아인슈타인이 옳았던 셈이다. 그러나 "관측자와 완전히 무관하게 미래를 예측하는 이론을 찾겠다"던 그의 꿈도 이룰 수 없기는 마찬가지였다.

이 난처한 상황은 양자이론의 수학과 관측자를 하나의 체계로 통합한 새로운 가설이 등장하면서 해결의 조짐이 보이기 시작했다. 보어의 예측을 훨씬 뛰어넘은 이 가설은 지금 우리가 추구하는 길이기도 하다.

통합의 길을 처음 제시한 주인공은 존 휠러의 박사과정 제자였던 휴 에버렛 3세Hugh Everett III였다. 1950년대 중반에 게임이론game theory 게임 참가자들 사이의 경쟁적 행동에 기초하여 가장 이상적인 전략을 도출하는 이론을 연구했던 그는 아인슈타인의 강연을 들은 후로 양자적 관측 문제를 열심히 파고든 끝에, 양자적 미시 세계와 고전적 거시 세계 사이에 보어가 세웠던 견고한 벽을 허무는 데 성공했다. 에버렛이 제시한 아이디어의 핵심은 양자역학의 근간을 이루는 수학을 있는 그대로 받아들이고 모든 대상에 적용하는 것이다. 그는 모든 관측자와 관측 대상을 포함하는 단 하나의 우주 파동함수를 상정한 후, 이 파동함수가 어떤 경우에도 붕괴되지 않고 파인먼의 "모든 가능한 경로"를 따라 매끄럽게 진행되는 우주를 떠올렸다. 외부의 개입을 완전히 차단한 채 닫힌 계closed system로 운영되는 양자 세계를 향해 첫발을 내디딘 것이다. 그림 41은 에버렛의 관점을 함축적으로 보여준다. 여기에는 하나의 커다란 상자 안에 슈뢰딩거의 고양이와 관찰자, 실험실이 통째로 들어 있다.

에버렛은 관측이 실행된 순간에 파동함수가 붕괴되지 않고서도 단 하나의 결과를 낳는 방법을 모색하다가, 정말 흥미진진하면서도 황당무계한 해결책을 떠올렸다.

양자적 관측 행위는 어떤 요소로 이루어져 있는가? 관측자가 양자계를 관측한다는 것은 관측자와 관측 대상이 상호작용을 교환한다는 뜻이다. 처음에는 입자 몇 개가 서로 얽히다가 잠시 후에는 관측 장비와 관측 대상이 얽히고, 결국에는 관측자의 정신 상태와 관측 대상의 양자 상태가 얽히게 된다. 그런데 슈뢰딩거의 파동 방정식에 의하면 이 '얽힘'은 결합된 파동함수를 (보어의 주장처럼) 붕괴시키지 않고, 여러 개의 파동 조각으로 분해되어 각기 다른 관측 결과를 낳는다. 그러므로 이 상황을 "관측자와 관측 대상을 모두 포함하는 범용 파동함수universal wavefunction"로 서술하면, 특정 결과만 살아남지 않고 모든 가능한 관측 결과가 명맥을 유지하게 된다. 물론 관측 대상뿐만 아니라 관측자까지도 여러 가능성으로 갈라진다. 양자계를 관측하는 관측자가 관측 결과에 따라 여러 개의 복사본(완전히 똑같지는 않지만, 외관상으로는 식별이 거의 불가능하다)으로 분리되어, 갈라져 나온 우주의 가지마다 하나씩 존재하게 되는 것이다.

그 유명한 슈뢰딩거의 고양이를 예로 들어보자. 상자 안에 넣어 둔 방사성 물질 위에 고양이가 앉아 있다. 방사성 물질이 붕괴하면 방

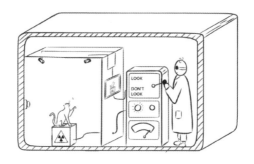

그림 41. 휴 에버렛 3세는 우주가 "입자와 실험 도구, 관찰자 등 모든 것을 포함한 상자"라고 생각했다. 다시 말해서, 우주를 하나의 거대한 닫힌 양자계closed quantum system로 간주한 것이다. 그림에 제시된 "상자 우주"가 향후 도달할 수 있는 미래는 실험자가 고양이의 상태를 확인하기로 마음먹었는지의 여부와 방사성 물질의 붕괴 여부, 고양이를 관측한 시간, 관측자가 그 상황을 기록하고 해석하는 방법 등에 따라 달라진다. 에버렛의 목적은 상자의 외부에서 발생한 모든 영향을 완벽하게 차단한 상태에서, 양자역학의 수학 체계를 따라 상자 내부의 모든 가능한 역사를 예측하는 것이었다.

사성 입자가 방출되고, 이 입자가 스위치그림에는 자세히 나와 있지 않다를 건드리면 독가스가 방출되면서 고양이를 죽인다.(그림 41 참조) 주어진 시간 안에 방사성 물질이 붕괴될 확률은 50퍼센트다. 코펜하겐 해석은 고양이가 들어 있는 상자를 바깥에서 바라본 관점을 고수하고 있으므로, 주어진 시간이 지났을 때 고양이가 살아 있을 확률은 50퍼센트다. 즉, 실험자가 상자의 뚜껑을 열어서 고양이의 상태를 확인하지 않는 한, 고양이는 살아 있는 상태와 죽은 상태가 중첩된 좀비 같은 상태에 놓여 있다. 그러나 다들 알다시피 이런 상태는 절대로 존재할 수 없다. 죽었으면 죽었고 살았으면 살았지, "반쯤 죽은 상태"란 물리적으로 불가능하다.* 바로 이 시점부터 에버렛의 아이디어가 위력을 발휘하기 시작한다. 그의 가설에 의하면 고양이와 방사성 물질의 운명이 얽힌 이 실험에서 우주의 미래는 두 갈래로 갈라진다. 그중 하나는 방사성 물질이 주어진 시간 안에 붕괴되어 고양이가 죽은 우주이고, 다른 하나는 방사성 물질이 붕괴되지 않아서 고양이가 살아 있는 우주다. 게다가 두 우주는 파동함수가 붕괴될 때와 달리 아주 매끄럽게 갈라진다. 물론 죽은 고양이보다는 산 고양이가 더 행복하겠지만, 비정상적인 중첩이 일어나지 않으므로 훨씬 자연스럽다.

이처럼 에버렛의 파동함수는 관측이 개입될 때마다 여러 조각으로 분해되고, 개개의 조각들은 나뭇가지처럼 갈라져 나간 개개의 우주에서 뚜렷한 현실로 구현된다. 개개의 파동 조각에는 특정 결과를 낳은 관측 장비와 그것을 인식하는 관측자를 포함하여, 우주의 모든 상태(실험실, 지구, 태양계, 은하 등)가 담겨 있기 때문이다. 전체적인 분기과정은 강줄기가 두 가닥으로 분리되듯 매끄럽게 진행되며, 특정 분지分枝에 사는 관측자는 자신의 복제품이 다른 우주에 존재한다는 것을 전혀 인식하지 못한다. 모든 복제품은 범용 파동함수의 각기 다른 마루(파동의 꼭대기)를 타고 각기 다른 역사를 경험하기 때문이다. 에버렛은 "이 모든 관측자의 상태를 종합한 전체적 상태만이 완벽한 정보를 갖고 있다"고 주장했다.[13]

사실 에버렛의 가설은 기존의 이론을 뒤집는 엉뚱한 주장이 아니라, 아인슈타인과 보어의 관점을 어떻게든 연결하려고 백방으로 노력

● 거의 죽은 상태를 "반쯤 죽었다"고 표현하기도 하지만, 사실 이것은 엄연히 살아 있는 상태다. 여기서 말하는 삶과 죽음은 생명의 온오프 여부를 의미한다.—옮긴이

한 끝에 간신히 얻은 결론이었다. 그는 두 사람의 의견 차이가 관점의 문제일 뿐이며, 자신의 이론은 주관적인 단계에서 확률이 개입된 객관적 결정론이라고 했다. 기존의 이론과 비교할 때, 이것은 매우 흥미로운 제안이 아닐 수 없다. 초기 양자역학에 대한 코펜하겐 해석에 의하면, 확률은 가장 기본적인 단계에서 도입된 공리公理, axiom에 가까웠다. 1930년대에 출간된 양자역학 교과서의 도입부에는 확률이 "파동함수의 제곱"으로 정의되어 있다. 그러나 에버렛의 이론은 이런 식으로 전개되지 않는다. 그의 이론에서 확률은 좀 더 미묘한 "주관적 방식"으로 양자역학에 도입된다(일상생활에 확률이 개입되는 방식과 비슷하다). 우리는 날씨와 복권, 또는 지구에 도달할 중력파의 형태 등을 짐작할 때 주관적인 확률을 사용한다. 이런 것은 주어진 지식이 충분하지 않아서 정확한 미래를 예측할 수 없기 때문이다. 1974년에 이탈리아의 수학자 브루노 데 피네티Bruno de Finetti는 일상적인 확률을 다음과 같이 정의했다. "역설적으로 들리겠지만, (공리적) 확률이란 애초부터 존재하지 않는다……. 우리가 사용할 수 있는 것은 특정 시간에 특정한 사람이 특정한 정보에 기초하여 산출한 주관적 확률뿐이다."14 우리가 일상적으로 말하는 '확률'은 대부분 이 범주에 속한다. 그리고 자신이 산출한 확률이 틀리는 경우보다 맞는 경우가 압도적으로 많기 때문에 주관적 확률을 신뢰하게 되는 것이다.

에버렛은 기존의 양자역학 교과서에서 벗어나, 양자적 확률도 우리에게 친숙한 확률처럼 주관적이라고 생각했다. 실험 결과가 어떻게 나올지 정확하게 알 수 없다는 것은 실험과 관련된 정보가 부족하다는 뜻이기 때문이다. 확률이란 이와 같은 불확실성을 수치로 나타낸 것이므로, 실험자가 어떤 결과에 베팅하는 것이 유리한지를 알려주는 지침의 역할을 한다. 당신이 외출할 때 일기예보를 참고하여 우산을 가져갈지 여부를 결정하는 것과 비슷하다. 양자역학이 아름다우면서도 유용한 이유는 슈뢰딩거의 방정식을 이용하여 모든 가능한 미래가 담겨 있는 다양한 파동 조각의 상대적 파고(파동의 높이)를 미리 예측할 수 있고, 파고의 제곱을 취하면 어느 쪽에 베팅하는 것이 가장 이상적인지 결정할 수 있기 때문이다.

그러므로 경험의 수준에서 진행되는 모든 관측 행위는 모든 가능한 미래를 향해 갈라져 나가는 일종의 '가지치기'에 해당한다. 양자이론에서 무언가를 관측하는 행위는 우주의 역사가 두 갈래 이상으로 갈라지는 분기점을 만들어낸다. 단, 관찰자는 자신이 속한 갈림길만 볼 수 있다. 즉, 개개의 갈림길을 따라가는 모든 관찰자(복사본)에게는 자신의 길만 살아남은 것처럼 보인다. 특정 관측자에게 할당되지 않은 다른 갈림길들은 그와 완전히 무관한 우주에서 각자 독립적으로 진행되어 거대한 "우주 나무"의 일부가 된다. 모든 가능성이 존재하는 무한한 공간을 표류하게 되는 것이다. 물리학자들은 서로 간섭할 수 없는 두 갈림길의 관계를 표현할 때 "분리되어 있다decouple"거나 "결어긋난 상태에 있다decohere"고 말한다.

그러나 개개의 경로(역사)가 모두 분리되어 있는 것은 아니다. 가장 유명한 예로 3장에서 언급했던 이중 슬릿 실험의 간섭무늬를 들

수 있다. 이 실험에서 하나의 슬릿을 통과한 전자의 경로는 다른 슬릿을 통과한 전자의 경로와 얽히면서 스크린에 간섭무늬를 만들어낸다.(그림 20 참조) 이는 곧 스크린에 형성된 무늬만으로는 전자가 둘 중 어떤 슬릿을 통과했는지 알 수 없다는 뜻이기도 하다. 마치 개개의 경로가 자신만의 정체성을 갖지 않는 것처럼 보인다. 스크린의 주어진 위치에서 간섭을 일으킨 경로들의 합만이 현실의 독립적 분기分岐를 형성하며, 이것이 바로 간섭무늬의 원인을 설명하는 파인먼의 경로합 계산법이었다.

이제 실험을 조금 바꿔서, 전자와 상호작용하는 기체로 슬릿 근처를 에워쌌다고 가정해보자.(그림 42 참조) 이런 상태에서 전자가 슬릿을 통과하면 각 슬릿에서 발생한 두 개의 파동이 기체와 상호작용하면서 빠르게 약해지기 때문에, 서로 간섭을 일으키기가 사실상 불가능해진다. 그러므로 스크린에는 간섭무늬 대신 두 슬릿과 거의 비슷한 방향으로 정렬된 두 개의 밝은 줄무늬가 나타날 것이다. 이 상황을 에버렛의 논리로 설명하면 다음과 같다. "슬릿을 에워싼 기체는 파동 조각이 두 개의 분리된 역사(두 개의 갈림길)를 갖도록 만드는 관찰자의 역할을 했다. 따라서 명확하게 분리된 두 파동은 더는 간섭을 일으키지 않은 채 자신만의 길을 갔고, 그 결과 스크린에는 원래 슬릿과 비슷한 두 개의 줄무늬가 형성되었다." 또는 슬릿을 에워싼 기체가 "전자가 둘 중 어느 쪽 슬릿을 통과했는지 확인하는 도구"의 역할을 했다고 생각할 수도 있다. 전자가 어느 쪽 슬릿을 통과했는지 밝혀지면 전자의 파동함수가 두 조각으로 분리되어, 각자 자신에게 할당된

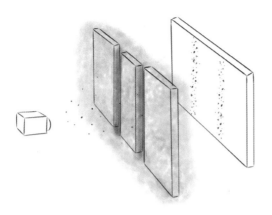

그림 42. 약간 변형된 이중 슬릿 실험. 전자와 상호작용하는 기체로 슬릿 근처를 에워싸면 스크린의 간섭무늬가 사라진다. 기체 입자가 전자의 경로에 큰 영향을 주지 않는다 해도, 모든 가능한 경로 사이의 미묘한 연결관계를 망쳐놓기 때문이다. 이런 경우 스크린에는 간섭무늬 대신 두 슬릿과 나란한 방향으로 두 개의 밝은 줄무늬가 형성된다. 슬릿 근처에서 기체 입자들이 양자적 관측자의 역할을 한 셈이다.

갈림길을 따라가는 식이다.

두 가지 버전의 이중 슬릿 실험을 비교하면 에버렛의 두 가지 의도가 명백하게 드러난다. 첫째, 분기(갈림길)마다 다른 역사를 가진 '우주 나무'의 세부 구조는 우리가 묻는 질문에 따라 달라지고, 둘째, 모든 가능한 경우의 확률을 더했을 때 1(100퍼센트)이 되는 확률 분포에서, 의미 있는 예측은 결어긋난 상태의 독립적인 경로에 대해서만 내려질 수 있다. 이 내용은 7장에서 양자적 다중우주를 다룰 때 다시 논의될 것이다.

거시적 세계에는 결어긋남을 초래하는 요인이 거의 모든 곳에 존재한다. 우리를 둘러싼 환경은 매 순간 수많은 관찰 행위를 수행하고 있으며, 이 과정에서 양자적 간섭이 모두 사라지고 무한한 가능성 중 단 몇 개만이 현실로 나타난다. 이런 식으로 우리 주변 환경은 미시 세계의 유령 같은 중첩과 거시 세계의 명확한 경험을 연결하는 가교의 역할을 하고 있다. 뿐만 아니라 주변 환경에서 수시로 일어나는 결어긋남 과정은 미시 세계의 끊임없는 양자 요동에도 불구하고 매우 견고한 고전적 현실을 만들어내고 있다.

지각地殼 속의 우라늄 원자에서 방출된 고에너지 방사선 입자를 예로 들어보자. 처음에 이 입자는 모든 방향으로 퍼져나가는 파동함수로 존재한다. 즉, 다른 물체를 만나기 전까지는 실존하는 입자가 아니다. 그러나 이 파동함수가 석영 조각 같은 다른 물체와 접촉하여 상호작용을 교환하면 "발생 가능한 사건"이 "이미 일어난 사건(우라늄 원자핵이 붕괴된 사건)"으로 변한다. 우주 역사의 수많은 갈림길 중 하나에서 이 과정은 고에너지 입자에 영향을 받은 특별한 원자 배열로 고정되고, 그 흔적을 분석하면 석영이 생성된 연대를 알아낼 수 있다. 우리 주변에 보이는 모든 것(현실의 갈림길)은 이러한 관측 행위가 수없이 누적되어 나타난 결과다. 지구에 존재하는 개개의 사물은 수십 억 년 동안 무수히 많은 결과를 기록하고 쌓아오면서 우리 역사(무수히 많은 갈림길 중 하나)에 약간의 정보를 제공하고 있다. 이것이 바로 우리를 에워싼 세상이 자신만의 특수성을 획득해온 방식이다. "우주를 양자적 관점에서 바라보면 시간을 거슬러 가는 하향식 요소가 우주론에 추가될 것"이라는 호킹의 예측에는 바로 이런 뜻이 담겨 있었다.

에버렛의 가설은 슈뢰딩거의 방정식에 기초하고 있어서 수학적으로 매우 우아하다. 그의 이론을 가만히 들여다보면 보어의 해석이 "용량을 초과한 수하물"이라는 느낌이 든다. 하위 시스템이 서로 얽혀서 범용 파동함수가 결어긋난 가지로 분리되는 과정은 양자적 관측에 대하여 매우 만족스러운 설명을 제공한다. 에버렛의 가설에서 인간의 의식과 인간이 행하는 실험 및 관측은 이론과 완전히 무관하지 않으며, "이곳과 다른 법칙을 따르는 외부의 객체"로 취급되지도 않는다. 이들은 그저 양자역학적 환경의 일부일 뿐이어서, 근본적으로 공기 분자나 광자와 동일하게 취급해도 무방하다. 에버렛은 양자 세계의 안과 밖을 뒤집어 생각하는 방법을 제시했다. 우리는 우주의 양자 파동을 해변가에서 바라보는 구경꾼이 아니라, 그 파동을 타고 움직이는 적극적 구성원이었다.

이것은 단순히 해석의 문제가 아니다. 에버렛과 보어의 이론 체계는 양자적 관측이 진행되는 과정을 완전히 다른 방식으로 설명하고 있다. 보어는 관측이 실행되었을 때 단 하나의 결과만 살아남고 모두 사라진다고 주장한 반면, 에버렛은 이것이 "하나의 갈림길 우주에서 바라보았기 때문"이라고 주장했다. 하나의 갈림길로 들어선 관측자는 다른 갈림길에서 어떤 관측 결과가 얻어졌는지 알 길이 없으므로, 자신이 얻은 관측 결과를 제외한 모든 결과가 갑자기 사라진 것처럼 보인다. 에버렛의 이론에서 관측과 관련된 모든 상호작용을 시간의 반대 방향으로 역행시킨다면, 갈라져 나간 가지들이 하나의 줄기로 재결합하는 광경을 보게 될 것이다. 물론 관련된 입자가 너무 많아서 이 과정을 실제로 구현하긴 어렵겠지만, 원리적으로는 얼마든지 가능하다. 그러나 보어의 주장대로 관측과 동시에 파동함수가 붕괴된다면, 시간을 거꾸로 되돌려도 파동함수를 관측 이전의 상태로 복구할 수 없다.

보어와 에버렛의 차이점은 과거를 들여다볼 때 더욱 크게 부각된다. 방금 말한 대로 보어의 붕괴모형은 과거로 되돌아가는 것이 원리적 단계에서 금지되어 있다. 보어의 주장이 옳다면 시간이 흐르는 방향을 과거로 바꿔서 슈뢰딩거 방정식을 적용해도 과거를 복원할 수 없다. 그사이에 실행된 수많은 관측 행위가 파동의 매끈한 흐름을 망쳐놓았기 때문이다. 그러나 현재를 이해하기 위해 과거를 되돌아보는 것은 우주론의 핵심이므로, 코펜하겐 해석은 우주론과 궁합이 맞지 않는다. 양자우주론을 구축하려면 이론의 수학적 틀 안에서 에버렛의 관측자 관점을 포용하는 수밖에 없다. 에버렛은 양자이론을 떠받치는 더욱 깊은 원리를 전면에 내세웠는데, 이것은 양자이론을 우주 전체에 적용할 때 핵심적 역할을 한다.

그러나 당대의 물리학자들은 에버렛의 제안을 완전히 무시해버렸다. 심지어 그와 가장 가까운 동료들조차 그의 이론을 이해하지 못하거나 별 감흥을 받지 못했다. 양자이론을 우주 전체에 적용한다는 발상 자체가 낯설었기 때문이다. 파격적인 아이디어에 누구보다 익숙했던 휠러조차 놀란 물리학자들을 진정시키기 위해 에버렛의 논문에 추가 설명을 달아서 따로 논문을 출판했을 정도였다.[15]에버렛은 휠러의 박사과정 제자였고, 문제를 일으킨 가설인 다중우주 해석은 에버렛의 박사학위논문이었다. 그러나 스승의 노력에도 불구하고 학계의 반응은 냉담하기 그지없었고, 크게 실망한 에버렛은 자신의 동료들을 갈릴레이 시대의 반코페르니쿠스주의자에 비유하면서 학계를 영원히 떠나버렸다(그는 박사과정을 마친 후 방위산업계로 진출했다).

물리학자들이 에버렛의 가설에 회의적 반응을 보인 이유는 양자이론치고 지나칠 정도로 거창하고 황당하게 보였기 때문이다. 내가 얻은 관측 결과를 설명하기 위해 눈에 보이지도 않으면서 엄청나게 많은 경로와 복사본을 고려해야 하는가? 에버렛의 가설이 양자역학의 '다중세계 해석many-worlds interpretation'이라는 이름으로 알려지게 된 것도 악재로 작용했다. 사람들은 '다중세계'라는 말을 들으면 똑같은 우주 여러 개가 똑같은 현실감을 갖고 공존하는 상황을 떠올리기 때문이다. 원래는 "물리계는 여러 개의 가능한 역사를 갖고 있다"는 점을 강조하려는 의도였으나, 제목 때문에 본래의 취지가 많이 왜곡되었다.

에버렛이 제안한 범용 파동함수universal wave function의 개념은 우주 전체를 양자적으로 생각하는 양자우주론의 초석이 되었다. 그가 생각한 우주는 복제되거나 더 큰 상자에 들어가는 우주가 아니라, 그 자체로 존재하는 물리계였다. 또한 에버렛은 전지적 관점이 아닌 벌레의 관점에서 새로운 양자우주론을 구축할 수 있다는 가능성을 보여주었으며, 그의 이론은 호킹의 케임브리지 연구팀을 비롯하여 수많은 물리학자가 추구하는 양자우주론의 토대가 되었다.

이로부터 탄생한 양자우주론의 전체적인 구조는 그림 43과 같다. 우주발생론 모형(무경계 가설 등)과 진화의 개념(끈이론이 낳은 우주 풍경에 적용된 파인먼의 경로합 등), 마지막으로 세 번째 핵심 요소인 관찰자가 모여서 트립티크triptych[•] 모양의 구조가 완성된다.

그림 43에서 관찰자의 역할이란 자전거를 타고 가면서 주변을 둘러보는 단순한 행위를 말하는 것이 아니다. 양자우주론에서 관측은 이 장에서 줄곧 논의했던 더욱 깊은 수준의 양자적 행위를 의미한다. 즉, 관측이란 역사가 갈라지는 분기점에서 수많은 가능성 중 하나를 현실로 구현하는 과정이다. 이 과정에는 항상 모종의 상호작용이 개입되어 있지만 인간이 수행하는 관측에 국한되지 않으며, 현실 세계에 구현된 결과는 생명체와 무관할 수도 있다. 관찰자, 즉 관측을 행하는 주체는 정밀한 기계나 슈뢰딩거의 고양이, 또는 석영 조각일 수도 있고, 우주 초기에 붕괴된 대칭일 수도 있으며, 마이크로파 우주배경복사에서 방출된 광자일 수도 있다.

그림 43의 트립티크 다이어그램에는 호킹과 내가 개발한 새로운 우주론의 핵심이 담겨 있다. 우리 이론에 의하면 물리적 현실은 두 가지 단계를 거쳐 발생하는데, 첫 번째 단계는 (예를 들어) 무경계 가설에서 시작된 모든 가능한 팽창 시나리오를 고려하는 것이다. 우주의

[•] 교회 제단에 걸려 있는 세 폭짜리 그림. 여기서는 세 가지 구성 요소가 긴밀하게 연결되어 있다는 의미로 이 용어를 사용했다. 앞으로도 계속 언급될 테니 잘 기억해두기 바란다.―옮긴이

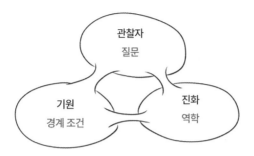

그림 43. 일반적으로 물리학의 예측 능력을 뒷받침하는 체계는 진화의 법칙, 경계 조건, 관측(또는 측정)이 엄밀하게 구별된다는 가정에서 출발한다. 대부분의 과학적 질문은 이 삼중 분할 체계 안에서 답을 구할 수 있다. 그러나 우주론에서 '설계된 우주'의 수수께끼는 법칙의 기원과 우주에서 우리의 위치에 관한 문제이기 때문에 더욱 깊은 통찰이 요구된다. 즉, 위에 언급된 세 가지 항목을 하나로 엮는 더욱 일반적인 체계가 필요한데, 이는 우주론을 양자적 관점에서 다룸으로써 구현 가능하다. 여기 제시된 세 가지 항목은 새로운 양자우주론의 핵심 개념으로, 이들이 하나로 합쳐지면서 이론의 예측 능력이 발휘된다. 또한 이들이 서로 연결되어 있다는 것은 양자우주론의 모든 법칙이 세 가지 요소의 혼합으로부터 탄생한다는 증거다.

역사는 유효법칙과 고도의 복잡성을 낳으면서 여러 개의 갈림길로 갈라진다(물론 누군가가 확률 게임을 할 때도 수많은 갈림길로 갈라진다). 그러나 이 과정에는 무한한 불확정성과 가능성이 존재하기 때문에, 일종의 선재 상태先在常態, preexistence state에 있는 우주만 서술할 수 있다. 이 단계에는 예측이나 통합 방정식, 광역적 시간개념 등 확실한 것이 하나도 없으며, 오직 가능성의 스펙트럼만이 존재할 뿐이다. 그러나 두 번째 단계에는 '관찰자'라는 상호작용 과정이 존재하여, 수많은 가능성 중 일부가 현실로 구현된다.

우주는 《해리포터》 시리즈에 등장하는 톰 리들의 백지 일기장과 비슷하다. 가능성의 영역에는 무수히 많은 질문의 답이 존재하지만, 질문을 통해서만 답을 알 수 있다. 양자우주(우리 우주)에서 유형有形의 물리적 실체는 끊임없는 질문과 관측을 통해 드넓은 가능성의 지평선에서 그 모습을 드러낸다.

관찰자의 역할은 미래를 향해 무성하게 뻗어 있는 갈림길 중 대부분을 가지치기하듯 잘라내는 것이다. 이 과정에서 관측자가 경험하는 세계만이 유일한 가지로 살아남는다. 이것이 바로 앞에서 언급했던 에버렛의 "안팎을 뒤집은" 양자적 관측에 대한 설명이다. 그러나 관찰자는 과거에도 영향을 미친다. "우주의 역사는 내가 던지는 질문에 따라 달라진다"던 호킹의 말에는 바로 이런 뜻이 담겨 있었다. 지구의 생명계에서 물리학의 유효법칙에 이르기까지, 우주의 특성을 결정짓는 모든 요소가 "우리가 우주에 대해 묻는 질문의 거대한 집합"을 형성한다는 것이다. 그림 43의 삼중 관계 다이어그램에는 관찰자가 질문을 던짐으로써 "과거 우주에 존재했던 수많은 갈림길 중 관측을 통해 확인된 특성과 일치하는 몇 개의 갈림길만 살아남는다"는 아이디어가 반영되어 있다. 즉, 양자우주론에서 관찰자는 지나간 사건을 재고하거나 이미 존재하는 거대한 다중우주에서 하나를 선택하는 단순한 역할이 아니라, 더욱 깊은 수준에서 물리적 현실(물리학 이론)을 구현하는 작용자作用者의 역할을 한다. 어떤 의미에서 양자우주와 관찰자는 동기화되어 있다고 볼 수도 있다. 2002년에 호킹이 예견했던 하향식 철학의 핵심은 (물론 그사이에 수많은 사고실험을 하다가 막

다른 골목에 이르기도 하고, 안개가 걷히기 직전에 "유레카!"를 외친 적도 있지만) 우주론과 관찰자가 하나로 얽혀 있다는 것이다.

방금 말한 대로 이 얽힘은 양자우주론에 "과거로 진행하는" 미묘한 요소를 불어넣는다. 양자우주론에는 객관적 관찰자와 무관한 우주의 역사(명확한 시작점과 진화)가 존재하지 않기 때문에, 상향식 접근법(시간이 흐르는 방향을 따라가는 접근법)을 따를 필요가 없다. 오히려 그 반대로 그림 43에는 (아직 설명하지 않았지만) 가장 깊은 수준에서 우주의 역사가 시간의 반대 방향으로 진행된다는 반직관적인 아이디어가 담겨 있다. 마치 양자적 관측 행위가 시간을 거슬러 연속적으로 진행되면서 빅뱅의 결과(대형 차원의 수, 힘과 입자의 특성 등)를 만들어내는 것과 같다. 그렇다면 우리의 직관과 반대로 과거가 현재에 의존하게 되고, 과거와 현재 사이의 인과적 연결고리는 보어가 예상했던 것보다 훨씬 약해진다.

우리는 생물학적 진화나 인류의 역사를 생각할 때, 시간을 거꾸로 거슬러 가면서 각 단계를 추적하는 논리에 매우 익숙한 편이다. 1장에서 말한 대로, 모든 분야의 역사는 분기점에서 우연히 일어난 사건에 의해 극적으로 달라질 수 있다. 과거에 일어난 사건은 과거의 한순간에 각인되어 있으므로, 역사를 연구할 때에는 회고적인 요소과거를 되돌아봐야 알 수 있는 것들가 반드시 필요하다. 하위 수준의 법칙에서는 그와 같은 정보를 찾을 수 없기 때문이다. 과거의 정보는 오직 미래에 실행되는 실험과 관측을 통해 복원된다.

1장에서 말한 바와 같이, 다윈의 진화론은 인과적 설명과 회고적 추론을 하나의 일관된 체계로 통합했다. 이와 비슷한 맥락에서, 나는 트립티크 다이어그램(그림 43 참조)에 요약된 우주론의 하향식 접근법을 통해 우주론의 '왜why'와 '어떻게how' 사이의 최적점을 찾았다고 감히 주장하는 바이다. 앞으로 보게 되겠지만 과학적 예측을 구성하는 세 가지 요인은 매우 일반적이고 유연한 개념이어서, 설계된 우주의 수수께끼 같은 심오한 문제도 다룰 수 있다.

양자우주론의 소급적 특성은 생물학의 그것보다 훨씬 두드러지게 나타난다. 생물학자들은 뚜렷한 화석 증거가 발견되지 않았다고 해서 여러 개의 계통수가 중첩된 상태를 떠올리지 않는다. 그들은 우리가 계통수의 일부라는 가정하에, 사방에 흩어진 증거를 수집하여 계통수의 온전한 모양을 만들어나가고 있다. 생물학자는 진화를 연구할 때, 그 저변에 깔린 양자적 특성까지 고려할 필요가 없기 때문이다. 다윈식 진화의 분기점에서는 생명과 환경의 상호작용을 통해 모든 양자적 간섭이 제거되기 때문에, 각기 다른 가능성을 가진 진화 경로끼리는 곧바로 분리된다. 즉, 중첩 상태에 있던 계통수들이 환경의 영향을 받아 조금씩, 꾸준히 변하다가 어느 순간 완전히 분리되는 것이다. 물론 우리가 속한 계통수도 그들 중 하나다. 실제로 양자적 결어긋남으로부터 유전자 변이가 일어날 때까지는 몇 분의 1초밖에 걸리지 않는다. 그러므로 우리의 계통수는 생물학자들이 화석을 분석해서 알아내기 훨씬 전에 다른 계통수와 분리되어 독립적으로 진화해왔음이 분명하다. 물리적 환경이 이미 근본적인 단계에서 양자적 관측을 실행했다는 뜻이다. 물론 우리가 계통수를 알게 되는 것이

비현실적이라는 뜻은 아니다. 환경과 달리 생물학자는 자신이 발견한 것을 해석할 수 있고, 이 지식이 미래의 분기점에 영향을 줄 수도 있기 때문이다.

이와 대조적으로 양자우주론은 양자 관측의 수준에서 물리적 환경과 빅뱅의 기원을 탐구하는 과학이다. 여기서는 유령처럼 중첩된 상태가 결정적 역할을 하며, 역사를 되돌아볼 때 사용했던 시간 역행 논리가 "역사를 창조하는 요소"로 부각된다.

깊은 양자 수준으로 들어가면 트립티크 다이어그램의 핵심 요소를 연결하는 다리가 중요한 역할을 하고, 이를 통해 우리는 물리학을 넘어선 영역으로 진입할 수 있다.

• • •

1970년대 말에 존 휠러는 역방향 인과관계의 흥미로운 요소를 부각시키는 창의적인 사고실험을 고안했다. 이 실험은 일상적인 양자역학에서 관측자의 행위가 아주 미묘한 과정을 거쳐 머나먼 과거까지 도달할 수 있음을 보여주었다.

파인먼과 에버렛의 스승이었던 휠러는 맨해튼 계획Manhattan Project 제2차 세계대전 중 미국에서 실행한 원자폭탄 개발 프로젝트에 합류하기 전에 보어와 함께 핵분열을 연구했고, 1950년대에는 프린스턴대학교에서 아인슈타인의 일반상대성 이론을 집중적으로 파고들었다. 일반상대성 이론은 단 하나의 실험적 증거(수성의 근일점 이동)와 두 개의 정량적 증거(팽창하는 우주와 휘어지는 빛)를 통해 검증된 상태였지만 휠러가 관심을 가질 무렵에는 이미 한물간 이론이었고, 관련 수학도 별로 흥미를 끌지 못했다. 그러나 휠러는 일반상대성 이론이 "수학의 영역으로 미뤄놓기에는 너무나도 값진 이론"이라면서 누구보다 강한 애착을 보였다. 그는 프린스턴에서 학생들에게 상대성 이론을 가르쳤는데, 이 강좌의 최고 장점은 1년에 한 번씩 머서가Mercer Street에 있는 아인슈타인의 집을 단체로 방문하여 향긋한 차를 마시며 '저자 직강'을 들을 수 있다는 점이었다.

호킹과 마찬가지로 휠러 역시 둘째가라면 서러운 낙관론자였다.

그림 44. 1967년 프린스턴대학교의 한 강좌에서 고전역학과 양자역학의 차이점을 설명하는 존 휠러.

그는 특유의 상상력으로 가득 찬 비전과 물리학의 난제를 더욱 뚜렷하게 부각시키는 능력을 유감없이 발휘하면서 향후 수십 년 동안 이론물리학계를 이끌었다. 2008년에 휠러가 97세를 일기로 세상을 떠났을 때, 프리먼 다이슨Freeman Dyson은 〈뉴욕타임스〉에 다음과 같은 추모 기사를 실었다. "피스가산Mount Pisgah 정상에 우뚝 선 모세처럼, 휠러는 훗날 그의 백성이 물려받게 될 약속의 땅을 바라보며 평생을 살아온 과학의 예언자였다."

휠러는 관찰자와 인과관계의 역할을 보여주는 양자적 사고실험에서 우주 대신 입자를 고려했다. 입자가 우주보다 훨씬 다루기 쉽기 때문이다. 오늘날 "지연된 선택delayed-choice"으로 알려진 이 실험은 박학다식하기로 유명했던 18세기 영국의 물리학자 토머스 영Thomas Young이 빛을 대상으로 실행했던 이중 슬릿 실험을 변형한 것이다. 영의 실험에서 광원을 떠난 광자는 평행하게 나 있는 두 개의 슬릿을 통과한 후 그 뒤에 설치된 스크린(사진 건판)에 도달한다. 개개의 슬릿을 통과한 광자가 스크린의 같은 지점에 도달할 때까지 이동한 거리는 스크린상의 위치에 따라 다르기 때문에, 스크린에는 밝고 어두운 줄무늬가 번갈아 나타난다. 즉, 두 줄기의 빛이 간섭을 일으켜서 스크린에 간섭무늬가 만들어지는 것이다. 이제 영의 실험에서 일정한 간격으로 광자를 한 개씩 발사한다고 가정해보자. 이런 식으로 빛의 강도(조도)를 크게 줄이면 빛의 양자적 특성이 두드러지게 나타난다. 3장에서 다뤘던 이중 슬릿 실험과 마찬가지로, 개개의 광자가 슬릿을 통과하여 스크린에 도달하면 그 자리에 검은 점이 생긴다. 그런데 빛의 강도를 이렇게 낮춰도 얼마간 시간이 흐르면 스크린에는 간섭무늬가 나타나기 시작한다. 하나의 광자가 스크린에 도달한 후에 그다음 광자를 발사해도 결과는 마찬가지다. 어떻게 그럴 수 있을까? 광원을 출발한 광자는 스크린에 도달하기 전까지 양자적 파동으로 존재하기 때문이다. 양자역학에 의하면 개개의 광자는 퍼져나가는 파동이고, 이 파동은 슬릿을 만났을 때 두 부분으로 분리되어 남은 구간을 진행한 후 스크린에 도달하면서 간섭을 일으키기 때문에, 광자를 띄엄띄엄 발사해도 간섭무늬가 나타나는 것이다. 스크린에서 밝은 부분점이 많이 찍힌 부분. 사진 건판은 원래 검은색이다은 광자가 도달할 확률이 높은 곳이고, 어두운 부분은 그 반대다.

그러나 슬릿 근처에 "광자가 둘 중 어느 쪽 슬릿을 통과했는지(또는 두 슬릿을 동시에 통과했는지) 확인하는 장치"를 설치하면 스크린의 간섭무늬가 감쪽같이 사라진다. 장치를 제아무리 교묘하고 기발하게 만들어도 광자는 절대로 속지 않는다. 이런 경우 스크린에는 슬릿과 평행한 방향으로 두 개의 밝은 줄무늬가 선명하게 나타난다. 왼쪽 슬릿을 통과할 때 기발한 장치에게 "관측을 당하여" 양자적 특성을 잃은 광자는 고전적 경로를 따라 스크린의 왼쪽에 도달하고, 오른쪽 슬릿을 통과한 광자는 같은 이유로 스크린의 오른쪽에 도달한다. 이 모든 상황은 그림 42(321쪽)에 제시된 실험과 비슷하다. 슬릿 근처를 기체로 에워싸거나 감지기를 설치한다는 것은 그곳에서 입자를 관측했다는 뜻이고, 이로 인해 슬릿을 통과하면서 두 조각으로 갈라진 파동은 완전히 분리되어 더는 간섭을 일으키지 않는다. 감지 장치에 어느 쪽 슬릿을 통과했는지 들킨 순간부터, 광자는 파동적 특성을 잃고 입자처럼 거동하기 시작한다.

자, 지금부터 영의 실험을 변형한 휠러의 사고실험에 대해 알아보자. 이 실험에서 감지 장치는 슬릿 근처가 아니라 스크린 근처에 설치된다.(그림 45 참조) 휠러는 스크린(사진 건판)을 블라인드로 교체하고, 그 뒤쪽에 슬릿을 바라보는 방향으로 두 개의 감지기를 설치했다. 이 상태에서 블라인드를 닫으면 전체적인 세팅이 이전과 같아지므로 스

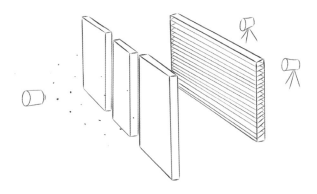

그림 45. 토머스 영의 이중 슬릿 실험을 변형한 존 휠러의 사고실험 개요도. 기존의 스크린(사진 건판)을 블라인드로 바꾸고 그 뒤에 입자 감지기 두 개를 설치하되, 왼쪽 감지기는 왼쪽 슬릿을 향하고 오른쪽 감지기는 오른쪽 슬릿을 향하도록 세팅해놓는다. 이 상태에서 블라인드를 닫으면 전체적인 세팅이 기존의 이중 슬릿 실험과 같아지므로 스크린(닫힌 블라인드)에 간섭무늬가 나타난다. 그리고 블라인드를 열면 스크린이 없는 것과 마찬가지이므로 감지기의 신호로부터 개개의 광자가 어느 쪽 슬릿을 통과했는지 알 수 있다. 그렇다면 광자가 슬릿을 통과할 때까지 기다렸다가(즉, 결정을 뒤로 미뤘다가) 마지막 순간에 블라인드의 개폐 상태를 갑자기 바꾸면 광자를 혼란스럽게 만들 수 있지 않을까? 답은 "절대 불가능하다." 자연은 똑똑하고, 광자는 언제나 실험의 목적에 부합하는 모습을 보여준다. 이것은 양자이론에서 관측 행위가 과거에 영향을 미칠 수 있음을 보여주는 대표적 사례다.

크린(닫힌 블라인드)에는 간섭무늬가 나타날 것이다. 반면에 블라인드를 열면 광자는 마치 블라인드가 없는 것처럼 무사히 감지기에 도달할 것이므로, 감지기를 "광자가 어느 쪽 슬릿을 통과했는지 확인하는 도구"로 활용할 수 있다. 즉, 실험자는 블라인드의 개폐 상태를 조절하여 광자의 파동성을 관측할 것인지(블라인드를 닫은 경우), 아니면 입자성을 관측할 것인지(블라인드를 열어놓은 경우) 선택할 수 있다.

바로 여기서 휠러의 기발한 아이디어가 등장한다. 언뜻 생각하면 광자는 슬릿을 통과하는 순간에 자신이 파동처럼 행동할지, 또는 입자처럼 행동할지를 결정할 것 같다. 블라인드가 닫혀 있으면 파동인 척하고, 블라인드가 열려 있으면 입자인 척하면 된다. 그런데 실험자가 블라인드를 닫아놓고 기다리다가 광자가 슬릿을 통과한 후에 갑자기 마음을 바꿔서 블라인드를 급하게 열었다면 광자가 혼란에 빠지지 않을까? 정말로 흥미로운 상황이 아닐 수 없다. 광원에서 출발하여 슬릿에 도달한 광자는 실험자가 블라인드의 개폐 여부를 아직 결정하지도 않았는데 파동처럼 두 슬릿을 동시에 통과해야 할지, 또는 입자처럼 둘 중 하나의 슬릿만 통과해야 할지 어떻게 미리 알 수 있다는 말인가? 물론 광자는 블라인드의 개폐 상태를 미리 알 수 없다. 하지만 광자의 입장에서는 파동-입자의 선택을 뒤로 미루는 것도 불가능하다. 광자가 "닫힌 블라인드"를 예상했다면, 광자의 파동함수는 슬릿을 통과할 때 두 부분으로 분할되어야 한다. 그래야 스크린(닫힌 블라인드)에 도달했을 때 간섭무늬를 만들 수 있다. 그러나 이것은 매우 위험한 선택이다. 블라인드가 닫혀 있을 줄 알고 슬릿에서 두 부분으로 갈라졌는데 실험자가 마지막 순간에 광자의 경로를 관측하기로 마음을 바꿨다면(즉, 블라인드를 열었다면), 그때 가서 뒤늦게 입자성을 보여줄 수는 없기 때문이다.

휠러의 사고실험은 사고의 영역에 머물지 않고 실제로 실행되었다. 1984년에 메릴랜드대학교의 실험물리학자들이 초고속 전자 스위치로 작동하는 최첨단 블라인드를 사진 건판에 성공적으로 설치해준 덕분이다. 이 어려운 작업을 완수한 그들은 드디어 휠러의 아이디어를 검증할 수 있었는데, 닫힌 블라인드에 도달한 광자는 항상 간섭무늬를 만들었고, 열린 블라인드를 통과한 광자는 간섭무늬를 만들지 않았다(이것은 감지기의 신호로부터 판별 가능하다). 광자가 슬릿을 통과한 후에 블라인드의 개폐 상태를 바꿔도, 광자는 전혀 당황하지 않고 상황에 맞는 모습을 보여주었다.

어떻게 그럴 수 있을까? 답은 간단하다. 양자역학에서 관측되지 않은 과거는 가능성의 스펙트럼인 '파동함수'로 존재하기 때문이다. 방사성 붕괴 과정에서 방출된 입자나 공간을 자유롭게 돌아다니는 전자가 그렇듯이, 광자의 파동함수도 관측되었을 때에만 명확한 현실로 나타난다. 휠러의 "지연된 선택" 실험이 사실로 드러난 이상, 양자적 관측을 통해 시간의 역방향으로 진행되는 미묘한 형태의 목적론이 물리학에 도입된다는 것을 사실로 받아들일 수밖에 없다. 지금 실행되는 모든 실험과 관측(우리가 자연에게 묻는 모든 질문)은 "일어날 가능성이 있었던 사건"을 "이미 일어난 사건"으로 바꾸면서 과거를 서술하는 데 핵심적 역할을 하고 있다.

영원한 낙관론자인 휠러는 지연된 선택 실험을 우주적 규모로 확장했다.(그림 46 참조) 지구로부터 멀리 떨어진 퀘이사quasar 준항성체, 6억 ~300억 광년 거리에서 발견되는 거대 발광체에서 방출된 빛이 중간에 있는 은하의 중력 때문에 휘어져서 지구에 도달하는 경우를 상상해보자. 이런 현상을 '중력 렌즈gravitational lense'라 하는데, 실제로 우주의 암흑 물질과 암흑 에너지의 양을 산출하는 수단으로 활용되고 있다. 퀘이사에서 방출된 두 줄기의 빛이 중력에 의해 휘어져서 지구로 모이는 과정은 스케일이 엄청나게 크다는 것만 빼고 이중 슬릿 실험의 지연된 선택과 아주 비슷하다. 누군가가 우주적 스케일에서 이 실험을 수행한다면, 그는 태양계가 형성되기 전까지 거슬러 올라가서 수십억 년 전의 과거를 바꾸게 되는 셈이다. 휠러는 그의 저서인 《관측의 기원Genesis

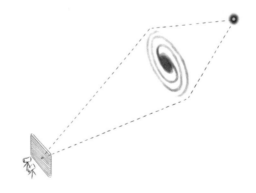

그림 46. 우주적 스케일로 확장한 '지연된 선택' 실험. 멀리 떨어진 퀘이사에서 방출된 빛이 은하의 중력에 의해 휘어져서(이 현상을 중력 렌즈라 한다) 지구로 모인다면, 전체적인 과정은 이중 슬릿 실험의 지연된 선택과 매우 비슷하다. 단, 퀘이사의 빛이 지구에 도달하는 길은 두 개가 아니라 무수히 많으므로, 이중 슬릿이 아닌 '다중 슬릿' 실험이 될 수도 있다.

and Observership》에 다음과 같이 적어놓았다.[16]

> 우리는 일어날 가능성이 있는 일을 실제로 일어나게 만드는 과정에
> 어쩔 수 없이 관여하고 있다.
> 우리는 단순한 구경꾼이 아니라 적극적인 참여자이며,
> 어떤 면에서 볼 때 우주는 우리 스스로 만들어나가는 '참여 우주'다.

휠러는 그의 또 다른 저서인 《시간의 변방Frontiers of Time》에서 우주의 진화를 그림 47과 같은 U자 모양의 물체로 표현했다. 한쪽 끝에 달린 눈이 반대쪽 끝에 있는 자신의 과거를 바라보는 모습이다. 그는 이 그림을 통해 "양자우주에서 현재의 관찰자는 명확한 현실을 과거

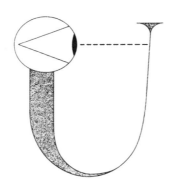

그림 47. 휠러는 양자우주를 일종의 자려 회로自勵回路, self-excited circuit 자신이 생산한 에너지를 이용하여 스스로 작동하는 회로로 간주했다. 오른쪽 위에서 작은 규모로 시작된 우주는 시간이 흐를수록 성장하여 관찰자를 낳고, 그의 관측 행위는 관찰자가 존재하지 않았던 먼 과거에 명확한 현실을 부여한다.

의 우주로 보낼 수 있다"고 주장했다.[17]

휠러의 '참여 우주'는 당시로선 지나치게 앞서나간 개념이었지만, 40년이 지난 지금 우리가 추구하는 하향식 우주론의 핵심이 되었다. 호킹은 이 개념을 진지하게(정말로 매우 진지하게) 받아들여서 입자의 경로뿐만 아니라 우주 전체의 경로까지 결정하기로 마음먹었다.

그림 43의 트립티크 다이어그램에는 새로운 우주론의 개념적 틀에 역학과 경계 조건, 그리고 관찰자가 통합되어 있다. 이 통합은 각주를 추가하거나 방정식을 조금 바꾸는 사소한 수정이 아니라, 물리학 자체를 근본적으로 일반화시키는 일대 변혁이다. 트립티크 다이어그램은 역학과 경계 조건을 통합함으로써 현대물리학이 탄생한 후로 줄곧 위세를 떨쳐온 이원론과 작별을 고했으며, 여기에 관찰자를 추가함으로써 "무소불위의 관점"을 포기했다.

그렇다고 해서 하향식 양자우주론이 "임의의 신호(정보)를 과거로 보낼 수 있다"고 주장하는 것은 아니다. 관측 행위는 "있을 수도 있는 과거"를 "실존하는 과거"로 바꿀 뿐, 과거로 정보를 전달할 수는 없다. 지연된 선택의 우주버전 실험에서 21세기에 망원경을 켜거나 끄는 행위는 수십억 년 전에 존재했던 광자의 움직임에 아무런 영향도 주지 않는다. 양자우주론은 과거의 존재를 부인하는 것이 아니라, "일어나다"라는 말의 의미를 더욱 정교하게 수정한 것뿐이다. 이를 통해 우리는 과거에 대하여 "말할 수 있는 것(또는 말할 수 없는 것)"을 엄밀하게 정의할 수 있다.

휠러는 주변인에게 자신의 생각을 설명할 때 스무고개 퀴즈게임을 벌이곤 했다. 이 게임은 저녁 식사를 마친 연구 동료들이 휴게실에 둘러앉는 것으로 시작된다. 처음에 질문자는 밖으로 나가고, 남은 사람들은 마치 자신들이 하나의 단어에 동의한 것처럼 행동하기로 약속한다. 잠시 후 질문자가 돌아와서 '네' 또는 '아니요'로 답할 수 있는 질문을 던지면 참가자는 각자 나름대로 답을 한다. 단, 특정 질문에 한 답은 이전 질문에 했던 모든 답에 모순되지 않아야 한다. 게임 참가자는 각 단계에서 자신이 지금까지 제시했던 모든 답에 부합하는 하나의 단어를 갖고 있는데, 이 단어는 다음 질문에 답하면서 바뀔 수도 있다(물론 이전에 했던 모든 답에 모순되지 않는 범위 내에서 바꿔야 한다). 이런 식으로 질문과 답이 반복되다 보면 선택의 폭이 점점 좁아지면서 결국 하나의 단어에 수렴하게 된다. 그러나 최종 단어는 질문자가 던지는 질문에 따라 달라지며, 심지어 질문의 순서에 따라 달라질 수도 있다. 기존의 스무고개는 처음부터 답이 정해진 상태에서 연속 질문을 통해 범위를 좁혀나가는 방식으로 진행되지만, 휠러의 스무고개는 답이 정해지지 않은 상태에서 질문을 통해 답을 만들어나가는 식이다. 휠러는 이런 스무고개를 여러 번 실행한 후 다음과 같이 선언했다. "질문과 답을 통해 결정되기 전까지는 어떤 단어도 단어가 아니다."[8]

양자우주도 이와 비슷하다. 습기로 가득 찬 아침에 짙은 안개가 서서히 걷히면서 울창한 숲이 모습을 드러내듯이, 양자우주는 가능성의 안개 속에서 조각을 맞춰가며 자신의 모습을 만들어나간다. 양자우주의 역사는 이미 일어난 사건이 순차적으로 배열된 일상적인 역사가 아니라, "우리(관찰자)"와 "이제 와서 밝혀진 과거"에 따라 얼마든지 달라질 수 있는 놀라운 역사다. 이 하향식 요소는 관찰자에게 (양자적 의미에서) 과거를 창조하는 능력을 부여한다. 우주의 역사가 보는 관점에 따라 달라지는 주관적 성격을 띠게 되는 것이다. 우리(관찰자)는 문자 그대로 "우주의 역사를 만드는 주인공"인 셈이다.•

휠러는 양자적 입자를 언급하면서 "질문이 없으면 답도 없다!"고 선언했다. 훗날 호킹은 이 명언을 양자우주에 적용하여 다음과 같이 업그레이드시켰다. "질문이 없으면 과거도 없다!"

2006~2012년은 하향식 우주론의 두 번째 전성기였다(호킹은 이 표현을 아주 좋아했다[19]). 이 기간에 호킹은 과학의 예측 기능에 관찰자의 역할을 추가하여, 설계된 우주의 수수께끼를 풀어줄 우주론에 한 걸음 더 가까이 다가갔다.

우주의 생명친화적 특성을 설명하기 위한 상향식 접근법은 다음과 같이 진행된다. 시간의 출발점에 존재하는 한 덩어리의 공간에 영원불변의 물리법칙(또는 메타법칙)을 적용한 후, 지금과 같은 우주가 만들어지기를 기대하면서 진화 과정을 지켜보는 식이다. 실험과 고전 우주론 등 정통물리학은 오랜 세월 동안 이 방법을 고수해왔다. 일종의 법칙과 유사한 절대적 구조에 기초하여 우주의 생명친화적 특성

• 흔히 "역사를 만든다"는 말은 "지금 하는 일이 훗날 역사에 기록된다"는 뜻으로 사용되고 있지만, 여기서는 정말로 "이미 지나간 과거의 역사를 뒤늦게 만든다"는 뜻이다.—옮긴이

을 인과율에 입각한 논리로 설명하겠다는 것이다. 설계된 우주의 수수께끼를 풀기 위해 도입된 첫 번째 상향식 접근법의 목적은 존재의 핵심에서 심오한 수학적 진실을 찾는 것이었다. 이 추세를 따라 얼마 후에 등장한 다중우주론은 시간을 초월한 메타법칙에 의존한다는 점에서 이전과 비슷했지만, 인류 원리를 도입하여 거주 가능한 섬우주를 만들어냈다.

그러나 하향식 우주론은 설계된 우주의 수수께끼를 거꾸로 뒤집어서, 주어진 재료를 완전히 다른 순서로 섞어나간다. 트립티크 다이어그램에서 추출한 우리의 조리법은 다음과 같다.

(1) 일단 주변을 관찰해서 데이터를 수집한다.
(2) 수집된 데이터에서 법칙과 비슷한 패턴을 가능한 한 많이 찾아낸다.
(3) 이 패턴(법칙)을 이용하여 관측 결과와 일치하는 우주의 역사(들)를 재구성한다.
(4) 이를 모두 더하여 당신의 과거를 만들어낸다.

보다시피 하향식 우주론은 절대적 배경보다 모든 것의 역사적 특성을 우선시하며, 깊은 양자적 수준에서 우주와 관찰자가 하나로 묶여 있다는 사실로부터 생명친화적 특성의 기원을 추적한다. 하향식 우주론에서 인류 원리는 더 이상 쓸모가 없다. 인류 원리는 상향식 우주론의 특징인 "우주론과 '벌레의 관점' 사이의 균열"을 피해 가기 때문이다. 그리하여 호킹은 상향식 우주론을 포기하고, 무한한 잠재력을 가진 하향식 우주론에 전념하기로 마음먹었다.

우리는 트립티크 다이어그램(그림 43)을 집중적으로 파고들기 시작했다. 호킹은 매일 아침마다 농담 반 진담 반으로 "오늘은 하향식으로 무슨 일을 할까요?"라고 묻곤 했다.

우주 초기 양자 단계의 핵심에 도달하려면 '시작'과 '우리'를 분리시키는 복잡한 요인들부터 분석해야 하는데, 이 작업은 우주의 진화를 거꾸로 추적하는 식으로 실행하면 된다. 처음에는 인간을 비롯한 다세포 생명체와 이들을 지배하는 법칙이 사라지고, 조금 더 거슬러 가면 원시 생명체도 사라진다. 다음으로 지질학과 천문학, 심지어 화학까지 사라지고, 최종적으로 물리법칙의 특성이 드러나는 빅뱅시대에 도달하게 된다. 바로 여기가 호킹이 찍어두었던 탐구영역이다.

호킹이 말했다. **"폭발 후 몇 분의 1초, 그러니까 인플레이션이 끝나는 시점으로 되돌아가서, 그곳부터 찬찬히 살펴봅시다."**

하향식 트립티크는 양자 세계의 가장 깊은 곳까지 들여다볼 수 있는 최상의 현미경이다. 이 강력한 도구를 손에 넣은 호킹은 가장 야심 찬 사고실험을 준비하고 있었다. 양자우주론에는 가능한 경로가 너무 많기 때문에, 어떤 의미에서 보면 고전적 특이점이 되살아난 것과 비슷하다. 엄청나게 깊은 단계의 진화가 갑자기 튀어나와서 우리를 빅뱅으로 데려다주는가 하면, 이 단계에서 "우리에게 친숙한 진화 법칙 자체가 진화하는" 메타 진화가 발견되기도 한다. 5장에서 말한 대로, 여기에 수반되는 분기分岐와 선택은 과거를 되돌아봐야만 이해할 수 있다. 아득한 고대古代의 진화 과정은 시간을 거스르는 하향식 접근법을 통해 이해되어야 한다.

공간에 존재하는 대형 차원의 수를 예로 들어보자. 우리 우주는 왜 하필 3차원인가? 끈이론에 의하면 대형 차원의 개수는 0부터 10까지 어떤 값도 가능하다. 즉, 끈이론에는 0~10 사이에서 임의의 대형 차원을 갖는 우주의 역사가 모두 포함되어 있으며, 대형 차원이 반드시 세 개여야 할 이유는 어디에도 없다. 그러므로 상향식 논리로는 우주 공간이 3차원인 이유를 설명할 수 없다. 그러나 하향식 접근법에 의하면 이것은 올바른 질문이 아니다. 하향식 우주론에 의하면 팽창의 초기 단계에 가장 오래된 환경에서 실행된 관측을 통해 "세 개의 차원이 속박에서 풀려나 팽창하여 3차원 공간을 형성한 모든 가능한 역사" 중 현재의 우주와 일치하는 몇 개가 선택된 것뿐이다. 우리는 대형 차원이 세 개인 우주에 살고 있다는 사실을 (관측을 통해) 이미 알고 있으므로, 차원의 확률 분포는 별로 중요한 문제가 아니다. 이것은 '호모 사피엔스'가 존재하지 않는 완전히 다른 계통수들과 비교하여 우리 계통수가 발생할 확률을 묻는 것과 같다. 이런 확률은 의미도 없고, 계산할 수도 없다. 물리적으로 가능한 팽창의 역사에 세 개의 차원이 크게 팽창한 우주가 포함되어 있다면, 이런 우주가 "대형 차원의 수가 다른 우주"에 비해 얼마나 희귀한지를 묻는 것은 별 의미가 없다. 또한 이것은 "생명체가 살 수 있는 차원은 3차원뿐인가?"라는 질문과도 완전히 무관하다. 인류 원리를 무색하게 만든 하향식 우주론에서 우주의 생명친화적 특성은 다른 모든 것과 동등하게 취급

된다.[20]

입자물리학의 표준 모형도 마찬가지다. 대통일 이론과 끈이론에 의하면 표준 모형에 포함된 20여 개의 미세 조정된 변수들은 "빅뱅 때 일어난 대칭 붕괴의 결과들" 중에서 매우 낮은 확률에 속한다. 실제로 끈이론이 예측한 모든 가능한 우주 중에서 표준 모형과 일치하는 우주는 극히 드문 것으로 판명되었다. 지구 생명체의 계통수가 모든 가능한 계통수 중에서 지극히 드문 경우에 속하는 것과 비슷하다. 그러므로 인과율에 입각한 상향식 접근법으로는 우주가 표준 모형으로 서술되는 이유를 설명할 수 없다. 그러나 하향식 패러다임은 이런 문제에 접근하는 방식이 사뭇 다르다. 하향식 우주론에 의하면 우주 초기에 "실행된" 관측(그 결과는 유효법칙을 구성하는 고정된 사건에 함축되어 있다)이 우주론의 모든 가능한 역사 중 표준 모형과 일치하는 역사를 만들어냈다.

그러나 우주의 기원에 대한 하향식 관점의 가장 놀라운 특징은 원시 인플레이션의 강도와 관련되어 있다. 상향식 이론에 의하면 무경계 가설에서 예측된 인플레이션은 최소한의 강도로 일어났기 때문에 지금과 같은 우주가 존재하기 어렵다(이 점은 앞에서 지적한 바 있다). 무경계 파동함수의 가장 두드러진 가지는 "미약한 팽창에서 탄생한 거의 텅 빈 우주"다.(230쪽 그림 31 참조) 우리가 시공간에서 이동하는 원자의 집합이라는 사실을 잠시 무시하고 모든 것을 초월한 전지적 관점에서 무경계 파동함수를 바라본다면, 우리는 존재할 수 없다는 것을 금방 알게 된다. 이것은 거의 20년 동안 호킹의 가장 큰 골칫거리였다. 무경계 가설은 호킹에게 진리로 이어지는 연결고리였지만, 아무래도 옳은 이론이 아닌 것 같았다.

이제 하향식 세계로 들어가보자. 전지적 관점 대신 벌레의 관점을 택한 하향식 우주론은 안과 밖을 뒤집고 시간에 역행하는 논리를 펼친다. 이로부터 얻은 결과는 "무경계 파동의 형태가 극적으로 변한다"는 것이었다. 하향식 접근법은 텅 빈 우주에 해당하는 파동 조각을 파동의 꼬리 부분으로 옮기고, 강력한 인플레이션으로 탄생한 우주를 증폭시킨다. 이 상황을 그림으로 묘사하면 그림 48과 같다. 상향식 관점에서 바라본 무경계 파동(그림 31)과 비교해보면, 하향식 우주론에서 파동함수를 구성하는 가지가 완전히 다르게 섞인다는 것을 알 수 있다. 또한 각 파동 조각의 높이는 상대적인 확률을 나타내므로, 하향식 우주론은 우리 우주처럼 강력한 인플레이션으로 시작된

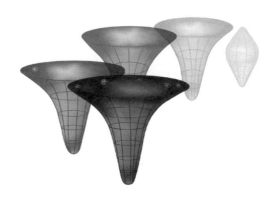

그림 48. 하향식 관점에서 바라본 무경계 파동. 이 관점에서 보면 무경계 가설은 강력한 인플레이션으로 출발하여 다량의 은하를 보유한 우주(우리 우주와 일치하는 우주)를 낳는다. 반면에 텅 빈 우주를 낳았던 상향식 파동(그림 31 참조)은 먼 곳으로 밀려나 있다.

우주를 재현한다.[21] 이와 같은 결론이 내려지자 호킹은 뛸 듯이 기뻐하며 말했다. "그것 보세요. 무경계 가설이 무언가 큰일을 해낼 것 같았다니까요!"

• • •

이 놀라운 반전은 과거가 현재에 따라 달라진다는 것을 생생하게 보여주고 있다. 그런데 우주를 하향식 관점에서 바라본다면 우주기원론은 어떤 역할을 할 수 있을까? 생물학적 진화의 역사에서 모든 생명체의 공통 조상이 루카LUCA인 것처럼, 우주론의 기원은 무경계 가설이라고 생각할 수도 있다. 루카의 생화학적 구성성분을 아무리 철저하게 분석해도 그로부터 자라날 계통수의 형태를 미리 짐작하기란 불가능하다. 그러나 루카가 없으면 계통수도 없다.[22] 이와 마찬가지로 무경계 기원은 우주가 존재하기 위해 반드시 필요하지만, 그로부터 파생될 물리법칙을 미리 예측할 수는 없다. 우주의 계보와 법칙은 하향식 관측을 통해서만 이해할 수 있다.

달리 말하면 우주의 기원을 설명하는 모형은 더욱 깊은 수준에서 이론의 예측 능력을 좌우하는 중요한 원천이라는 것이다. 그림 48에서 오목한 그릇처럼 생긴 시작점은 과거로 향하는 수많은 경로를 한 점으로 모으는 고정점 역할을 한다. 시작이 없는 양자우주론은 가속된 입자가 없는 CERN이며, 주기율표 없는 화학이며, 줄기 없는 계통수와 다를 바 없다. 이런 이론은 아무런 예측도 내놓지 못한다. 계통수처럼 수많은 가지로 이루어진 나무 구조는 "공통의 기원"이라는 개념에 기초하고 있으며, 나무를 과학적으로 설명하려면 뿌리(기원)에 대한 모형이 반드시 필요하다. 이것은 생명의 나무뿐만 아니라 법칙의 나무에도 똑같이 적용된다. 나는 "진정한 시작"이라는 개념이 없으면 우주론에서 다윈과 같은 혁명도 기대할 수 없다고 주장하는 바이다. 다중우주론이 아무것도 예측하지 못한 이유는 초기 조건을 서술하는 적절한 이론이 없었기 때문이다.

그래도 이런 질문을 제기할 수 있다. 지금까지 얻은 천문 관측 데이터에 기초하여 과거를 복구한다면, 이로부터 우리가 얻는 것은 무엇인가? 열심히 복구해봐야 결국 우리가 관측한 우주가 얻어지지 않겠는가? 하향식 우주론이 "우주와 유효법칙이 지금과 같은 형태인 이유"를 설명하지 못한다면 우주가 지금처럼 작동하는 이유를 설명할 수 없고, 우주가 놓인 위치도 알 수 없으며, 우주가 존재하는 목적(유용성)도 알 수 없다.

다윈의 진화론이 그렇듯이, 이론의 유용성은 우주의 상호 연결 상태를 밝히는 능력에 달려 있다. 우리는 처음에 서로 무관해 보였던 특성들이 이론을 통해 깊이 연결되는 경우를 종종 봐왔다. 빅뱅의 잔해인 우주배경복사가 그 대표적 사례인데, 배경복사의 온도가 지역에 따라 달라지는 양상은 강력한 인플레이션이 일어났을 때 예상되는 온도 분포와 거의 완벽하게 일치한다. 여기에 하향식 논리를 적용하면 지금의 우주가 "생성될 확률이 가장 높은" 우주다. 그러므로 하향식 이론은 망원경으로 확인된 우주배경복사의 온도 분포와 강력한 인플레이션에서 예측된 (온도 이외의) 다른 데이터 사이에도 강한 연결고리가 존재한다는 것을 시사하고 있다. 이런 종류의 상호 관계 및 현재와 미래 데이터의 상호 관계를 통해, 하향식 우주론은 우주 깊은 곳에 숨어 있는 일관성을 발견할 수 있다. 우리가 역설적 상황에서 예측력을 상실한 다중우주론보다 하향식 우주론에 관심을 갖는 것은 바로 이런 이유 때문이다.[23]

물리적 현실을 고려해도 하향식 우주론은 다중우주론과 근본적으로 다른 이론이다. 다중우주론에서 섬우주의 배경인 팽창하는 공간은 섬우주의 '바깥'에 존재한다.(도판 7 참조) 이 방대한 공간은 어떤 섬우주에 생명체가 서식하는지, 또는 어떤 섬우주가 관측되었는지에 상관없이 항상 그 자리에 있다. 섬우주에 사는 관찰자와 그의 관측 행위는 이론 안에서 후선택 효과post-selection effect(파동함수를 붕괴시키는 효과)를 발휘할 뿐, 다중우주의 전체적인 구조에는 아무런 영향도 주지 않는다.

그러나 호킹의 양자우주에서는 관찰자가 행위의 중심이다. 하향식 트립티크 다이어그램에는 관찰자와 관측 대상을 이어주는 미묘한 연결고리가 존재한다. 하향식 우주론에서 모든 과거는 관찰자의 과거다. 이것은 마치 양자우주론이 관찰자를 "무수히 많은 지부에 설치된 운영 본부"로 취급하는 것과 비슷하다. 그림 49는 하향식 양자우주론의 '세계관'을 그림으로 표현한 것이다. 우리는 (양자적 의미에서) 행동하고 관찰하고 있으며, 이 과정에서 자라난 뿌리는 가능한 과거를 만들어내고, 몇 개의 선택된 가지들이 가능한 미래를 서술한다. 모든 뿌

그림 49. 양자우주의 개요도. 지금 실행된 관측은 방대한 가능성의 영역에서 '가능한 과거'의 뿌리를 키우고, '가능한 미래'의 가지를 결정한다.

리가 우리의 관측 행위(그리고 우리가 발견한 유효법칙)와 연결되어 있다는 것은 하향식 우주론의 나무 구조가 다중우주의 구조보다 훨씬 단순하다는 것을 의미한다. 대부분의 섬우주는 우리 우주와 완전히 딴판일 것이므로, 섬우주에 해당하는 뿌리는 양자나무에 나타나지 않는다. 대부분의 섬우주 역사가 불확정성의 바닷속으로 사라진 것이다.

물론 하향식 우주론도 어디까지나 가설일 뿐이다. 지금 우리가 서 있는 위치는 19세기 다윈의 위치와 크게 다르지 않다. 뜨거운 빅뱅에서 법칙의 나무가 자라난 과정을 서술하기에는 데이터가 너무 부족하다. 머나먼 과거사를 간직한 화석은 아직도 작은 파편으로 사방에 흩어져 있다. 우주의 95퍼센트를 차지하는 암흑 물질과 암흑 에너지를 생각해보라. 과거에 이들을 낳은 대칭 붕괴는 과연 어떤 형태로 진행되었을까? 오직 시간만이 그 답을 알려줄 것이다.

　증거가 태부족해서 그런지, 상향식 관점을 고수하는 동료 중에는 다윈 이전의 세계관을 신봉하는 사람도 있다. 그들은 우주론의 목적이 "우주가 신중하게 설계된 이유를 인과율에 입각하여 설명하는 것"이라고 주장한다. 그들에게 우연과 역사적 사건은 이미 뒷전으로 밀려난 지 오래다(관측자는 말할 것도 없다). 그들은 우주가 이치에 맞는 영원한 원리에 따라 어떻게든 지금과 같은 모습이 되었다고 가정하고 있다. 그리고 하향식 철학은 우연과 필연(고정된 과거와 법칙을 닮은 패턴)을 동일한 수준에서 취급함으로써 그들의 가정에 이의를 제기한다. 우리는 앞으로 실행될 관측이 "우연히 일어난 변화"를 더욱 많이 발견할 것으로 예측하고 있다.

　돌이켜보면, 우리는 하향식 우주론으로 가는 머나먼 여정에서 철학에 크게 얽매이지 않았던 것 같다.(호킹이 옆에 있는데, 누가 감히 그럴 수 있겠는가?) 우리에게 중요한 것은 철학이 아니라, 다중우주의 역설을 해결하고 설계된 우주의 수수께끼를 푸는 것이었다. 사실 하틀과 호킹은 1983년에 무경계 가설을 발표한 후 공동 연구를 그만두었다. 호킹은 우리가 양자역학을 충분히 이해하고 있으므로 그 근본을 더 파헤칠 필요가 없다고 생각했다. 그는 "누구든지 내 앞에서 슈뢰딩거의 고양이 이야기를 꺼내면 총으로 쏴버리겠다"고 으름장을 놓으며 자신의 무경계 가설을 검증하는 데 총력을 기울였지만, 양자역학을 충분히 이해하지 못했다고 생각한 하틀은 양자우주론에 등을 돌렸다. 짐 하틀은 1964년에 쿼크의 존재를 예견했던 머리 겔만Murray Gell-Mann과 함께 에버렛의 양자적 아이디어를 입자와 물질장에 적용하는 연구를 수행했는데, 이들이 얻은 결과는 여러 물리학자의 손을 거치면서[24] "결어긋난 역사의 양자역학decoherent histories quantum mechanics"이라는 새로운 양자이론의 모태가 되었다. 이 이론은 에버렛의 새로운 양자역학 체계에서 분기가 일어나는 과정을 더욱 명료하게 설명했으며, 관찰자의 역할을 개념적 틀에 확실하게 포함시켰다.[25] 그리하여 나는 2006년에 "양자우주론이 잠재력을 제대로 발휘하려면 하틀과 호킹의 통찰력을 하나로 합쳐야 한다"는 사실을 깨닫고 두 사람을 한자리에 모았다. 그리고 이때부터 우리의 하향식 접근법은 두 번째 단계로 접어들게 된다.

솔직히 말해서, 나는 그림 43의 하향식 트립티크가 오래전에 디랙과 르메트르가 양자우주론을 개발할 때 사용했던 방법과 거의 비슷하다고 생각한다. 1958년에 '우주의 구조와 진화Structure and Evolution of Universe'라는 제목으로 개최된 제11차 솔베이 회의에서 르메트르는 원시원자 가설에 대한 자신의 의견을 다음과 같이 피력했다.[26] "원자는 매우 다양한 방법으로 쪼개질 수 있지만(에버렛의 분기!) 이들의 상대적 확률을 알아봐야 별 도움이 되지 않는다.(대표성 없음!) 우리의 우주가 연역적 우주론으로 서술되려면 거시적 결정론이 적용될 정도로 충분히 많은 분기가 일어나야 한다." 다시 말해서, 우리의 팽창하는 분기우주에 하향식 접근법을 적용하려면 다른 분기우주와 완전히 분리되어야 한다. 르메트르는 다음과 같이 수수께끼 같은 말을 남기고 강연을 마무리했다. "(원자가 분리된 직후에) 물질의 상태에 관한 모든 정보는 실제 우주가 그로부터 지금과 같은 형태로 진화할 수 있다는 조건하에 추론되어야 한다." 그렇다. 르메트르는 하향식 관점의 창시자였다.

수수께끼 같은 논평에도 불구하고, 하향식 우주론은 휠러의 사고실험과 탁월한 비전을 통해 확실한 토대를 다지게 된다.

미국의 물리학자 킵 손은 1971년에 칼텍 근처의 식당 버거 콘티넨털(이곳은 호킹이 칼텍을 방문했을 때 자주 가던 식당이었다)에서 휠러, 파인먼과 함께 나눴던 대화를 다음과 같이 회상했다.[27]

휠러가 아르메니아 음식을 먹으면서 물리법칙이 변할 수 있다며 열변을 토하자 파인먼이 옆자리에 앉아 있던 나에게 나지막한 소리로 말했다. "저 양반, 아직도 제정신이 아닌 것 같아. 자네 세대 사람들은 잘 모르겠지만, 사실 휠러는 옛날부터 제정신일 때가 거의 없었지. 하지만 내가 그의 제자였을 때 그가 하는 미친 소리를 머릿속에 담아뒀다가 양파 껍질을 벗기듯 미친 부분을 한 꺼풀씩 벗겨나가면, 그 중심부에서 놀라운 진실이 드러나곤 했다네."

호킹과 내가 하향식 우주론 연구를 시작하던 무렵에 나는 휠러의 아이디어에 대해 아는 것이 거의 없었지만, 호킹은 막연하게나마 알고 있었던 것 같다. 그 후 휠러의 아이디어를 파고들다 보니, 파인먼의 말대로 정말 껍질을 벗길수록 파격적인 직관이 점차 정교한 과학적 가설로 변해갔다.

• • •

우리는 케임브리지에 있는 곤빌 앤드 키스 칼리지Gonville and Caius College 케임브리지대학교의 단과대학 중 하나로 차를 몰았다. 그날은 교수들이 콤비네이션 룸Combination Room에 모여 치즈와 와인을 곁들인 저녁 식사를 하는 목요일이었다. 기다란 목재 식탁 주변에 사람들이 둘러앉아 시계 방향으로 와인을 한 잔씩 돌리는 동안, 호킹은 우리에게 실크로드 이야기를 들려주었다. 1962년 여름에 호킹은 이란으로 여행을 간 적이 있다. 당시 스무 살 청년이었던 그는 고대 페르시아의 수도였던 에스파한Esfahan과 페르세폴리스Persepolis를 방문한 후 사막을 건너 동쪽의 마슈하드Mashhad로 나아갔다. "귀국하던 날, 테헤란과 타브리즈Tabriz 사이를 오가는 셔틀버스를 타고 가던 중 부인자흐라 대지진Buin Zahra earthquake(진도 7.1의 대지진으로 거의 1만 2000명이 사망했다)을 겪었지요. 그래도 다시 한번 가보고 싶네요. 과학 연구에는 국경이 없어야 합니다."

어느덧 식사가 끝나고 교수들은 모두 연구실로 돌아갔다. 호킹의 간병인이 휠체어를 밀려고 하자, 그는 좀 더 있다가 가겠다고 고집을 부렸다. 하긴, 전에도 종종 있었던 일이어서 놀라울 것은 없었다. 그는 이퀄라이저 쪽으로 시선을 돌리면서 대화를 나눌 준비를 했고, 나는 테이블을 우회하여 그의 옆자리에 앉았다.

호킹: 나는 《시간의 역사》에서…….

나: 무슨 말을 하시려는지 압니다. "우리가 평범한 은하에서 평범한 별을 공전하는 그저 그런 행성에 살고 있는 화학적 찌꺼기에 불과하다"고 쓰셨다는 거죠?

호킹은 'yes'라는 의미로 눈썹을 있는 힘껏 치켜올렸다.

호킹: 그 책을 쓸 때 나는 상향식 접근법을 따르고 있었습니다. 전지적 관점에서 볼 때 우리는 별 볼 일 없는 작은 점에 불과하다고 생각했죠.

바로 그때 호킹과 눈이 마주쳤다. 구체적인 대화가 오가진 않았지만, 굳이 말을 하지 않아도 그가 무슨 생각을 하는지 단번에 알 수 있었다. 그것은 긴 세월 동안 고수해왔던 자신의 세계관과 작별을 고하는 사람의 눈빛이었다.

나: 세계관을 바꿀 때가 된 건가요?

그 순간, 성당의 종소리가 마당을 가로질러 콤비네이션 룸에 울려 퍼지기 시작했고, 호킹은 잠시 망설이는 것 같았다. 나는 이제 호킹의 말을 도중에 자르지 않기로 마음먹었다.

잠시 후 호킹의 모니터에 새로운 문장이 떴다.

호킹: 하향식 접근법을 채택하면 인간을 우주론의 중심으로 되돌려놓을 수 있습니다. 우리가 통제권을 쥐게 되는 거죠.

나: 컴컴한 양자우주에서 드디어 조명을 켜셨군요.

호킹이 가볍게 미소를 지었다. 새로운 우주론의 패러다임이 곧 눈앞에 펼쳐진다는 사실에 매우 흡족해하는 것 같았다.

나 역시 흥분을 감추지 못했다. "정말 멋진 반전입니다!" 그 후로 우리는 시간이 시작된 지점에서 생명친화적인 물리적 조건이 탄생한 배경을 더욱 깊은 수준에서 설명하기 위해 혼신의 노력을 기울였다. 그러나 이 목적을 이루기 위해 양자우주론을 개발한 후에야 우리가 엉뚱한 방향을 바라보고 있었음을 깨닫게 되었다. 하향식 우주론에서는 생물학의 계통수(생명의 나무)가 그랬던 것처럼, 물리법칙의 계통수도 시간의 역방향으로 추적해야 이해할 수 있다. 하향식 우주론으로 선회한 후 호킹에게 중요한 것은 "우주는 왜 지금과 같은 형태인가?"(초월적 원인에 의해 결정되는 근본적 특성)가 아니라, "우리는 어떻게 지금 이곳에 도달하게 되었는가?"였다. 이런 관점에서 볼 때 모든 것의 출발점은 "생명체에 알맞도록 세팅된 우주"다. 하향식 트립티크는 중력과 양자역학(큰 것과 작은 것)뿐만 아니라 역학과 경계 조건, 우주에 대한 벌레의 관점을 서로 연결함으로써, 우주론을 아르키메데스 점(전지적 관점)으로부터 멀리 떼어놓았다.

"이제 정말 돌아가야 해요." 호킹의 간병인이 다그쳤다. 마당을 가로질러 트리니티 칼리지 정문으로 가던 중, 호킹이 다음 날 할 일을 상기시켜주었다. "내일 저녁 로열 오페라 하우스에서 바그너의 〈신들의 황혼Götterdämmerung〉을 보기로 한 거, 잊지 않았죠? 티켓은 내가 구해놓았으니 내일 당신 차를 타고 같이 갔으면 합니다. 신과의 싸움에 마침표를 찍는 의미 있는 시간이 되겠네요."

그 후 호킹은 두 번 다시 상향식 우주론으로 되돌아가지 않았다. 내가 아프가니스탄에서 우여곡절을 겪고 호킹의 연구실로 돌아왔던 날, 그는 더 이상 예전의 그가 아니었다. 그로부터 몇 년 후, 호킹은 아인슈타인이 우주상수를 철회할 때 했던 말을 떠올리면서 "상향식 관점의 인과율에 기초하여 무경계 가설을 밀어붙인 것은 내 인생

그림 50. 새로 지은 케임브리지 수리과학과 캠퍼스 연구실에서 대화는 나누는 스티븐 호킹과 저자. 벽장에는 호킹의 제자들이 집필한 박사학위논문이 빼곡하게 꽂혀 있다. 그 아래 전자레인지 옆에 있는 것은 지구본이 아니라, 우주 지평선에서 날아온 마이크로파 배경복사의 온도 분포가 표시되어 있는 '우주본'이다.

최대의 실수였다"고 고백했다. 돌이켜보면 아인슈타인과 호킹은 자신이 개발한 이론 때문에 커다란 전환점을 맞이했다는 공통점이 있다. 1917년에 아인슈타인은 "정적인 우주"라는 고정관념에 사로잡혀 자신이 개발한 일반상대성 이론의 진정한 의미를 놓쳤고, 호킹은 인과율에 너무 집착한 나머지 자신이 개발한 무경계 가설의 잠재력을 파악하지 못했다.

호킹과 나의 공동 연구는 하향식 우주론을 개발하면서 최고 절정기를 맞이했다. 연구실에 있을 때나 선술집에서 술을 마실 때, 심지어 야영장의 모닥불 주변에 앉아 있을 때에도 하향식 철학은 항상 기쁨과 영감의 원천이었다. 호킹은 《시간의 역사》에 다음과 같이 적어 놓았다. "누군가가 만물의 이론을 발견한다 해도, 그것은 방정식과 법칙의 집합일 뿐이다. 방정식에 생명을 불어넣는 원천은 무엇인가?" 하향식 철학으로 전환한 호킹의 대답은 "관찰자observership"였다. 우주가 우리를 창조했듯이, 우리도 우주를 창조하고 있는 것이다.

7장

시간 없는 시간

현재의 시간과 과거의 시간

아마도 둘 다 미래의 시간에 존재할 것이다.

또한 미래의 시간은 과거의 시간에 포함된다.

만일 모든 시간이 영원한 현재라면

모든 시간은 되돌릴 수 없다.

_T. S. 엘리엇, 〈불타버린 노턴Burnt Norton〉

우주론에서 다윈식 혁명을 이끈 것은 진정으로 호킹다운 행동이었다. 그는 대담하고, 모험적이고, 직관에 충실한 물리학 이론을 개발하면서 말년을 보냈다.

하향식 우주론을 주제로 한 호킹과 나의 첫 논문은 2002년에 발표되었다. 이제 와서 생각하면 우리는 올바른 길을 가고 있었지만, 당시에는 발이 푹푹 빠지는 모래 위를 걷는 기분이었다. 특히 하향식 철학의 핵심 개념인 시공간의 중첩은 수시로 우리의 발목을 잡았다. 이들이 결합해서 에버렛이 말했던 우주 파동함수의 거대한 확장판을 만드는 것일까? 이것이 끈이론에서 예견된 "모든 가능한 우주의 구석

구석에 촉수를 뻗치고 있는 다중우주"의 양자적 버전일까? 그렇다면 우주 전체를 서술하는 거대한 파동함수는 모든 물리학 이론을 떠받치는 메타법칙이 아닐 수도 있다. 이런 체계에서 관찰자는 "후선택 효과를 일으키는 원인"의 역할밖에 할 수 없기 때문이다.

짐 하틀은 우리가 채택했던 하향식 접근법의 초기 버전이 "아이디어를 위한 아이디어"라면서, "심오하고 중요한 개념일 수도 있지만, 결실을 위해서는 적절한 물리학 이론 안에 둥지를 틀어야 한다"고 충고했다. 그래서 우리는 하향식 철학의 토대가 되어줄 이론을 찾기 시작했다.

해결책은 엉뚱한 곳에서 나타났다. 당시 물리학계는 두 번째 혁명을 겪고 있었는데, 끈이론학자들이 만들어낸 가상의 우주를 이론적으로 검증하다가 발견한 '홀로그램 우주holographic universe'가 바로 그것이었다.

내가 홀로그램 혁명을 처음 접한 것은 1998년의 일이었다. 당시 대학원 신입생이었던 나는 DAMTP의 학생들 사이에서 '파트 3'으로 알려진 고등수학 과정을 수강하고 있었는데, 봄학기가 시작될 무렵에 "이제 곧 특별한 학술회의가 개최될 예정이며, 그로 인해 모든 것이 달라질 것"이라는 엄청난 소문이 돌았다. 이에 교수진은 물론이고 학생들까지 흥분감을 감추지 못했다.

나 역시 궁금한 것을 참지 못하는 성격이라, 학회가 시작되던 날 강의실로 슬쩍 들어가서 한쪽 구석에 자리를 잡고 앉았다. 그 건물은 케임브리지의 실버가에 있는 DAMTP의 옛 본거지였는데, 원래 채광이 약한 데다 창문에는 김까지 서려 있어서 전체적으로 어두운 분위기를 자아냈다. 게다가 강의실 전면에 있는 대형 검은 칠판 때문에 어두운 분위기가 더욱 칙칙하게 느껴졌다. 강의실을 가득 메운 100여 명의 이론물리학자들은 자유롭게 대화를 나누면서 세미나가 시작되기를 기다렸다. 개중에는 삼삼오오 모여서 열변을 토하는 사람도 있고, 칠판 한쪽 구석에 방정식을 휘갈기는 사람도 있었으며, 따뜻한 차를 마시면서 긴장을 푸는 사람도 있었다.

나는 시야가 탁 트인 자리를 찾아 이리저리 돌아다니다가 그날의 첫 강연자에게 시선이 꽂혔다. 휠체어에 앉은 채 이퀄라이저로 말을 하는 사람, 바로 스티븐 호킹이었다. 전에도 종종 그를 보아왔지만, 대규모의 세미나 현장에서 주제 발표를 하는 모습은 아무것도 모르는 나에게 신선한 충격으로 다가왔다. 그는 몸을 움직일 수 없음에도 불구하고 활력이 넘쳐 보였다. 호킹 주변에 모인 사람들은 그와 대화를 나누다가 간간이 폭소를 터뜨리곤 했는데, 대체 무슨 방법으로 대화는 나누는지, 불편한 몸으로 어찌 저리도 천연덕스럽게 농담을 구사할 수 있는지, 모든 것이 신기하기만 했다. 그리고 스스럼없이 자연스럽게 어울리는 사람들을 보면서, 내 자신이 대가족 파티에 초대장 없이 끼어든 불청객처럼 느껴지기 시작했다. 게다가 파티에서 제공된 메뉴는 내가 한 번도 먹어본 적 없는 "시공간의 끝"이었다.

호킹은 왼손으로 팔걸이에 달린 방향키를 조종하면서 조금씩 앞으로 나아갔다. 편안한 자세로 청중들과 눈을 맞출 수 있는 최적의 위치를 찾는 것 같았다. 호킹이 스크린에 뜬 화면을 바라보면 조교들은 그의 눈동자가 움직이는 방향을 따라 화면의 위치를 조금씩 바꿔 나갔다. 이런저런 테스트를 거친 후 모든 준비가 끝났을 때 세미나의 좌장인 게리 기번스가 첫 번째 강연자로 호킹을 소개하자, 갑자기 장내가 쥐 죽은 듯 조용해졌다. 호킹이 휠체어에 달린 스위치를 누르자 미리 준비한 첫 화면이 스크린에 나타났고, 한동안 청중을 바라보다가 다시 스위치를 누르자 다음 화면으로 넘어갔다. 바로 그때부터 호킹의 목소리가 강의실에 울려 퍼지기 시작했다.

"저는 예전부터 반-드지터 공간anti-de Sitter space(AdS 공간)에 관심이 많았습니다. 무척 심오한 이론인데 이상하게 별 인기가 없었지요. 오늘 그 내용을 소개하게 된 것을 매우 기쁘게 생각합니다."

호킹은 휠체어에 달린 컴퓨터(이퀄라이저)를 이용하여 대본을 읽어나갔다. 그리고 맨 앞자리에 앉은 조교는 인쇄된 대본을 따라가다가 적절한 때가 되면 영사기 단추를 눌러서 화면을 다음 장으로 넘겼다. 강연 중에 호킹은 간간이 말을 멈추고 청중을 바라볼 때가 있는데, 이런 경우는 주로 자신의 주특기인 농담을 구사한 후 청중들의 반응을 확인하거나, 논란의 여지가 있는 주장을 펼친 후 청중들이 이해할 때까지 기다린다는 뜻이었다.

처음에 나는 호킹의 강연 스타일에 흠뻑 빠져들었고, 얼마 후에는 생전 처음 들어본 반-드지터 공간에 완전히 매료되었다. 그로부터 1년 후, 호킹은 그의 제자인 하비 릴Harvey Reall과 나에게 비법을 전수해주었다. 관측 가능한 우주를 "5차원 반-드지터 공간에 표류하는 4차원 막膜, membrane의 홀로그램"으로 간주한다는 것이다. 얼마 후 우리는 이 문제를 연구하여 「새로운 막의 세계Brane New World」라는 논문으로 발표했고,[1] 핵심 내용을 교양과학 버전으로 정리한 《호두껍질 속의 우주The Universe in a Nutshell》는 당시 출판사의 편집 과정을 거치는 중이었다. 당시만 해도 물리학자가 자신의 연구 주제를 논문이 아닌 일반 교양서로 출간하는 것은 매우 이례적인 일이었다.[2]

우주가 홀로그램과 비슷하다는 생각은 꽤 오랜 역사를 갖고 있다. 고대 그리스의 철학자 플라톤은 이 세상을 동굴 벽에 드리운 그림자에 비유하면서 "우리 눈에 보이는 것은 완벽한 실체를 어설프게 투영한 그림자일 뿐이며, 수학적 형태의 완벽한 (그리고 우월한) 실체는 바깥세상(이데아)에 우리와 상관없이 존재한다"고 주장했다. 그로부터 2400년이 지난 지금, 플라톤이 상상했던 이데아는 홀로그램 혁명을 겪으면서 엄청나게 달라졌다. 가장 최근에 제기된 홀로그램 세계관에 따르면, 우리가 경험하는 모든 것은 시공간의 얇은 조각에 숨겨진 현실이 4차원 시공간에 투영된 결과다. 어딘가에 존재하는 원형原形이 이 세상에 투영되어 휘어진 시공간과 중력으로 나타난다는 것이다. 이는 곧 현실을 서술하는 또 다른 방법이 존재한다는 뜻이며, 양자적 입자와 장으로 이루어진 3차원 그림자 세계에 우주의 모든 정보가 담겨 있다는 뜻이기도 하다. 21세기의 홀로그램 물리학은 "어딘가에 숨겨진 홀로그램을 해독할 수만 있다면, 물리적 실체의 가장 깊은 속성을 이해할 수 있다"고 주장하고 있다.

홀로그램 우주는 20세기 말에 물리학이 이루어낸 가장 중요한 발견으로 꼽힌다. 웬만해선 신념을 바꾸지 않던 호킹도 여기에 깊은 감명을 받아 끈이론을 집중적으로 파고들기 시작했다. 홀로그램이 존재하는 위치나 구성 성분에 대해서는 아직도 의견이 분분하지만, 홀로그램 원리가 보여준 새로운 전망은 이론물리학의 판도를 몰라볼 정도로 바꿔놓았다. 지난 수십 년간 이론물리학자들은 끈이론에서 촉발된 "일반상대성 이론과 양자이론의 통일"이라는 원대한 프로그램을 완수하기 위해 고군분투해왔는데, 홀로그램이 그 꿈을 이루어줄 강력한 후보로 떠오른 것이다. 홀로그램 원리에 의하면 중력과 양자이론은 물과 불 같은 상극이 아니라, 서로 다르면서도 상호 보완적인 관계일 가능성이 높다. 서로 정반대의 속성이 있으면서 상대방의 부족한 점을 보완하는 음과 양의 관계와 비슷하다. 즉, 중력과 양자역학은 하나의 물리적 현실을 다른 방식으로 표현한 것일지도 모른다.

물론 홀로그램은 현실적인 우주를 염두에 두고 개발된 이론이 아니다. 그러나 우주론은 처음 탄생한 후로 지금까지 무엇을 상상하건 항상 그 이상으로 기이한 모습을 보여주었으니, 섣부른 짐작은 금물이다. 홀로그램 우주론은 하향식 접근법을 찾던 호킹과 나에게 확실한 길을 보여주었다. 앞으로 언급되겠지만, 홀로그램은 빅뱅의 비밀을 벗기는 가장 효과적인 하향식 접근법이다.

홀로그램 우주론을 도입하면서 호킹과 나의 여정은 세 번째 단계로 접어들었다. 우리는 2011년 가을에 호킹이 벨기에를 방문했을 무렵 홀로그램 연구에 착수했고, 그가 세상을 떠나기 직전에 발표한 논문은 3단계 연구의 결정판이었다.[3] 우리는 "시간 없는 시간"이라는 감질나는 구호 아래 양자정보에서 블랙홀과 우주론에 이르는 광범위한 영역의 상호 연결고리를 찾으면서, 첨단 이론물리학의 가장 깊은 곳을 마음껏 헤집고 다녔다.

홀로그램 우주가 처음 등장한 것은 수학자와 이론물리학자들이 초고밀도 블랙홀의 특성을 규명했던 1970년대 초의 일이었다.

그 후 "블랙홀은 미약하게나마 방사선을 방출하고 있으므로 완전히 검지 않다"는 사실(호킹 복사)이 알려지면서 블랙홀 연구는 절정에 달하게 된다. 처음에 호킹은 자신의 계산이 틀렸다고 생각했다. 모든 물리학자가 블랙홀을 "물질과 방사선을 절대로 방출하지 않고 무조건 흡수하는 괴물"로 알고 있었기 때문이다. 그러나 호킹은 블랙홀에서 방출되는 복사의 패턴이 흑체 복사black body radiation(빛을 반사하지 않는 일상적인 물체에서 복사열이 방출되는 현상)의 모든 특성과 일치한다는 사실을 깨닫고 자신이 얻은 결과에 확신을 가질 수 있었다. 예를 들어 온도가 2.7K인 마이크로파 우주배경복사도 흑체 복사의 일종이다. 즉, 관측 가능한 우주 전체도 일상적인 물체처럼 복사를 방출한다는 뜻이다.

1900년에 막스 플랑크는 흑체 복사의 파장에 따른 에너지 분포도를 이론적으로 설명함으로써 양자혁명의 서막을 열었다. 오늘날 물리학자들은 플랑크의 흑체 복사 스펙트럼이 자연에 나타날 때마다 "깊은 곳에서 양자적 과정이 진행된다는 증거"로 받아들인다. 호킹이 블랙홀을 연구하면서 떠올린 생각이 바로 이것이었다. 블랙홀 주변의

그림 51. 2018년 6월 15일, 웨스트민스터 사원에서 거행된 호킹의 안치식에서 특별 조문객에 한하여 수여했던 메달. 여기에는 호킹 복사가 일어나는 과정과 함께 블랙홀의 온도 공식이 새겨져 있다(이 메달은 다시 제작되지 않았으며, 판매된 사례도 없다).

휘어진 "고전적 시공간"에서 물질의 "양자적 거동"을 연구했으니, 준고전적 관점에서 블랙홀을 다룬 셈이다. 그러고는 상대성 이론에서 말하는 귀환 불능 지점point of no return(또는 사건 지평선) 근처에서 일어나는 양자적 과정에 의해, 블랙홀에서 모든 방향으로 미약한 열복사 흐름이 발생한다는 놀라운 사실을 알아냈다. 호킹은 곧바로 복사의 온도를 계산했는데, 그 결과는 그를 기념하는 메달에 선명하게 새겨져 있다.(그림 51 참조)

온도(T)를 나타내는 공식에서 M은 블랙홀의 질량이고 c는 빛의 속도, G는 뉴턴의 중력상수, h는 플랑크의 양자상수, k는 열역학(에너지, 열, 일 등을 연구하는 물리학의 한 분야)에 등장하는 볼츠만 상수다. 호킹의 복사 공식이 아름다운 이유는 물리학에 등장하는 주요 기본

상수들이 하나의 식 안에 모두 들어 있기 때문이다. 20세기 물리학을 대표하는 아인슈타인의 장 방정식과 슈뢰딩거의 파동 방정식은 각기 다른 분야에 적용되는 독립적인 방정식이다. 그러나 호킹은 수학적 위험을 무릅쓰고 두 이론을 결합함으로써 상대성 이론이나 양자역학으로는 알아낼 수 없는 놀라운 결과에 도달했다. 그렇다. 블랙홀은 복사를 방출하고 있다. 휠러는 호킹의 공식을 입에 담는 것만으로도 "혀 안에 사탕을 굴리는 기분"이라고 했다. 블랙홀 온도를 명시한 호킹의 공식은 웨스트민스터 사원에 있는 그의 묘비에 새겨져 있다.•

호킹의 발견은 물리학계를 발칵 뒤집었다. 그는 1974년 2월에 옥스퍼드 근처의 러더퍼드 애플턴 연구소Rutherford Appleton labs에서 열린 양자 중력 학술회의에서 "블랙홀은 백열 상태White Hot다"라고 선언하여 참석자들을 어리둥절하게 만들었다. 물론 이것은 호킹 특유의 과장된 어법이다. 별이 수명을 다하여 블랙홀이 된 경우 호킹의 공식으로 계산한 온도는 0.0000001K로서, 차갑기로 유명한 우주배경복사(2.7K)보다 훨씬 더 차갑다. 그러나 값이 문제가 아니라, 블랙홀이 복사를 방출한다는 것 자체가 일대 혁명이었다. 그 전까지만 해도 물리학자들은 블랙홀을 "시공간에 무한한 깊이로 뚫린 구멍이자, 아무것도 빠져나갈 수 없는 죽음의 덫"이라고 믿어왔기 때문이다.

• 호킹의 복사 공식은 웨스트민스터 사원에 남겨진 유일한 수식이 아니다. 사원 본당 아이작 뉴턴의 무덤 근처에 폴 디랙의 기념비가 서 있는데, 거기에는 전자의 양자적 거동을 서술하는 그 유명한 디랙 방정식($iγ·∂Ψ=mΨ$)이 새겨져 있다. 언젠가 호킹과 함께 그곳을 방문했을 때 그는 묘비에 새겨진 방정식을 바라보며 "아무리 생각해도 신은 수학자인 것 같다"고 했다.

일반적으로 열복사heat radiation는 물체의 내부 구성 요소가 움직이면서 일어나는 현상이다. 그래서 물체의 온도와 엔트로피는 함께 증가하는 경향이 있다. 여기서 엔트로피란 계의 무질서한 정도를 나타내는 척도로, "계의 거시적 특성을 그대로 유지한 채 달라질 수 있는 미시적 배열 상태의 수"로 정의된다. 또한 엔트로피는 정보와 밀접하게 관련되어 있다. 우주에 존재하는 모든 물질 입자와 힘입자는 네-아니요 질문의 답으로 사용할 수 있기 때문이다. 대충 말해서 계의 엔트로피가 높다는 것은 거시적 특성을 변경하지 않은 채, 계의 미시적 세부 사항에 많은 정보를 저장할 수 있다는 뜻이다. 호킹은 블랙홀의 온도 공식으로부터 엔트로피 S를 계산하는 공식을 유도했는데, 그 결과는 다음과 같다.

$$S = \frac{kc^3 A}{4Gh}$$

사실 "블랙홀의 엔트로피"라는 개념을 최초로 떠올린 사람은 호킹이 아니었다. 1972년에 이스라엘 출신의 미국인 물리학자 제이컵 베켄슈타인Jacob Bekenstein은 블랙홀의 엔트로피가 사건 지평선의 면적 A에 비례한다는 아이디어를 제안했으나, 학계로부터 철저히 외면당했다. 모든 것을 빨아들이는 블랙홀은 엔트로피를 가질 수 없기 때문이다. 그 후 호킹은 블랙홀에서 복사가 방출된다는 사실을 증명했고, 그 덕분에 베켄슈타인이 옳았다는 것도 덩달아 증명되었다.

베켄슈타인과 호킹의 엔트로피 공식에 의하면, 블랙홀은 어마어

마한 정보 저장 능력을 갖고 있다. 아마도 블랙홀은 우주 전체를 통틀어서 공간 효율(단위 부피당 저장 용량)이 가장 높은 저장 장치일 것이다. 이들의 공식에 따라 계산해보면, 은하수 중심에 있는 궁수자리 A Sagittarius A(질량이 태양의 400만 배에 달하며, 2022년에 그 그림자 영상이 처음으로 촬영되었다)는 약 10^{80}기가바이트를 저장할 수 있다. 참고로 구글을 통해 떠도는 모든 정보를 블랙홀에 저장한다면, 양성자만 한 초미니 블랙홀 한 개로 충분하다.(단, 이런 곳에 정보를 저장하면 검색은 포기해야 한다!) 호킹의 공식에서 알 수 있는 또 한 가지 사실은 엔트로피가 아무리 커도 블랙홀 내부의 비트 수는 유한하다는 것이다. 이 공식에 의하면 "겉모습은 똑같으면서 내부 구조가 다른" 블랙홀의 수는 엄청나게 많지만, 무한히 많지는 않다(즉, 유한하다).

이것은 정말 흥미로운 사실이 아닐 수 없다. 일반상대성 이론에 의하면 블랙홀은 그야말로 "단순함의 전형"이다. 상대론적 블랙홀은 속내를 도저히 읽을 수 없는 포커페이스를 하고 있다. 아인슈타인의 이론에 의하면 블랙홀이 별로 만들어졌건, 다이아몬드로 만들어졌건, 또는 반물질로 이루어졌건, 그런 것은 전혀 중요하지 않다. 블랙홀이 가질 수 있는 물리적 특성은 단 두 가지, '질량'과 '각운동량'뿐이다. 다시 말해서, 모든 블랙홀은 오직 질량과 각운동량이라는 두 가지 물리량에 의해 구별된다. 그래서 휠러는 "블랙홀은 머리카락이 없다"는 유명한 말을 남겼다. 블랙홀에는 자신이 탄생한 역사가 티끌만큼도 남아 있지 않다는 뜻이다. 일반상대성 이론에 등장하는 블랙홀은 외부로부터 정보를 무한정 빨아들여서 사정없이 파괴하는 궁극의 쓰레기통이다.

그러나 베켄슈타인과 호킹은 사뭇 다른 이야기를 들려준다. 이들의 준고전적 엔트로피 공식에 의하면 블랙홀은 자연에서 가장 복잡한 물체로서, 고전적인 이미지와 완전히 정반대다. 왜 그럴까? 아인슈타인의 일반상대성 이론은 양자역학과 불확정성 원리를 고려하지 않은 고전적 이론이어서, 블랙홀 내부의 미세구조에 저장된 엄청난 양의 정보를 간과했기 때문이다.

그러나 더욱 놀라운 것은 블랙홀의 엔트로피가 부피에 비례하지 않고 표면적 A에 비례한다는 사실이다. 상식적으로 생각해보자. 우리에게 친숙한 저장 장치의 용량은 표면적이 아닌 부피에 비례한다. 예를 들어 도서관에 저장된 정보의 양을 계산할 때에는 벽장(표면적)에 꽂힌 책뿐만 아니라 선반(부피)에 전시된 책까지 모두 고려해야 한다. 하지만 블랙홀에는 이런 상식이 통하지 않는다. 엔트로피 공식에 따라 블랙홀에 저장된 양자정보의 양을 계산할 때 제일 먼저 할 일은 블랙홀의 사건 지평선 A를 격자 모양의 작은 사각형 구획으로 나누는 것이다. 엄밀히 말하면 A는 '사건 지평선'이 아니라 '사건 지평면'이다. 단, 각 사각형 한 변의 길이는 플랑크 길이Planck length와 같다.(그림 52 참조) 플랑크 길이 l_p는 '길이의 양자'로서 거리를 분할할 수 있는 최소 단위이며, 이보다 짧은 거리는 '거리'의 의미를 상실한다. 앞에서 언급한 상수를 이용하여 작은 사각형 구획의 면적을 계산하면 $l_p^2 = Gh/c^3 = 10^{-66}\,\mathrm{cm}^2$라는 값이 얻어진다. 그리고 블랙홀에 저장된 정보의 총량은 "방금 계산한 작은 사각형으로 블랙홀의 사건 지평선을 완전히 덮는 데 필요한 개

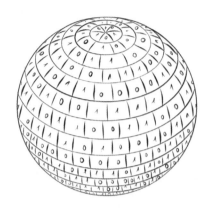

그림 52. 블랙홀의 엔트로피는 사건 지평선을 덮는 데 필요한 "플랑크 길이 규모의 작은 사각형의 개수"를 4로 나눈 값과 같다. 개개의 사각형에는 최소 단위의 정보(1비트)를 저장할 수 있으며, 이들의 배열 상태를 알면 블랙홀과 관련된 모든 정보를 안 것이나 다름없다.

수"를 4로 나눈 값과 같다. 그런데 개개의 작은 사각형은 정보를 저장할 수 있는 최소 단위이므로, 사각형 한 개당 1비트의 정보를 저장할 수 있다. 그리고 개개의 비트는 블랙홀이 겪은 진화 과정과 미세구조를 묻는 하나의 네-아니요 질문에 대하여 답을 제공할 수 있다. 따라서 모든 비트의 상태(1 또는 0)를 알면 블랙홀의 모든 것을 안 것이나 다름없다.

이것이 바로 현대물리학에 홀로그램 우주가 도입된 출발점이었다. 블랙홀의 저장 용량은 부피가 아닌 표면적에 의해 결정된다. 마치 블랙홀에 '내부'라는 것이 없으면서, 블랙홀 자체가 홀로그램인 것과 같다.

. . .

그래서 뭐가 어쨌다는 건가? 이로부터 대체 무엇을 알아낼 수 있다는 말인가? 엔트로피 공식만으로는 블랙홀이 방대한 양의 정보를 어떤 식으로 저장하는지, 블랙홀의 양자칩(작은 사각형)이 정말로 사건 지평선에 박혀 있는지 알 수 없고, 비트의 상태를 확인하는 네-아니요 질문 목록을 작성할 수도 없다. 단지 그런 비트가 존재한다는 사실만 확인한 것뿐이다.

블랙홀이 나이를 먹어감에 따라 숨겨진 정보에 나타날 변화를 생각하면 상황은 더욱 혼란스러워진다. 호킹의 온도 공식에서 블랙홀의 질량 M은 분자가 아닌 분모에 들어 있다. 즉, 블랙홀이 복사를 통해 질량을 잃을수록 온도가 올라가면서 점점 더 밝아지고, 그럴수록 질량은 더욱 빠르게 감소한다. 그러므로 호킹 복사는 처음에 아주 느리게 시작되어 시간이 흐를수록 점점 빨라지다가 결국 블랙홀이 통째로 사라지는, 일종의 '자기 강화 과정self-reinforcing process'이라 할 수 있다. 그래서 호킹은 그의 논문에 다음과 같이 적어놓았다. "블랙홀은 영원하지 않다. 증발 속도가 점점 빨라지다가 결국은 거대한 폭발을 일으키면서 사라진다."[4]

그렇다면 당연히 이런 질문이 떠오른다. 블랙홀이 최후의 순간을 맞이했을 때, 그 안에 저장된 정보는 어떻게 되는가? 여기에는 두 가지 가능한 시나리오가 있다. 첫 번째 시나리오는 정보가 영원히 사라진다는 것이다. 이쯤 되면 블랙홀을 "궁극의 지우개"라 할 만하다. 원래 블랙홀은 무엇이건 집어삼키는 천체였으니 그럴듯하게 들리긴 하는데, 문제는 양자역학이 이런 시나리오를 허용하지 않는다는 것이다. 양자역학의 기본 법칙에 의하면 모든 물리계의 파동함수는 정보를 그대로 유지한 채로 진화한다. 여기에는 예외가 없다. 파동함수가 양자역학의 법칙에 따라 진화하면서 정보를 인식 불가능한 영역으로 옮겨놓을 수는 있지만, 정보 자체를 제거할 수는 없다. 이것은 파동함수의 모든 가능한 확률을 더했을 때 반드시 1(100퍼센트)이 되어야 한다는 필수 조건과 관련되어 있다. 양자역학의 법칙에 의하면 백과사전을 통째로 불에 태워도, 남은 재를 양자적 수준에서 분석하면 모든 정보를 복원할 수 있다. 이와 마찬가지로, 블랙홀의 사건 지평선 근처에서도 양자역학의 법칙이 여전히 유효하다면(그렇지 않다는 증거는 아직 발견된 적이 없다), 블랙홀이 사라진 후에도 정보는 어딘가에 남아 있어야 한다.

이제 두 번째 시나리오를 살펴보자. 혹시 블랙홀의 정보가 호킹 복사에 암호로 저장되어 우주 공간으로 흩어지는 것은 아닐까? 블랙홀이 완전히 증발할 때까지는 거의 영겁의 시간이 소요되므로, 이것도 일견 그럴듯하게 들린다. 게다가 딱히 양자역학에 위배되는 구석도 없다. 그러나 이것은 호킹의 계산과 일치하지 않는다. 호킹 복사에는 블랙홀과 관련된 어떤 정보도 담겨 있지 않기 때문이다. 블랙홀이 호킹 복사의 형태로 자신의 질량을 방출할 때, 복사 스펙트럼에는 블랙홀의 미세구조나 역사에 관한 정보가 단 한 조각도 들어 있지 않다. 호킹의 복사 이론에 의하면 블랙홀이 최후의 질량을 방출하고 사라진 후에 남는 것은 무작위로 흩어진 열복사의 구름뿐이며, 이로부터 블랙홀의 정보는커녕, 과거에 블랙홀이 존재했다는 흔적조차 찾을 수 없다. 호킹은 증발하는 블랙홀이 불에 탄 백과사전과 근본적으로 다르다고 주장했다.

매우 역설적인 상황이다. 블랙홀에 담긴 정보는 블랙홀이 증발할 때 같이 사라지는 것 같은데, 양자역학은 이것이 불가능하다고 주장한다. 호킹은 독창적인 사고실험을 통해 "상대성 이론과 양자이론을 동시에 하나의 현상에 적용하면 매우 심오하면서도 이해하기 어려운 문제가 발생한다"는 것을 확실하게 보여주었고, 동시대의 물리학자들도 이 사실을 서서히 깨닫기 시작했다. 두 이론을 준고전적 틀에서 아무리 그럴듯하게 합쳐놔도,[5] 상상을 초월할 정도로 깊고 넓은 간극이 항상 존재했던 것이다. 증발하는 블랙홀 내부에 저장된 정보의 역설은 20세기 후반부터 거의 두 세대에 걸쳐 물리학자들을 끊임없이 괴롭혀왔다. 어떤 면에서 보면 이 문제는 19세기에 수성의 근일점이 이동한다는 사실이 알려지면서 뉴턴의 중력이론을 의심하게 만들었던 사건과 비슷하다. 이 일을 계기로 아인슈타인의 일반상대성 이론이 정설로 떠오른 것처럼, 블랙홀의 정보 역설은 물리학을 통일이론으로 인도하는 횃불이 되었다. 물리학자들은 호킹의 매듭을 풀어서 블랙홀의 정보가 어디로 가는지 알아내기만 하면, 일반상대성 이론과 양자이론을 하나로 통합할 수 있을 것이라고 생각했다.

처음에 호킹은 "정보 유실→물리법칙의 위기→양자이론의 수정"

으로 이어지는 첫 번째 시나리오에 베팅했다. 정보 유실의 결과를 자세히 서술한 그의 첫 번째 논문의 제목은 「중력 붕괴에 의한 예측 능력의 상실Breakdown of Predictability in Gravitational Collapse」이었다. 태양과 질량이 같은 블랙홀은 우주배경복사의 온도가 항성블랙홀stellar black hole 질량이 큰 별이 폭발하고 남은 잔해에서 탄생한 블랙홀. 은하의 중심에 있는 초질량 블랙홀과 구별된다보다 낮아지는 수천억 년 후에야 비로소 증발하기 시작한다. 그리고 블랙홀이 완전히 증발할 때까지는 10^{60}년이 걸리는데, 우주의 나이가 대략 10^{10}년이라는 점을 감안하면 거의 영겁에 가까운 시간이다. 그러므로 빅뱅 때 미니블랙홀이 생성되지 않았다면, 그리고 CERN의 대형 강입자 충돌기에서 미니블랙홀이 생성되지 않는다면, 블랙홀이 폭발하는 사건은 앞으로 꽤 오랜 세월 동안 사고실험의 영역에 남을 것이다.

그러나 호킹은 현실성보다 원리를 중요하게 여겼다. 블랙홀이 정말로 정보를 파괴한다면, 증발이 시작된 후에는 어떤 입자 조합도 방출할 수 있다. 그렇다면 중력에 의해 수축되는 별에서 시작하여 호킹복사의 구름으로 끝나는 블랙홀의 생명 주기는 양자역학의 일상적 확률 외에 완전히 새로운 수준의 무작위성과 예측 불가능성을 낳게 된다. 마치 붕괴하는 별의 파동함수의 일부가 블랙홀 안에서 그냥 사라지거나, 어딘가로(혹시 다른 우주로?) 새어나가는 것과 비슷하다. 이것은 양자역학의 확률적 해석을 감안하더라도, 우주에 대한 물리학의 예측 능력을 크게 훼손시킨다. 과학 법칙에 근거한 확률적 예측이 블랙홀에 적용되지 않는다면, 이런 사례가 더 이상 없다고 어느 누가

장담할 것이며, 우리의 역사와 기억을 어떻게 확신할 수 있겠는가? 호킹은 이 상황을 다음과 같이 예리하게 지적했다. "과거는 우리가 누구인지 말해준다. 과거가 없으면 우리의 정체성도 사라진다."[6] 그는 블랙홀의 내부 정보가 유실되었을 때 초래될 결과를 면밀히 분석한 끝에, 물리학이 심각한 위기에 처했음을 깨달았다.

그 후로 몇 년 동안 물리학자들 사이에 다양한 논쟁이 오갔지만 별다른 소득이 없었다. 입자물리학의 관점에서 문제에 접근한 사람들은 양자이론에 무한한 신뢰를 보내면서 호킹이 틀렸다고 주장했으나, 그들 중 누구도 호킹의 계산에서 오류를 발견하지 못했다. 반면에 특이점의 파괴력을 누구보다 잘 알고 있는 상대성 이론 추종자들은 호킹의 편을 들었지만, 물리학을 구원할 획기적 아이디어를 내놓지는 못했다. 하지만 좋은 점도 있었다. 두 진영의 물리학자들이 활발하게 교류하는 환경이 조성된 것이다. 그동안 각자 다른 도구와 방법을 사용해왔던 입자물리학자와 상대성 이론학자들은 블랙홀에서 방출된 희미한 광자에 숨겨진 진실을 찾기 위해 열심히 교류하면서, 자신이 모르던 것을 상대방에게 배우기 시작했다.

블랙홀 역설은 긴 세월 동안 교착상태에 빠져 있다가, 21세기에 새로운 사고실험을 통해 블랙홀의 홀로그램적 특성이 밝혀지면서 비로소 해결되었다. 여기서 눈에 띄는 것은 해결의 실마리를 제공한 일등공신이 끈이론이었다는 점이다. 끈이론은 1990년대 말에 2차 혁명기를 맞이하여 수명을 다해가던 다중우주론에 새로운 활력을 불어넣었으며, 양자이론과 중력이론(일반상대성 이론)을 하나로 통일하는

원대한 프로그램에서 핵심적인 역할을 했다.(5장 참조)

프린스턴 고등연구소의 저명한 끈이론학자 에드워드 위튼Edward Witten은 1995년에 개최된 끈이론 연례학회 'String 95'에서 두 번째 혁명의 신호탄을 쏘아 올렸다.

솔직히 말해서, 당시 끈이론은 거의 가사假死 상태에 빠져 있었다. 끈이론의 핵심 아이디어를 검증할 방법이 전혀 없었기 때문이다. 세계 최대의 입자 가속기로 입자를 최대한 가속시켜서 최대 에너지로 정면충돌을 일으켜도, 에너지의 일부가 여분 차원으로 흘러 들어간다는 증거는 단 한 번도 발견되지 않았다. 중력의 양자적 특성이 두드러지게 나타나는 플랑크 규모Planck scale를 탐사하려면 입자 가속기가 거의 태양계만큼 커야 한다. 게다가 끈이론은 여러 해 동안 다양한 수학적 마법을 부리면서 물리학자들의 시선을 끌어왔음에도, 블랙홀의 내부와 빅뱅에서 양자 중력의 특성을 규명하지 못했다. 여기까지만 해도 암울하기 그지없는 상황인데, 끈이론학자들을 더욱 맥 빠지게 만드는 결정적 걸림돌이 있었다. 자연의 힘을 통일하는 끈이론이 하나가 아니라, 무려 다섯 가지 버전으로 존재했던 것이다. 또한 끈이론과 다소 무관해 보이는 초중력이 여섯 번째 후보로 합류했다. 초중력은 아인슈타인의 일반상대성 이론을 확장한 이론으로, 여기에는 물질과 초대칭, 그리고 끈이 아닌 막 같은 물체가 등장한다. 당시 초중력의 본거지였던 케임브리지에서는 끈이론에 반대하는 여론이 점차 거세지는 분위기였다.

'String 95' 학회에서 에드워드 위튼이 '끈 역학에 대한 몇 가지 논평Some Comments on String Dynamics'이라는 제목으로 강연을 시작할 때, 그는 가사 상태에 빠진 끈이론을 살려내겠다는 이야기를 전혀 하지 않았으며, 그런 기적을 기대하는 사람도 없었다. 그러나 그의 강연은 정말 한 편의 드라마처럼 끈이론을 극적으로 살려냈다. 물리학사에 길이 남을 이 강연에서 위튼은 끈이론을 바라보는 완전히 새로운 관점을 제시했는데, 그의 논리에 의하면 다섯 개의 끈이론에 초중력을 포함한 여섯 개의 이론은 사실은 별개의 이론이 아니라 동일한 수학적 구조의 다른 얼굴일 뿐이었다. 이 놀라운 사실을 발견한 위튼은 여러 개의 이론을 하나로 연결하는 복잡한 수학적 네트워크를 'M 이론'으로 명명했다.(그림 53 참조) M 이론은 정확한 형태를 정의하기 어렵지만(M이 'mother'의 첫 글자라고 생각하는 사람도 있고, 'magic'이나 'mystery'라고 우기는 사람도 있다) 만화에 나오는 요정처럼 놀라운 변신 능력을 갖고 있어서, 관점만 바꾸면 여섯 개 중 하나의 이론으로 탈바꿈한다. 서로 다르게 보였던 여섯 개의 이론이 위튼의 깊은 통찰을 통해 M 이론이라는 하나의 이론으로 통일되었고, 새로운 동력을 확보한 끈이론은 2차 혁명기로 접어들었다. 또한 이론물리학자들은 통일이론으로 가는 여섯 가지 길이 서로 충돌하는 길이 아니라, 상호 보완적 기능을 발휘하면서 양자 중력의 세계로 수렴한다는 사실도 알게 되었다.[7]

물리학자들은 "외관상 다르게 보이는 이론들 사이에 존재하는 수학적 관계"를 칭할 때 "이중성duality"이라는 단어를 사용한다. 이중

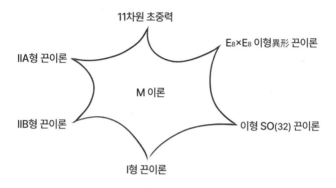

11차원 초중력

$E_8 \times E_8$ 이형異形 끈이론

IIA형 끈이론

M 이론

IIB형 끈이론

이형 SO(32) 끈이론

I형 끈이론

그림 53. 다섯 종류의 끈이론과 초중력 이론은 M 이론의 복잡한 수학적 연결망을 통해 하나의 체계로 통합된다.

성(또는 이중적) 관계에 있는 두 이론은 어떤 면에서 보면 동일한 이론일 수도 있다. 두 이론이 이중적 관계라는 것은 "동일한 물리적 현상을 두 이론이 각기 다른 수학적 언어로 서술했다"는 뜻이기 때문이다. 양자역학의 태동기에 극심한 혼란을 야기했던 파동설과 입자설도 서로 이중적인 관계에 있다.

주어진 물리계에 이중성이 존재하면 계를 바라보는 또 하나의 관점을 확보한 셈이므로 계에 대한 이해가 그만큼 깊어진다. 그중에서도 M 이론의 이중성이 특히 돋보이는 이유는 하나의 이론에서 엄청나게 어려웠던 문제가 다른 이론으로 전환했을 때 의외로 쉽게 풀릴 수도 있기 때문이다. 끈이론의 2차 혁명기가 도래하기 전에 물리학자들은 다섯 개의 끈이론을 별개로 연구하면서 근사적인 계산으로 만족해야 했다. 즉, 끈이론학자의 활동 무대가 "단 몇 개의 끈이 완만하게 휘어진 고전적 배경 공간에서 진동하는" 준고전적 환경으로 제한되었다는 뜻이다. 그 결과 빅뱅과 블랙홀의 양자적 특성은 풀리지 않는 미스터리로 남게 되었고, 모든 물리법칙을 하나로 묶겠다던 통일이론은 교착상태에 빠지고 말았다. 그러나 끈이론의 2차 혁명이 시작된 후로 상황은 극적으로 달라졌다. 하나의 끈이론에서 무언가를 계산하다가 난관에 부딪혀도, M 이론의 네트워크를 타고 다른 이론(좀 더 만만해 보이는 이론)으로 넘어가서 동일한 계산을 수행하면 그만이었다. 따라서 위튼이 제시한 M 이론의 규모는 다른 여섯 개의 이론을 모두 합친 것보다 크다고 할 수 있다. M 이론은 이중성을 이용하여 다섯 종류의 끈이론과 초중력 이론을 하나로 통일함으로써 "양자이론과 중력이론의 통일," 즉 양자 중력의 세계로 가는 문을 활짝 열어젖혔다.

그러나 끈이론의 2차 혁명기에 물리학자들이 거둔 최고의 수확은 따로 있었다. 완전히 새로운 이중성, 너무나 기묘해서 어느 누구도 상상조차 하지 못했던 '홀로그램 이중성'이 바로 그것이었다.

1997년, 하버드대학교의 젊은 조교수였던 아르헨티나 출신의 물리학자 후안 말다세나Juan Maldacena는 두 개의 끈이론이나 두 개의 입자이론을 연결하지 않는 새로운 이중성을 발견했다. 놀랍게도 이것은 "중력을 포함한 끈이론"과 "중력이 없는 입자이론"을 연결하는 이중성이었다. 그런데 더욱 놀라운 것은 말다세나의 이중성으로 연결되는 두 이론이 각기 다른 차원에서 펼쳐진다는 점이었다. 그의 눈에는 입자이론이 중력이론의 홀로그램처럼 보였다.

말다세나는 특별한 가정하에서 끈이론과 초중력 이론을 분석하던 중 이 희한한 이중성을 발견했다.[8] 말다세나의 이중성으로 연결된 두 이론 중 중력이 포함된 부분은 반-드지터 공간과 유사한 우주로서, 일반상대성 이론과 초중력을 포함하는 공간이다. 이름에서 알 수 있듯이 반-드지터 공간은 드지터 공간의 반대개념으로, 네덜란드의 천문학자 빌럼 드지터Willem de Sitter의 이름에서 유래되었다. 1917년에 드지터는 아인슈타인 방정식의 해 중에서 기하급수적으로 팽창하는 우주를 발견했는데, 이것이 학계에 알려지면서 '드지터 공간'으로 불리게 된 것이다. 이 공간이 갖고 있는 또 하나의 특징은 우주상수가 0보다 크다는 것이다($\lambda > 0$). 이와 반대로 반-드지터 공간은 우주상수가 음수이고($\lambda < 0$) 팽창하지 않는 공간으로서, 단단한 표면으로 에워싸인 스노볼흔들었다가 내려놓으면 눈 날리는 풍경이 연출되는 전시용 장난감의 내부와 비슷하다.

말다세나 이중성의 반대쪽에는 표준 모형과 비슷한 '입자의 양자 이론'이 포함되어 있다. 입자의 거동을 양자적으로 서술할 때에는 입자와 힘을 "국소적으로 들뜬 장"으로 간주하기 때문에, 이들을 통틀어서 양자장 이론QFT, quantum field theory이라 한다. 말다세나의 이중성에서 양자장 이론은 표준 모형에서 강한 핵력(강력)을 서술하는 양자색역학QCD, quantum chromodynamics과 비슷하다.

말다세나의 이중성을 '홀로그램 이중성'으로 부르는 이유는 입자 부분에 속한 양자장이 반-드지터 공간의 스노볼을 침투하지 않고 그

경계면에서만 작동하기 때문이다. 즉, 양자장 이론은 차원이 하나 작은 시공간에 적용되는 이론이다. 반-드지터 공간이 4차원 시공간이면, 양자장 이론은 3차원 공간에서 펼쳐진다. 여기에는 반-드지터 공간의 표면에서 내부로 향하는 방향(표면에 수직한 방향)의 차원이 누락되어 있다. 또한 양자장 이론은 중력이 없는 이론이어서, 반-드지터 공간의 경계면에는 중력파나 블랙홀 등 중력과 관련된 그 어떤 현상도 나타나지 않는다. 즉, 입자를 서술하는 양자장 이론에는 중력이 포함되어 있지 않은 것이다. 과거에 입자물리학자들은 표준 모형에 중력이 포함되지 않은 것을 아쉽게 생각하면서도, 지신도 모르게 그런 상황에 익숙해져 있었다.

그러나 말다세나는 두 이론이 아무리 다르게 보인다 해도, 근본적으로는 상대방을 교묘하게 위장한 버전이라고 주장했다. 그의 논리에 의하면 반-드지터 공간의 (초)중력이론과 그 경계면에서 작동하는 양자장 이론은 어떤 면에서 볼 때 완전히 동일하다. 그렇다, 이것이 바로 홀로그램 이중성이다! 4차원 반-드지터 우주 공간에서 끈과 중력에 대해 우리가 알아야 할 모든 것은 3차원 경계면에서 일어나는 입자와 장의 양자적 상호작용에 (살짝 암호화된 형태로) 고스란히 담겨 있다. 그러므로 표면에 존재하는 공간은 그 내부에 있는 반-드지터 공간(모든 정보를 갖고 있지만 외관상 전혀 다른 공간)의 청사진을 담은 일종의 홀로그램인 셈이다. 마치 오렌지 껍질을 벗겨서 세밀하게 분석하여, 오렌지의 내부에 담긴 모든 정보를 알아내는 것과 비슷하다.

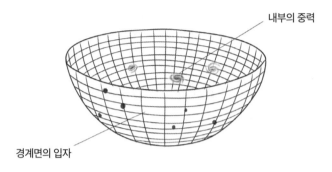

내부의 중력

경계면의 입자

그림 54. 휘어진 시공간 내부에서 전개되는 끈이론과 중력이론은 그 시공간의 경계면에서 중력 없이 펼쳐지는 입자 및 장 이론과 홀로그램 이중성을 통해 서로 연결되어 있다.

　　홀로그램 이중성 원리에 의하면 양자장과 입자로 대변되는 경계 세계는 그 내부의 반-드지터 공간에서 펼쳐지는 중력과 물질의 거동을 "근사적"이나 "준고전적"으로 서술하는 것이 아니라, "더할 나위 없이 완벽하게" 서술한다. 여기서 더욱 흥미로운 것은 말다세나의 이중성에 등장하는 입자 이론이 지난 20세기 중반부터 물리학자들이 사력을 다해 개발해온 양자장 이론과 정확하게 일치한다는 점이다. 완벽하게 작동하는 "물질과 중력의 양자이론"이 홀로그램 이중성으로부터 탄생한 것이다.

　　이것은 물리학계를 뒤집어놓은 초대박 사건이었다. 지난 수십 년 동안 물리학자들은 일반상대성 이론과 양자이론을 하나로 결합하기 위해 백방으로 노력해왔으나 아무도 성공하지 못했다. 그런데 말다세나 덕분에 두 이론은 물과 기름의 관계가 아니라 서로 공생하는 관계임이 만천하에 드러났다. 홀로그램 이중성에 의하면 일반상대성 이론과 양자이론은 하나의 물리적 현실을 각기 다른 관점에서 서술한 이론이다. 주어진 물리계는 양자계일 수도 있고, 차원이 다른 중력계일 수도 있다. 이것이 바로 말다세나의 이중성이 몰고 온 놀라운 관점의 변화다.

M 이론에 존재하는 이중성이 그랬던 것처럼, 홀로그램 이중성에서도 한쪽의 계산이 간단하면 그에 대응되는 다른 쪽의 계산은 혀를 내두를 정도로 복잡해지는 경우가 많다. 예를 들어 중력이 약하고 빈-드지터 공간이 완만하게 휘어진 경우, 이에 대응되는 경계면의 양자적 상호작용(양자장 이론)은 다루기가 엄청 어려울 뿐만 아니라 입자의 의미도 모호해진다.

이런 특성 때문에 홀로그램 이중성은 증명하기가 매우 어렵다. 그러나 한번 증명되기만 하면 그 위력은 가히 상상을 초월한다. 이제 물리학자들은 아인슈타인의 중력이론과 그 확장 버전인 초중력을 이용하여 양자 세계의 새로운 현상을 알아낼 수 있고, 그 반대도 가능하다. 그 후로 여러 해 동안 이론물리학자들은 홀로그램 이중성에 착안한 독창적인 사고실험을 수행하여 자연의 특성을 더욱 깊이 이해할 수 있었다. 오늘날 홀로그램 물리학은 M 이론을 뛰어넘어 일반상대성 이론과 응집물리학condensed matter physics 원자나 분자 규모에서 응집된 물질의 특성을 연구하는 분야, 핵물리학, 양자정보 이론, 천체물리학 등 다양한 분야를 이어주는 가교 역할을 충실하게 해내고 있다.

다시 블랙홀로 돌아가보자. 홀로그램이 (반-드지터 공간의 표면에 한정되어 있긴 하지만) 양자 중력을 서술하는 완전한 이론이라면, 이것으로 호킹의 골칫거리였던 블랙홀의 정보 역설을 해결할 수도 있지 않을까?

꽤 미묘한 문제다. 말다세나의 표면이론에는 반-드지터 공간의 특성이 엄청나게 복잡한 방식으로 암호화되어 있기 때문이다. 사실 이것은 별로 놀라운 일이 아니다. 일상적인 광학 홀로그램도 원래 표현하려고 했던 3차원 피사체와 비슷한 구석이 별로 없다. 일상적인 2차원 홀로그램의 표면에는 누군가가 낙서를 휘갈긴 것처럼 복잡한 선들이 무작위로 분포되어 있다. 이로부터 3차원 입체영상을 구현하려면 홀로그램의 표면에 특정 방향으로 레이저를 쏘는 등 복잡한 절차를 거쳐야 한다.

이와 마찬가지로 홀로그램 표면에서 전개되는 이론으로부터 반-드지터 공간에서 일어나는 사건을 해독하려면 복잡하고 정교한 수학적 과정을 거쳐야 한다. 그러나 안타깝게도 두 영역의 판이한 언어를 해독해주는 '수학사전'은 아직 완성되지 않았다. 이론물리학자들은 홀로그램의 암호를 풀고 홀로그램 이중성의 진정한 의미를 파악하기 위해, 지금도 열심히 사전을 만드는 중이다.

반-드지터 공간과 양자장 이론을 연결하는 수학사전(이하 AdS-QFT 사전)에서 가장 시급하게 완성되어야 할 항목은 아마도 "차원 하나가 사라지는 이유"일 것이다. 표면에 속박된 입자와 힘에 어떻게 반-드지터 공간 내부의 모든 것이 담겨 있다는 말인가? 반-드지터 공간 내부의 모든 정보는 어떤 형태로든 양자장 이론에 담겨 있어야 한다. 그렇지 않으면 홀로그램 이중성은 진정한 이중성이 아니다. 양자장 이론은 차원이 하나 작음에도 불구하고 어떻게 반-드지터 공간의 모든 것을 흡수할 수 있을까?

반-드지터 공간의 특성 중 하나는 경계면에 수직한 내부 차원이 크게 휘어져 있다는 것이다. 반-드지터의 앞에 '반anti-'이라는 접두어가 붙은 이유는 원래 드지터 공간과 반대로 공간의 곡률이 음수이기 때문이다. 즉, 반-드지터 공간에서 삼각형의 내각이 합은 180도보다 작다(지구의 표면이나 드지터 공간처럼 곡률이 양수인 곳에서는 삼각형의 내각의 합이 180도보다 크다. 내각의 합이 정확하게 180도인 곳은 완벽하게 평평한 평면뿐이다). AdS 공간의 곡률이 음수라는 것은 이 공간을 평평한 면에 투영했을 때 반-메르카토르 효과anti-Mercator effect가 나타난다는 뜻이다. 즉, 경계면에 가까울수록 실제보다 작게 보인다(지구를 평면에 투영한 메르카토르식 지도와 반대다. 메르카토르 도법에서는 경계, 즉 남극과 북극에 가까울수록 면적이 실제보다 크게 보인다). 반-드지터 공간의 한 단면을 2차원 평면에 투영하면 그림 55와 비슷한 형태가 된다. 이 그림은 네덜란드의 화가 마우리츠 에스허르Maurits Escher의 목판화 〈원의 극한 4Circle Limit IV〉인데, 천사와 악마가 주어진 원 안에서 무한히 반복되고 있다. 곡률이 음수인 반-드지터 공간은 모든 곳에서 천사와 악마의 크기가 같다. 그러나 이것을 평면에 투영한 에스허르의 그림에서는 원의 가장자리로 갈수록 크기가 점점 작아지다가 무한 프랙털fractal(자기 닮음 도형)이 되어 사라진다.

이제 에스허르의 목판화에서 천사(또는 악마) 하나를 선택하여

그림 55. 마우리츠 에스허르의 목판화 〈원의 극한 4〉.

원의 테두리로 투영해보자. 테두리로 옮겨가면 특정 길이를 갖는 선으로 표현하는 수밖에 없는데, 원의 변두리에서 선택한 천사(또는 악마)에 해당하는 선의 길이는 중심부에서 선택한 천사(또는 악마)에 해당하는 선의 길이보다 짧다. 이것이 바로 홀로그램 이중성이 작동하는 원리다. 즉, 말다세나의 이중성은 "내부 공간의 깊이"를 "경계에서의 크기"로 변환한다. 그러므로 AdS-QFT 사전의 첫 번째 항목은 경계 세계에서의 수축 및 인장과 반-드지터 우주의 경계에서 수직한 방향으로 이동한 거리의 관계를 명시한 항목일 것이다.

사실 양자장 이론에서 사물의 크기를 늘리거나 줄이는 변환이 추가 차원에서의 이동과 비슷하다는 아이디어는 이미 오래전부터 제기되어왔다. 입자물리학에서 크기와 에너지는 매우 밀접하게 관련된 양이다. 입자물리학자들이 천문학적 비용에도 불구하고 더 큰 가속기를 요구하는 이유는 충돌 에너지를 높여야 더 짧은 거리에서 자연을 관측할 수 있기 때문이다. 즉, 가속기의 출력을 높이는 것은 현미경의 배율을 높이는 것과 같다. 자, 여기가 중요한 부분이다. 주어진 양자장 이론이 서술하는 입자의 들뜸과 상호작용(힘)의 형태는 연구자가 염두에 두고 있는 해상도에 따라 달라진다. 저에너지, 또는 큰 규모에서 양자장 이론에 등장하는 입자 목록은 동일한 이론의 고에너지 영역에서 나타나는 입자와 크게 다를 수 있다. 그러므로 양자장 이론의 기본적인 크기(또는 에너지)에는 추가 정보가 저장되어 있는 셈이다. 20세기 중반에 물리학자들은 주어진 양자장 이론이 에너지 규모에 따라 달라지는 양상을 서술하는 수학을 개발했는데, 이것을 기발하게 활용하여 얻은 결과가 바로 말다세나의 홀로그램 이중성이다. AdS-QFT 사전은 양자장 이론의 추상적인 "에너지 차원"을 중력 쪽의 "휘어진 공간 차원"으로 변환해줄 것이다.

그렇다면 AdS-QFT 사전에서 블랙홀은 어떻게 서술되어 있을까?

말다세나의 논문이 출판되고 몇 개월이 지난 후, 위튼은 반-드지터 공간 내부에 블랙홀을 갖다 놓고, 경계 이론으로 건너뛰어 홀로그램을 살펴보았다. 경계면 세계에는 중력이 없기 때문에, 블랙홀의 홀로그램이 아인슈타인의 상대성 이론에 등장하는 "무한히 깊은 시공간의 구멍"이라고 생각하면 오산이다. 그런 속 편한 일은 절대로 일어나지 않는다. 위튼이 이때 경계면에서 발견한 것은 뜨거운 입자의 집합이었다. 우주에서 가장 지독한 수수께끼로 악명 높은 블랙홀이 홀로그램 이중성을 통해 평범한 입자로 바뀐 것이다. 블랙홀을 중력의 언어로 서술하면 엄청나게 어렵지만, 홀로그램 언어로 해석하면 쿼크와 글루온으로 이루어진 플라스마가 뜨거워졌다가 차가워지기를 반복하는 과정으로 바뀐다. 이런 것은 실험물리학자들이 입자 가속기를 통해 일상적으로 겪는 일이어서, 별로 새롭지 않고 딱히 어려울 것도 없다. 뿐만 아니라 경계면에 존재하는 뜨거운 쿼크의 열 엔트로피는 반-드지터 공간 내부에 있는 블랙홀의 엔트로피와 같은데, 이것은 홀로그램 이중성을 입증하는 중요한 증거다. 블랙홀의 엔트로피가 사건 지평선의 표면적에 비례한다는 수학적 결과도 홀로그램의 관점에서 보면 그리 놀라운 일이 아니다. 사건 지평선의 표면과 쿼크 플라스마는 같은 차원에 존재하기 때문이다.

위튼은 약간의 계산을 거친 후, 블랙홀의 형성과 증발에 대응하는 표면 세계의 설명이 양자이론에 부합된다는 결과를 얻었다. 이쯤 되면 홀로그램 이중성이 호킹의 역설을 해결해준다는 희망을 품을 만하다. 블랙홀의 또 다른 설명에 해당하는 입자들의 파동함수가 중력이 없는 일상적인 양자법칙에 따라 정보를 그대로 유지한 채 매끄럽게 변하기 때문이다. 뜨거운 쿼크를 서술하는 양자역학은 정보를 섞거나 바꿀 수 있지만, 정보 자체를 지울 수는 없다. 정보의 소멸이 양자장 이론에 어긋난다는 것은 물리학자들에게 익히 알려진 사실이다. 이중성 논리에 의하면 반-드지터 공간에서 증발하는 블랙홀의 내부에 담긴 모든 정보는 결국 외부로 흘러나가 호킹 복사의 일부가 된다.

독자 중에는 말다세나와 위튼의 발견으로 인해 호킹이 블랙홀의 정보에 대한 의견을 바꿨을 것이라고 짐작하는 사람도 있을 것이다. 그러나 사실은 그렇지 않았다.

엄청난 변화에도 불구하고 호킹이 자신의 생각을 고수한 이유는 AdS-QFT 사전에서 정보 역설 항목이 완성되지 않았기 때문이다. 위튼은 홀로그램 이중성에 기초하여 "붕괴하는 별의 내부에 저장된 모든 비트bit는 궁극적으로 살아남는다"고 결론지었지만, 논리 자체가 다분히 형식적이어서 정보가 호킹 복사에 흡수되는 과정까지 설명하지는 못했다. 단지 "이중성에 의해 어떻게든 그렇게 될 것"이라고 얼버무렸을 뿐이다. 만일 1998년 말에 용감한 우주비행사가 프린스턴의 이론물리학자에게 전화를 걸어 "블랙홀에 빨려 들어가도 빠져나올 방법이 있습니까?"라고 물었다면 이런 대답을 들었을 것이다. "그럼요. 하지만 원자의 배열 순서가 많이 바뀔 겁니다." 그러나 그가 구체적인 탈출 과정을 집요하게 캐묻는다면, 위튼과 그의 동료들은 꿀 먹은 벙어리가 되었을 것이다. "증발하는 늙은 블랙홀로부터 탈출하는 방법"을 중력의 관점에서 어떻게 설명해야 하는가? 이것은 홀로그램 물리학의 초기 몇 년 동안 깊은 미스터리로 남아 있었다. 말다세나가 발견한 놀라운 이중성은 양자이론과 블랙홀 사이의 형식적인 모순을 제거하는 데 성공했지만, 중력에 기초한 호킹의 계산에서 틀린 부분을 골라내지 못했다. 분위기가 이렇게 흘러가자, 호킹은 블랙홀의 정보 역설을 자신이 직접 해결하겠다고 선언했다. 마술 같은 이중성에 의존하지 않고 오직 중력과 기하학만을 이용하여 탈출 경로를 설명하기로 결심한 것이다.

그 후로 호킹이 "블랙홀이 아무리 횡포를 부려도 양자역학은 여전히 건재하다"고 선언할 때까지 6년을 더 기다려야 했다. 선택된 장소는 2004년 7월 더블린에서 열린 제17회 일반상대성 이론과 중력에 관한 국제학술회의로, 1965년에 호킹이 빅뱅 특이점 정리를 발표했던 바로 그 학술회의였다. 호킹이 "블랙홀의 정보 역설을 해결했으니 발표할 기회를 달라"고 이메일을 보내자, 주최 측은 발표 시간을 할애했을 뿐만 아니라 왕립 더블린 소사이어티Royal dublin society의 메인 콘서트홀을 발표장으로 잡아주었다. 그런데 호킹이 온다는 소문을 듣고 학회 출입증 발급을 신청한 기자들이 너무 많아서 진행요원들은 눈썹이 휘날리도록 뛰어다녀야 했다.

늘 그랬듯이 학회는 호킹의 현 제자들과 전 제자들이 한자리에 모이는 '상봉의 현장'이었다. 발표 전날 저녁에 우리는 더블린의 템플바Temple Bar에 모여 술을 마시며 회포를 풀었는데, 어느 순간 호킹이 음성 합성기의 볼륨을 잔뜩 높이고 환한 미소와 함께 외쳤다. "말리지 마세요. 나는 내일 커밍아웃할 겁니다!" 그리고 이튿날, 호킹은 물리학자 반, 기자 반이라는 특이한 조합의 청중 앞에서 이야기했다. "과거에 나는 블랙홀이 바닥 없는 구멍이라고 믿었지만 지금은 생각이 달라졌다. 블랙홀이 복사를 방출하다가 사라지면 그 안에 저장된 모든 정보가 외부로 유출된다." 강연 후 이어진 기자회견에서 호킹은 칼텍의 물리학자 존 프레스킬John Preskill과 7년 전에 했던 약속을 지켰다. 그는 1997년에 호킹과 킵 손을 상대로 "블랙홀의 내부 정보는 결국 외부로 흘러나온다"는 쪽에 내기를 걸었는데, 호킹의 연설로 승자가 결정된 것이다. 이들이 걸었던 내기의 내용은 다음과 같다. "패자는 승자에게 승자가 원하는 백과사전을 상납한다. 물론 그 안에 담긴 정보는 승자가 원하기만 하면 아무 때나 복원 가능해야 한다." 그날 호킹은 프레스킬에게 《야구의 모든 것: 궁극의 야구 백과사전Total BaseBall: The Ultimate Baseball Encyclopedia》의 사본을 선물했다. 사실 호킹은 백과사전을 몽땅 태워서 남은 재를 주려고 했으나, 보는 눈이 너무 많아서 포기했다. 프레스킬이 블랙홀의 정보를 복원할 수 있다고 주장했으니, 재에서 정보를 복원하는 것쯤은 문제도 아니라고 생각했다는 뜻이다. 프레스킬은 마치 월드시리즈에서 우승한 야구선수처럼 기뻐하며 전리품을 머리 위로 높이 치켜들었고, 기자들은 사방에서 연신 플래시를 터뜨렸다. 그날 찍은 사진 중 하나는 얼마 후 〈타임〉을 장식하게 된다.

그러나 호킹의 더블린 강연은 무언가 좀 어색했다. 물론 우리는 블랙홀에 대한 호킹의 견해가 공적으로 막대한 영향력을 발휘한다는 사실을 오래전부터 잘 알고 있었다. 어린 시절부터 대중문화에 익숙했고, 학자가 된 후 전 세계의 청중과 활발하게 교류해온 그는 누가 뭐라 해도 한 시대를 대표하는 최고의 지성이었다. 그러나 더블린 강연에서는 이례적으로 호킹의 대외적 이미지와 과학적 관행 사이의 경계가 다소 모호했다. 각종 언론은 "호킹이 블랙홀에 대한 자신의 의견을 180도 수정했다"며 대대적으로 보도했지만, 더블린 강연 이후로 호킹의 연구는 한동안 아무런 진척도 이루지 못했다. 끈이론학자들은 "블랙홀의 정보가 파괴되지 않는다는 것은 이미 6년 전에 확인된 사실이며, 호킹이 자신의 오류를 시인하지 않고 너무 오래 버틴 것"이라고 했다. 반면에 상대성이론학자들은 호킹의 난해한 강의에 조금도 동요되지 않은 채 "그가 생각을 너무 일찍 바꿨다"며 아쉬움을 표했는데, 프레스킬과의 내기에서 끝까지 패배를 인정하지 않았던 킵 손도 그들 중 한 명이었다(내가 알기로 그는 지금까지도 생각을 바꾸지 않고 있다).

호킹은 블랙홀 정보 역설을 바로잡기 위해 당시 그의 제자였던 크리스토프 갈파르Christophe Galfard와 함께 연구를 계속했다. 매사 정중하고 친절한 프랑스 청년 갈파르는 블랙홀의 해'블랙홀을 집중적으로 연구한 해'가 아니라, '블랙홀처럼 입력만 있고 출력이 없는 해'라는 뜻에 호킹의 연구실에 제 발로 걸어 들어간 운 좋은(아니면 운이 지독하게 없는) 사람이었는데, 머지않아 그도 모든 계산이 깔끔하게 마무리되지 않는다는 것을 깨닫고 의기소침해졌다. 그렇다면 호킹은 왜 굳이 더블린까지 가서 블랙홀의 정보가 손실되지 않는다고 시인했을까? 확실한 증거가 없는데도, 왜 정보가 보존된다는 쪽으로 생각을 바꾼 것일까? 내 생각에는 그가 홀로그램 이중성에서 사람들이 무심코 넘긴 부분을 간파했던 것 같다. 그것은 바로 "내부 공간이 두 개 이상 존재한다"는 것이었다.

홀로그램 표면에는 단 하나의 곡면 기하학curved geometry만 암호화되어 있는 것이 아니라, 여러 종류의 시공간 기하학이 한꺼번에 암호화되어 있다.[9] 즉, 홀로그램 이중성에는 중력과 관련하여 "모든 가능한 시공간"이라는 파인먼식 사고가 내재되어 있다는 뜻이다. 이것은 6장에서 언급한 대로 우주론의 정보 역설을 해결하는 데 결정적인 실마리가 될 수도 있다. 홀로그램은 이런 생각을 뒷받침할 뿐만 아니라, 주어진 중력을 야기하는 시공간이 하나가 아니라 여러 시공간의 중첩일 수도 있음을 강하게 시사하고 있다. 반-드지터 공간의 내부가 단일 시공간이 아니라 파동함수일 수도 있다는 것이다.

호킹은 더블린 강연에서 이렇게 주장했다. "블랙홀이 슈바르츠실트의 기하학으로 서술된다고 믿는 바로 그 순간부터 정보 유실 문제에 직면하게 된다.¹⁰ 그러나 블랙홀의 정확한 상태에 대한 정보는 다른 기하학에 저장되어 있다. 아직도 혼란과 역설이 난무하는 이유는 우리가 이 문제를 '단 하나의 객관적 시공간'이라는 고전적 관점에서 다뤄왔기 때문이다. 그러나 파인먼의 '기하학 합sum over geometry'을 도입하면 두 개의 기하학이 동시에 존재할 수 있다."

이것은 호킹의 새로운 하향식 연설이었다.

호킹 복사를 처음 유도할 때 상향식 접근법에 의존했던 그는 블랙홀에서 방출된 복사가 근처의 휘어진 시공간(1916년에 슈바르츠실트가 이론적으로 알아낸 시공간)을 따라 이동한다고 가정했다. 물론 매우 논리적인 가정이며, 다른 형태의 시공간이 개입할 여지를 완전히 차단한 가정이기도 하다. 그러나 30년 후에 호킹은 자신의 논리가 지나치게 고전적이었음을 깨닫고 입장을 바꾸었다. 블랙홀이 탄생한 후 충분히 긴 시간이 지나면, 블랙홀의 과거와 현재 상태에 관한 정보는 블랙홀의 기하학적 구조에 저장되지 않고 새로운 시공간에 저장된다고 주장한 것이다. 하향식으로 전향한 호킹은 자신이 젊었을 때 시공간을 이미 주어진 양으로 간주했기 때문에 계산을 해보기도 전에 실수를 저질렀다고 인정했다.(속으로 울면서 원치 않는 겨자를 삼켰을지도 모른다. 누가 알겠는가?)

또 다른 기하학적 구조가 존재한다는 그의 생각은 결국 옳은 것으로 판명되었다. 단 하나의 기하학 대신 "내부 기하학의 합"이라는 양자적 개념을 도입하면 난공불락이었던 블랙홀의 역설에 한 줄기 희망의 빛이 보이기 시작한다. 그런데도 호킹의 더블린 강연이 숱한 논쟁을 야기한 이유는 블랙홀의 과거가 저장될 수 있는 시공간의 형태를 구체적으로 제시하지 않았기 때문이다. 호킹은 "블랙홀이 애초부터 존재하지 않았다고 가정하면 역설이 자연스럽게 해결된다"는 말까지 했는데, 이것은 그다지 설득력 있는 발언이 아니었다.

이론물리학자들은 말다세나가 지어놓은 사고실험실을 닥치는 대로 헤집고 다녔다. 열에 아홉은 막다른 길이었고 믿을 만한 지도도 없었지만, 그들은 역설적 상황을 해결하기 위해 혼신의 힘을 기울였고, 마침내 블랙홀 안에서 탈출할 수 있는 가느다란 실마리를 찾아냈다. 호킹이 세상을 떠나고 몇 년이 지난 후, 홀로그램 이중성을 끈질기게 물고 늘어졌던 신세대 블랙홀 전문가들이 웜홀wormhole을 새로운 해결책으로 제안한 것이다. 웜홀은 지극히 희한한 형태의 시공간으로, 시공간의 두 지점이나 서로 다른 두 시간대를 연결하는 다리 역할을 한다(언뜻 보면 가방에 달린 손잡이처럼 생겼다). 그림 56은 휠러가 1955년에 제시한 웜홀의 개념도인데, 당시에는 이것을 "복합 연결 공간multiply connected space"이라 불렀다.[11] 그 후 2019년에 스탠퍼드

대학교의 제프 페닝턴Geoff Penington과 프린스턴-샌타바버라의 현악

사중주단string quartet 4인조 끈이론 연구팀 멤버인 아메드 알므헤이리Ahmed

Almheiri, 네타 엥겔하르트Netta Engelhardt, 도널드 매롤프Donald Marolf,

헨리 맥스필드Henry Maxfield는 블랙홀이 증발하는 와중에 내부 구조

가 극적으로 재배열될 수 있다는 놀라운 사실을 알아냈다.[12] 이들의

계산에 의하면 블랙홀에서 방출된 입자들이 서서히 그리고 꾸준히

쌓이다 보면 파인먼식으로 중첩된 기하학적 구조 안에 웜홀을 만들

수 있고, 이 웜홀의 입구 중 하나가 사건 지평선에 놓이면 블랙홀의

내부 정보가 웜홀을 타고 밖으로 탈출할 수 있다.

이 놀라운 탈출기는 "양자적 얽힘quantum entanglement"이라는 미

묘한 현상을 통해 구현될 수 있다. 앞서 말한 대로 호킹 복사는 사건

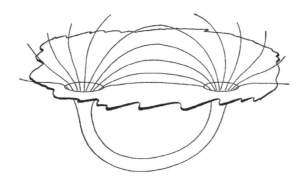

그림 56. 존 휠러가 최초로 제안했던 웜홀의 개요도. 그는 시공간의 두 점(두 개의 지점이나 서로 다른 시간)을 연결하는 기하학적 터널을 떠올리고, 이것을 "복합 연결 공간"이라 불렀다. 최근 들어 이론물리학자들은 오래된 블랙홀에서 내부 정보가 웜홀을 타고 외부로 유출될 수 있다는 가능성을 제기했다.

지평선 근처에서 일어나는 양자적 요동으로부터 발생한다. 진공 중에서 양자적 요동에 의해 입자-반입자 쌍이 생성되고, 반입자가 블랙홀로 빨려 들어갈 때마다 파트너 입자가 우주 저편으로 도망가는데, 이 현상을 멀리서 보면 마치 블랙홀에서 입자가 방출되는 것처럼 보인다.(이것이 바로 호킹 복사였다!) 그러나 한 번 쌍으로 태어난 입자와 반입자는 둘 사이의 거리가 아무리 멀어져도 양자적으로 얽힌 관계가 단절되지 않는다. 물리학 용어로 표현하면 두 입자는 서로 "얽힌 관계entangled"에 있다. 외부에서 바라보면 우주로 도망가는 입자는 블랙홀에서 방출된 열복사처럼 보이지만, 두 입자를 모두 고려하면 둘을 연결하는 상호 관계 속에 어떤 형태로든 정보가 저장되어 있음을 알 수 있다. 마치 비밀번호로 데이터를 암호화하는 것과 비슷하다. 비밀번호를 모르면 데이터는 아무런 쓸모도 없다. 물론 비밀번호는 데이터로 들어가는 관문일 뿐, 그 자체로는 아무런 의미가 없다. 페닝턴과 현악사중주단은 블랙홀에서 증발하는 입자와 내부로 빨려 들어간 입자 사이의 얽힌 관계가 장구한 세월에 걸쳐 쌓이다 보면 사건 지평선을 가로지르는 웜홀로 발전할 수 있다는 놀라운 사실을 알아냈다(이들의 이론은 수많은 물리학자에 의해 재검증되었다). 마치 호킹 복사의 구성 입자들이 블랙홀 안으로 빨려 들어간 파트너 입자들과 함께 시공간의 다리를 조금씩, 꾸준히 조립하여 블랙홀을 은둔자의 왕국에서 드라이브 스루로 바꿔놓는 것과 비슷하다.

이뿐만이 아니다. 양자적 얽힘은 말다세나의 홀로그램 이중성이 작동하는 데 핵심적 역할을 하는 것으로 추정되고 있다. 이마도 이것은 AdS-QFT 사전에서 가장 명백하고 심오한 항목이 될 것이다. 휘어진 시공간과 중력은 일종의 '떠오름 현상emergent phenomena' 각 구성 성분의 역학적 성질과 무관하게 집단적 특성으로부터 나타나는 현상. 창발현상이라고도 한다이다. 지난 몇 년간 발표된 연구 결과에 의하면, 휘어진 내부 공간의 기하학적 구조가 표면 홀로그램에 반영되려면 수많은 입자로 이루어진 경계면을 정의하는 것 외에, 경계면의 구성 입자 사이의 양자적 얽힘까지 고려해야 한다. 양자적 얽힘은 홀로그램 물리학에서 중력과 휘어진 공간을 낳는 원천인 것처럼 보인다.

이것은 매우 놀라운 통찰이 아닐 수 없다. 아인슈타인은 시공간이 휘어져서 나타난 결과가 바로 중력임을 입증했고, 홀로그램은 여기서 한 걸음 더 나아가 휘어진 시공간이 양자적 얽힘으로 짜인 직물일 수도 있음을 보여주었다. 고전적 입자 집단의 통계저 거동이 열역학 제2법칙을 낳고, 수많은 분자의 동기화된 진동에서 음파가 탄생하는 것처럼, 홀로그램 이중성은 아인슈타인의 일반상대성 이론이 "낮은 차원의 경계면에서 이동하는 수많은 양자적 입자의 집단적 얽힘"이 낳은 결과임을 말해주고 있다. 반-드지터 공간에서 서로 인접한 영역들은 경계면에서 "고도로 얽힌" 부분에 해당하며, 멀리 떨어진 영역은 경계면에서 "얽힌 정도가 덜한" 부분에 속한다. 또한 구성 요소 사이의 얽힌 관계에 어떤 규칙적인 패턴이 존재하는 표면에는 텅 빈 내부 공간이 대응되고, 모든 입자가 혼돈계를 방불케 할 정도로 어지럽게 얽힌 표면에는 블랙홀을 보유한 내부 공간이 대응된다. 그리고 누군가가 블랙홀의 과거를 알아내기 위해 양자적으로 얽힌 큐비

트qubit 양자정보의 최소 단위. 전자식 컴퓨터의 비트와 달리 동시에 여러 개의 값을 가질 수 있다

를 이용하여 복잡한 연산을 수행하면, 놀랍게도 이에 대응하는 내부 공간에는 웜홀이 존재하게 된다.

이 모든 경우의 공통점은 하향식 요소가 두드러지게 눈에 띈다는 것이다. 6장에서 사용했던 용어로 재서술하면 "경계면에서 양자적으로 얽힌 비트는 관찰자의 역할을 한다"고 할 수 있다. 하향식 우주론에서 "관찰된" 표면 데이터는 모든 가능한 과거에서 하나를 선택한다. 이와 비슷하게 홀로그램은 구형 경계면의 얽힘 패턴이 내부 차원의 형태를 결정할 것으로 예측하고 있다. 홀로그램과 하향식 우주론이 물리학에서 통용되는 상식의 순서를 뒤집어서 "경계면에 대한 질문이 접수된 후에야 그에 대응하는 휘어진 시공간이 나타난다"고 선언하고 있는 것이다.

요즘 정기적으로 개최되는 학술회의 중 '실험실 안의 양자 중력 quantum gravity on the lab'이라는 모임이 있다. 이 학회에는 중력을 연구하는 이론물리학자와 양자 규모의 실험을 수행하는 실험물리학자들이 모여서 "원자와 이온으로 이루어져 있으면서 블랙홀과 비슷한 특성을 가진 얽힌 양자계"를 만드는 방법을 연구하고 있다. 이들의 목적은 입자들이 얽힌 패턴과 시공간의 형태 사이의 관계를 규명하고, 양자적 얽힘이 끊어졌을 때 시공간에 미치는 영향을 알아내는 것이다. 정말로 흥미진진한 발상이다. 1990년대 중반에 홀로그램 혁명이 촉발되었을 때, "향후 2020년대에 개최될 끈이론 학회에서 양자 실험물리학자가 블랙홀 장난감 모형을 주제로 기조연설을 하게 될 것"이라고

어느 누가 짐작이나 했겠는가?

안타깝게도 호킹은 이 놀라운 결과를 음미하지 못하고 세상을 떠났다. 만일 그가 블랙홀의 탈출구로 웜홀이 거론되었다는 소식을 듣는다면 뛸 듯이 기뻐할 것이다. 그러고는 늘상 하던 대로 자신의 소감을 간략한 한 문장으로 표현할 텐데, 과연 어떤 문장일지 궁금하다. 그리고 그가 생전에 항상 생각해왔던 두 가지 주제(블랙홀과 초기 우주)가 새로운 수준에서 서로 연결되었음을 알게 된다면, 휠체어에서 벌떡 일어날지도 모른다. 호킹이 블랙홀을 연구하면서 얻은 심오한 지식과 통찰력은 펜로즈의 블랙홀 특이점 정리에서 호킹 복사에 이르기까지, 그의 후속 연구에 지대한 영향을 미쳤다. 그리고 홀로그램 물리학은 우리가 2002년부터 추구해온 하향식 우주론과 2004년에 발표한 블랙홀 연구에 깊은 영감을 불어넣었다.

끈이론학자 중에는 최근 개발된 블랙홀의 양자이론을 선뜻 수용하지 못하는 사람도 있다. 그들의 희망사항은 블랙홀의 정보 역설이 해결되어 호킹의 준고전적 기하학을 완전히 다른 내용으로 대체하는 것이다. 그러나 나는 호킹이 제안한 "기하학의 중첩"을 진지하게 수용해야 양자중력 이론으로 수확을 거둘 수 있다고 생각한다. 블랙홀이 남긴 재(호킹 복사)로부터 블랙홀의 과거를 복원하기 위해서는 아직 알아야 할 것이 많이 남아 있지만, 많은 이론가는 더 이상 역설이 존재하지 않는다는 쪽에 동의하는 추세다. 또한 나는 이 모든 발전이 과거와 근본적으로 다르다고 생각한다. 단 하나의 시공간에서 "여러 개의 시공간의 중첩"으로 옮겨가는 것은 매우 심오하면서 근본적인 변화다.

무엇보다 이 변화는 기초물리학에서 유서 깊은 환원주의의 종말을 알리고 있다. 환원주의는 과학적 설명이 "항상 복잡성이 낮은 아래쪽을 향한다"고 주장하는 매우 성공적인 사조思潮로서, 그 핵심은 물리학, 화학, 생물학 등 거의 모든 과학 분야에서 높은 수준의 현상이 더 낮은 수준의 현상으로 설명된다는 것이다. 그렇다고 환원주의가 항상 낮은 수준의 설명을 요구한다는 뜻은 아니다. 물론 낮은 수준의 설명이 항상 유용하거나 항상 존재한다는 보장은 없으며, 더 높은 수준에서 새로운 현상이나 법칙이 발견돼도 환원주의는 손상을 입지 않는다. 환원주의의 핵심은 높은 수준의 법칙이 낮은 수준의 법칙과 분리되어 있지 않다는 것이다. 우리는 생물학적 현상을 화학을 통해 이해할 수 있고, 화학적 현상은 물리학으로 이해할 수 있다. 분자화학의 미시적 수준에서 모든 분자의 운동을 시뮬레이션할 수 있는 강력한 컴퓨터가 있다면, 분자로 이루어진 생명체의 거동을 실제와 똑같이 재현할 수 있을 것이다.

그렇다면 물리학의 기본 법칙 중에서 가장 수준이 낮은 법칙은 무엇인가? 과학이라는 거대한 탑의 높은 수준을 떠받치는 견고한 기초가 가장 낮은 법칙인가? 이 점에서 홀로그램은 전혀 다른 이야기를 하고 있다. 생전에 아인슈타인을 지독하게 괴롭혔고 2022년 노벨 물리학상 수상자를 낳았던 유령 같은 양자적 얽힘이 시공간을 구축하는 데 필수적인 요소라면, 환원주의 대 창발주의創發主義, emergence 큰 것은 '작은 것들의 단순한 집합'보다 깊은 의미와 기능을 갖는다고 주장하는 사조는 자연의 이치를 이해하기에는 너무 편협한 대립구조다. 홀로그램은 창발의 가장 근본적인 요소를 시공간의 구조에서 찾는다. 홀로그램 이중성은 물리적 실체와 그들을 지배하는 근본적인 법칙이 "기본적인 구성 요소"와 "그들이 얽히는 방식"의 합류점에서 탄생한다는 관점을 고수하고 있다. 즉, 환원에서 창발로 갔다가 다시 환원으로 돌아오는 상호의존적 순환고리가 홀로그램을 통해 탄생한다는 것이다. 또한 홀로그램은 가장 기본적인 법칙조차 궁극적으로 우주의 복잡성에 근거한 것이라고 주장한다. 그렇다면 이런 질문을 제기하지 않을 수 없다. 여기서 내린 결론의 우주론적 의미는 과연 무엇인가?

말다세나가 반-드지터 공간의 홀로그램 이중성을 발견한 후로 이론물리학자들은 우리의 팽창하는 우주도 홀로그램일 수 있다는 가능성을 제기했다. 평소에 나는 호킹과 나눈 대화를 노트에 적어놓곤 했는데, 오랜만에 책장을 정리하다가 1999년 2월 노트에서 "팽창하는 드지터 공간에 대한 서술"이라는 흥미로운 대화를 발견했다. 그러나 호킹과 내가 홀로그램 우주론을 본격적으로 연구하기 시작한 것은 하향식 접근법으로 전향한 후였으니, 노트를 작성한 날로부터 10년 이상 지난 후의 일이었다.

안타깝게도 그 무렵 호킹의 몸은 오랜 세월 동안 기적처럼 견뎌왔던 루게릭병에 조금씩 굴복하고 있었다. 근본적인 이유는 아직 규명되지 않았지만, 루게릭병에 걸리면 두뇌에서 척추로, 척추에서 근육으로 전기화학적 신호를 전달하는 신경세포가 서서히 기능을 상실하여 근육을 움직일 수 없게 된다. 당시 호킹은 자기 뜻대로 움직일 수 있는 근육이 거의 남아 있지 않았고, 그를 위해 특별히 제작된 각종 기기도 사용할 수 없었다. 나와 공동 연구를 시작하던 무렵에는 혼자 휠체어를 조종하여 동료를 찾아가거나 오른손으로 버튼을 눌러가며 대화에 참여할 수 있었다. 그러나 2010년 이후로 혼자 휠체어를 움직일 수 없게 되면서 대화를 나눌 수 있는 대상이 극소수의 지인으로 한정되었으며, 얼마 후에는 그의 유일한 대화 수단인 이퀄라이저를 조작하는 것조차 어려워했다. 그리하여 수십 년 동안 대화, 이메일, 전화, 인터넷 검색 등으로 그를 바깥세상과 연결해주었던 낡은 기계장치는 센서가 장착된 안경으로 대체되었으나(뺨의 근육을 다양한 방향으로 움직여서 몇 가지 명령을 수행하는 식이다), 그 후로는 휠체어를 조종하지 못했고 식사 시간에 벌어지는 토론에서도 제외되면서 학문적으로 고립될 위기에 처했다.(이퀄라이저를 쓰던 시절에 호킹이 남긴 명언이 있다. "나는 먹으면서 신나게 떠들 수 있어. 너희는 못하지?") 그가 말년에 연구에 집중하지 못한 가장 큰 이유는 몸 상태가 급격하게 나빠져서 다른 학자들과 의사소통을 할 수 없었기 때문이다. 학문적인 토론을 나누려면 방정식을 수시로 써야 하고 간간이 철학적인 소견도 밝히면서 아이디어를 다듬어야 하는데, 이 모든 것이 호킹에게는 너무나 힘겨운 일이 되어버렸다. 물론 호킹의 정신은 마지막 순간까지 온전했지만, 생애 마지막 10년을 거의 몸 안에 갇힌 상태로 보내야 했다.

설상가상으로 호킹은 호흡곤란까지 겪었다. 우리는 그가 아예 거동을 할 수 없게 될까봐 조마조마했는데, 다행히도 의료지원팀이 인공지능이 장착된 최첨단 호흡기를 휠체어에 달아준 덕분에 아슬아슬하게 위기를 넘겼다. 그리고 호킹의 부유한 친구들이 개인용 비행기를 선뜻 내준 덕분에 옛날보다 훨씬 편하게 세계 각지를 여행할 수 있었다. 특히 미국 텍사스의 석유업자이자 호킹의 가까운 친구인 조지 미첼George Mitchell은 "그가 편하게 연구할 수 있는 환경을 만들기 위해" 매년 호킹과 그의 동료들을 자신의 농장에 초대하여 작은 물리학회를 열어주었고, 호킹은 그의 호의에 보답하듯 최선을 다해 연구에 몰입했다. 이 연례행사에는 나도 참석했는데, 번잡한 연구실을 벗어나 텍사스의 울창한 숲으로 들어갈 때마다 호킹의 연구 의욕이 살아나는 것 같았다. 이곳에서는 간이칠판에 수식을 쓰며 토론을 벌이다가 몇 걸음만 가면 저녁 식사를 할 수 있고, 식사가 끝나면 곧바로 모닥불 주변에 모여앉아 자유롭게 의견을 나눌 수 있다. 연구실보다 자연에 가까운 곳이어서 그랬는지, 호킹의 홀로그램 우주론은 바로 이 농장에서 탄생했다.

홀로그램 우주론이 마주한 첫 번째 장애물은 반-드지터 공간이 현실과 다르다는 점이었다. 반-드지터 공간은 곡률의 음수인 가상의 공간인데, 우리 우주는 곡률이 양수이면서 팽창하는 드지터 공간이기 때문이다. 고전적인 관점에서 볼 때 반-드지터 공간과 드지터 공간은 정반대의 특성을 갖고 있다. 음의 곡률을 가진 반-드지터 공간에서는 중력이 모든 물체를 중심 쪽으로 잡아당기는 반면, 곡률이 양수인 드지터 공간에서는 모든 물체가 자신을 제외한 모든 물체를 밀어낸다. 이 차이를 결정하는 것이 바로 아인슈타인의 방정식에 등장하는 우주상수 λ(또는 암흑 에너지항)의 부호다. 우리 우주는 λ가 양수여서 팽창하고, 반-드지터 공간은 λ가 음수여서 인력에 의해 수축된다. 게다가 반-드지터 공간과 달리 팽창하는 우주에는 홀로그램을 위한 표면(경계면)이 아예 존재하지 않을 수도 있다. 팽창하는 우주 중 일부는 4차원 구의 3차원 표면, 즉 초구에 해당하는데, 여기에는 내부에서 일어나는 사건을 투영할 만한 경계가 존재하지 않는다. 이런 점을 고려할 때, 말다세나의 홀로그램 이중성을 우리 우주에 적용하는 것은 거의 불가능할 것 같다.

하지만 방법이 아예 없는 것은 아니다. 고전적 사고를 버리고 준고전적 관점을 채택하면 어떨까? 반-드지터 공간과 드지터 공간에 허수 시간을 적용하면 상황이 달라질 수도 있지 않을까? 물리학자들이 홀로그램 우주론에 매달리는 이유는 우주의 양자적 거동을 더욱 깊게 이해하고 싶기 때문이다. 그래서 호킹은 4차원 공간기하학에 양자적 특성이 함축되어 있다고 오랫동안 주장해왔다. 이것이 바로 양자중력에 대한 유클리드식 접근법의 핵심이다.(3장 참조) 호킹이 병원에 입원했을 때 칠판에 그렸던 원을 기억하는가?(그림 25 참조) 그 원은 그림 23-b에 표시된 "팽창하는 원형우주의 양자적 진화 과정"을 평면에 투영했을 때 얻어지는 디스크의 테두리에 해당한다. 이렇게 투영된 영상을 좀 더 구체적으로 표현하면 그림 57과 같다. 디스크의 중심은 "경계가 없는 우주(무경계 우주)의 기원"에 해당하며, 이곳에서 시간은 공간으로 바뀐다. 이 디스크의 원형 테두리가 바로 현재의 우주

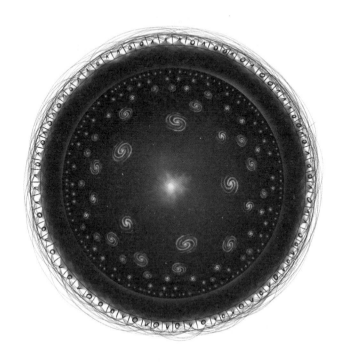

그림 57. 1980년대에 호킹은 양자적 우주의 기원을 규명하기 위해 허수 시간을 도입했다. 허수 시간에서 보면 모든 차원은 공간처럼 거동하는데, 이 그림은 그들 중 두 개를 표현한 것이다. 디스크의 중심은 우주의 기원에 해당하며, 우주는 탄생과 동시에 모든 반지름 방향으로 팽창하여 현재의 우주인 원형 경계면에 도달한다. 그러나 말년의 호킹은 허수 시간에서 몇 걸음 더 나아가 시간이 아예 존재하지 않는 우주를 떠올렸다. 즉, 중력의 홀로그램적 특성을 활용하여 디스크의 경계를 "얽힌 큐비트로 이루어진 홀로그램"으로 간주한 것이다(큐비트에는 내부 공간이 투영되어 있다). 홀로그램 우주론은 과거가 현재에 따라 달라진다는 하향식 관점에서 구축된 이론이다.

다. 만일 종이 위에 네 개의 차원을 모두 표현할 수 있다면, 그림 57의 1차원 경계선(원)은 관측 가능한 우주를 모두 포함하는 4차원 시공간의 3차원 표면(초구)이 될 것이다. 그러므로 이 평면 투영도에서 우주가 팽창한다는 것은 우리의 모든 과거가 담긴 시공간이 디스크의 가장자리로 이동하면서 압축된다는 뜻이다. 이런 과정이 계속 진행되면 대부분의 별과 은하가 경계면 근처에 쌓이게 된다. 왠지 익숙한 그림 아닌가? 그렇다! 별과 은하를 천사와 악마로 바꾸면 그림 57은 반-드지터 공간의 2차원 투영도를 닮은 에스허르의 목판화(그림 55)가 된다.

바로 이것이 호킹이 추구했던 연결관계였다. 고전적인 반-드지터 공간은 팽창하는 우주와 완전히 다르다. 그러나 준고전적인 관점에서 허수 시간으로 이동하면 두 공간이 밀접하게 관련되어 있음을 알 수 있다. 준고전적인 관점에서 반-드지터 공간과 드지터 공간은 내부에 포함된 대부분의 내용물이 원형 경계면 근처에 쌓여 있는 "에스허르형 디스크"로 간주할 수 있다. 그래서 호킹은 다음과 같이 주장했다. "중력과 시공간을 준고전적 관점에서 바라보면 반-드지터 공간과 드지터 공간이 하나로 통합된다. 이것은 양자 중력에서 λ의 부호가 무의미하다는 것을 보여주는 신호일 수도 있다."

깊은 통찰에서 탄생한 호킹의 아이디어는 "드지터 공간과 양자장 이론 사이의 홀로그램 이중성"으로 가는 길을 열어주었다. 반-드지터의 경우와 마찬가지로, 그림 57의 원형 경계면은 팽창하는 우주의 홀로그램이 거주하는 자연스러운 '집'이 될 수 있다. 이와 같은 유사성을 감안할 때, 경계면에 있는 장과 입자들은 반-드지터의 홀로그램과 많은 부분이 비슷할 것으로 예상된다.[13] 물리학자들은 홀로그램 표면의 볼트와 너트를 조정해가면서, "생명체가 없는 반-드지터 공간"이나 "인플레이션을 통해 은하와 생명체가 탄생한 우주"를 얻기 위해 지금도 고군분투하고 있다. 호킹의 말대로, "어쨌거나 우주에는 경계가 있는 것이 바람직하다."

반-드지터 공간의 내부를 투영한 홀로그램과 팽창하는 우주를 투영한 홀로그램의 가장 큰 차이는 공간에 존재하는 여분 차원의 방향이다. 전자의 경우, 여분 차원은 공간의 휘어진 차원을 따라 뻗어나가며, 이것은 반-드지터 공간의 깊이에 해당한다. 그리고 후자(팽창하는 우주)의 경우, 추가 차원은 곧 시간이 된다. 즉, 우주의 과거 자체가 홀로그램으로 암호화되는 것이다. 아마도 이것은 홀로그램 사전을 통틀어 가장 놀라운 항목이 될 것이다!

물론 터무니없는 소리처럼 들릴 수도 있다. 그러나 팽창하는 우주와 시간이 창발적이라는 것은 우리 여정에서 얻은 일련의 통찰로부터 자연스럽게 내려지는 결론이다. 조르주 르메트르가 양자의 기원을 처음으로 떠올렸을 때, 그 역시 시간이 창발적이라고 생각했다. "시간은 원래의 양자가 충분한 수로 분해되었을 때 비로소 의미를 갖기 시작한다."[14] 그로부터 50년 후, 하틀과 호킹은 무경계 가설을 통해 "우주의 시작점으로 다가가면 시간이 공간으로 변한다"고 주장하면서 르메트르의 직관을 지지했다. 이들의 이론을 홀로그램으로 재현한 그림 57은 우리를 "시간이 없는 세상"으로 인도한다. 홀로그램은 우주의 진화 과정과 중력을 3차원 경계면에 20여 종의 양자적 상호작용으로 새겨넣음으로써, 시간이라는 개념을 무의미하게 만들었다. 홀로그램 우주에서 시간은 일종의 환영일지도 모른다. 호킹의 무경계 가설이 구식 이론처럼 보일 정도다.

우리는 뉴턴의 절대적 시간에서 출발하여 '시간 없는 시간'에 도달했다. 참으로 길고도 경이로운 여행이 아닌가! 시간의 흐름을 홀로그램 투영으로 간주하는 것은 이론물리학자에게도 여전히 낯설게 느껴진다. 우리의 우주처럼 (팽창할까 말까) 망설이는 질곡의 역사가 새겨진 홀로그램을 해독하려면 꽤 많은 시간이 걸릴 것이다. 이와 관련된 수학이 매우 복잡미묘하고 흥미롭기 때문에, 물리학자들이 시간을 보내기에는 더없이 좋은 연구과제다. 그렇다면 우주론 교과서를 홀로그램 중심으로 다시 써야 할까? 그렇지는 않다. 아인슈타인의 기하학적 언어가 우주를 대부분 완벽하게 서술하고 있으므로, 굳이 대안을 찾을 필요는 없다. 단, 블랙홀의 내부나 빅뱅처럼 아인슈타인의 이론이 통하지 않는 곳에서는 홀로그램이 핵심적 역할을 할 수도 있

● '창발'이나 '창발적'이라는 단어가 나올 때마다 불편함을 느끼는 독자들이 적지 않을 줄 안다. 앞에서도 몇 번 언급되었는데, 따로 설명을 달아놓았음에도 여전히 마음에 걸린다. 원래 한국어에 없는 개념을 수입해서 번역을 하려다 보니 이런 낯선 단어가 탄생했다. 다시 한번 말하자면, 창발이란 '작은 규모에서는 보이지 않다가 이들이 모여서 큰 규모가 되었을 때 비로소 나타나는emergent 현상'이다. 이것은 "큰 것은 작은 것의 집합이므로 작은 것을 이해하면 큰 것도 이해할 수 있다"는 환원주의와 상반되는 개념이기도 하다. 그래서 세간에는 "환원주의는 과학을 상징하고, 창발주의는 창조론을 대변한다"는 인식이 깔려 있다. 정확한 설명은 아니지만, 이 정도로 이해하고 넘어가도 책을 읽는 데에는 별 지장이 없을 것이다. 참고로, 호킹은 물리학자임에도 가끔씩 창발주의자 같은 분위기를 풍길 때가 있다.─옮긴이

다. 이것이 바로 홀로그램 이중성의 특성이자 위력이다. 혹시 우주가 팽창할 때 홀로그램이 중요한 역할을 하지 않았을까? 만일 마이크로 파 배경 요동에 홀로그램의 영향이 새겨졌다면, 미래의 중력파 감지 기에서 그 흔적이 발견될 수도 있지 않을까? 그 답은 오직 시간이 말 해줄 것이다!

　홀로그램은 개념적인 수준에서 우주론에 대한 하향식 접근법을 전적으로 지지하고 있다. "양자적으로 얽힌 입자들의 저차원 홀로그 램으로부터 우주의 과거가 투영된다"는 홀로그램 우주론의 핵심 교 리는 우주를 바라보는 하향식 관점의 결정판이다. 홀로그램 우주론 의 주장대로 우리가 관측한 표면이 우주의 모든 것이라면, 이것은 하 향식 우주론의 특징인 시간 역행 작용backward-in-time operation으로 해 석할 수 있다. 홀로그램은 "과거가 새겨진 시간"보다 더 근본적인 개 념이 존재한다는 것을 강하게 시사하고 있다. 진화하고 팽창하는 우 주는 홀로그램 우주론에서 입력이 아닌 출력에 해당한다.

　양자우주론에 대한 호킹의 준고전적 관점에서 하향식 트립티크 의 세 기둥(역사, 기원, 관측)은 느슨하게 얽힌 관계였다. 이들은 서로 긴밀하게 상호작용을 교환하고 있지만, 개념적으로는 어디까지나 별 개의 항목이다. 그렇다면 이들이 정말로 합병될 수 있는지(또는 반드 시 합병되어야 하는지), 호킹의 주장대로 하향식 접근법이 정말로 근본 적인 변화인지는 여전히 의문으로 남는다. 그러나 홀로그램 우주의 구조를 놓고 보면 호킹이 옳았음이 분명하다. 홀로그램은 하향식 트립티크를 단단하게 묶어서 이론의 예측 능력을 향상시킨다. (1) 기본적인 물리량 목록에서 시간을 삭제하여 역학과 경계 조건을 하나로 묶고, (2) 시공간에 우선하는 얽힌 홀로그램을 통해 관찰자까지 하나로 묶는 식이다. 더불어 홀로그램의 수학에는 이 묶는 과정이 하나의 방정식에 담겨 있다. 도판 11에서 칠판에 적혀 있는 수식이 바로 이 방정식이다. 이 모든 것은 하향식 접근법을 떠받치는 든든한 토대다.

양자적 얽힘에 방점을 둔 홀로그램은 긴밀하게 연결된 트립티크에 정보를 저장하고 처리하는 능력을 부여한다. 홀로그램에 의하면 물리적 실체는 물질 입자나 복사, 또는 시공간 같은 실질적 요소와 함께 양자정보 같은 추상적 요소로 이루어져 있다. 이것은 휠러가 제기한 또 하나의 황당무계한 아이디어에 새로운 생명을 불어넣는다. 휠러 역시 물리적 실체를 정보이론의 대상으로 간주하면서, 자신의 이론을 "비트에서 존재로it from bit"라고 불렀다. 그는 자신의 저서《정보, 물리학, 양자Information, Physics, Quantum》에 다음과 같이 적어놓았다. "물리적 세계의 본질은 '더는 줄일 수 없는 실체의 정수精髓가 요약된 비트 형태의 정보'다. 모든 물리적 객체는 비트이며, 하나의 비트에는 하나의 네-아니요 질문에 답할 수 있는 정보가 담겨 있다."[15] 그로부터 30년 후, 혜성처럼 등장한 홀로그램은 양자정보의 기본 단위인 큐비트를 도입하여 휠러의 예측을 현실로 구현했다(휠러가 내놓은 다른 황당한 예측은 아직 실현되지 않았다). 드지터 공간과 양자장 이론의 이중성에 의하면 홀로그램은 "시간이 존재하지 않는 곳"에서 얽힌 큐비트로 이루어져 있으며, 이 추상적 홀로그램에 새겨진 양자정보는 현실이라는 직물을 짜는 실에 해당한다. 따라서 경계면에 존재하는 얽힘을 제거하면 내부세계는 곧바로 와해될 것이다.

1 또는 0으로 표현되는 일상적인 비트 정보와 달리, 큐비트는 0과 1이 중첩된 양자적 입자로 이루어져 있다. 개개의 큐비트가 상호작용을 교환하면 이들의 상태가 얽히면서, 각 큐비트가 0 또는 1이 될 확률은 얽힌 상대의 확률에 의존하게 된다. 두 개의 큐비트가 얽힌 관계라는 것은 "한 큐비트의 상태를 관측하면 멀리 떨어져 있는 얽힌 큐비트의 상태도 즉각적으로 알 수 있다"는 뜻이다. 얽힌 큐비트가 많을수록 가능한 경우의 수가 많아지므로, 당연히 양자 컴퓨터의 연산 능력도 좋아진다. 양자 컴퓨터를 만들기 어려운 이유는 큐비트에서 오류가 쉽게 발생하기 때문인데, 양자적 얽힘에 저장된 정보는 넓은 영역에 분산되어 있으므로 이런 약점을 보완할 수 있다. 양자적으로 얽힌 큐비트는 극도로 예민하여, 아주 미약한 자기장이나 전자기 펄스가 전체 계산을 망치곤 한다. 그래서 양자공학자(양자 컴퓨터를 설계하는 사람)들은 개개의 큐비트가 손상되는 경우에도 양자정보를 보호하기 위해 큐비트를 넓게 분산시키고, 동일한 정보가 가능한 한 많이 중복되도록 양자 컴퓨터를 설계하고 있다. 이들에게 주어진 가장 시급한 과제는 큐비트의 엄청난 오류를 수정하는 보정코드error-correcting code를 제작하는 것이다.

홀로그램 혁명이 이론물리학계를 휩쓰는 와중에도 끈이론학자들은 시공간을 구축하는 그들만의 양자 수정코드를 개발하기 시작했다. 실제로 내부 시공간이 홀로그램 이중성을 투영하는 방식은 매우 효율적인 양자 수정코드와 비슷하다. 이런 특성을 잘 활용하면 손상되기 쉬운 양자적 물질이 모여서 견고한 시공간이 만들어지는 이유를 설명할 수 있을지도 모른다. 심지어 이론물리학자 중에는 시공간 자체를 양자코드로 간주하는 사람도 있다. 이들은 저차원 홀로그램이 일종의 소스 코드로서 양자적 입자의 거대한 네트워크에 작용하여 정보를 처리하고, 중력을 비롯한 모든 물리적 현상을 만들어낸다고 주장한다. 이런 관점에서 보면 우주는 일종의 양자정보 처리 장치이며, 우리는 거대한 시뮬레이션 안에서 살고 있는 셈이다.

홀로그램에 의하면 우주는 끊임없이 창조되고 있다. 무수히 많은 얽힌 큐비트에 코드가 적용되어 물리적 실체를 만들어내고, 우리는 이로부터 시간의 흐름을 느낀다. 홀로그램 원리에 의하면 우주의 진정한 기원은 머나먼 미래에 존재한다. 머나먼 미래만이 홀로그램의 완전한 모습을 드러낼 수 있기 때문이다.

그렇다면 머나먼 과거는 어떻게 되는가? 시간이 존재하지 않는 우주론에서 우주의 기원이란 대체 어떤 의미인가? 바로 내일, 이론물리학자들이 팽창하는 우주에 해당하는 홀로그램을 완전히 규명하여, 시간을 거슬러 가면서 그 내용을 읽어나가기 시작했다고 가정해보자. 이들이 시공간의 바닥에 도달하면 과연 무엇을 발견하게 될까?

홀로그램 우주론에서 시도할 수 있는 과거 여행 중 하나는 홀로그램에 대하여 모호한 관점을 취하는 것이다. 이것은 대상을 축소하는 것과 같다. 말다세나의 이중성에서 큰 스케일의 표면 홀로그램을 고려하면 반-드지터 공간의 깊은 속으로 들어갈 수 있다. 반-드지터 공간의 중심에 놓인 개체는 홀로그램 전체에 걸친 장거리 상호 관계로 투영된다. 이와 마찬가지로 팽창하는 우주의 홀로그램은 표면세계에서 긴 거리에 걸쳐 분포된 큐비트에 우주의 과거를 투영한다. 홀로그램에 담긴 정보를 양파 껍질 까듯이 차례로 벗겨나갈수록 더욱 먼 과거로 이동하게 되고, 결국에는 아주 먼 거리를 두고 얽힌 몇 개의 큐비트만 남게 될 것이다. 홀로그램의 관점에서 볼 때, 우주가 탄생하는 순간은 등골이 가장 오싹한 순간이다. 그 시점에 도달하면 얽힌 큐비트가 단 하나도 존재하지 않기 때문이다. 그렇다. 이곳이 바로 시간의 기원이다.[16]

　　과거에 상향식 접근법을 추구하던 시절, 호킹은 자신이 제안한 무경계 가설을 "무無로부터 우주가 창조된 과정을 설명하는 이론"으로 간주했다. 당시 호킹의 주 관심사는 우주의 기원을 인과율에 입각한 논리로 설명하는 것이었다. 간단히 말해서, '어떻게'가 아니라 '왜'에 주안점을 둔 것이다. 그러나 홀로그램은 호킹의 이론을 좀 더 급진적인 관점으로 해석한다. 홀로그램 우주론에 의하면 시간이 공간으로 바뀌는 것은 우리의 과거 여행이 빅뱅에 도달했을 때 물리학 자체가 사라진다는 것을 의미한다. 홀로그램에서 무경계 가설은 "시작의 법칙"이 아니라 "법칙의 시작"에 가깝다. 그렇다면 빅뱅의 궁극적 원인은 어떻게 되는가? 더 생각할 게 없다. 질문 자체가 증발해버린다. 최종 결정을 내리는 것은 법칙 자체가 아니라, 법칙이 갖고 있는 "변하는 능력"이다.

홀로그램 우주론에서 말하는 우주기원론은 다중우주론에 깊고 다양한 영향을 미쳤다. 물리학자들이 지금까지 개발한 홀로그램에는 "섬우주의 모자이크(집합)"라는 것이 존재하지 않으며, 홀로그램으로 인코딩된 내부 공간의 파동함수는 끈이론 전경string landscape 끈이론이 예측하는 우주의 전체적인 지형도의 극히 일부만 포함되어 있다. 호킹은 이를 두고 "홀로그램 우주론은 오컴의 면도날Ockham's razor처럼 다중우주를 잘라낸다"고 했다.• 그는 생의 마지막 몇 년 동안 "다중우주는 혼란 속으로 스스로 걸어 들어간 고전적, 상향식 인공물"이라며 강한 반감을 드러내곤 했다.

다중우주는 여러 면에서 "블랙홀에 대한 (준)고전적 이론의 우주론 버전"이라 할 수 있다. 후자의 이론에서는 블랙홀에 저장할 수 있는 정보의 양에 한계가 없다. 이와 비슷하게 다중우주론은 "우리 우주론은 자신이 서술하는 우주에 영향을 미치지 않으면서 무한대의 정보를 저장할 수 있다"고 가정하고 있다. 그러나 홀로그램 우주론은 전혀 다른 이야기를 들려준다. 즉, 끈이론 전경의 구석구석까지 뻗어 있는 섬우주의 집합이 홀로그램 우주론의 불확정성 때문에 시야에서 사라진다는 것이다. 물리적 상부구조를 애써 상상하는 것보다 끈이론의 전경을 수용하는 것이 수학적으로 더 나은 선택일 수도 있다.

• 오컴의 면도날은 13세기 영국의 철학자 '오컴의 윌리엄William of Ockham'이 주장했던 철학 원리로서, "모든 개체는 이유 없이 복잡해지지 않는다"는 내용을 골자로 하고 있다.

끈이론의 전경은 화학의 주기율표처럼 물리학에 필요한 정보를 담고 있지만, 반드시 그런 형태로 존재할 필요는 없다. 호킹은 "우리 우주를 넘어선 곳에 무엇이 존재하는지 묻는 것은 이중 슬릿 실험에서 전자가 어느 쪽 슬릿을 통과했는지 묻는 것과 같다"고 했다. 우리는 불확정성의 바다에 둘러싸인 시공간의 한 조각에 살고 있다. 물론 누군가가 바다의 특성을 묻는다면 입을 굳게 다물어야 한다.

언젠가 나는 한 학회에서 우연히 마주친 린데에게 20년이 지난 지금 다중우주에 대해 어떻게 생각하는지 물어보았다. 그런데 놀랍게도 "다중우주를 이해하려면 우주론에서 관찰자의 역할에 대하여 적절한 양자적 관점을 채택해야 한다"는 답이 돌아왔다. 그가 과연 지난 20년 동안 줄곧 이렇게 생각해왔을까? 물론 아니다. 그리고 과학이란 원래 그런 것이다. 과학자는 증거와 추상화에 기초하여 논리를 펼치고, 다른 과학자와 아이디어를 교환하면서 발전해나가는 사람이다. 다중우주의 심오한 역설은 전통 물리학이 갖는 패러다임의 한계를 인식하고 해결책을 찾는 데 중요한 역할을 했으며, 물리학자들은 린데의 연구 덕분에 양자 세계에 생긴 균열에 눈을 뜰 수 있었다. 다중우주론이 지독하게 어려운 수수께끼를 던져주지 않았다면, 우리는 지금도 전지적 관점을 고수하면서 시공간조차 존재하지 않는 곳에서 헤매고 있을 것이다.

호킹은 르메트르를 기념하기 위해 교황청 과학 아카데미에서 2016년 11월에 개최되는 우주론 학회에 참석하여 다중우주에 관한 우리의 연구 결과를 발표하기로 결심했다. 그에게 이 이야기를 처음 들었을 때, 나는 별로 놀라지 않았다. 그가 1981년에 무경계 이론을 최초로 발표한 곳도 바티칸이었기 때문이다. 긴 세월 동안 우주론을 쥐락펴락해온 그였기에, 학회에 직접 참석하여 우주론을 업데이트해야 한다는 의무감을 강하게 느꼈을 것이다.

그러나 호킹의 여행 계획은 처음부터 난관에 부딪혔다. 그의 주치의가 제트기 탑승을 금지했기 때문이다. 그래도 꼭 가야 한다면 치료 시설을 갖춘 비행기를 타야 하는데, 그런 비행기를 보유한 곳은 스위스 항공사뿐이었고 비용도 엄청나게 비쌌다. 바티칸의 과학 아카데미는 그런 비용을 댈 정도로 재정이 넉넉하지 않았기에, 우리는 이코노미석 요금밖에 안 되는 예산 내에서 어떻게든 방법을 찾아야 했다. 그러던 어느 날, 여행을 만류하는 담당 의사들 앞에서 호킹이 결정적 한마디를 던졌다. "이번 학회에서 프란치스코 교황을 만나기로 약속했는데요?" 물론 모두 이 말을 믿은 것은 아니지만 교황의 스케줄을 망친 의사가 되기 싫었는지, 그들은 결국 호킹의 로마 여행을 허락해 주었다.

그리하여 호킹은 35년 만에 바티칸을 재방문하여, 성베드로성당 뒤에 있는 교황청 아카데미 성전에서 새로운 우주론을 발표했다. "우주를 서술하는 데에는 두 가지 방법이 있습니다. 이들은 서로 완전히 다르면서 우리의 직관과 크게 동떨어진 설명입니다. 공간이 팽창하는 것(그리고 시간 자체)은 다분히 창발적인 현상으로, 이런 우주는 저차원 표면에서 '시간 없는 세계'를 만들어내는 수없이 많은 양자 가닥 중

하나에 해당합니다. 결국 우주에는 경계가 존재할 수도 있습니다."¹⁷

나는 호킹이 세상을 떠나기 몇 주 전에 그의 집을 방문했다. 생의 마지막 순간을 코앞에 둔 상황에서도 많은 의료진이 최선을 다해 그를 돌보고 있었다. 호킹은 자신이 곧 죽는다는 것을 누구보다 잘 아는 듯했다. 그는 워즈워스 그로브_{호킹의 집이 있는 지역}에서 나에게 마지막 말을 남겼다. "나는 다중우주를 인정한 적이 단 한 번도 없습니다. 이제 새 책을 쓸 때가 되었네요. 홀로그램을 포함해서 말입니다……." 그것은 호킹이 나에게 내준 마지막 숙제였다. 호킹은 새로운 홀로그램적 관점이 하향식 우주론을 분명하게 보여줄 것이며, 언젠가는 "이렇게 당연한 걸 어찌 그토록 오랫동안 모르고 있었을까?"라며 과거를 회상할 날이 올 것이라고 굳게 믿었다.

그날 하늘에서는 호킹의 마지막 여정에 담요를 덮어주려는 듯 함박눈이 내리고 있었다. 호킹과 가벼운 작별 인사를 나눈 후, 나는 맬팅레인Malting Lane과 코펜Coe Fen을 지나 캠강을 건너 DAMTP의 옛 건물 쪽으로 걸어가면서 호킹과 함께했던 여정을 찬찬히 되돌아보았다. 우리는 현실을 떠받치는 궁극의 토대를 찾다가 기이한 상호 관계의 고리를 타고 결국 '관찰'이라는 주제로 되돌아왔다. 칼 세이건Carl Sagan은 "우주는 '우리'를 통해 자신의 존재를 파악한다"고 했지만, 양자우주에 사는 우리는 우주를 통해 나 자신을 알아가는 것 같다. 홀로그램이건 아니건, 하향식 우주론은 "우주와 우리의 관계"에 기반을 두고 있다. 우주에 관한 이론인데도 미묘하게 인간적인 냄새를 풍긴다. 나는 우주를 바라보는 눈이 "전지적 관점"에서 "벌레의 관점"으로 바뀐 것을 떠올릴 때마다, 마치 타지에서 떠돌던 호킹이 고향으로 돌아간 것 같은 느낌이 든다.

그림 58. 텍사스에서 짐 하틀(오른쪽)과 함께 자신의 최종 이론을 다듬고 있는 스티븐 호킹.

8장
우주의 안식처

모든 존재는 자신의 형태를 스스로 엮어나간다.

_**찰스 아이브스**Charles Ives

1963년, 한나 아렌트는 《그레이트 아이디어스 투데이Great Ideas Today》의 편집자가 주관하는 우주 심포지엄 백일장에 참가했다. 바로 전해에 미국 최초의 유인 인공위성이 궤도비행에 성공했고 나사의 아폴로 11호 달 탐사계획이 한창 진행 중이었기에, 우주에 대한 대중의 관심이 과거 어느 때보다 높았던 시기였다. 그 자리에서 아렌트는 이런 질문을 받았다. "우리가 우주를 정복하면 인간의 위상이 더 높아진다고 생각하는가?" 너무나 뻔한 질문이었다. 질문자도 당연히 "Yes"라는 답을 예상했을 것이다. 그러나 아렌트는 모든 이의 예상을 깨고 당당하게 "No"라고 답했다.

아렌트는 자신의 에세이 〈우주 정복과 인간의 위상The Conquest of Space and Stature of Man〉에서 과학기술이 인간에게 미친 영향을 신중하게 되돌아봤다.[1] 그녀는 휴머니즘의 핵심이 '자유'임을 강조하면서, 우리를 인간답게 만드는 것은 "의미 있는 행동을 할 수 있는 자유"라고 주장했다.² 또한 아렌트는 인간이 세상의 물리적 환경에서 지성의 본질에 이르는 모든 것을 재설계하고 제어하는 능력을 획득했을 때, 오히려 자유를 잃을 수도 있다고 생각했다.

1906년 독일 하노버에서 독일계 유대인 혈통으로 태어난 한나 아렌트는 마르부르크대학교에서 마르틴 하이데거Martin Heidegger에게 철학을 배웠으나, 1933년에 아인슈타인과 같은 이유로 독일을 떠났다. 인간의 자유와 존엄성이 언제든지 박탈될 수 있음을 온몸으로 체감한 것이다. 그 후 아렌트는 8년 동안 파리에서 살다가 1941년에 미국으로 이주하여 뉴욕 지식층의 일원이 되었고, 1961년에는 유대인 학살을 진두지휘했던 아돌프 아이히만Adolf Eichmann의 전범재판이 예루살렘에서 열렸을 때 〈뉴요커〉의 특별 취재원 자격으로 재판에 참석하여 다음과 같은 유명한 말을 남겼다. "자유로운 사고를 포기하고 세상과 단절하면, 평범한 사람도 전체주의의 꼭두각시가 될 수 있다." 그녀는 사회정치적 영역에서 이런 과잉행동이 세상과의 단절로 인한 사회적 부패와 소속감의 상실, 우리는 모두 하나라는 동질감의 상실에서 비롯된다고 주장했다.

아렌트는 현대의 과학기술이 인간을 세상으로부터 격리시킨다고 주장하면서, 이런 부정적인 추세를 낳은 주범으로 "현대 과학혁명을 촉발한 핵심적 통찰(이 세상이 객관적이라는 생각)"을 지목했다. 현대과학은 처음 탄생할 때부터 합리적이고 범우주적인 법칙을 따르는 높은 수준의 진리를 추구해왔으며, 이 과정에서 과학자들은 아렌트가 말한 "지구적 소외earth alienation"('세상으로부터의 소외world alienation'와

혼동하지 말 것)를 감수하면서 자신이 이룩한 객관적 이해를 검증할 수 있는 아르키메데스적 관점을 찾아왔다.

아렌트가 주장하는 논지의 핵심은 과학기술이 보여준 행보가 인본주의와 정반대라는 것이다. 물론 과학은 이론뿐만 아니라 실질적인 면에서 경이로운 성공을 거두었으며, 인류가 그로부터 엄청난 혜택을 누린 것도 부인할 수 없는 사실이다. 그러나 나를 붙들고 있는 지구로부터 벗어나고 싶은 욕망(이것은 과학의 특징이기도 하다) 때문에 인간의 목적과 객관적인 자연 사이에 전에 없던 커다란 균열이 생겼다. 아렌트는 이 간극이 지난 500년 동안 점점 크게 벌어지면서 사회조직을 변화시키고, 지구적 소외(과학의 특성인 전지적 관점)를 세상으로부터의 소외(세상과의 단절)로 바꿔놓았다고 주장했다.

아렌트는 과학의 핵심에 놓인 이 난제를 분명하게 지적하면서, 이것이 궁극적으로 자멸自滅의 패러다임이 될 것이라고 경고했다. 흥미로운 것은 아렌트가 자신의 논리를 뒷받침하기 위해 "객관적 실체를 추구해온 인간은 자신이 항상 자기 자신과 맞서왔다는 사실을 어느 순간 갑자기 깨달았다"는 하이젠베르크의 말을 인용했다는 점이다.[3] 여기서 하이젠베르크의 의도는 양자이론에서 관찰자의 역할, 즉 "질문이 다르면 현실도 달라진다"는 점을 강조하는 것이었다. 양자역학 탄생 초기에 보어와 하이젠베르크가 내렸던 도구주의적 해석은 인식론과 관련하여 깊은 수수께끼를 낳았다. 그동안 수학에 파묻혀 살아왔던 물리학자들은 느닷없이 찾아온 철학적 문제에 크게 당황했지만, 양자이론의 창시자들은 "닥치고 계산이나 하라"며 곁눈질할 기회를 주지 않았다. 그러나 물리학자가 아니었던 아렌트는 양자이론의 존재론적 측면을 끈질기게 파고든 끝에 다음과 같이 주장했다. "양자이론을 장착한 현대과학은 인문학이 옛날부터 알고 있었지만 결코 증명할 수 없었던 사실을 만천하에 드러냈다. 그것은 바로 새로운 과학의 시대를 맞이하여 인문학자들이 인간의 위상에 대해 관심을 갖는 것이 지나친 참견이 아니라, 그들의 본분이라는 것이다."

1957년에 소련에서 발사한 세계 최초의 인공위성 스푸트니크는 아렌트에게 가장 중대한 사건이었다. 그녀는 이것을 "완전히 인공적인 세계, 인간이 모든 것을 조종하는 기술 만능 세계technotope의 상징"이라고 했다. 그녀의 에세이에는 다음과 같이 적혀 있다. "우주비행사는 온갖 첨단 장비로 가득 찬 캡슐에 갇힌 채 사소한 사고가 발생해도 언제든지 죽을 수 있는 위험천만한 곳을 향해 날아가고 있다. 그는 하이젠베르크가 말했던 인간의 상징이다. 우주에서 인간이 만들지 않은 것과 마주치는 일이 적을수록, 그는 인간이 없는 곳에서 인간 중심적 사고를 배제하기 위해 노력할 것이다."

아렌트는 인간적 요소가 배제된 과학기술에 근본적인 결함이 있다고 주장했다. 다른 행성을 지구와 비슷하게 테라포밍terraforming 지구 외의 천체에 지구 생물이 살 수 있도록 환경과 생태계를 구축하는 행위하거나, 생명공학에서 현자의 돌philosopher's stone 값싼 금속을 금으로 바꿔준다는 전설 속의 물질을 찾거나, 삼라만상을 하나의 이론 체계로 설명하는 최종 이론을 찾는 것은 지구에 거주할 수밖에 없는 인간의 조건에 대한 반역 행위라는 것이다.

인간은 필연적으로 자신이 보유한 이점을 잃을 것이다. 그가 찾는 것은 지구에 대한 아르키메데스 점인데, 천신만고 끝에 이 지점을 찾아서 지구를 마음대로 다룰 수 있게 되면 곧바로 새로운 아르키메데스 점을 찾아 나설 것이고, 이 과정을 반복하다 보면 결국 우주에서 길을 잃을 것이다. 진정한 아르키메데스 점은 우주 뒤편에 존재하는 절대적 공허이기 때문이다.

아렌트는 우리가 마치 세상 바깥에 있는 것처럼 세상을 내려다보면서 자신을 지렛대로 삼는다면, 우리가 하는 모든 행동은 의미를 상실할 것이라고 주장했다. 지구를 다른 물체와 동일하게 취급하는 한, 지구는 더 이상 우리의 집이 아니기 때문이다. 온라인 쇼핑에서 과학 연구에 이르기까지, 우리가 하는 모든 행위는 단순한 데이터로 축약할 수 있으며, 실험실에서 입자를 충돌시키거나 쥐의 습성을 연구하듯이 과학적 방법으로 분석할 수 있다. 객관적인 잣대로 평가하면 인간은 지구 생명체 중 조금 유별난 종일 뿐이며, 이 사실을 깨닫는 순간 우리는 지구의 주체에서 별 볼 일 없는 객체로 전락한다. 아렌트는 "그런 시점에 도달하면 인간의 위상은 단순히 낮아지는 정도가 아니라 완전히 파괴될 것"이라고 했다. 즉, 인간은 자유를 잃고 더 이상 인간으로 존재할 수 없게 된다는 이야기다.

궁극의 진리를 찾고 절대적인 통제력을 획득하려는 노력이 인간의 위상을 높이기는커녕 오히려 낮춘다니, 이 또한 매우 역설적인 상황이 아닐 수 없다.

아렌트는 "우리에게 우주의 안식처를 찾으려는 열망이 있는 한, 과학기술이 인간의 위상을 높일 여지는 분명히 남아 있다"고 지적하면서 "지구는 인간에게 가장 적합한 곳"이라고 했다. 우리가 이 세상에 대해 알아낸 모든 것과 세상에 행한 모든 행위는 결국 인간의 발견이며 인간의 노력이다. 우리의 생각이 제아무리 추상적이고 그 영향이 아무리 넓은 곳에 미친다 해도, 우리 이론과 행동은 지구라는 행성의 조건과 불가분의 관계로 얽혀 있다. 그래서 아렌트는 인간성이 모든 과학기술의 토대가 되어야 한다고 주장했다.

현대과학이 낳은 새로운 세계관은 지구 중심적이면서 인간 중심적인 색채를 띠게 될 것이다. 지구가 우주의 중심이라거나 인간이 다른 존재보다 우월하다는 뜻이 아니다. 지구가 인간의 중심이자 고향이기 때문에 지구 중심적이 될 것이고, 과학적 행위가 펼쳐지는 기본 조건에 자신의 유한성을 포함시켜야 하기 때문에 인간 중심적이 될 것이다.

바로 이곳이 아렌트의 철학과 호킹의 하향식 우주론이 만나는 지점이다. 호킹은 자신이 구축한 최종 이론에서 플라톤의 구속복을 과감하게 벗어버렸다. 어떤 의미에서 보면 물리법칙을 고향으로 가져온 것과 비슷하다. 우주에 대한 구식 관점의 안팎을 뒤집은 이 이론은 아렌트가 말한 "지구적 조건"에 뿌리를 두고 있다. 이것은 이론가들이 좋아하는 난해한 학문적 문제가 아니다. 벌레의 관점에 내재된 유한성을 받아들인 우주론이 언젠가는 과학의 어젠다를 재설정할 것이기 때문이다. 과거가 우리를 올바른 방향으로 인도한다면, 호킹의 최종 이론은 새로운 과학과 인간적 세계관의 핵심이 될 수 있다. 바로 이 핵심에서 인간의 지식과 창의력은 다시 한번 공통의 점을 중심으로 회전할 것이다.

우주론이야말로 한나 아렌트의 우려를 깊이 새겨들어야 할 과학 분야 중 하나다. 물론 우리는 우주 안에 살고 있다! 그러나 뉴턴 이후로 우주론학자들은 지구 바깥의 관점에서 논리를 펼치려 노력해왔고, 20세기 말에 등장한 다중우주 가설은 지구적 소외를 "범우주적인 소외"로 바꿔놓았다. 객관적이라고 생각했던 우주에서 생명친화적 특성을 발견하고 다중우주에서 길을 잃은 우주론학자들은 커지지 않고 오히려 작아졌다. 아렌트의 예측이 현실로 나타난 것이다.

그러나 인간이 자기 자신과 조우하게 된다는 하이젠베르크의 새로운 양자이론에는 "자기 자신을 재창조하는 우주론"의 씨앗이 잉태되어 있었다. 내가 보기에 아렌트는 이 점을 미처 생각하지 못한 것 같다. 이 책에서 나는 우주를 양자적 관점에서 서술한 이론이 인간을 소외시키는 현대과학의 추세에 대항하면서, 내부의 관점에서 새로운 우주론을 구축하는 데 일조할 것이라고 줄곧 주장해왔다. 이것이 바로 호킹이 추구했던 최종 이론의 핵심이다.

양자우주론에서 과거와 미래는 끊임없는 질문과 관찰을 통해 가능성의 안개 속에서 그 모습을 드러낸다. 양자이론의 중심에서 "일어날 가능성이 있는 일"을 "이미 일어난 일"로 변화시키는 관찰 행위(관측자와 관측 대상의 상호작용)는 우주를 점점 더 확고한 실체로 만들어 가고 있다. (양자적 의미의) 관찰자는 우주에 주관적이고 섬세한 요소를 불어넣는 창조적 역할을 수행한다. 또한 관찰자는 지금 실행한 관측이 빅뱅의 결과를 바꾸는 것처럼, 우주론에 시간을 거슬러 올라가는 미묘한 요소를 도입한다. 호킹이 자신의 최종 이론을 하향식 이론이라 부른 것은 바로 이런 이유 때문이다. 우리는 우주의 역사를 위에서 아래로(미래에서 과거로), 거꾸로 읽어나가고 있다.

하향식 우주론은 관찰자를 (그에게 아무런 특권도 부여하지 않고) 이론 체계에 통합함으로써 "수학 속에서 길을 잃을 수도 있다"는 아렌트의 우려를 잠재웠으며, 인류 원리의 함정도 피해 갔다. 호킹의 최종 이론에서 인간은 우주를 내려다보는 신이 아니며, 현실 세계의 변두리에서 조용히 진화하는 무력한 존재도 아니다. 그저 관찰자의 역할을 수행하는 자기 자신일 뿐이다. 평생의 대부분을 인류 원리와 씨름하며 보냈던 호킹은 이런 결과에 매우 만족스러워했다. 어떤 면에서 보면 하향식 우주론은 "설계된 우주"의 수수께끼를 뒤집는 이론이라고 할 수도 있다. 생명친화적 특성이 양자 수준에서 설계되었을 수도 있기 때문이다. 이 이론에 의하면 생명과 우주가 궁합이 잘 맞는 것처럼 보이는 이유는 원래 깊은 수준에서 공존하는 관계였기 때문이다.

나는 호킹의 관점이 코페르니쿠스 혁명의 진정한 정신을 이어받았다고 생각한다. 코페르니쿠스가 태양을 우주의 중심으로 옮겨놓았을 때, 그는 천문 데이터를 "태양 주변을 공전하는 지구"에 맞춰서 분석해야 한다는 것을 누구보다 잘 알고 있었다. 코페르니쿠스는 우주에서 우리의 위치가 부적절하다고 주장한 것이 아니라, 특별한 위치가 아니라는 것을 발견한 것뿐이다. 그리고 거의 500년이 지난 후에 하향식 우주론이 이 뿌리로 돌아왔다. 아렌트가 이 사실을 알았다면 매우 기뻐했을 것이다.

호킹의 최종 이론은 뒤늦게 다른 철학사조의 영향을 받아 급조된 이론이 결코 아니다. 실제로 그는 타인의 관점을 너그럽게 수용한 적이 거의 없다. 그러나 그는 아인슈타인이 철학적 편견에 사로잡혀 양자역학을 거부했던 사례를 마음속 깊이 새기고, 그와 같은 실수를 범하지 않기 위해 자신의 귀를 항상 열어놓았다. 우리는 다중우주의 역설을 해결하고 더 나은 우주론을 개발하기 위해 하향식 접근법을 개발했으며, 철학적인 면에서 작지 않은 성과를 거두었다.

과학자들은 1920년대 말에 우주가 복잡다단한 과거사를 겪었다는 사실을 알게 되었다. 이것은 과학 역사상 놀라운 발견 중 하나임이 분명하다. 그 후로 거의 한 세기 동안 우리는 "불변의 자연법칙"이라는 안정한 토대 위에서 우주의 역사를 추적해왔다. 그러나 이런 방식으로는 르메트르가 발견했던 우주의 크기와 깊이를 가늠할 수 없다. 바로 이것이 호킹과 내가 구축했던 이론의 핵심이다. 우리가 제안한 양자우주론에서 우주의 역사는 우주 탄생 초기 단계에 존재했던 물리법칙의 계보까지 포함한다. 근본적인 것은 법칙 자체가 아니라 법칙이 변하는 능력이다. 하향식 우주론은 이와 같은 과정을 거쳐 르메

트르가 시작했던 개념적 혁명을 완수했다.[4]

우주 초기의 양자 단계에 숨어 있는 본질을 밝히려면 우주의 탄생과 '우리'를 분리시키는 여러 층의 복잡한 요소를 벗겨내야 하고, 이를 위해서는 우주의 역사를 역으로 추적해야 한다. 이렇게 빅뱅에 도달하면 "법칙 자체가 변하는" 더 깊은 수준의 진화가 보이기 시작한다. 물리법칙과 원리가 우주와 함께 진화하는 '메타 진화meta-evolution'가 발견될 수도 있다.

메타 진화는 변이와 선택이 원시우주의 환경을 결정한다는 점에서 다윈의 진화론과 비슷하다. 변이가 발생하는 이유는 무작위로 일어난 양자 점프의 대부분이 고전적 거동에 작은 변화를 일으키다가, 효과가 누적되어 가끔씩 큰 변화를 초래하기 때문이며, 선택이 일어나는 이유는 변화의 일부(특히 큰 변화)가 증폭되었다가 후속 진화를 결정하는 새로운 법칙으로 고정되기 때문이다. 빅뱅의 용광로에서 변이와 선택이 상호작용을 하면서 분기가 일어나고(수십억 년 후에 생명이 탄생하는 과정과 비슷하다), 여기서 태어난 차원과 입자는 처음에 다양한 형태로 존재하다가 우주가 팽창함에 따라 온도가 100억K까지 내려가면 안정적인 형태로 고정된다. 이 모든 변화에 무작위성이 개입되어 있다는 것은 다윈의 진화와 마찬가지로 초기 우주의 진화 과정이 사후 소급적용을 통해서만 이해될 수 있음을 의미한다.

물론 사방에 흩어진 점들을 연결하여 물리법칙의 계통수를 완성할 때까지는 꽤 긴 세월이 소요될 것이다. 최초의 순간을 기록한 화석이 거의 없고 우주를 구성하는 물질의 대부분이 미스터리로 남아 있기 때문에, 우주의 기원을 해독하는 것은 엄청나게 어려운 과제다. 그러나 첨단 망원경이 연달아 개발되면서 관측 가능한 영역이 계속 확장되고 있으므로, 언젠가는 목적지에 도달하게 될 것이다. 지금도 전 세계의 물리학자들은 마이크로파 우주배경복사를 관측하고, 암흑물질과 중력파를 감지하기 위해 극도로 예민한 감지 장치를 설치하는 등 우리의 가장 깊은 뿌리를 파악하기 위해 최선을 다하고 있다.

물리학의 유효법칙이 고대에 이루어진 진화의 화석이라면, 존재론적 관점에서 볼 때 이것은 다른 수준에서 진화를 좌우한 법칙(또는 법칙을 닮은 특성)과 똑같이 취급해야 한다. 엄밀한 논리를 좋아하는 사람이라면 "철저하게 존재론적 관점에서 볼 때, 현대과학의 여명기에 기독교가 서유럽을 지배한 것과 입자물리학의 표준 모형에서 전자의 이상 자기 모멘트anomalous magnetic moment가 지금과 같은 값을 갖게 된 것 사이에는 아무런 차이가 없다"고 주장할 수도 있다. 이들은 모두 완전히 다른 수준의 복잡성에서 무작위 선택을 통해 나타난 사건이기 때문이다.

우주의 기원에 대한 호킹의 무경계 모형은 (하향식 관점에서 봤을 때!) 내가 추구해온 물리학과 우주론에 대한 역사적 관점(법칙의 기원을 포함하는 관점)을 구현하는 데 반드시 필요한 요소다. 무경계 가설에 의하면 창조의 순간에 가까이 다가갈수록 구조적 특성이 점차 변하거나 사라지다가 결국에는 시간까지 사라진다. 태초에 시간은 공간과 융합되어 더 높은 차원의 구球를 형성하고, 이런 상태에서 우주는 완전한 무無로 존재했을 것이다. 그래서 호킹은 인과율에 입각한 상향식 접근법을 추구하던 시절에 "우주는 무에서 창조되었다"고 선언했다. 그러나 그는 말년에 최종 이론을 구축하면서 빅뱅 무렵의 시공간에 대해 완전히 다른 해석을 내놓았다. "태초의 무는 우주가 탄생할 수도, 탄생하지 않을 수도 있는 텅 빈 진공이 아니라, 시공간과 무관하고 심지어 물리법칙과도 무관한 인식론적 지평선에 가깝다"고 주장한 것이다. 호킹의 최종 이론에서 '시간의 기원'은 존재하는 모든 것의 시작점이 아니라, 우리가 알아낼 수 있는 과거의 한계점이다. 이 관점은 시간 차원(진화에 반드시 필요한 물리량으로, 환원주의적 개념의 전형)이 우주의 창발적 특성이라는 홀로그램과도 일맥상통한다. 홀로그램의 관점에서 시간을 거슬러 올라가는 것은 홀로그램 영상이 점점 흐릿해지는 것과 같아서, 먼 과거로 갈수록 정보가 점점 더 많이 유실된다.

하향식 우주론의 특징 중 하나는 우리가 세상에 대해 알 수 있는 지식의 양을 제한하는 메커니즘이 이론 체계 안에 내장되어 있다는 것이다. 마치 양자이론이 우리가 그 한계를 넘지 않도록 막아주고 있는 것 같다. 호킹의 최종 이론에서 우리의 과거는 유한한 영역에 폐쇄되어 있으므로 다중우주 역설이 발생하지 않는다. 양자우주론에서 다중우주는 마치 태양열에 노출된 눈처럼 증발해버린다. 하향식 우주론은 오색찬란한 우주 직물에서 대부분의 색상을 지워버리지만, 신기하게도 이론의 예측 능력은 더 높아진다. 그러므로 아렌트가 말했던 것처럼 아르키메데스의 관점을 포기하면 우주론은 작아지지 않고 오히려 더 커지는 셈이다. 오스트리아의 철학자 루트비히 비트겐슈타인Ludwig Wittgenstein은 그의 저서 《논리철학논고Tractatus》에서 "말할 수 없는 것에 대해서는 침묵해야 한다"고 했는데, 양자우주론은 우리에게 정말로 "침묵에 필요한 수학적 도구"를 제공하고 있다.

연구 초기 단계에 호킹의 목적은 시간이 시작되던 순간에 주어진 물리적 조건으로부터 '설계된 우주'의 비밀을 푸는 것이었다(물론 나 역시 같은 생각이었다). 그는 빅뱅 깊은 곳에 숨겨진 수학이 "우주가 지금과 같은 형태로 진화할 수밖에 없었던 이유"를 인과적으로 설명해준다고 가정했다. 다시 말해서, 물리적 우주(또는 다중우주)를 대체할 최종 이론이 어딘가에 존재한다고 믿은 것이다. 그러나 호킹은 우주론을 거꾸로 뒤집은 후, 자신의 생각이 틀렸음을 깨달았다. 우리가 선택한 하향식 관점이 물리적 실체와 법칙 사이의 계층구조를 완전히 바꿔놓았기 때문이다. 하향식 철학에 의하면 우주는 법칙을 무조건적으로 따르는 기계가 아니라 자신을 스스로 만들어나가는 자기조직적self-organizing 실체이며, 그 안에서 온갖 패턴이 모습을 드러낸다(즉 '창발'한다). 이들 중 가장 일반적인 것을 우리는 '물리법칙'이라 부르고 있다. 하향식 우주론에서는 법칙이 우주를 위해 존재하는 것이 아니라, 우주가 법칙을 위해 존재한다고 말할 수도 있다. 존재의 근원을 묻는 질문에 답이 존재한다면, 그 답은 바깥이 아니라 이 세상 안에서 찾아야 한다.

하향식 접근법의 핵심은 그림 43의 트립티크에 요약되어 있다. 이 다이어그램은 세 개의 기둥(역사(진화), 기원, 관찰자)이 얽히지 않고 각자 고유의 상태를 유지한다는 기존 물리학의 패러다임을 일반화한 것으로, 우주의 법칙이 탄생한 과정을 귀납적으로 설명할 수 있는 토대를 제공한다. 이 관점에 의하면 우리가 알고 있는 물리학 이론은 다양한 가능성 중 하나일 뿐이다. 하향식 접근법은 물리법칙이 외부에 존재하는 진리의 현현顯現이 아니라, 계산 알고리즘으로 압축된 데이터로부터 유도되는 우주의 특성임을 말해주고 있다.[5] 물리학 이론이 개선되었다는 것은 더 많은 현상 사이의 연결관계가 발견되어 더욱 일반적인 패턴을 식별할 수 있게 되었다는 뜻이다. 물론 이론이 발전하면 예측 능력과 유용성도 높아지지만, 이것만으로 최종 이론에 더 가까워졌다고 장담할 수는 없다. 유한한 수의 점들을 서로 연결하는 방법이 엄청나게 많은 것처럼, 유한한 데이터 집합과 일치하는 이론도 엄청나게 많다. 그러므로 하향식 우주론을 꾸준히 개선해나간다 해도, 반드시 최종 목적지에 도달한다는 보장은 없다. 이런 점에서 볼 때 호킹의 최종 이론은 결국 "최종 이론은 존재하지 않는다"는 한 문장으로 요약된다.

하향식 우주론은 이렇게 '절대적 진리'라는 굴레에서 벗어나, 과학에서 예술에 이르는 다양한 분야에 새로운 사고방식과 상호보완적인 통찰을 제공했다. 우리의 하향식 사고가 새로운 세계관의 씨앗을 품고 있다면, 그것은 분명히 다원적多元的 세계관일 것이다. 시간개념이나 법칙의 패턴은 우리를 둘러싼 우주의 복잡성에 기초하고 있으며, 우리가 던지는 질문에 따라 달라진다. 2016년 11월에 호킹이 바티칸에서 후플라톤식 우주론의 개요를 발표했을 때 신과 관련된 논쟁은 더는 벌어지지 않았다. 오히려 프란치스코 교황과 호킹은 인류의 오늘과 내일을 위해 우주에서 우리의 유일한 안식처인 지구를 보호해야 한다는 데 격하게 동의했다.

우리가 양자우주론에서 배운 것은 생물학적 진화와 우주의 진화가 별개의 현상이 아니라, 거대한 계통수 줄기의 멀리 떨어진 지점에서 뻗어나온 줄기라는 사실이다. 생물학적 진화가 고도로 복잡한 영역에서 뻗어나온 줄기라면, 우주의 진화는 천체물리학과 지질학, 화학이 관련된 하위 수준(덜 복잡한 영역)에서 뻗어나온 가지에 해당한다. 모든 수준은 고유한 특성과 언어를 갖고 있지만, 범우주적 파동함수에는 이 모든 것이 하나로 묶여 있다.[6] 우주 초기에 물리법칙의 계통수가 뒤죽박죽, 엉망진창인 모습으로 등장한 것을 보면, 생물학의 기반인 다윈의 원리가 우주에서 가장 깊은 수준의 진화까지 적용되는 것 같다. 어떤 의미에서 보면 양자우주론은 영겁의 세월 동안 물리학과 생물학을 갈라놓았던 개념적 균열을 이어주는 가교라 할 수 있다. 다윈의 계통수(도판 4 참조)와 르메트르의 망설이는 우주(도판 3 참조)는 하나의 역사에서 갈라져 나온 두 개의 가지인 셈이다.

이로부터 자연을 통일하는 심오하고도 강력한 논리가 탄생한다. 다양한 수준에서 일어나는 수많은 진화가 상호 연결 관계를 통해 하나의 몸체로 통일되는 것이다. 우리 여정의 주제인 "생명체에게 놀라울 정도로 적합하게 조정된 유효법칙"은 여러 수준의 복잡성이 긴밀하게 연결되어 있음을 보여주는 대표적 사례일 것이다. 이제 우리는 생명체 계통수의 작은 가지에 불과했던 인간을 지구의 모든 종과 연결하고, 우주의 계통수를 통해 이것을 물리적 우주와 연결함으로써, 우주에 생명을 불어넣은 최초의 원인을 추적할 수 있게 되었다. 150년 전에 찰스 다윈도 특유의 선견지명을 발휘하여 이미 이와 같은 그림을 떠올렸을지도 모른다. 그는 1882년에 조지 월리치George Wallich에게 보낸 편지에서 "연속성의 원리에 의하면 생명의 원리는 더욱 일반적인 자연법칙의 일부이거나, 그 결과일 수도 있다"고 했다. 다윈의 예측이 하향식 우주론을 통해 입증된다면, 그만큼 극적인 사건도 드물 것이다.

그럼에도 불구하고 많은 물리학자(특히 자연의 법칙에 더 깊은 뿌리가 있다고 믿는 이론물리학자들)는 물리적 현실(존재의 중심에서 과학의 탑을 떠받치는 확고한 기반)을 넘어선 곳에 최종 이론이 존재한다고 굳게 믿고 있다. 호킹은 이런 사람들을 향해 다음과 같이 외쳤다. "최종 이론이 존재하지 않는 것으로 판명된다면 크게 실망하는 사람이 분명히 있을 것이다. 나도 한때는 그런 사람 중 하나였다. 그러나 지금 나는 자연을 향한 탐구가 여전히 진행 중이고, 항상 새로운 것을 발견할 수 있다는 사실만으로 충분히 기쁘고 행복하다. 이런 것이 없으면 우리는 더 이상 앞으로 나아갈 수 없을 것이다."[7] 그는 자신만의 방식으로 플라톤 이후 새로운 이상향을 찾아 계속 나아갈 준비가 되어 있었다.

다윈이 그랬듯이, 호킹도 이 초거시적 관점에서 장대함을 느꼈다. 이 얼마나 흥미롭고 심오한 전망인가! 모든 과학 법칙이 물리학의 기본 법칙에서 탄생한 창발적 법칙이라면, 자연을 바라보는 관점은 이전과 비교할 수 없을 정도로 넓어진다. 사실 이것은 최근 다양한 과학 분야에서 이루어진 발전과 무관하지 않다. 요즘 다수의 과학자는 "고유한 규칙의 집합"이라는 관념을 버리고, 관찰 대상에게 던지는 질문을 "무엇인가?"에서 "무엇이 될 수 있는가?"로 바꿔나가는 중이다.

정보과학 분야에서는 인공지능과 기계학습machine learning을 이용하여 새로운 형태의 지능과 컴퓨터를 만들어내고 있으며, 그중 일부는 스스로 진화하는 능력과 (인간, 또는 다른 생명체의) 직관적 능력까지 갖추고 있다. 또한 생명공학자들은 다양한 유전자코드와 단백질의 구조로부터 진화 과정을 추적하고 있다. 예를 들어 크리스퍼 CRISPR● 같은 유전자 편집 기술을 이용하면 세포의 DNA를 목적에 맞게 수정하여 "전혀 자연스럽지 않은" 생명체를 만들 수 있다. 지금은 수명이 비정상적으로 긴 벌레를 만들어내는 수준이지만, 언젠가는 "수명이 엄청나게 긴 천재"나 "차세대 인간"까지 만들 수 있을 것이다. 한편, 양자공학자들은 우리 눈으로 인지 가능한 거시적 규모에서 양자적으로 얽힌 물질을 만들고 있는데, 이 연구가 성공적으로 이루어지면 새로운 중력이론과 블랙홀, 심지어 팽창하는 우주까지 홀로그램으로 저장할 수 있을지도 모른다(팽창하는 우주의 모든 정보는 상호연결된 양자 비트를 통해 알고리즘 연산에 저장된다).

이 모든 것은 우리의 지식과 정신력뿐만 아니라 육체적 능력까지

●　특정한 염기서열을 인식하여 해당 부위의 DNA를 절단하는 효소.

크게 향상시킬 것이다. 과학자들은 관측된 자연현상으로부터 법칙을 발견하는 옛날 방식을 버리고, 가상의 법칙을 상정한 후 그로부터 나타날 수 있는 물리계를 만들어나가기 시작했다. 지능의 특성이나 만물의 이론을 찾는 행위는 머지 않아 구시대의 유물쯤으로 취급될 것이다. 프린스턴 고등연구소의 전 소장 로베르트 데이크흐라프Robbert Dijkgraaf는 얼마 전 〈콴타매거진Quanta Magazine〉에 다음과 같은 글을 실었다. "우리가 '자연'이라고 부르는 것은 훨씬 큰 전경의 아주 작은 일부일 뿐이다. 방대한 나머지 부분은 지금도 우리에게 발견되는 날을 기다리고 있다."[8]

한 분야가 발전하면 그와 비슷한 다른 분야가 덩달아 발전하면서 서로를 견인하고, 이 모든 것이 한 점에서 만날 때 가장 극적인 발견이 이루어진다. 지난 2020년에 구글의 인공지능 자회사인 딥마인드DeepMind에서 딥러닝deep-learning 컴퓨터가 외부 데이터를 조합하고 분석하여 스스로 학습하는 기술 방식으로 개발한 알파폴드AlphaFold라는 프로그램은 아미노산의 분자 서열로부터 단백질의 3차원 구조를 결정하여 분자생물학 분야의 가장 큰 난제를 해결했다. 또한 기계학습 알고리즘은 앞으로 몇 년 안에 CERN의 강입자 충돌기에 적용되어 방대한 양의 데이터에서 새로운 입자의 흔적을 찾아내고, 라이고LIGO에 포착된 복잡한 신호에서 중력파를 골라낼 것이다. 딥러닝 프로그램은 머지않아 물리학 이론을 떠받치는 새로운 수학으로 등극할 것이다. 자칫하면 물리학의 언어가 송두리째 바뀔지도 모른다.

우리는 "무엇인가?"보다 "무엇이 될 수 있는가?"를 생각함으로써 현대과학의 새로운 정점에 도달했다. 자연의 구성 요소는 이미 20세기에 규명되었다. 모든 물질은 분자, 원자, 소립자로 이루어져 있고 생명체는 유전자, 단백질, 세포로 이루어져 있으며, 정보와 지능은 비트와 코드, 네트워크로 이루어져 있다. 금세기에 우리는 이런 요소들을 기발한 방식으로 연결하여 자신만의 법칙으로 운영되는 새로운 현실을 만들어나갈 것이다. 물론 자연의 나머지 부분도 우주가 팽창해온 지난 130억 년 동안(또는 지구에서 생명체가 진화해온 지난 40억 년 동안) 이와 비슷한 일을 수행해왔다. 그러나 데이크흐라프가 지적한 대로, 우리가 탐색한 영역은 모든 가능한 세상의 극히 일부에 불과하다. 수학적으로 가능한 유전자의 수는 블랙홀이 놓일 수 있는 미시 상태의 수보다 훨씬 많지만, 그중 극히 일부만이 지구에서 생명체로 구현되었다. 이와 마찬가지로 끈이론에서 예측된 힘과 입자의 수는 가히 상상을 초월하지만, 초기 우주는 이들 중 특별한 조합 하나만을 선택했다. 그러므로 기초물리학에서 생명의 지능에 이르는 방대한 복잡성의 스펙트럼에서, 이론적으로 가능한 현실은 지금까지 자연이 만들어낸 것보다 압도적으로 많다. 21세기는 이 거대한 영역의 문을 열어젖히는 역사적 전환기가 될 것이다.

이 전환은 새로운 시대를 향한 도약으로 역사에 기록될 것이다. 과거에도 도약은 여러 번 있었지만, 전과 후가 이 정도로 차이 나는 도약은 지구 역사상 처음 있는 일이다. 아니, 우주 전체를 통틀어 처음일 수도 있다. 새로운 시대를 맞이한 종은 자신이 진화해온 환경을 재구성하고, 결국에는 그것마저 뛰어넘을 것이다. 한나 아렌트의 말처럼 우리는 단순히 진화를 겪는 생명체에서 진화를 제어하는 생명체로 변신할 것이며, 한 걸음 더 나아가 인간성까지 제어하는 존재가 될 것이다.

지금 우리는 위대한 약속의 시간에 살고 있다. 새롭게 펼쳐질 세계의 전경은 과거에 우리가 겪었던 어떤 세계보다 환상적이다. 미래의 어떤 분지에서는 오늘 우리가 내린 선택이 엄청난 혁신을 일으켜, 새로운 인간이 풍요로운 삶을 누리며 번성하고 있다. 지난 40억 년 동안 고통스러울 정도로 느리게 진행되는 다윈식 진화를 겪으면서 간신히 호모 사피엔스가 출현했는데, 그 후 첨단기술로 촉발된 진화는 초단시간에 완전히 다른 인류를 탄생시킨다. 물론 새 인류는 지구뿐만 아니라 머나먼 우주에서 탄생할 수도 있다.

정말 환상적인 시나리오다. 그러나 다른 한편으로 지금은 매우 위험한 시기이기도 하다. 핵무기와 지구온난화에서 생명공학과 인공지능에 이르기까지, 인간이 자초한 위험 요소는 자연에서 만들어진 위험 요소보다 훨씬 위협적이다. 영국 왕립협회의 천문학자 마틴 리스는 현존하는 모든 위험 요소를 세밀하게 평가한 끝에 인류가 2100년까지 살아남을 확률이 50퍼센트라고 주장했고, 옥스퍼드대학교의 인류미래연구소Future of Humanity Institute에서는 신중한 연구 프로젝트를 수행하여 이번 세기에 인류문명을 파괴할 요인이 여섯 가지라는 결론에 도달했다. 구체적인 항목은 핵무기, 기후변화, 환경파괴, 전염병, 인공지능의 역습, 디스토피아다. 미래의 분지 중에는 이 세상이 극도의 혼돈에 휩싸이거나, 우주의 역사에 아주 희미한 흔적만 남기고 사라지는 경우도 무수히 많다.

인류의 전망과 관련하여 우리가 갖고 있는 확고한 기준점은 단 하나뿐이다. 외계인의 관점도 또 하나의 기준점이 될 수 있지만, 외계 생명체가 우주를 탐사했다는 증거는 아직 발견된 적이 없다. 그러므로 우리의 국소적 과거 광원뿔에 포함된 수십억 개의 별들 중 우리가 곧 도달하게 될 기술 수준에서 대규모 생태계로 진화한 별(또는 행성계)은 없다고 봐도 무방하다. 물리법칙은 생명체에 유난히 우호적이지만, 지구 바깥에 외계 생명체가 존재한다는 증거는 없다. 우리는 외계인이 쓴 시를 전송하는 우주 라디오 전파를 포착한 적도 없고, 하늘을 가로지르는 천체공학적 구조물을 본 적도 없다. 그 대신 우리는 단 한 세트의 자연법칙에 기초하여 관측 가능한 우주(행성, 별, 은하 등)의 거동을 매우 정확하게 서술했다. 우주에는 수천억 개에 달하는 은하가 산지사방에 퍼져 있는데, 외계 문명은 왜 단 하나도 발견되지 않는 것일까? 1950년에 이탈리아의 물리학자 엔리코 페르미Enrico Fermi는 이 역설을 곰곰이 생각하다가 유명한 질문을 던졌다. "대체 다들 어디 있는 거야?" 우주의 생명친화적 특성을 고려할 때, 외계 문명이 단 하나도 없다는 것은 무언가 심상치 않은 징조다. 즉, 평범한 무생물에서 첨단기술이 탄생할 때까지 거쳐야 할 중간 과정 어딘가에 심각한 장애물이 길을 막고 있을지도 모른다. 이 장애물은 과거에 있었을까? 아니면 미래에서 우리를 기다리고 있을까? 혹시 과거와 미래에 모두 있지는 않을까? 지적 생명체로 진화하는 길이 너무 어려워서 외계 생명체가 존재하지 않는 것이라면, 우리는 이미 장애물을 넘었을 가능성이 높다. 그러나 페르미는 지구 문명이 우주로 진출하는 바로 그 길목에 심각한 장애물이 버티고 있다는 불길한 느낌을 지울 수가 없었다. 그렇다. 우리는 우리가 만든 세상에서 살아남지 못할 수도 있다. 이 문제를 좀 더 깊이 분석하면 앞으로 나타날 갈림길에서 선택을 내릴 때 큰 도움이 될 것이다.[9] 호킹도 페르미에 깊이 공감한 다며 이런 말을 남겼다. "지적 생명체가 계속 진화하여 '절대 마주치고 싶지 않은 괴물'로 변할지 알고 싶다면, 지금 당장 우리 자신을 돌아보면 된다."

그렇다면 곧바로 다음 질문이 떠오른다. 우리는 지구와 인간에 대하여 어떤 미래를 상상하고 있는가? 차세대 인류는 전례를 찾아볼 수 없을 만큼 크게 번성하여 우주로 진출할 것인가? 양자적 관점에서 볼 때 미래로 갈라지는 무수한 갈림길은 "모든 가능한 전경"에 이미 존재한다고 볼 수도 있다. 물론 개중에는 발생 확률이 매우 높은 미래도 있을 것이다. 그러나 과거를 돌아보면 의외의 요소가 불시에 무작위로 개입하여 역사를 의외의 방향으로 바꿔놓은 사례를 쉽게 찾을 수 있다. 2019년에 중국 우한武漢에서 박쥐의 우발적 행동 때문에 코로나 바이러스가 전 세계에 퍼진 사건도 그중 하나다. 그렇다고 대책이 전혀 없는 것은 아니다. 우리가 어떤 미래를 원하는지 확실한 비전을 갖고, (불확실한 요소가 많긴 하지만) 다양한 시뮬레이션을 통해 바람직한 미래가 실현될 때까지 거쳐야 할 과정을 정량적으로 분석해서 미리 알아둔다면 심각한 위험을 피할 수 있다. 이를 위해서는 과학을 비롯한 다양한 분야의 학자들이 사회적 싱크탱크를 구성하고 각 분야의 연구(생명공학, 머신러닝, 양자기술 등)를 통합하여 공공의 이익을 향해 나아가야 한다.

그저 조용히 기다리면서 최선의 결과를 기대할 수는 없다. 인류 전체가 원하는 미래를 미리 알아내지 못하면 그와 비슷한 어떤 미래도 공염불에 불과하다. 여기에는 우리가 참고할 만한 설명서도 없고, 실패의 충격을 완화시켜주는 물리법칙 같은 것도 없다. 우리는 인류의 각본을 스스로 써나가야 한다. 이 일을 대신해줄 존재는 우주 어디에도 없다. 인류의 위상이 개인의 자유 없이 정부가 모든 것을 통제하는 개미 떼 수준으로 전락한다면, 진화는 임의의 방향으로 아무렇게나 흘러갈 것이다. 이런 불행한 사태가 일어나지 않으려면 우리의 운명이 우리 손에 달려 있음을 분명하게 인식하고 미래의 구성 요소를 면밀히 분석하여, 단계마다 의외의 변수가 개입되지 않도록 주의를 기울여야 한다.

지금 우리는 역사상 '가장 자연에 가까운 관점'을 갖고 자연을 향해 첫발을 내딛는 중요한 순간에 와 있다. "우리는 신이 아니라 지구를 타고 떠도는 탑승객"이라는 한나 아렌트의 말이 그 어느 때보다 가슴속 깊이 와닿는다. 우리는 끊임없이 변하는 우주에서 그 변화를 초래하는 주인공이며, 우리 자신이 진화 그 자체다. 아렌트가 말한 "세상으로부터의 소외"를 극복하고 인간과 생명계의 상호 관계를 재정립하여 안전한 미래를 확보하려면, 우리 모두 행성의식planetary consciousness 자신이 지구 사회의 구성원이라는 인식으로 가는 길을 찾아야 한다. 우리 자신이 지구의 관리자라는 사실과 그에 따르는 한계를 깊이 인식할 때, 비로소 우리를 위협하는 힘에 대항할 수 있을 것이다.

　호킹의 최종 이론은 전지적 관점을 폐기함으로써 커다란 희망을 안겨주었다. 빅뱅을 향한 우리의 여정은 단순히 빅뱅에서 시작된 우주의 기원을 찾는 것이 아니라, '우리'의 기원을 찾는 여정이었다. 아인슈타인이 그랬듯이, 호킹도 우리의 뿌리를 얼마나 깊이 이해하는가에 따라 인류의 미래가 좌우된다고 믿었다. 호킹이 평생 빅뱅을 끈질기게 파고들 수 있었던 것은 바로 이런 믿음이 있었기 때문이다. 우주에 대한 그의 최종 이론은 과학에 한정된 우주론이 아니라, 인간에 중점을 둔 인본주의적 우주론이었다. 우주는 우리가 거주하는 (아주 큰) 집이고, 물리학은 결국 우주와 우리의 관계에 뿌리를 두고 있기 때문이다. 호킹은 그의 마지막 우주론에서 아이작 뉴턴의 엄밀한 수학과 찰스 다윈의 깊은 통찰을 하나로 연결했다. 그리고 세상을 떠난 후에는 웨스트민스터 사원에 있는 뉴턴과 다윈의 무덤 사이에 안치되었으니, 이보다 적절한 장소는 찾기 어려울 것이다.

　나는 호킹과 공동 연구를 하면서, 그의 우주론과 시간 이론의 뿌리에는 항상 '인간'이 자리잡고 있음을 알게 되었다. 그의 최종 이론은 과학적 토대 위에 세워진 인간 본위의 이론으로, 새로운 세계관으로 자라날 무한한 가능성을 갖고 있다. 물론 양자우주론과 도덕적 우주를 연결하는 다리는 엄청나게 길고 부서지기도 쉽다. 그러나 달을 관측하는 갈릴레이와 현대의 첨단기술사회를 연결하는 아렌트의 다리도 약하기는 마찬가지다.

호킹은 지구 행성이 미래를 향해 현명하고 안전하게 나아가기 위해 가장 필요한 것이 "용감한 질문과 심오한 답변"이라고 했다. 이 세상 누구보다 인간적이었던 그는 루게릭병 진단을 받은 후에도 가정을 꾸리고, 아이를 낳고, 세상을 두루 경험하고, 우주를 이해하기 위해 최선을 다했다. 항상 순수하고 진지했던 그의 삶은 앞으로도 수많은 사람에게 영감을 불어넣으며 "과학에 인간성을 구현한 사람"으로 영원히 기억될 것이다. 호킹이 평생을 두고 추구해온 이념은 2018년 6월 15일에 웨스트민스터 사원에서 거행된 그의 안치식에서 우주로 전송된 그의 작별 메시지에 잘 요약되어 있다. "우주에서 지구를 내려다보면 우리는 분명히 하나입니다. 분열되지 않은 '하나'만이 눈에 들어올 뿐입니다. 그 단순한 풍경은 우리에게 하나의 행성, 하나의 인류를 떠올리게 합니다. 우리가 느끼는 경계는 우리 스스로 만들어낸 것입니다. 우리는 국적과 인종을 떠나 세계시민이 되어야 합니다. 다가올 미래를 '꼭 한 번 방문하고 싶은 곳'으로 만들기 위해 함께 노력합시다."

우리는 호킹에게서 세상을 사랑하는 법을 배웠다. 그러니 세상을 새로운 눈으로 바라보고 절대 포기하지 말아야 할 것이다. 그는 생의 대부분을 몸속에 갇힌 채 살았으나, 이 세상 그 누구보다 자유로운 사람이었다.

감사의 말

나는 호킹과 긴 여정을 함께하는 동안 수많은 사람의 도움을 받았다. 그들이 없었다면 이 여정은 처음부터 불가능했을 것이다.

제일 먼저, 1996년에 아일랜드의 더블린에서 영국 케임브리지로 가는 기차에 나를 태워준 에이드리언 오트윌Adrian Ottewill과 피터 호건Peter Hogan, 그리고 우주론의 메카인 케임브리지에서 호킹의 연구실 문을 두드릴 용기를 불어넣어준 닐 튜록에게 감사드린다. 또한 호킹과 튜록의 박사과정 제자이자 나의 동료였던 크리스토프 갈파르와 하비 릴, 제임스 스파크스James Sparks, 토비 와이즈먼Toby Wiseman에게도 감사의 마음을 전한다.

내가 박사과정을 졸업할 때 호킹은 "가능한 한 멀리 나아가라"고 당부했고, 나는 스승의 조언을 따라 그대로 실천했다. 끈우주론의 전성기에 캘리포니아 샌타바버라대학교에서 특별하고 활기찬 연구 환경을 만들어준 스티브 기딩스Steve Giddings와 데이비드 그로스, 짐 하틀, 게리 호로비츠Gary Horowitz, 도널드 매롤프, 마크 스레드니키Mark Srednicki, 지금은 고인이 된 조 폴친스키Joe Polchinski에게 깊이 감사드린다.

이 무렵에 호킹은 조지 미첼과 깊은 유대관계를 맺었다. 호킹이 그와 함께 연구를 진행하는 동안 나에게 안락한 숙소를 제공해준 미첼의 가족들에게, 늦었지만 이 자리를 빌려 심심한 감사를 표한다. 그리고 브뤼셀에 있는 국제 솔베이연구소의 회장 장마리 솔베이Jean-Marie Solvay와 오랫동안 소장직을 역임해온 마크 앙누Marc Henneaux, 마리클로드 솔베이Marie-Claude Solvay에게 감사드린다. 마리클로드는 오펜하이머와 파인먼, 르메트르 등 20세기를 대표했던 위대한 과학자들과 친분을 쌓으면서 격동의 시대를 함께했던 인물이다. 나는 이곳에 머물 때 솔베이 가문의 따뜻한 환대와 사려 깊은 배려 덕분에 편안한 마음으로 연구에 집중할 수 있었다. 지난 여러 해 동안 수많은 대화를 통해 시간의 기원에 대한 나의 생각에 깊은 영향을 미치고 번뜩이는 영감을 불어넣어준 동료들, 디오아니노스Dio Anninos와 니콜라이 보베프Nikolay Bobev, 프레더릭 데네프Frederik Denef, 게리 기번스, 조너선 할리웰Jonathan Halliwell, 테드 제이컵슨Ted Jacobson, 올리버 얀센Oliver Janssen, 매슈 클레번Matthew Kleban, 장뤼크 레너스Jean-Luc Lehners, 안드레이 린데, 후안 말다세나, 돈 페이지, 알렉세이 스타로빈스키Alexei Starobinsky, 토머스 반 리에트Thomas Van Riet, 알렉산더 빌렌킨에게 감사드리며, 앞에서 이미 언급된 게리 호로비츠와 조 폴친스키, 마크 스레드니키, 닐 튜록에게 다시 한번 고마운 마음을 전한다. 또한 나의 우주론 연구를 물심양면으로 지원해준 유럽연구위원회와 플랑드르 연구재단에도 깊이 감사드린다.

'우주선 호킹호'가 우주 공간을 자유롭게 날아다니며 임무를 수행할 수 있었던 것은 대학원생 조교와 비서인 존 우드John Wood와 주디스 크로스델Judith Croasdell, 간호 및 의료지원팀의 전문적인 보살핌 덕분이었다. 이 자리를 빌려 그들에게도 심심한 감사를 표한다.

이 흥미진진한 항해를 시종일관 함께하면서 앞길을 밝혀준 우리의 동반자 짐 하틀과 항상 가까운 곳에서 나에게 영감을 준 톰 데뫼르바르데르Tom Dedeurwaerdere에게도 고마운 마음을 전하고 싶다.

인생의 중요한 갈림길에서 나에게 방문연구원 자리를 마련해준 케임브리지의 우주론센터와 트리니티 칼리지, 호킹의 최종 이론을 알리는 데 많은 도움을 주신 마틴 리스와 교황청 과학아카데미의 관계자 여러분께도 감사드린다.

호킹의 딸 루시 호킹Lucy Hawking의 헌신적인 도움도 빼놓을 수 없다. 그녀는 호킹과 나의 여정을 책으로 출간한다는 소식을 듣고 매우 기뻐하면서 집필 기간 내내 커다란 도움을 주었다. 이 책의 처음 몇 페이지는 워즈워스 그로브에 있는 그녀의 집 식탁에서 쓴 것이다.

상대성 이론과 양자우주론의 역사에 대해 많은 조언을 해준 게리 기번스와 도미니크 랑베르Dominique Lambert, 맬컴 롱에어Malcolm Longair, 짐 피블스Jim Peebles에게 감사하며, 95세의 고령임에도 조르주 르메트르에 대한 생생한 기억을 되살려준 프란스 세룰루스Frans Cerulus에게 각별한 감사와 경의를 표한다. 그리고 르메트르와 관련된 문헌을 찾는 데 큰 도움을 준 루뱅가톨릭대학교 기록보관소의 릴리안 문스Liliane Moens, 베로니크 필리유Veronique Fillieux와 젊은 시절 호킹의 학문 세계 및 사생활에 대해 많은 정보를 제공해준 그레이엄 파멜로Graham Farmelo에게 감사의 말을 전한다.

루뱅가톨릭대학교 이론물리학부의 물리학자들은 코로나 팬데믹에도 불구하고 활기찬 연구 활동을 이어가면서 내 집필에 많은 도움을 주었다. 니콜라이 보베프와 토인 반 프뢰옌Toine Van Proeyen, 토머스 리트Thomas Riet에게 뒤늦은 감사를 전한다. 그 외에 루뱅대학교에서 우주론을 연구하는 모든 이들에게 고맙다는 말을 꼭 전하고 싶다. 우주론을 향한 그들의 열정은 나에게 커다란 자극이 되었으며, 결국 그들 덕분에 무사히 집필을 마칠 수 있었다. 나에게 항상 번뜩이는 영감과 용기를 준 로베르트 데이크흐라프에게도 감사의 말을 전한다.

인공지능시대에 우주론의 의미와 미래에 대하여 탁월한 안목을 보여준 데미스 허사비스Demis Hassabis, 다양한 아이디어(그리고 나까지!)를 무대 위에 올린 극작가 토마스 리케바에르트Thomas Ryckewaert, 루뱅에서 개최된 전시회 〈시간의 끝을 향하여To the Edge of Time〉에 친히 방문해준 벨기에의 마틸드 왕비Queen Mathilde, 과학과 예술을 아름답게 접목하여 이 책의 완성도를 높여준 한나 레들러 호즈Hannah Redler Hawes에게 깊이 감사드린다.

플랑드르 공영방송국 VRT 측에는 감사와 함께 축하의 인사를

보내야 할 것 같다. 그곳에서 조르주 르메트르의 1960년 인터뷰 녹음
이 발견된 것은 내가 쓴 원고의 잉크가 채 마르기도 전의 일이었다. 덕
분에 나는 르메트르의 이론이 호킹의 연구에 미친 영향을 더욱 깊고
정확하게 파악할 수 있었다.

나의 엉성한 스케치를 완벽한 일러스트로 바꿔준 아이샤 드 그
라웨Aïsha De Grauwe와 오래된 그림을 해석하는 데 결정적 도움을 준
조지 엘리스, 로저 펜로즈, 제임스 휠러James Wheeler에게 감사드리며,
자료 수집을 성심껏 도와준 런던 과학박물관의 호킹 사무실과 플로
리다 주립대학교의 큐레이터에게도 감사의 말을 전한다.

이 책을 집필하는 동안 값진 조언과 도움을 준 출판 대리인 맥
스 브록먼Max Brockman과 러셀 와인버거Russell Weinberger, 격려와 도
움을 아끼지 않은 랜덤하우스의 뛰어난 편집자 힐러리 레드먼Hilary
Redmon, 원고를 꼼꼼하게 읽고 많은 부분을 훌륭하게 수정해준 미리
암 카누카에프Miriam Khanukaev에게 깊이 감사드린다.

마지막으로, 멋지고 사랑스러운 집에서 긴 여행에 줄곧 동참해준
나의 아이들 살로메, 아일라, 노아, 라파엘과 아내 나탈리에게 깊은 사
랑과 감사의 마음을 전한다.

주

서문

1   호킹이 세상을 떠난 후, 영국 정부는 이 칠판을 포함한 몇 가지 유품을 공식
    적으로 구입하여 런던 박물관에 전시했다. 칠판에 적힌 내용은 호킹이 직접
    쓴 것이 아니라, 초중력 학회의 공동 주최자였던 마틴 로섹Martin Roček과 당
    시 박사후과정에 있던 제자들이 호킹의 구술을 듣고 받아적은 것이다. 칠판
    의 중앙 하단에는 호킹의 얼굴(뒷모습)도 그려져 있다.
2   Christopher B. Collins and Stephen W. Hawking, "Why Is the Universe
    Isotropic?", *Astrophysical Journal* 180 (1973): 317–34.
3   TV 방송이나 공식 석상에서 청중들이 들었던 호킹의 목소리는 누군가가 호
    킹이 하는 말을 편집한 후 음성 소프트웨어를 통해 재생한 것이다. 실제로 호
    킹이 하는 말은 매우 간결하고 명쾌하면서 특유의 유머감각이 생생하게 살
    아 있는데, 편집을 거친 후에는 다소 형식적이고 딱딱한 말투로 바뀌었다. 물
    론 호킹과 가까운 사람들은 그의 진짜 발언과 편집된 발언을 쉽게 구별할 수
    있었지만, 대부분은 편집된 발언을 평소 호킹의 말투로 알고 있을 것이다. 우
    리는 호킹의 대외적 이미지가 실제 인물과 다르게 비치는 것이 못내 아쉬웠
    지만, 다른 방법이 없었기에 그냥 감수하기로 했다.

1장 역설

1   Fred Hoyle, "The Universe: Past and Present Reflections," *Annual Review of
    Astronomy and Astrophysics* 20 (1982): 1–36.
2   Steven Weinberg, "Anthropic Bound on the Cosmological Constant," *Physical
    Review Letters* 59 (1987): 2607.
3   Paul Davies, *The Goldilocks Enigma: Why Is the Universe Just Right for Life?*

(London: Allen Lane, 2006), 3.

4   이 구절은 실리시아의 심플리키오스Simplicius of Cilicia가 아리스토텔레스의 《물리학Physics》에 대한 해설서를 집필하면서 인용한 부분이다.

5   Galileo Galilei, *Il Saggiatore* (Rome: Appresso Giacomo Mascardi, 1623).

6   이 말을 처음 한 사람은 프랑스의 과학자이자 정치가였던 프랑수아 아라고 François Arago였다.

7   Graham Farmelo, Paul Dirac, *The Strangest Man: The Hidden Life of Paul Dirac, Mystic of the Atom* (New York: Basic Books, 2009), 435.

8   William Paley, *Natural Theology; or, Evidences of the Existence and Attributes of the Deity, Collected from the Appearances of Nature* (London: Printed for R. Faulder, 1802).

9   Charles Darwin, *On the Origin of Species*, manuscript, 1859.

10 Stephen Jay Gould, *Wonderful Life: The Burgess Shale and the Nature of History* (New York: Norton, 1989).

11 Charles Henshaw Ward, *Charles Darwin: The Man and His Warfare* (Indianapolis: Bobbs-Merrill, 1927), 297.

12 Leonard Susskind, *The Cosmic Landscape: String Theory and the Illusion of Intelligent Design* (New York: Little, Brown, 2006).

13 '인류 원리'라는 이름이 붙어 있긴 하지만, 사실 이 원리는 인간에 관한 원리가 아니라 "생명이 출현할 수 있는 환경"과 관련되어 있다. 자세한 내용은 다음을 참조하기 바란다. John Barrow and Frank Tipler, *The Anthropic Cosmological Principle* (Oxford: Oxford University Press, 1986).

14 Andrei Linde, "Universe, Life, Consciousness" (lecture, Physics and Cosmology Group of the "Science and Spiritual Quest" program of the Center for Theology and the Natural Sciences [CTNS], Berkeley, Calif., 1998).

15 스티븐 와인버그의 이 강연은 '다중우주에서 살아가기Living in the Multiverse'라는 제목으로 2005년 9월에 트리니티 칼리지에서 개최된 심포지엄에서 실행되었으며, 2년 후에 *Universe or Multiverse?*(ed. B. Carr, Cambridge: Cambridge University Press, 2007)라는 도서로 출간되었다.

16 Nima Arkani-Hamed, "Prospects for Contact of String Theory with Experiments" (lecture, Strings 2019, Flagey, Brussels, July 9–13, 2019).

17 호킹은 '하향식 우주론Cosmology from the Top Down'이라는 제목의 강연에서 이 이야기를 다시 꺼냈다. (lecture, Davis Meeting on Cosmic Inflation, University of California, Davis, March 22–25, 2003)

18 미국의 과학철학자 토머스 쿤은 그의 저서인 《과학혁명의 구조The Structure of Scientific Revolutions》에서 "기존의 과학으로 설명할 수 없는 현상이 발견되었을 때 패러다임의 변화가 일어난다"고 했다. 그렇다면 21세기 우주론에 패러다임의 변화를 요구하는 '새로운 현상'이란 과연 무엇일까? 나는 그것이 1990년대 말에 발견된 "점점 빨라지는 우주 팽창 속도"라고 생각한다. 여기에 끈이론의 이론적 통찰이 더해지면 생명친화적인 법칙이 '우연히' 탄생하게 된 이유를 추적할 수 있을 것으로 기대된다.

19 1970년대 중반에 호킹은 그의 제자였던 버나드 카와 함께 블랙홀을 연구하다가 "뜨거운 빅뱅의 여파로 초소형 블랙홀이 형성될 수도 있다"는 아이디어를 떠올렸다. 이렇게 태어난 원시 블랙홀은 지금 존재하는 블랙홀보다 훨씬 뜨거우면서 복사를 방출하는 속도도 훨씬 빠르다. 이런 블랙홀이 지금도 존재한다면 약 10^{15}그램(10억 톤. 웬만한 산과 맞먹는 질량이지만 크기는 양성자와 비슷하다)짜리 천체가 폭발을 일으킬 것이다. 그러나 실망스럽게도 이런 폭발은 지금까지 단 한 번도 관측되지 않았다.

2장 어제 없는 오늘

1 Georges Lemaître, "Rencontres avec Einstein," in *Revue des Questions scientifiques* (Bruxelles: Société scientifique de Bruxelles, January 20, 1958), 129.

2 이것은 르메트르가 1963년에 벨기에 루뱅가톨릭대학교에서 '우주와 원자 Univers et Atome'라는 제목으로 강연을 할 때 했던 말이다(이것은 그의 마지막 공개 강연이었다). 평소 온화했던 그의 성격에 비추어볼 때, 이 정도면 매우 과격한 발언에 속한다. 아마도 반대론자들의 무차별적 공격에 맞서기 위해 나름대로 준비를 한 것 같다. 과학과 종교의 관계에 대한 르메트르의 관점은 Dominique Lambert in *L'itinéraire spirituel de Georges Lemaître* (Bruxelles: Lessius, 2007)에 자세히 소개되어 있다.

3 톰슨은 1892년에 제1대 켈빈 남작1st Baron Kelvin이라는 작위를 받고 귀족이

되었다. 이 명칭은 글래스고대학교 근처를 흐르는 켈빈강Kelvin river에서 따온 것으로, 오늘날 절대온도의 단위(Kelvin, K)로 남아 있다. 절대온도 0K는 -273.1도다. 또한 그는 아일랜드와 뉴펀들랜드를 연결하는 최초의 대서양 횡단 전신 케이블을 가설하는 데 큰 공을 세운 사람으로도 유명하다. 본문에 언급된 발언은 Lord Kelvin, "Nineteenth Century Clouds over the Dynamical Theory of Heat and Light," *Philosophical Magazine* 6, no. 2(1901): 1–40에서 인용한 것이다.

4 Hermann Minkowski, "Raum und Zeit" (lecture, 80th General Meeting of the Society of Natural Scientists and Physicians, Cologne, September 1908).

5 Abraham Pais, *"Subtle Is the Lord—": The Science and the Life of Albert Einstein* (Oxford: Oxford University Press, 1982).

6 아인슈타인의 일반상대성 이론을 서술하는 데 필요한 곡면 기하학은 19세기에 카를 프리드리히 가우스Carl Friedrich Gauss와 베른하르트 리만Bernhard Riemann과 같은 수학자에 의해 개발되었다. 대부분의 사람들이 학창 시절에 배운 유클리드의 평면 기하학에 의하면 삼각형 내각의 합은 항상 180도지만, 곡면 기하학에서는 그렇지 않다. 예를 들어 오렌지(또는 지구) 표면에 삼각형을 그려 넣고 내각의 합을 재보면 항상 180도보다 크다. 가우스와 리만이 등장하기 전까지만 해도 수학자들은 곡면을 "3차원 유클리드 공간에 포함되는 기하학적 객체일 뿐"이라고 생각했다. 그러나 가우스는 직선이나 각도와 같은 2차원 곡면의 기하학적 특성이 휘어진 공간에서 독립적으로 정의될 수 있음을 증명했고, 50년 후에 리만은 평평한 3차원 유클리드 공간과 달리 "휘어진 3차원 공간"을 떠올렸다. 그리고 아인슈타인은 여기서 한 걸음 더 나아가 물리적 세계를 "휘어진 4차원 시공간"으로 표현했다. 휘어진 시공간은 4차원에서 비유클리드 기하학non-Euclidean geometry의 법칙을 따르고 있으며, 이를 위해 외부에서 새로운 개념을 따로 도입할 필요가 없다. 이는 곧 우주를 "더 큰 상자 안에 들어 있는 그 무엇"으로 간주할 필요가 없다는 뜻이기도 하다.

7 John Archibald Wheeler and Kenneth Ford, *Geons, Black Holes, and Quantum Foam: A Life in Physics* (London: Norton, 1998), 235.

8 Pais, *"Subtle Is the Lord."*

9 *The New York Times*, November 10, 1919.

10 이 값이 물리학에 등장한 것은 이번이 처음이 아니었다. 1700년대에 영국의 천문학자 존 미첼John Michell과 프랑스의 수학자 피에르 시몽 라플라스는 질량이 M인 구를 압축하여 반지름을 $2MG/c^2$까지 줄이면 탈출속도escape velocity가 광속과 같아진다는 사실을 알아냈다. 즉, 이런 물체에서는 빛조차 외부로 탈출하지 못한다. 물론 당시에는 상상 속에서만 존재하는 가상의 물체였지만, 물리학자들은 이것을 "블랙홀의 원조"로 간주하고 있다.

11 Georges Lemaître, "L'univers en expansion," *Annales de la Société Scientifique de Bruxelles* A53 (1933): 51-85. 영문 번역본은 "The Expanding Universe," *General Relativity and Gravitation* 29, no. 55 (1997): 641-80에 게재되어 있다.

12 정상적인 별은 핵융합 반응을 하면서 주어진 수명을 대부분 보낸다. 제일 먼저 일어나는 융합 반응은 수소가 헬륨으로 바뀌는 반응인데, 이 과정에서 발생한 열압熱壓이 중력과 균형을 이루어 안정적인 상태를 유지할 수 있다. 그러나 핵융합 반응의 연료인 수소가 고갈되면 결국 별은 자체 중력으로 인해 안으로 수축(붕괴)된다. 별의 초기 질량이 비교적 가벼운 경우에는 전자(또는 양성자나 중성자) 사이에 작용하는 반발력 덕분에 어느 한계 이상 붕괴되지 않고 최종적으로 백색왜성white dwarf이 된다. 인도 출신의 물리학자 수브라마니안 찬드라세카르Subrahmanyan Chandrasekhar는 백색왜성에 한계 질량이 존재한다는 사실을 증명하여 1930년에 노벨상을 받았고, 1939년에 로버트 오펜하이머와 조지 볼코프George Volkoff는 중성자별도 한계 질량이 있음을 알아냈다. 그러나 이보다 무거운 별은 중력에 의한 붕괴를 멈추게 해주는 안정된 상태가 존재하지 않는다. 그래서 천문학자들은 초기 질량이 아주 큰 별이 중력으로 수축하여 블랙홀이 된다고 추정하고 있다.

13 Roger Penrose, "Gravitational Collapse: The Role of General Relativity," *La Rivista Del Nuovo Cimento* 1 (1969): 252-76.

14 Roger Penrose, "Gravitational Collapse and Space-time Singularities," *Physical Review Letters* 14, no. 3 (1965): 57-59.

15 아인슈타인의 장 방정식에서 우변의 질량-에너지 분포($T_{\mu\nu}$) 앞에는 $8\pi G/c^4$라는 상수가 곱해져 있다. 그런데 분자에 있는 중력상수 G가 워낙 작은 데다 분모 c^4는 엄청나게 크기 때문에, 이 상수는 지극히 작다. 다시 말해서, 방정식의 좌변에 있는 시공간의 곡률을 조금이라도 바꾸려면 막대한 양의 질량-에너지가 필요하다는 뜻이다. 예를 들어 지구의 중력에 의해 근처 공간이 휘어

진 정도(휘어지지 않은 유클리드 공간에서 벗어난 정도)는 10^{-9}에 불과하다.

16 1917년 3월 12일에 아인슈타인이 빌럼 드지터에게 보낸 편지. *Collected Papers*, vol. 8, eds. Albert Einstein, Martin J. Klein, and John J. Stachel (Princeton University Press, 1998): Doc. 311.

17 자세한 내용은 Harry Nussbaumer and Lydia Bieri, *Discovering the Expanding Universe* (Cambridge: Cambridge University Press, 2009)를 참고하기 바란다.

18 르메트르의 전기는 도미니크 램버트Dominique Lambert가 집필한 *The Atom of the Universe* (Krakow: Copernicus Center Press, 2015)를 추천한다.

19 이 격언은 성 토마스 아퀴나스의 어록에서 인용한 것이다. 원문은 "감각으로 느끼지 않은 것은 지성知性에 존재할 수 없다Nothing exists in the intellect that was not previously in the senses"이다.

20 르메트르가 1960년에 로마 학술회의에서 '신비한 우주L'Etrangeté de l'Univers' 라는 제목으로 했던 강연에서 발췌. 자세한 내용은 *Pontificiae Academiae Scientiarum Scripta Varia* 36 (1972): 239에 수록되어 있다.

21 몇 달 또는 며칠을 주기로 밝기가 변하는 별을 세페이드 변광성이라 한다. 이 특이한 별을 처음으로 발견한 사람은 최초의 여성 천문학자 중 한 사람인 헨리에타 리비트Henrietta Leavitt였다. 일반적으로 세페이드 변광성은 희미할수록 발광주기가 짧은데, 밝기와 주기의 구체적인 관계를 알면 변광성이 속한 은하까지의 거리를 알 수 있다. 허블은 이 귀중한 정보 덕분에 우주가 팽창하고 있다는 결론에 도달할 수 있었다.

22 로웰 천문대는 1894년에 퍼시벌 로웰Percival Lowell이 "화성에 인공 운하가 존재한다"는 자신의 주장을 확인하기 위해 설립한 천문대다. 그의 주장은 결국 틀린 것으로 판명되었지만, 1930년에 바로 이곳에서 명왕성이 발견되었다.

23 빛을 색상별로 펼쳐 놓은 것을 스펙트럼spectrum이라고 한다. 천체에서 방출된 빛을 스펙트럼에 담아서 지구에 있는 원소에서 방출된 빛 스펙트럼과 비교하면 파장이 달라진 정도를 알 수 있다.

24 Vesto M. Slipher, "Nebulae," *Proceedings of the American Philosophical Society* 56 (1917): 403-9.

25 프랑스어로 작성된 르메트르의 1927년 논문은 천문학 논문으로는 별로 적절치 않게 *Annales de la Société Scientifique de Bruxelles* (Série A. 47 [1927]: 49-59)에 게재되었는데, '은하수 바깥에 있는 외계 은하의 시선 속도와 질량

이 일정하면서 모든 방향으로 반지름이 균일하게 증가하는 우주Un univers homogène de masse constante et de rayon croissant, rendant compte de la vitesse Radiale des nébuleuses extragalactiques'라는 제목만 봐도 그가 어떤 의도로 논문을 썼는지 금방 알 수 있다. 원래 논문 제목에는 "variant(변하는)"라는 단어를 사용했다가 미지막 편집 과정을 거치면서 "croissant(커지는)"이라는 단어로 바꿨는데, 이것도 자신의 이론과 관측 자료(멀어지는 은하들)의 연결 관계를 강조하기 위함이었을 것이다.

26 Lambert, *Atom of the Universe.*

27 천체까지의 거리가 매우 불확실했기 때문에, 르메트르는 속도의 평균을 거리의 평균으로 나눠서 상수 H의 값을 결정했다.

28 이때 아인슈타인은 오귀스트 피카르Auguste Piccard의 연구실로 가기 위해 택시를 잡아탔는데, 르메트르는 그와의 대화를 계속하기 위해 다짜고짜 택시 안으로 밀고 들어갔다. 달리는 택시 안에서 르메트르는 우주팽창을 증명하는 몇 가지 증거를 제시했으나, 아인슈타인은 그런 데이터를 들어본 적도 없다며 아무런 관심도 없었다고 한다.

29 프리드만은 일반상대성 이론을 연구하는 당대 최고의 물리학자이자, 높은 고도에서 희박한 대기가 인체에 미치는 영향을 연구하기 위해 기구를 직접 타고 날아오르는 등 다방면에 관심이 많은 사람이었다. 특히 그는 1925년에 러시아 최고봉(7400미터)보다 높은 곳으로 날아올라 이 분야 최고 기록을 세웠는데, 그로부터 4개월 후 발진티푸스에 걸려 고열에 시달리다가 37세의 젊은 나이로 세상을 떠났다.

30 아인슈타인과 마찬가지로 르메트르도 '유한 우주론'의 굳건한 신봉자였다.

31 이 법칙의 공식 명칭은 2018년에 개최된 국제천문학회에서 '허블-르메트르 법칙Hubble-Lemaître law'으로 결정되었다.

32 허블은 24개의 은하에서 얻은 데이터에 기초하여 은하의 속도와 거리를 연결하는 비례상수 H를 계산했는데(300만 광년 멀어질 때마다 1초당 513킬로미터씩 빨라짐), 이 값은 르메트르가 이론적으로 얻은 값과 거의 비슷하다(300만 광년 멀어질 때마다 1초당 575킬로미터씩 빨라짐). 허블은 동료인 밀턴 휴메이슨과 함께 도플러 효과를 이용하여 위와 같은 값을 얻었다.

33 1931년에 아인슈타인이 리처드 톨먼에게 쓴 편지. Albert Einstein Archives, Archivnummer 23-030.

34 Arthur Stanley Eddington, *The Expanding Universe* (Cambridge: Cambridge University Press, 1933), 24.

35 Lemaître, "L'univers en expansion."

36 1947년에 아인슈타인이 르메트르에게 쓴 편지. Archives Georges Lemaître, Université catholique de Louvain, Louvain-la-Neuve, A4006.

37 허블과 휴메이슨이 관측했던 적색편이는 기껏해야 수백만 년 전에 방출된 빛에서 나타난 현상이었다. 이런 데이터로는 우주의 최근 팽창 속도만 알 수 있을 뿐, 우주팽창의 역사를 전반적으로 논하기에는 역부족이다. 그러나 천문 관측의 황금기였던 1990년대에 수십억 광년 떨어진 초신성이 관측되면서 수십억 년 전의 우주를 들여다볼 수 있게 되었다. 이때 수집된 데이터에 의하면, 우주는 약 50억 년 전에 "점차 느려지는 팽창 속도"에서 "점차 빨라지는 팽창 속도"로 전환되었다. 수학 그래프 용어로 말하자면 '변곡점'을 지난 셈이다.

38 Georges Lemaître, *Discussion sur l'evolution de l'univers* (Paris: Gauthier-Villars, 1933), pp. 15–22.

39 르메트르는 천문학의 미래가 순수 분석pure analysis과 컴퓨터에 달려 있다고 믿었다. 당시에는 매우 드물었던 '수리천문학자'였던 셈이다. 그는 최신 컴퓨팅 기술을 천문학에 도입하여 항상 이 분야의 첨단을 달렸으며, 1920년대 초에는 MIT의 컴퓨터공학자 버니바 부시Vannevar Bush와 함께 미분분석기 differential analyzer를 이용하여 스퇴르머 문제Störmer problem를 연구하기도 했다. 그리고 말년에는 우주선cosmic ray의 궤도를 계산할 때 사용했던 로그 표log table를 자동화 기계로 대치했고, 얼마 후에는 전자 탁상 기계와 자동 회계 기계로 옮겨갔으며, 1950년대에 더글러스 하트리Douglas Hartree 덕분에 케임브리지대학교에서 개발한 진공관 컴퓨터를 쓰기 시작하면서 마침내 오래된 꿈을 실현할 수 있었다.

40 Arthur S. Eddington, "The End of the World: from the Standpoint of Mathematical Physics," *Nature* 127, no. 2130 (March 21, 1931): 447–53.

41 Lemaître, *Revue des Questions scientifiques.*

42 Lemaître, "L'univers en expansion."

43 Georges Lemaître, "The Beginning of the World from the Point of View of Quantum Theory," *Nature* 127, no. 2130 (May 9, 1931): 706.

44 P. A. M. Dirac, in "The Relation Between Mathematics and Physics," 제임스 스콧상 수상 기념 연설. *Proceedings of the Royal Society of Edinburgh* 59 (1938–39, Part II): 122–29.

45 Fred Hoyle, "The Universe: Past and Present Reflections," *Annual Review of Astronomy and Astrophysics* 20 (1982): 1–36.

46 Fred Hoyle, *The Origin of the Universe and the Origin of Religion* (Wakefield, R. I.: Moyer Bell, 1993).

47 조지 가모의 특이한 삶은 그의 자서전 *My World Line: An Informal Autobiography* (New York: Viking Press, 1970)에 자세히 소개되어 있다.

48 탄소 이상의 무거운 원소는 시간이 더 지난 후 별의 내부에서 핵융합을 거쳐 만들어졌으며, 철보다 무거운 원소들은 초신성이 폭발하거나 중성자별이 충돌할 때 만들어진 것으로 추정된다. 현재 우주에 존재하는 모든 원소는 이런 과정을 거쳐 탄생한 것이다. 오늘날 지구의 실험실에서는 우주에 존재하지 않는 새로운 (그리고 무거운) 원소들이 인공적으로 만들어지고 있다.

49 Lambert, *Atom of the Universe.*

50 Duncan Aikman, "Lemaître Follows Two Paths to Truth," *The New York Times Magazine*, February 19, 1933(도판 5 참조).

51 Georges Lemaître, "The Primaeval Atom Hypothesis and the Problem of the Clusters of Galaxies," *La structure et l'evolution de l'univers: onzieme conseil de physique tenu a l'Universite de Bruxelles du 9 au 13 juin 1958*, ed. R. Stoops (Bruxelles: Institut International de Physique Solvay, 1958): 1–30. 구약성서 이사야에 나오는 "숨어 있는 하느님*Deus Absconditus*"의 개념은 르메트르가 평생을 생각해온 화두였다. 예를 들어 그는 1931년에 빅뱅을 주제로 〈네이처〉에 기고한 원고의 끝부분에 다음과 같은 글을 썼다가 출판되기 직전에 삭제했다. "모든 존재와 그들의 행위를 관장하는 초월적 존재를 믿는 사람들은 신이 은밀한 곳에 숨어 있음을 믿을 것이며, 창조의 베일을 벗기는 현대물리학을 환영할 것이다."

52 Lemaître, "The Primaeval Atom Hypothesis and the Problem of the Clusters of Galaxies."

3장 우주기원론

1   Stephen Hawking, *My Brief History* (New York: Bantam Books, 2013), 29.

2   당시 천문학자들이 정상상태 이론을 신뢰하지 않은 이유 중 하나는 훗날 퀘이사quasar로 알려진 전파 발생원radio source 때문이었다. 이 천체는 하늘 전역에 걸쳐 거의 고르게 분포되어 있었기에, 우리 은하(은하수) 바깥에 있을 것으로 추정되었다. 그런데 전파 강도가 약한 퀘이사가 지나칠 정도로 많이 발견되자, 천문학자들은 퀘이사의 밀도가 현재보다 과거에 더 높았으며, 이것은 우주가 정상상태라는 가설에 부합되지 않는다고 생각했다.

3   펜로즈와 마찬가지로 호킹은 모든 복사선(빛)이 한 점으로 수렴하는 표면, 즉 "돌아올 수 없는 점point of no return"을 정의한 후, "한때 이런 표면이 존재했다면 조금 더 과거에는 특이점이 존재했어야 한다"는 사실을 증명했다.

4   George F. R. Ellis, "Relativistic Cosmology," in *Proceedings of the International School of Physics "Enrico Fermi," Course 47: General Relativity and Cosmology*, ed. R. K. Sachs (New York and London: Academic Press, 1971), 104–82.

5   A. Ashtekar, B. Berger, J. Isenberg, M. Maccallum, eds., *General Relativity and Gravitation: A Centennial Perspective* (Cambridge: Cambridge University Press, 2015), p. 19.

6   Hendrik A. Lorentz, "La théorie du rayonnement et les quanta," in *Proceedings of the First Solvay Council, Oct 30–Nov 3, 1911*, eds. P. Langevin and M. de Broglie (Paris: Gauthier-Villars, 1912), 6–9.

7   하이젠베르크의 불확정성 원리는 플랑크의 양자 가설과 밀접하게 관련되어 있다. 예를 들어 당신이 지금 입자의 위치를 측정한다고 가정해보자. 대상이 무엇이건 위치를 파악하려면 일단 빛을 비춰야 하고, 위치를 정확하게 측정하려면 가능한 한 파장이 짧은 빛을 비추는 것이 좋다. 그런데 플랑크의 양자 가설에 의하면 빛은 에너지를 실어나르는 양자 알갱이(광자)이므로, 당신이 관측하려는 입자와 당구공처럼 충돌할 것이다. 따라서 파장이 짧은 빛을 비추면 광자의 에너지가 커서 입자를 크게 교란시킬 것이고, 그 결과 입자의 속도가 원래의 값에서 크게 벗어나게 된다. 그 반대로 파장이 긴 빛을 사용하면 입자의 속도를 정확하게 알 수 있지만, 위치의 정확도가 그만큼 떨어진다(파장이 짧은 빛을 가느다란 핀셋에 비유하면 파장이 긴 빛은 투박한 장갑

을 낀 손과 비슷하다). 이 모든 상황을 정량화하여 위치의 불확정성을 Δx라 하고 운동량(속도)의 불확정성을 Δp라고 하면, 하이젠베르크의 불확정성 원리는 다음과 같은 부등식으로 쓸 수 있다.

$$\Delta x \cdot \Delta p > h$$

여기서 h는 플랑크 상수로서, 자세한 값은 실험을 통해 알아낼 수 있다. h는 아인슈타인의 장 방정식에 등장하는 빛의 속도 c, 중력상수 G와 함께 자연의 특성이 담겨 있는 기본 상수다. 일반상대성 이론에 h가 누락되었다는 것은 이론 자체가 고전적 이론임을 의미한다.

8   슈뢰딩거의 확률 파동을 이용하면 원자에 대한 초기의 실험 결과도 설명할 수 있다. 예를 들어 원자핵 주변을 도는 전자를 생각해보자. 전자를 파동으로 간주하면, 원자핵 주변에 그릴 수 있는 무수히 많은 궤도 중 길이(원주)가 파장의 정수배로 맞아떨어지는 궤도는 극히 일부에 불과하다. 전자가 이런 궤도에 안착하면 파동의 마루(또는 골)가 항상 같은 위치에 있으므로 보강 간섭이 일어나 안정한 상태를 유지할 수 있다. 이것이 바로 닐스 보어가 제안했던 "양자화된 궤도quantized orbit"다.

9   Erwin Schrödinger, *Science and Humanism: Physics in Our Time* (Cambridge: Cambridge University Press, 1951), 25.

10 파인먼과 휠러의 과학적(그리고 개인적) 교류에 대해서는 Paul Halpern, *The Quantum Labyrinth* (New York: Basic Books, 2018)을 읽어보기 바란다.

11 이것은 프리먼 다이슨이 1980년에 파인먼이 했던 말을 인용한 것으로, 출처는 Nick Herbert, *Quantum Reality: Beyond the New Physics* (Garden City, N. Y.: Anchor Press, 1987)이다.

12 이중 슬릿 실험에서 전자가 둘 중 어느 쪽 슬릿을 통과했는지 확인하는 장치를 만들어서 설치했다고 가정해보자. 원리적으로는 얼마든지 가능한 이야기다. 그러나 이런 장치를 추가하면 스크린에서 간섭무늬가 감쪽같이 사라진다. 새로운 장치를 추가했다는 것은 실험자가 전자에게 새로운 질문을 던졌다는 뜻이며, 새로운 질문에 대한 답은 새로운 경로의 합으로 주어지기 때문이다. 실험자는 새로운 장치를 추가하면서 묻는다. "전자는 둘 중 어느 쪽 슬릿을 통과했는가?" 이 질문의 답을 구하려면 파인먼의 경로합을 구할 때 주어진 하나의 슬릿을 통과한 경로만 더해야 한다. 물론 전자가 둘 중 하나의 슬릿을 통과할 확률은 당연히 50퍼센트다. 그러나 실험자는 전자가 "자신이

통과한 슬릿"을 밝히도록 강요함으로써 다른 슬릿을 통과한 과거를 제거했고, 이로 인해 스크린으로 가는 도중에 일어나던 간섭 효과도 사라졌다. 그러므로 스크린의 간섭무늬는 전자가 어느 쪽 슬릿을 통과했는지 굳이 알아내려는 시도를 하지 않았을 때에만 나타난다.

13 James B. Hartle and S. W. Hawking, "Path-Integral Derivation of Black-Hole Radiance," *Physical Review D* 13 (1976): 2188-2203.

14 무경계 가설에 담긴 내용은 앞으로 시간이 흐를수록 더욱 자세히 밝혀질 것이다. UCSB(캘리포니아 주립대학교 샌타바버라)의 기록보관소에는 '81-82 파동함수'라는 제목의 묵직한 파일 노트가 보관되어 있는데, 여기에는 짐 하틀이 호킹과 2년 동안 공동연구를 하면서 주고받은 대부분의 편지가 담겨 있다.

15 짐 하틀과의 사적인 대화에서 인용.

16 그림 24에서 시가의 직경은 먼 거리에서 관측한 블랙홀의 온도와 관련되어 있다. 즉, 시가의 직경이 클수록 블랙홀의 온도가 낮다. 질량이 주어졌을 때 시가의 끝부분이 (원뿔이 아닌 원처럼) 매끈해야 한다는 조건을 부과하면 직경을 구할 수 있다. 블랙홀의 양자적 거동에 대한 정보는 바로 이런 방식으로 유클리드 기하학에 저장된다.

17 Gary W. Gibbons and S. W. Hawking, eds., *Euclidean Quantum Gravity* (Singapore; River Edge, N. J.: World Scientific, 1993), 74.

18 Sidney Coleman, "Why There Is Nothing Rather Than Something: A Theory of the Cosmological Constant," *Nuclear Physics B* 310, nos. 3-4 (1988): 643.

19 이 학술회의는 1960년대에 교황청 과학원장을 지냈던 르메트르의 제안으로 시작되었다.

20 요한 바오로 2세의 공개 연설, *Astrophysical Cosmology: Proceedings of the Study Week on Cosmology and Fundamental Physics*, eds. H. A. Bruck, G. V. Coyne, and M. S. Longair (Città del Vaticano: Pontificia Academia Scientiarum: Distributed by Specola Vaticana, 1982).

4장 재와 연기

1 빅뱅 이론에 의하면 우주에는 마이크로파 배경복사 외에 뉴트리노 배경복사CNB, cosmic neutrino background radiation와 중력자 배경복사CGB, cosmic graviton background radiation도 남아 있어야 한다. CNB가 관측된다면 우주가 탄생하고 몇 초가 지난 순간의 스냅숏을 재현할 수 있다.

2 Georges Lemaître, *L'hypothèse de l'atome primitif: Essai de cosmogonie* (Neuchâtel: Editions du Griffon, 1946).

3 Bernard J. Carr et al., *Biographical Memoirs of Fellows of the Royal Society: Stephen William Hawking CH CBE, 8 January 1942-14 March 2018* (London: Royal Society, 2019).

4 뉴턴의 이론에 의하면 중력은 순전히 물체의 질량과 에너지에서 발생하지만, 일반상대성 이론에 의하면 압력pressure도 중력에 기여하여 시공간을 휘어지게 만든다. 게다가 질량은 항상 양수인 반면, 압력은 음수가 될 수도 있다. 고무줄을 팽팽하게 당겼을 때 손에 전해지는 장력도 음압陰壓의 일종이다. 아인슈타인의 이론에 의하면 양압陽壓은 양의 질량과 마찬가지로 잡아당기는 중력에 기여하고, 음압은 밀어내는 중력(반중력)에 기여한다.

5 이 결론을 유도하는 데 기여한 사람은 러시아의 겐나디 치비소프Gennady Chibisov, 비아체슬라프 무하노프Viatcheslav Mukhanov, 알렉세이 스타로빈스키와 서방 세계를 대표하는 제임스 바딘James Bardeen, 앨런 구스, 스티븐 호킹, 폴 스타인하트, 마이클 터너Michael Turner 등이다.

6 G. W. Gibbons, S. W. Hawking, and S. T. C. Siklos, eds., *The Very Early Universe: Proceedings of the Nuffield Workshop, Cambridge, 21 June to 9 July, 1982* (Cambridge; New York: Cambridge University Press, 1983).

7 쌍으로 생성된 가상 입자 중 하나는 양(+)의 에너지를 갖고 있고, 다른 하나는 음(-)의 에너지를 갖고 있다. 음에너지를 가진 입자는 일상적인 시공간에 존재할 수 없기 때문에, 양에너지를 가진 파트너를 만나 소멸되어야 한다. 그러나 블랙홀은 음에너지를 포용할 수 있으므로 음에너지 입자가 블랙홀로 빨려 들어가면, 홀로 남은 양에너지 입자는 자유롭게 도망갈 수 있다. 한편, 블랙홀로 음에너지 입자가 유입되면 블랙홀의 질량이 조금 작아지는데, 이것 때문에 호킹 복사가 계속되면 결국 블랙홀은 질량을 모두 잃고 사라지게 된다.

8 1930년대에 스위스의 천문학자 프리츠 츠비키Fritz Zwicky는 은하단을 관측
하다가 "우주에는 우리 눈에 보이는 것보다 훨씬 많은 물질이 존재한다"는
놀라운 사실을 알아냈다. 그가 이런 결론을 내린 이유는 일부 은하가 다른
은하 주변을 공전하는 속도가 지나치게 빨랐기 때문이다. 은하가 그 정도로
빠르게 회전하면 그 안에 있는 별들은 충분한 구심력을 확보하지 못하여 산
산이 흩어져야 하는데, 츠비키의 망원경에 포착된 은하는 멀쩡한 형태를 유
지하고 있었다. 이 현상을 설명하려면 "은하의 내부에는 망원경에 보이는 것
보다 훨씬 많은 물질이 존재한다"고 가정하는 수밖에 없다. 그 후 1970년대
에 미국의 천문학자 베라 루빈Vera Rubin은 독립적으로 존재하는 나선 은하
에서 이와 비슷한 현상을 발견했다. 나선 은하의 팔이 지금처럼 빠른 속도로
회전하면 별들이 뿔뿔이 흩어져서 은하가 분해되어야 한다. 그러나 은하는
안정적인 형태를 유지하고 있으므로, 그 일대에 망원경에 잡히지 않는 물질
이 대량으로 존재하여 강한 중력으로 별을 붙들어두고 있다고 생각하는 수
밖에 없다. 이처럼 "눈에 보이지 않지만 중력을 행사하면서 우주의 물질 분포
를 좌우해온 물질"을 암흑 물질이라고 한다.

9 1998년에 애덤 리스Adam Riess와 브라이언 슈미트Brian Schmidt가 이끄는
하이-Z 초신성 프로젝트팀High-Z Supernova Project과 새뮤얼 펄머터Samuel
Perlmutter가 이끄는 초신성 우주론 프로젝트팀Supernova Cosmology Project은
초신성에서 방출된 빛의 강도와 적색편이를 관측했다. 이 빛은 멀리 떨어진
다른 은하에서도 관측될 정도로 강렬했다고 한다. 이 초신성은 고유 밝기가
이미 알려진 상태였기 때문에, 천문학자들에게는 우주 먼 곳까지 거리를 산
출하는 유용한 척도였다. 두 관측팀은 여기에 적색편이 데이터를 추가하여
천체까지의 거리와 후퇴 속도 사이의 관계를 서술하는 허블-르메트르 법칙
을 수십억 광년까지 확장했고, 이로부터 우주의 팽창 속도가 약 50억 년 전
부터 다시 빨라지기 시작했다는 놀라운 사실을 알아냈다. 펄머터와 리스, 슈
미트는 이 공로를 인정받아 2011년에 노벨상을 공동으로 수상했다.

10 우주를 팽창시키는 원인은 하나의 값으로 고정된 우주상수인가? 아니면 값
이 서서히 변하는 인플라톤장인가? 이 의문은 아직도 해결되지 않은 채 숱
한 논쟁을 야기하고 있다. 전자의 경우라면 압력과 에너지 밀도의 비율은 정
확하게 −1이고, 후자의 경우라면 −1보다 커야 한다. 둘 사이의 차이는 아주
작은 것 같지만 이 작은 차이가 우주의 미래를 결정하기 때문에, 우주론학자

들은 정확한 값을 알아내기 위해 지금도 고군분투하고 있다.

11 그 후에 옅은 구름이 끼었다. 초신성의 스펙트럼을 분석하여 얻은 우주의 팽
창 속도는 73km/s/Mpc인데, 마이크로파 배경복사에 일반상대성 이론을 적
용하여 얻은 값은 약 67km/s/Mpc이다. 이 불일치를 '허블 텐션Hubble tension'
이라고 한다(사실은 '허블-르메트르 텐션'으로 불러야 옳다). 우주론학자들
은 이런 차이가 생긴 이유를 설명하기 위해 하늘을 이 잡듯이 뒤지는 중이
다. 수성의 근일점이 이동하는 현상을 일반상대성 이론으로 설명한 것처럼,
이것도 아인슈타인의 천재성을 재확인하는 또 하나의 사례가 될 것인가? 결
과는 좀 더 지켜봐야 할 것 같다.

12 중력을 고려하지 않은 양자역학에서 파동함수의 시간에 따른 변화는 슈뢰
딩거의 파동 방정식에 명시되어 있다. 양자역학에서 시간은 다른 어떤 것과
도 상호작용을 하지 않는 유일한 물리량이다. 물리학자는 임의의 시간에 관
측을 실행했을 때 특정한 결과가 얻어질 확률을 아무런 어려움 없이 계산할
수 있는데, 여기에는 파동함수가 명확하게 고정된 시공간을 배경 삼아 진화
한다는 가정이 깔려 있다. 그러나 양자우주론에서는 시공간 자체가 양자적
개념이어서 매 순간 격렬한 양자 요동을 겪고 있기 때문에, 모든 가능한 우
주에 공통으로 적용되는 범용 시간을 정의할 수 없다. 그러므로 우주를 양자
적으로 서술할 때 시간을 언급하지 않는 것은 별로 놀라운 일이 아니다. 우
주의 파동함수는 존 휠러와 브라이스 디윗Bryce DeWitt이 제안한 "슈뢰딩거
방정식의 추상적 버전"을 따르지만, 사실 이것은 역학법칙이 아니라 전체 파
동함수에 부과되는 "시간과 무관한 제약조건"에 가깝다.

13 S. W. Hawking and N. Turok, "Open Inflation without False Vacua," *Physics
Letters* B 425 (1998): 25–32.

14 내가 알기로 린데는 다음의 문헌에서 "영구적 인플레이션eternal inflation"이
라는 용어를 처음으로 언급했다. "The New Inflationary Universe Scenario,"
in *The Very Early Universe: Proceedings of the Nuffield Workshop, Cambridge,
21 June to 9 July, 1982*, eds. G. W. Gibbons, S. W. Hawking, and S. T. C. Siklos
(Cambridge; New York: Cambridge University Press, 1983), 205–49.

15 Linde, "Universe, Life, Consciousness."

16 영원히 계속되는 인플레이션(이것을 영구적 인플레이션이라고 한다)은 과거
우주에 특이점이 존재했다는 호킹의 정리를 어떻게 피해 갔을까? 결론만 말

하면 피해 가지 못했다. 이것은 구스와 빌렌킨, 아르빈드 보드Arvind Borde가 증명한 사실이다. 영구적 인플레이션 이론은 특이점이 존재했던 시점을 훨씬 먼 과거로 옮겨놓았을 뿐이며, 인플레이션이 정말로 영원히 지속된다는 점에는 아직도 의문이 남아 있다.

5장 다중우주에서 길을 잃다

1   반양성자는 양성자의 반입자로서, 질량을 비롯한 모든 물리적 특성은 양성자와 같고 전하의 부호만 반대다. 즉, 양성자의 전기전하를 +1이라 하면, 반양성자의 전하는 -1이다. 폴 디랙은 자신의 이름을 딴 디랙 방정식을 통해 반입자의 존재를 예견했고, 이 공로를 인정받아 1933년에 노벨상을 수상했다. 반양성자는 1955년에 버클리에 있는 입자 가속기 베버트론Bevetron에서 최초로 발견되었으며, 지금은 우주선cosmic ray 속에서 수시로 검출되고 있다.

2   힉스 보손의 예상 질량을 이토록 크게 잡은 이유는 이 입자가 "아직 발견되지 않은 무거운 입자"와 섞여 있을 것으로 예측했기 때문이다. 입자가 섞이면 힉스 보손의 질량이 커지고, 이와 함께 다른 모든 입자의 질량도 커진다. 그러나 현실은 그렇지 않다. 이것은 입자물리학의 수수께끼 중 하나인 '계층 문제hierarchy problem'로 알려져 있다. 표준 모형에서 질량(또는 에너지)이 작은 입자와 큰 입자 사이의 차이는 혀를 내두를 정도로 크다. 질량이 큰 입자는 플랑크 규모에서 존재하는데, 이곳에서는 미시 양자 중력이 중요한 역할을 한다. 이론물리학자들은 힉스 보손의 질량이 예상보다 작은 원인으로 초대칭supersymmetry을 꼽고 있다. 이것은 모든 입자마다 자신과 초대칭을 이루는 짝이 존재한다는 가설로서, 만일 이것이 사실이라면 입자의 종류는 단숨에 두 배로 늘어나고, 힉스 보손의 질량에 기여하는 원인들이 완벽하게 상쇄되어 지금처럼 가벼운 질량을 갖게 된다. 이론적으로는 아무런 하자가 없지만, 아쉽게도 초대칭짝에 해당하는 입자는 지금까지 단 한 번도 발견되지 않았다.

3   이 글은 폴 디랙의 스콧상 수상 기념 연설에서 인용한 것이다. 이 연설에서 디랙은 매우 특별한 제안을 했다. 그는 자연상수의 일부를 취해서 세 가지 다른 방법으로 조합하면 약 10^{39}라는 거의 같은 값에 도달한다는 사실을 발견했다. 이것은 우연의 일치일 가능성이 거의 없었기에, 디랙은 이 값들을 연결

하는 더욱 심오한 법칙이 존재할 것으로 생각했다. 여기서 특히 눈에 띄는 것은 그가 시도한 세 가지 상수 조합 중 하나로 현재의 우주를 선택했다는 점이다. 물론 우주의 나이는 시간이 흐를수록 많아지므로, 디랙은 전통적인 자연상수 중 하나가 시간에 따라 변한다고 주장함으로써 수치적인 일치에 근본적 의미를 부여했다. 이때 디랙이 "변하는 상수"로 선택한 것은 뉴턴의 중력상수 G였는데, 그의 계산에 의하면 G는 우주의 나이에 반비례해야 한다. 그러나 이 가정은 훗날 틀린 것으로 판명되었다. 시간이 흐를수록 중력이 약해진다면 태양의 에너지는 그리 멀지 않은 과거에 훨씬 컸을 것이고, 지구의 바다는 선캄브리아기에 모두 증발하여 생명체가 살아남지 못했을 것이기 때문이다.

4 공간의 차원을 높여서 힘을 통일한다는 아이디어는 1920년대에 독일의 수학자 테오도어 칼루자Theodor Kaluza와 스웨덴의 물리학자 오스카 클라인Oscar Klein에 의해 처음으로 제기되었다. 칼루자는 공간을 4차원으로 늘린 5차원 시공간을 도입하면 아인슈타인의 중력이론과 맥스웰의 전자기학이 하나로 통일된다는 놀라운 사실을 발견했다. 그의 이론에서 전자기력은 네 번째 공간 차원을 통해 전달되는 파동의 형태로 나타난다. 그리고 클라인은 "추가된 차원의 규모가 아주 작으면 눈에 보이지 않을 수 있다"는 가설을 제기하여 칼루자의 이론에 힘을 실어주었다. 두 사람의 아이디어를 결합한 '칼루자-클라인 이론'은 차원을 확장하여 상이한 이론을 통일하는 최초의 시도로 역사에 기록되었다.

5 Leonard Susskind, "The Anthropic Landscape of String Theory," in *Universe or Multiverse?*, ed. B. Carr (Cambridge: Cambridge University Press, 2007), 247–66.

6 우주상수가 음수인 섬우주도 은하를 생성할 수 없다. 이런 우주는 은하가 만들어지기 전에 강한 인력이 작용하여 빅 크런치를 맞이할 것이기 때문이다.

7 그 이유는 섬우주가 초기에 지역별 밀도 변화가 큰 상태에서 인플레이션으로 시작되었다면, 대규모 천체가 성장하는 동안 우주상수에서 발생한 척력을 더 잘 견딜 수 있기 때문이다. 이런 경우 λ는 현존하는 은하로부터 계산된 값보다 수십 배까지 커진다.

8 예를 들어, 거주 가능하면서 암흑 물질의 구성 성분이 다른 두 개의 섬우주를 생각해보자(암흑 물질의 총량은 두 우주 모두 같다고 하자). 한 우주에서

는 끈이론의 '돌돌 말린' 여분 차원으로부터 무거운 암흑 물질 입자가 생성되는데, 이 입자는 질량이 너무 커서 지구의 입자 가속기로는 만들어낼 수 없다. 그리고 다른 우주의 여분 차원으로부터 생성된 암흑 물질 입자는 질량이 가벼워서 지구의 LHC로 만들어낼 수 있다고 하자. 그렇다면 지구의 과학자가 입자 가속기의 전원을 켰을 때 암흑 물질이 발견될 것인가? 이것은 (연구비를 지원하는 정부는 물론이고) 입자물리학자라면 누구나 제기할 수 있는 타당한 질문이다. 그러나 이 질문의 답을 찾는 데 인류 원리는 별 도움이 되지 않는다. 앞에서 가정한 두 우주섬은 인류 원리의 관점에서 볼 때 다른 점이 없기 때문이다. 따라서 우리에게는 인류 원리의 무작위 선택에 의존하지 않고 두 우주섬이 존재할 상대적 확률을 평가하는 이론이 필요하다. 이 역할을 하는 것이 바로 양자우주론인데, 자세한 내용은 다음 장에서 자세히 다룰 예정이다.

9   우주론의 무작위 선택을 체계적으로 비판한 논문으로는 James B. Hartle and Mark Srednicki, "Are We Typical?," *Physical Review D 75* (2007): 123523이 있다.

10 우주론의 창시자 중 일부도 하나의 계를 고려할 때 선험적 확률이나 전형성 typicality(또는 대표성)의 개념은 거의 쓸모가 없다고 생각했다. 르메트르는 우주의 양자적 기원을 설명하면서 "원자가 분열되는 방식은 여러 가지가 있지만, 실제로는 확률이 매우 낮은 방식으로 분열되었을 수도 있다"고 했다. 또한 디랙도 가모에게 보낸 편지에서 이와 비슷한 점을 지적한 적이 있다. 가모는 태양계 형성과 관련하여 디랙이 제안했던 "시간에 따라 변하는 중력이론time-varying gravity theory"이 우리가 알고 있는 태양의 역사에 부합되지 않는다며 반대 의사를 표명했다. 그러나 디랙은 자신의 이론에서 얻은 태양의 궤적이 실제 태양의 역사와 다르다는 점을 인정하면서도, 그런 것은 별문제가 되지 않는다고 했다. "행성계를 거느린 모든 별을 고려한다면, 그들 중 극히 일부만이 적절한 밀도의 기체 구름을 통과했을 것이다. 그러나 이런 계가 단 하나만 존재해도 나의 이론은 정당화될 수 있다. 우리의 태양이 매우 예외적인 역사를 거쳤다는 가정을 반박할 만한 근거는 어디에도 없다."

11 사적인 대화에서 발췌.

6장 질문이 없으면 과거도 없다!

1 이 장의 서두에 나온 대화의 핵심 내용은 다음 문헌을 통해 출판되었다. S. W. Hawking and Thomas Hertog, "Populating the Landscape: A Top-Down Approach," *Physical Review D* 73 (2006): 123527; S. W. Hawking, "Cosmology from the Top Down," *Universe or Multiverse?*, ed. Bernard Carr (Cambridge: Cambridge University Press, 2007), 91-99; Amanda Gefter's report "Mr. Hawking's Flexiverse," *New Scientist* 189, no. 2548 (April 22, 2006): 28.

2 코페르니쿠스의 태양 중심 모형은 이론과 관측 데이터 사이의 오차를 줄여 나가다가 자연스럽게 도달한 것이 아니라 '수학적 단순함'에 기초하여 만들어진 것이다. 코페르니쿠스가 제안한 첫 번째 태양계 모형의 주목적은 행성이 원궤도를 그린다는 가정하에 프톨레마이오스의 지구 중심 모형처럼 천체의 겉보기 운동을 예측하는 것이었다. 그 후 1906년에 요하네스 케플러는 그의 스승이었던 튀코 브라헤Tycho Brahe로부터 물려받은 관측 데이터를 분석한 끝에 행성의 궤도를 원에서 타원으로 수정함으로써, 수천 년 동안 이어져 내려온 선입견을 깨고 새로운 천문학의 지평을 열었다(그는 자신이 만든 새로운 태양계 모형을 《신천문학Astronomia Nova》에 발표했다). 그러나 프톨레마이오스의 구식 모형에 주전원 몇 개를 추가하면 케플러의 신식모형과 거의 비슷해졌기 때문에, 유서 깊은 천동설을 굳이 표기할 이유가 없었다. 천동설에 최후의 결정타를 날린 사람은 망원경으로 하늘을 바라본 최초의 지구인, 갈릴레오 갈릴레이였다. 그는 망원경 관측을 통해 금성이 달처럼 주기적으로 차고 기운다는 것을 알아냈는데, 이것은 프톨레마이오스의 천구 모형에 아무리 수정을 가해도 구현할 수 없는 현상이었다.

3 코페르니쿠스는 '혁명가'라는 이미지와 달리 매사에 매우 신중하면서 소극적인 사람이었다. 그가 세상을 떠나기 직전인 1543년에 출간된 저서 《천구의 회전에 관하여De Revolutionibus Orbium Coelestium》는 과학혁명을 상징하는 명저로 남아 있지만, 초기에는 별 관심을 끌지 못했다. 이 책에서 코페르니쿠스는 다음과 같은 소극적인 글로 독자를 위로하고 있다. "태양 중심 모형에서도 지구는 '거의' 중심에 자리 잡고 있다. 지구가 우주의 정확한 중심은 아니지만, 별까지의 거리와 비교할 때 지구와 중심 사이의 거리는 거의 무시해도 될 정도로 가깝다."

4   이 문장은 Thomas Nagel, *The View from Nowhere* (Oxford: Clarendon Press, 1986)에서 전혀 다른 의미로 인용되기도 했다.

5   Sheldon Glashow, "The Death of Science!?" in *The End of Science? Attack and Defense*, Richard J. Elvee, ed., (Lanham, Md.: University Press of America, 1992).

6   Hannah Arendt, *The Human Condition* (Chicago: University of Chicago Press, 1958).

7   호킹은 2002년에 '끈이론 2002'라는 제목으로 케임브리지에서 개최된 학회에서 '괴델과 물리학의 종말Gödel and the End of Physics'이라는 주제로 공개 강연을 할 때 이와 비슷한 언급을 한 적이 있다.

8   솔베이 회의는 지금도 그의 후손들의 후원하에 계속 개최되고 있다.

9   Otto Stern. [Abraham Pais, "*Subtle Is the Lord—*": *The Science and the Life of Albert Einstein* (Oxford: Oxford University Press, 1982)에서 인용.]

10   Albert Einstein, "Autobiographical Notes," in *Albert Einstein, Philosopher-Scientist*, ed. Paul Arthur Schilpp (Evanston, Ill.: Library of Living Philosophers, 1949).

11   1926년 11월에 아인슈타인이 막스 보른에게 쓴 편지. *The Born-Einstein Letters*, A. Einstein, M. Born, and H. Born, (New York: Macmillan, 1971), 90.

12   Quoted in J. W. N. Sullivan, *The Limitations of Science* (New York: New American Library, 1949), 141.

13   Hugh Everett III, "The Many-Worlds Interpretation of Quantum Mechanics" (PhD diss., Princeton University, 1957).

14   Bruno de Finetti, *Theory of Probability*, vol. 1 (New York: John Wiley and Sons, 1974).

15   John A. Wheeler, "Assessment of Everett's 'Relative State' Formulation of Quantum Theory," *Reviews of Modern Physics* 29, no. 3 (1957): 463–65.

16   John A. Wheeler, "Genesis and Observership," in *Foundational Problems in the Special Sciences*, eds. Robert E. Butts and Jaakkob Hintikka (Dordrecht; Boston: D. Reidel, 1977).

17   John A. Wheeler, "Frontiers of Time," in *Problems in the Foundations of Physics, Proceedings of the International School of Physics "Enrico Fermi,"* ed. G.

Toraldo di Francia (Amsterdam; New York: North-Holland Pub. Co., 1979), 1–222.

18 Wheeler, "Frontiers of Time." (상동)

19 하향식 우주론의 1단계 버전은 호킹과 내가 공동 저술한 논문 S. W. Hawking and Thomas Hertog, "Populating the Landscape: A Top-Down Approach," *Physical Review D* 73 (2006): 123527에 잘 정리되어 있다. '하향식 우주론'이라는 용어는 S. W. Hawking and Thomas Hertog, "Why Does Inflation Start at the Top of the Hill?" *Physical Review D* 66 (2002): 123509에서 처음 사용되었는데, 사실 이것은 우리의 아이디어를 구현하기 훨씬 전이었다.

20 하향식 우주론은 디랙의 관점을 상기시킨다(5장 주 10 참조). 이 내용은 잠시 후에 다룰 것이다.

21 James B. Hartle, S. W. Hawking, and Thomas Hertog, "The No-Boundary Measure of the Universe," *Physical Review Letters* 100, no. 20 (2008): 201301.

22 다윈은 진화론의 원조였지만 생명의 기원에 대해서는 극도로 말을 아꼈다. 그가 1863년에 친구인 조지프 돌턴 후커Joseph Dalton Hooker에게 보낸 편지에는 다음과 같이 적혀 있다. "생명의 기원에 대해 왈가왈부하는 건 쓸데없는 시간낭비일 뿐이라네. 차라리 물질의 기원을 찾는 편이 훨씬 나을 걸세." 역시 다윈이 옳았다. 지금 우리가 그렇게 하고 있으니까!

23 하향식 우주론은 다중우주의 역설적 상황을 피해 갈 수 있다. 이론 자체가 양자역학에 뿌리를 두고 있어서, 각기 다른 파동 조각의 상대적 확률을 예측할 수 있기 때문이다. 양자우주론 학자들이 "우주의 두 가지 특성이 서로 연결되어 있다"고 말할 때, 그것은 "두 속성을 모두 보유한 파동 조각의 확률이 높다"는 의미다. 하향식 우주론이 내놓은 예측은 호킹과 나, 하틀이 공동 저술한 논문 James B. Hartle, S. W. Hawking, and Thomas Hertog, "Local Observations in Eternal Inflation," *Physical Review Letters* 106 (2021): 141302에 잘 정리되어 있다. 이 논문을 처음 제출했을 때 호킹이 학술지의 편집자로부터 "제목을 바꿔달라"는 요청을 받고 노발대발했던 기억이 난다. 호킹은 원래 제목인 'Eternal Inflation without Metaphysics'에 강한 애착이 있었는데, 그 이유는 "영원히 팽창하는 다중우주는 양자 무대에서 살아남지 못할 것"이라고 굳게 믿었기 때문이다.

24 에버렛이 개척한 양자역학 분야에 공헌한 물리학자로는 로버트 그리피스

Robert Griffiths와 롤랑 옴네Roland Omnès, 에리히 조스Erich Jos, 디터 제Dieter Zeh, 보이치에흐 주렉Wojciech Zurek 등이 있다.

25 결어긋난 역사의 양자역학decoherent histories quantum mechanics에서 계의 역사는 '세밀한 역사fine-grained histories'와 '대략적인 역사coarse-grained histories'로 구분된다. 세밀한 역사는 정교하게 추적한 계(하나의 입자나 하나의 생명체, 또는 우주 전체)의 모든 가능한 경로를 설명하는 부분인데, 이 정도로 차이가 적은 역사끼리는 각기 다른 가지로 갈라지지 않기 때문에 그 자체로는 별 의미가 없다. 바로 여기서 대략적인 역사가 등장한다. 대략적인 역사란 여러 개의 세밀한 역사가 하나로 묶여서 이루어진 단일한(그리고 이름 그대로 대략적인) 역사다. 계가 겪은 진화의 세부 사항이 생략된 대략적인 역사들은 서로 갈라져서 각자의 확률을 가진 채 독립적으로 존재한다. 그렇다면 한 다발로 묶인 세밀한 역사는 무슨 의미인가? 다시 말해서, 우리에게 필요한 대략적인 역사의 집합은 무엇인가? 이것은 연구자가 서술하거나 예측하려는 계의 특성으로부터 결정되며, 대략적인 정도는 계에 던지는 질문과 밀접하게 관련되어 있다. 결어긋난 역사의 양자역학은 이런 식으로 관측자를 이론 체계 안으로 통합한다.

26 Lemaître, "Primaeval Atom Hypothesis."

27 Charles W. Misner, Kip S. Thorne, and Wojciech H. Zurek, "John Wheeler, Relativity, and Quantum Information," *Physics Today* (April 2009): 40–50.

7장 시간 없는 시간

1 「막으로 이루어진 신세계Brane New World」는 호킹이 미국을 방문했다가 1999년 봄에 케임브리지로 돌아왔을 무렵에 착수한 논문이다. 그때 호킹은 우리 연구실로 들어와 "좋은 논문 주제를 찾았다"면서, 셰익스피어의 《템페스트》에 나오는 미란다Miranda의 대사를 조금 수정한 "Brane New World"를 제목으로 추천했다. 어떤 내용인지도 모르는데 제목부터 정해놓았으니, 우리는 어안이 벙벙할 수밖에 없었다.(원래 대사는 "멋진 신세계Brave New World"인데, 막膜을 뜻하는 membrane에서 앞부분 철자를 생략하여 운율을 맞춘 것이다.—옮긴이) 가장 중요한 문제는 "4차원 막을 닮은 보이지 않는 우주가 빅뱅으로부터 탄생할 수 있는가?"였다. 결국 우리는 호킹의 무경계 가

설에 기초하여 그와 같은 브레인 세계(막으로 이루어진 세계)가 양자적 과정에서 탄생할 수 있음을 증명했고, 그 결과는 학술지 *Physical Review D* 62 (2000), 043501에 게재되었다. 또한 우리는 (눈에 보이지 않지만) 막에 수직한 여분 차원이 막의 내부에 있는 마이크로파 배경 요동microwave background fluctuation에 미묘한 흔적을 남길 수 있다는 사실도 알아냈다. 이것은 우리가 브레인 세계에 살고 있음을 말해주는 간접적인 증거일 수도 있다.

2 호킹이 집필한 저서 대부분에는 그의 최신 연구가 소개되어 있다. 예를 들어 무경계 가설은 《시간의 역사》의 핵심 주제였으며, 2010년에 출간된 《위대한 설계》는 하향식 접근법을 최초로 소개한 교양과학서였다. 《호두껍질 속의 우주》의 마지막 장은 "Brane New World"에서 영감을 얻어 집필했는데, 여기서 호킹은 막을 닮은 우주가 탄생하는 과정을 "끓는 물에서 거품이 탄생하는 과정"에 비유했다. 호킹은 전문적인 연구와 대중과학 사이를 수시로 드나들면서 과학의 대중화에 앞장섰는데, 나는 이것이 "과학이 세상을 더 좋은 곳으로 바꾸려면 상아탑에서 벗어나 대중문화의 일부가 되어야 한다"는 그의 확고한 신념에서 비롯된 행동이라고 생각한다. 그래서 나는 호킹이 세상을 떠나기 직전에 "새 책을 쓸 때가 되었다"고 말했을 때 조금도 놀라지 않았다. 그것이 원래 호킹의 스타일이었다.

3 S. W. Hawking and Thomas Hertog, "A Smooth Exit from Eternal Inflation?" *Journal of High Energy Physics* 4 (2018): 147.

4 S. W. Hawking, "Breakdown of Predictability in Gravitational Collapse," *Physical Review D* 14 (1976): 2460.

5 물론 호킹의 준고전적인 방법이 증발하는 블랙홀에서 정보가 유출되는 과정을 분석하는 데 적절하지 않을 수도 있다. 어쨌거나 블랙홀에는 준고전적 이론이 통하지 않는 특이점이 존재하기 때문이다. 그러나 앨버타대학교의 돈 페이지는 "정보의 퍼즐은 블랙홀의 수명이 다했을 때(즉, 특이점이 본격적으로 가동될 때) 발생하는 사건에 관한 것이 아니라, 최후의 순간으로 다가가는 긴 여정과 관련되어 있다"고 주장하면서, 블랙홀의 내부와 호킹 복사 사이의 양자적 얽힘quantum entanglement을 가늠하는 사고실험을 고안했다. 이 실험에서 얽힘의 총량은 '얽힘 엔트로피entanglement entropy'라는 양으로 표현되는데, 이것은 수학자 존 폰 노이만이 양자계의 정확한 파동함수에 대하여 정보가 부족한 정도를 수치로 나타내기 위해 도입한 '양자 버전의 엔트로

피'다. 블랙홀에서 최초의 증발이 시작되는 순간에는 내부와 얽힌 복사가 아직 하나도 방출되지 않았으므로 얽힘 엔트로피는 당연히 0이다. 그 후 호킹 복사가 본격적으로 진행되면, 방출된 입자는 사건 지평선 너머에 있는 파트너 입자와 얽힌 관계에 있기 때문에 블랙홀과 복사의 얽힘 엔트로피가 증가한다. 페이지는 "정보가 보존되려면 이런 경향이 어떤 시점에서 역전되어, 블랙홀이 더는 존재하지 않게 되었을 때 얽힘 엔트로피가 다시 0이 되어야 한다"고 주장했다. 그리고 시간에 대한 얽힘 엔트로피의 곡선은 V자 모양이며, 증감이 바뀌는 지점은 전체 증발 과정의 중간에 있어야 한다고 결론지었다. 그런데 이 지점에 도달해도 블랙홀의 몸집이 여전히 커서 상대적으로 곡률이 작은 사건 지평선 근처의 환경에 심각한 영향을 주지 않기 때문에, 호킹의 반고전적 이론이 무리 없이 적용되어야 한다. 그러나 호킹의 계산에는 얽힘 엔트로피 곡선을 급하게 바꿀 만한 요소가 없다. 호킹의 이론에 의하면 얽힘 엔트로피는 꾸준히 증가하고, 바로 이것 때문에 역설적 상황이 초래된다. 블랙홀이 사라지기 직전에 양자중력 효과에 의해 정보가 살아남는다는 가정이 설득력을 잃게 되는 것이다. 호킹의 사고실험을 개선한 페이지의 사고실험은 블랙홀의 정보 문제가 준고전적 중력이론에서 역설적 결과를 낳는다는 것을 분명하게 보여주었다. 페이지의 연구 결과는 "Average entropy of a subsystem," *Physical Review Letters* 71(1993): 1291에 게재되었다.

6   S. W. Hawking, "Black Holes Ain't as Black as They Are Painted," The Reith Lectures, BBC, 2015.

7   Edward Witten, "Duality, Spacetime and Quantum Mechanics," *Physics Today* 50, 5, 28 (1997).

8   후안 말다세나는 3차원 막(이론물리학자들은 이것을 3-브레인brane이라 부른다)을 촘촘하게 쌓은 집합체를 두 가지 다른 관점으로 분석하다가 홀로그램 이중성을 발견했다. 이보다 앞서 미국의 물리학자 조 폴친스키는 M 이론에서 물질 입자를 구성하는 끈의 양 끝점이 브레인(막)에 부착되어 있음을 깨달았다. 이런 상태에서 끈은 브레인 위를 자유롭게 이동할 수 있지만, 브레인에서 이탈할 수는 없다. 단, 여기에는 한 가지 예외가 있는데, 그것이 바로 중력자(중력의 매개입자)를 구성하는 끈이다. 중력자끈은 끝점이 없는 닫힌 고리여서 브레인에 속박되지 않는다. 이는 곧 "물질은 브레인에 속박되어 있지만, 중력은 브레인에서 새어나와 공간의 모든 차원으로 퍼져나갈 수

있다"는 뜻이다. 말다세나는 3차원 브레인을 쌓아올린 우주가 3차원 공간의 양자장 이론으로 서술된다는 사실을 발견하고, 이와 동일한 3차원 브레인을 외부의 관점에서 바라보았더니, 놀랍게도 그것은 중력이 작용하는 물리계와 근본적으로 동일했다. 브레인은 질량과 에너지를 갖고 있으므로, 근처의 시공간을 휘어지게 만든다. 또한 브레인에 의해 휘어진 시공간은 반-드지터 공간(AdS 공간)의 형태로 브레인과 수직 방향으로 확장된다. 두 관점은 크게 다른 것 같지만, 말다세나는 이들이 동일한 물리계를 서술하기 때문에 궁극적으로 같아야 한다고 생각했다. 다시 말해서, 이들이 이중적 관계에 있다는 뜻이다. 이로써 말다세나는 "휘어진 반-드지터 공간의 중력 및 끈이론과 경계면에 적용되는 양자장 이론 사이에 홀로그램 이중성이 존재한다"는 결론에 도달했다. 그의 연구 결과는 'The Large N limit of superconformal field theory and supergravity'라는 제목으로 *Advances in Theoretical and Mathematical Physics* 2(1998), 231–52에 게재되었다.

9   홀로그램 이중성에서 중력에 해당하는 부분에 내부의 다양한 기하학적 구조가 포함되어 있다는 아이디어는 예전부터 제기되어왔다. 에드워드 위튼이 "반-드지터 우주의 블랙홀은 홀로그램 이중성을 통해 경계 세계에 존재하는 쿼크-글루온 플라스마에 대응된다"는 사실을 발견했을 때, 그는 블랙홀이 없는 또 하나의 내부 공간이 존재한다는 것도 더불어 알게 되었다. 쿼크 플라스마의 온도가 높을 때 블랙홀이 없는 내부 공간은 낮은 곳에 깔려있고, 파동함수의 진폭도 무시할 수 있을 정도로 작다. 그러나 (사고실험을 통해) 쿼크 플라스마의 온도를 낮추면 플라스마의 배열이 바뀌면서 쿼크들이 결합하여 양성자나 중성자 같은 복합입자를 만들어낸다. 이 변화를 중력쪽에서 서술하면 "블랙홀이 없는 내부 공간의 기하학적 구조가 블랙홀이 있는 공간을 압도하는 경우"에 해당한다. 경계면에서 입자 플라스마의 온도를 바꾸면 내부 공간에 또 다른 공간이 전면으로 부상하는 것이다. 이것은 파인먼이 말했던 "중첩된 시공간"의 뚜렷한 사례라 할 수 있다. 위튼의 연구 결과는 'Anti-de Sitter space, thermal phase transition, and confinement in gauge theories'라는 제목으로 *Advances in Theoretical and Mathematical Physics* 2(1998), 253에 게재되었다.

10   S. W. Hawking, "Information Loss in Black Holes," *Physical Review D* 72 (2005): 084013.

11   John A. Wheeler, "Geons," *Physical Review* 97 (1955): 511-36에서 인용한 그림.

12   Geoffrey Penington, "Entanglement Wedge Reconstruction and the Information Paradox," *Journal of High-Energy Physics 09* (2020) 002; Geoffrey Penington, Stephen H. Shenker, Douglas Stanford, "Replica wormholes and the black hole interior," *JHEP 03* (2022) 205; Ahmed Almheiri, Netta Engelhardt, Donald Marolf, Henry Maxfield, "The entropy of bulk quantum fields and the entanglement wedge of an evaporating black hole," *JHEP 12* (2019) 063.

13   지난 몇 년 동안 많은 이론물리학자들은 드지터 공간과 같이 "팽창하는 우주와 홀로그램 이중성 관계에 있는 공간"을 구하기 위해 부단히 노력해왔으며, 이 연구는 지금도 계속되고 있다. dS-QFT 이중성에 대한 연구는 2000년부터 시작되었는데, 대표적인 학자로는 앤드루 스트로밍거Andrew Strominger와 비자이 발라수브라마니안Vijay Balasubramanian, 얀 더부르Jan de Boer, 조르제 미닉Djordje Minic 등이 있다. 홀로그램 이중성에 기초하여 우주 파동함수를 연구한 사례로는 다음 세 편의 논문이 대표적이다. Juan Maldacena, "Non-Gaussian features of primordial fluctuations in single field inflationary models," *Journal of High-Energy Physics* 05 (2003), 013; James Hartle and Thomas Hertog, "Holographic No-Boundary Measure," *Journal of High-Energy Physics* 05 (2012), 095; Dionysios Anninos, Frederik Denef and Daniel Harlow, "Wave function of Vasiliev's universe: A few slices thereof," *Physical Review D* 88 (2013) 084049.

14   Georges Lemaître, "The Beginning of the World from the Point of View of Quantum Theory."

15   John Archibald Wheeler, "Information, Physics, Quantum: The Search for Links," in *Proceedings of the 3rd International Symposium on Foundations of Quantum Mechanics*, ed. Shun'ichi Kobayashi (Tokyo: Physical Society of Japan, 1990), 354-58.

16   무경계 파동은 우주의 기원(그릇처럼 생긴 기하학적 구조의 바닥)에서 0으로 사라진다. 이것은 하틀과 호킹이 무경계 가설을 처음 발표했을 때 가장 눈에 띄는 특징 중 하나였다. 홀로그램은 이에 대한 정보이론적 해석을 제공한다.

17 S. W. Hawking, "The Origin of the Universe," in *Proceedings of the Plenary Session, 25–29 November 2016*, eds. W. Arber, J. von Braun, and M. Sanchez Sorondo, (Vatican City, 2020), Acta 24.

8장 우주의 안식처

1 한나 아렌트의 에세이는 그녀의 저서인 《인간의 조건》의 서문과 후반부에 수록되었으며, 그 후 약간의 수정을 거쳐 《과거와 미래 사이: 정치적 사고의 여덟 가지 훈련Between Past and Future: Eight exercises on Political Thought》 2판에 수록되었다.

2 아렌트는 "인간은 세속적인 세상에 태어나 운명과 행운, 또 자신이 제어할 수 없는 요소들과 부대끼며 살아가지만, 다른 한편으로는 이 세상을 어느 정도 개선할 수 있는 재능을 갖고 있다"고 생각했다. 그녀의 철학에서 자유의 씨앗은 이 두 가지 상반된 속성이 결합하면서 탄생한다.

3 Werner Heisenberg, *The Physicist's Conception of Nature*, 1st American ed. (New York: Harcourt, Brace, 1958).

4 디랙과 르메트르가 남긴 문헌만으로는 그들이 우주의 기원을 인식의 한계로 간주했는지 판단하기 어렵다. 그러나 이 책의 1차 원고가 완성된 직후에 플랑드르 공영방송국 VRT의 기록보관실에서 1960년에 녹음된 르메트르의 인터뷰 테이프가 발견되었다. 이 인터뷰에서 르메트르는 1931년에 발표한 원시 원자 가설에 대하여 구체적인 설명을 덧붙였다. 그는 자신이 상상했던 '원자'가 단순히 시간의 시작이 아니라, 인간의 사고로 도달할 수 없는 더욱 심오한 기원(물리학의 가시권 안에 있지만 도저히 접근할 수 없는 기원)을 의미한다고 했다.

5 계산 알고리즘을 적용하면 데이터를 압축하여 더 짧은 메시지로 저장할 수 있다. 행성의 궤적을 예로 들어보자. 천문학자는 임의의 순간에 모든 행성의 위치와 운동량을 명시하는 식으로 궤적을 설명할 수도 있지만, 뉴턴의 중력법칙과 운동 방정식을 이용하면 이 모든 정보를 훨씬 짧은 메시지에 담을 수 있다. 또한 다른 행성계의 운동도 동일한 방정식을 포함하는 간결한 메시지로 압축된다. 뉴턴의 운동 방정식이 범우주적 법칙으로 통용되는 것은 바로 이런 능력 덕분이다. 그러나 방정식에 우주를 대신하는 독립적 존재를 투영

하는 것은 전혀 다른 이야기다.

6   양자우주론에서 수준이 다른 진화들(우주의 진화, 생명체의 진화 등)은 범
     우주적 파동함수의 작은 분기를 확대했을 때 나타나는 현상이므로, 이들을
     구별하는 것은 근본적인 문제가 아니다. 높은 수준에서 일어나는 진화는 파
     동함수뿐만 아니라, 그 수준으로 이어진 분기과정에 대한 질문과 밀접하게
     관련되어 있다. 예를 들어 40억 년 전 지구 생명체의 기원을 연구하기 위해
     범우주적 파동함수에 화학적 질문을 던지는 것은 해당 분기를 확대해서 보
     는 것과 같다. 이를 위해서는 우주론과 천체물리학, 지질학 등 낮은 수준의
     분기가 지구에 초래한 결과를 파동함수의 모형에 추가해야 한다.

7   S. W. Hawking, "Gödel and the End of Physics."

8   Robbert Dijkgraaf, "Contemplating the End of Physics," *Quanta Magazine*
     (November 2020).

9   "어려운 장애물을 이미 넘었다"는 낙관론을 지지하려면 과거의 진화 과정에
     서 발생 확률이 지극히 낮은 사례가 있어야 한다. 별이 형성되는 속도와 외계
     행성의 수(엄청나게 많음!)를 감안할 때, 물리적 조건은 심각한 장애물이 아
     닌 것 같다. 오히려 물리법칙이 생명친화적이라는 사실이 다시 한번 확인될
     뿐이다. 그러나 생물학적 진화의 일부 단계는 매우 불확실해서, 알려진 내용
     이 거의 없다. 진화생물학자들은 "영원한 삶"으로 가는 길에 우리가 넘어야
     할 주요 장애물 일곱 가지를 꼽았는데, 여기에는 '자연 발생', '복잡한 진핵세
     포의 형성', '유성생식', '다세포생물의 출현', '지능의 탄생' 등이 포함되어 있
     다. 과학자들은 앞으로 10년 안에 화성 탐사와 외계 행성의 대기 관측을 통
     해 각 항목의 확률을 정확하게 산출할 수 있을 것이다. 화성에서 (독립적으
     로 진화한) 다세포 생명체가 발견되거나 외계 행성의 대기에서 원시 생명체
     의 흔적이 발견된다면 과거의 장애물은 우리 예상보다 넘기 쉬운 것으로 판
     명되고, 페르미의 역설은 한층 더 지독한 역설로 남을 것이다.

사진 및 그림 출처

도판

도판 1. ⓒ Georges Lemaître Archives, Universite catholique de Louvain, Louvain-la-Neuve, BE 4006 FG LEM 836

도판 2. first published in Algemeen Handelsblad, July 9, 1930, "AFA FC WdS 248," Leiden Observatory Papers

도판 3. ⓒ Georges Lemaître Archives, Universite catholique de Louvain, Louvain-la-Neuve, BE 4006 FG LEM 704

도판 4. public domain

도판 5. ⓒ *The New York Times Magazine*. First published on Feb. 19, 1933.

도판 6. ⓒ Succession Brancuși—all rights reserved (Adagp)/Centre Pompidou, MNAM-CCI/Dist. RMN-GP

도판 7. first published in Thomas Wright, *An Original Theory of the Universe* (1750)

도판 8. M.C. Escher's "Oog" ⓒ The M.C. Escher Company—aarn, The Netherlands. All rights reserved. www.mcescher.com

도판 9. ⓒ ESA—European Space Agency/Planck Observatory

도판 10. ⓒ Science Museum Group (UK)/Science & Society Picture Library

도판 11. ⓒ Sarah M. Lee

그림

그림 1. ⓒ Science Museum Group (UK)/Science & Society Picture Library

그림 2. ⓒ ESA—European Space Agency/Planck Observatory

그림 3, 5, 9, 19-21, 23-25, 27-31, 33-38, 41-43, 45-46, 48-49, 52-54, 57.

ⓒ author/Aisha De Grauwe

그림 4. With permission of the Ministry of Culture—Museo Nazionale Romano, Terme di Diocleziano, photo n. 573616: Servizio Fotografico SAR

그림 6. public domain/providing institution ETH-Bibliothek Zurich, Rar 1367: 1

그림 7-a. ⓒ photo by Anna N. Zytkow

그림 7-b, 14, 17, 50, 51. ⓒ author

그림 8. public domain/Posner Library, Carnegie Mellon

그림 10. ⓒ Event Horizon Telescope collaboration

그림 11. reproduced from Roger Penrose, "Gravitational Collapse and Space-time Singularities," *Physical Review Letters* 14, no. 3 (1965): 57–59. ⓒ 2022 by the American Physical Society.

그림 12. first published in Vesto M. Slipher, "Nebulae," *Proceedings of the American Philosophical Society* 56 (1917): 403

그림 13. ⓒ Georges Lemaitre Archives, Universite catholique de Louvain, Louvain-la-Neuve, BE 4006 FG LEM 609

그림 15. Paul A. M. Dirac Papers, Florida State University Libraries

그림 16. photo by Eric Long, Smithsonian National Air and Space Museum (NASM 2022-04542)

그림 18. reproduced from George Ellis, "Relativistic Cosmology," in *Proceedings of the International School of Physics "Enrico Fermi,"* ed. R. K. Sachs (New York and London: Academic Press, 1971)

그림 22. photograph collection, Caltech Archives/CMG Worldwide

그림 26. ⓒ photo by Anna N. Zytkow

그림 32. personal archives of Professor Andrei Linde

그림 39. ⓒ Maximilien Brice/CERN

그림 40. ⓒ photograph by Paul Ehrenfest, courtesy of AIP Emilio Segre Visual Archives

그림 44. ⓒ *The New York Times*/Belga image

그림 47. reproduced from John A. Wheeler, "Frontiers of Time," in *Problems in the Foundations of Physics, Proceedings of the International School of Physics "Enrico Fermi,"* ed. G. Toraldo di Francia (Amsterdam; New York: North-

Holland Pub. Co., 1979/KB-National Library)

그림 55. © M.C. Escher's Circle Limit IV © 2022 The M.C. Escher Company, The Netherlands. All rights reserved. www.mcescher.com

그림 56. reproduced from John A. Wheeler, "Geons," Physical Review 97 (1955): 511-36

그림 58. © photo by Anna N. Zytkow

찾아보기

서명·작품명·논문

시간의 기원
스티븐 호킹이 세상에 남긴 마지막 이론

1판 1쇄 발행 2023년 12월 22일
1판 4쇄 발행 2024년 12월 27일

지은이 토마스 헤르토흐
옮긴이 박병철

발행인 양원석 **편집장** 김건희 **책임편집** 곽우정
디자인 형태와내용사이
영업마케팅 조아라, 박소정, 한혜원, 김유진, 원하경

펴낸 곳 ㈜알에이치코리아
주소 서울시 금천구 가산디지털2로 53, 20층 (가산동, 한라시그마밸리)
편집문의 02-6443-8932 **도서문의** 02-6443-8800
홈페이지 http://rhk.co.kr **등록** 2004년 1월 15일 제2-3726호

ISBN 978-89-255-7567-4 (03420)